中国石油大学(北京)学术专著系列

高压天然气过滤分离技术与设备

姬忠礼　熊至宜　著

科学出版社
北京

内 容 简 介

本书主要介绍了天然气净化用过滤分离设备的性能要求、性能检测和评价方法；气液和气固分离用旋风分离器及分离元件的结构形式、设计方法、流动特征、分离性能，以及结构和运行参数对性能的影响规律；气液和气固过滤分离器及过滤元件的结构形式、设计方法、流动特征、分离性能，以及结构和运行参数对性能的影响规律；并介绍了其他过滤分离技术，如重力分离器技术、常规低温分离技术、超声速旋流分离技术和涡流管分离技术。

本书既可作为石油高等院校研究生教材，也可供石油天然气储运领域的科研、教学和技术人员参考。

图书在版编目(CIP)数据

高压天然气过滤分离技术与设备 / 姬忠礼，熊至宜著.—北京：科学出版社，2018.10

(中国石油大学(北京)学术专著系列)

ISBN 978-7-03-056708-6

Ⅰ. ①高…　Ⅱ. ①姬…　②熊…　Ⅲ. ①天然气–油气集输–过滤　Ⅳ. ①TE86

中国版本图书馆CIP数据核字(2018)第043023号

责任编辑：万群霞　冯晓利 / 责任校对：彭　涛
责任印制：吴兆东 / 封面设计：耕者设计工作室

科学出版社 出版
北京东黄城根北街16号
邮政编码：100717
http://www.sciencep.com
北京厚诚则铭印刷科技有限公司 印刷
科学出版社发行　各地新华书店经销

*

2018年10月第 一 版　开本：720×1000　1/16
2022年11月第三次印刷　印张：24 1/4　插页：4
字数：500 000

定价：168.00元
(如有印装质量问题，我社负责调换)

丛 书 序

大学是以追求和传播真理为目的，并为社会文明进步和人类素质提高产生重要影响力和推动力的教育机构和学术组织。1953 年，为适应国民经济和石油工业发展需求，北京石油学院在清华大学石油系并吸收北京大学、天津大学等院校力量的基础上创立，成为新中国第一所石油高等院校。1960 年成为全国重点大学。历经 1969 年迁校山东改称华东石油学院，1981 年又在北京办学，数次搬迁，几易其名。在半个多世纪的历史征程中，几代石大人秉承追求真理、实事求是的科学精神，在曲折中奋进，在奋进中实现了一次次跨越。目前，学校已成为石油特色鲜明，以工为主，多学科协调发展的"211 工程"建设的全国重点大学。2006 年12 月，学校进入"国家优势学科创新平台"高校行列。

学校在发展历程中，有着深厚的学术记忆。学术记忆是一种历史的责任，也是人类科学技术发展的坐标。许多专家学者把智慧的涓涓细流，汇聚到人类学术发展的历史长河之中。据学校的史料记载：1953 年建校之初，在专业课中有 90%的课程采用苏联等国的教材和学术研究成果。广大教师不断消化吸收国外先进技术，并深入石油厂矿进行学术探索。到 1956 年，编辑整理出学术研究成果和教学用书 65 种。1956 年 4 月，北京石油学院第一次科学报告会成功召开，活跃了全院的学术气氛。1957～1966 年，由于受到全国形势的影响，学校的学术研究在曲折中前进。然而许多教师继续深入石油生产第一线，进行技术革新和科学研究。到1964 年，学院的科研物质条件逐渐改善，学术研究成果以及译著得到出版。党的十一届三中全会之后，科学研究被提到应有的中心位置，学术交流活动也日趋活跃，同时社会科学研究成果也在逐年增多。1986 年起，学校设立科研基金，学术探索的氛围更加浓厚。学校始终以国家战略需求为使命，进入"十一五"之后，学校科学研究继续走"产学研相结合"的道路，尤其重视基础和应用基础研究。"十五"以来学校的科研实力和学术水平明显提高，成为石油与石化工业的应用基础理论研究和超前储备技术研究，以及科技信息和学术交流的主要基地。

在追溯学校学术记忆的过程中，我们感受到了石大学者的学术风采。石大学者不但传道授业解惑，而且以人类进步和民族复兴为己任，做经世济时、关乎国家发展的大学问，写心存天下、裨益民生的大文章。在半个多世纪的发展历程中，石大学者历经磨难、不言放弃，发扬了石油人"实事求是、艰苦奋斗"的优良作风，创造了不凡的学术成就。

　　学术事业的发展犹如长江大河，前浪后浪，滔滔不绝，又如薪火传承，代代相继，火焰愈盛。后人做学问，总要了解前人已经做过的工作，继承前人的成就和经验，在此基础上继续前进。为了更好地反映学校科研与学术水平，凸显石油科技特色，弘扬科学精神，积淀学术财富，学校从 2007 年开始，建立"中国石油大学（北京）学术专著出版基金"，专款资助教师以科学研究成果为基础的优秀学术专著的出版，形成《中国石油大学（北京）学术专著系列》。受学校资助出版的每一部专著，均经过初审评议、校外同行评议、校学术委员会评审等程序，确保所出版专著的学术水平和学术价值。学术专著的出版覆盖学校所有的研究领域。可以说，学术专著的出版为科学研究的先行者提供了积淀、总结科学发现的平台，也为科学研究的后来者提供了传承科学成果和学术思想的重要文字载体。

　　石大一代代优秀的专家学者，在人类学术事业发展尤其是石油石化科学技术的发展中确立了一个个坐标，并且在不断产生着引领学术前沿的新军，他们形成了一道道亮丽的风景线。"莫道桑榆晚，为霞尚满天"。我们期待着更多优秀的学术著作，在园丁灯下伏案或电脑键盘的敲击声中诞生，展现在我们眼前的一定是石大寥廓邃远、星光灿烂的学术天地。

　　祝愿这套专著系列伴随新世纪的脚步，不断迈向新的高度！

中国石油大学（北京）校长

张来斌

2008 年 3 月 31 日

前　言

　　自我国第一条按照 20 世纪 90 年代国际最新水平设计建造的大口径、长距离、全自动化的陕京天然气管道于 1997 年投产运行以来，先后建成了西气东输一线和二线、川气东送等大型长输管道，截至 2015 年年底，长输天然气管道总里程达到 6.4×10^4km。在天然气长输管道运行过程中，天然气中的固体颗粒物和液滴直接影响沿线站场内压缩机、计量仪器和燃气轮机的安全可靠运行，迫切需要研发高效的天然气过滤分离技术与装备。

　　中国石油大学(北京)过滤与分离技术实验室在时铭显院士的倡导下，于 20 世纪 90 年代开始从事高压天然气过滤与分离技术的基础理论研究和装备研发方面的工作。针对长距离输送管道运行中出现的过滤元件失效、旋风分离器能耗高及缺乏可靠的颗粒物检测手段等难题，在中国石油天然气股份有限公司(以下简称中石油)的研发项目、国家油气重大专项和国家自然科学基金等课题的支持下，先后承担了"输气管线内粉尘检测技术研究""天然气管道内粉尘在线检测技术及其现场应用""压气站干气密封滤芯和燃料气滤芯检测评价与研制""高压天然气田用新型高效旋风分离技术研究""天然气净化用气液聚结滤芯过滤分离机理研究""基于熵产理论的旋风分离器气固分离性能研究"等科研课题，同时与中石油北京天然气管道公司、中石油西部管道公司、中石油西气东输管道公司、中石油西南分公司、中石油管道公司及中国石油化工股份有限公司(以下简称中石化)中原油田普光分公司等单位合作，研制出了天然气管道内粉尘在线检测装置，完成了主要长输管道内颗粒物含量测定与分离设备性能的评价，所研制的新型高效旋风分离器和过滤分离元件及其装备在长输管道站场和天然气净化处理厂得到了推广应用。中国石油大学(北京)过滤与分离技术实验室研究人员经过 15 年的持续努力，在天然气管道内粉尘检测、核心过滤元件研发，以及过滤分离装备匹配等方面取得了重要的技术进展，为我国长输天然气管道的安全可靠运行提供了技术支撑。本书是这一系列科研成果的系统总结。

　　此外，由于过滤与分离技术广泛应用于石油天然气、石油化工、航空航天、建筑环境和交通等各个行业，尽管使用工况和净化要求不同，但其基本原理相同。本书撰写过程中，笔者在参阅了国内外有关过滤与分离技术方面大量文献的基础上，系统总结了有关颗粒分析测定、过滤分离理论和过滤材料等方面的技术进展及相关标准。

　　全书共 10 章，第 1 章、第 3 章、第 8 章和第 9 章由姬忠礼撰写，第 2 章、第

4~7 章由熊至宜撰写，第 10 章由中国石油大学(华东)的曹学文教授和文闯博士撰写，中油管道机械制造有限责任公司的杨云兰教授级高工撰写了第 8.6 节。中国石油大学(北京)孙国刚教授和陈建义教授审阅了第 3 章、第 5~7 章的内容。

本书得到了中国石油大学(北京)学术出版基金的资助，也得到了我国天然气管道领域的技术专家丁建林、吴世勤、崔红升、王晓平、刘培军、刘建臣和杨云兰等持续不断地支持和鼓励。中国石油大学(北京)过滤与分离技术实验室的全体同事和历届研究生为本书的成果做了大量的工作，其中常程博士、刘震博士和许乔奇博士参与了部分章节的编写，赵峰霆硕士负责了格式编辑工作，在此一并表示衷心的感谢！

由于受自身知识面和学术水平的限制，书中不妥之处在所难免，望各位读者及时指正，以便后续修正。

姬忠礼　熊至宜

2017 年 12 月

目　　录

彩图

第1章 引 言

1.1 天然气发展概况

天然气是一种优质、高效、清洁的化石燃料，在所有化石能源中碳排放系数最低，在世界能源结构中的地位和作用不断提升，2014 年、2015 年和 2016 年三年的世界天然气消费量分别为 $3.40\times10^{12}m^3$、$3.48\times10^{12}m^3$ 和 $3.54\times10^{12}m^3$，在一次能源消费结构中约占 24%，成为仅次于石油和煤炭的第三大能源，加快天然气发展成为当今世界能源发展的重要趋势[1,2]。未来天然气产业仍将保持较快速度的发展，预计 2015～2035 年间，全球消费年增长率为 1.6%，将高于同期原油 0.7%和煤炭 0.2%的增长率，至 2035 年消费量将达到 $4.80\times10^{12}m^{3[3]}$。

随着我国经济快速发展，能源结构逐步调整，我国天然气消费量由 2010 年的 $1075\times10^8m^3$ 提高到 2015 年的 $1931\times10^8m^3$，年均增长 12.4%，在一次能源消费结构中的比重从 4.4%上升至 5.9%，与国际平均水平(24%)仍然存在较大差距。加快发展天然气，提高天然气在我国一次能源消费结构中的比重，可显著减少二氧化碳等温室气体和细颗粒物(PM2.5)等污染物排放，实现节能减排和改善环境[4]。

国家发展和改革委员会(以下简称国家发改委)及国土资源部公布数据表明,2016 年我国天然气表观消费量达到 $2058\times10^8m^3$，进口天然气 $721\times10^8m^3$，占总需求量的 35%。2016 年我国天然气产量为 $1356\times10^8m^3$，其中常规天然气为 $1232\times10^8m^3$，非常规气中页岩气为 $79\times10^8m^3$，煤层气为 $45\times10^8m^3$。

据国家发改委"十三五"规划及预测数据，2020 年国内天然气产量约 $2070\times10^8m^{3[4]}$。根据中国工程院预计，2030 年我国天然气需求量为 $4500\times10^8m^3$，国内产量达到 $3000\times10^8m^3$，进口天然气有望达到 $1500\times10^8m^3$。2050 年天然气需求量为 $5000\times10^8\sim5500\times10^8m^3$，进口天然气 $2000\times10^8\sim2500\times10^8m^3$，预计 2030～2050 年，天然气在我国化石能源消费结构中将达到 10%以上[5-7]。

20 世纪 90 年代前，由于天然气外输管道较少，我国基本上是就近利用天然气。为了利用油气田生产的天然气，我国 50%以上的天然气用作化工产品原料。近十几年来，天然气广泛应用于城市燃气和工业燃料领域，天然气消费结构逐渐由以化工为主向多元结构转变，发电用气所占比例大幅提高。2010 年天然气消费结构中，城市燃气、发电、化工和工业燃料分别占 30%、20%、18%、32%；2015 年分别占 32.5%、14.7%、14.6%、38.2%，城市燃气和工业燃料用气比例增加[4]。2012 年，国家发改委正式发布了《天然气利用政策》，新政策将天然气界定为天然气、页岩气、煤层气、煤矿瓦斯、煤制气、进口管道气和液化天然气(liquefied natural gas, LNG)等，该政策促进了天然气高效利用项目的大规模推广应用，大幅度提升城镇天然气的气化率，推动天然气发电项目的建设，限制低效天然气化工项目的发展，进而实现居民用气稳步增长，工业用气大幅度增加，车用燃气业务发展迅速，燃气发电和分布式能源加速发展[8-10]。

我国天然气资源主要分布在西北的塔里木盆地、柴达木盆地、准噶尔盆地、鄂尔多斯盆地和四川盆地，东部的松辽盆地、渤海湾盆地，以及东部近海海域的渤海盆地、东海和莺-琼盆地。目前这 9 个盆地资源量预计可达 $46 \times 10^{12} m^3$，占全国资源总量的 82%。根据新一轮油气资源评价和全国油气资源动态评价结果，截至 2015 年年底，我国常规天然气地质资源量为 $68 \times 10^{12} m^3$，累计探明地质储量 $13 \times 10^{12} m^3$，探明程度约为 19%。总体上分析，我国天然气资源丰富，发展潜力较大[4]。我国还有丰富的煤层气资源，埋深 2000m 以内的煤层气地质资源量约 $36.8 \times 10^{12} m^3$，可采资源量约 $10.8 \times 10^{12} m^3$。我国页岩气资源也比较丰富。据初步预测，页岩气可采资源量为 $25 \times 10^{12} m^3$，与常规天然气资源相当[11]。

我国从 2006 年开始进口天然气，当年进口量为 $0.9 \times 10^8 m^3$，2015 年进口量达到 $614 \times 10^8 m^3$，对外依存度达到 31.8%。进口天然气主要通过液化天然气海上船运和陆地管道输送两种方式。我国进口的管道天然气主要有两个方向的来源：一是中亚方向，气源来自土库曼斯坦、哈萨克斯坦等中亚国家，通过中亚天然气管道向我国供应，最大年输气能力 $400 \times 10^8 m^3$；二是缅甸方向，2013 年投产运行，年输气能力 $120 \times 10^8 m^3$。另外，中俄东线管道也已开工建设，2020 年前东线进口俄天然气有望实现零的突破。预计三个方向管道天然气进口量到 2020 年可达到 $900 \times 10^8 m^3$。

截至 2016 年年底，全国建成沿海 LNG 接收站 12 座，年总接收能力达到 $4680 \times 10^4 t$，折合天然气 $655 \times 10^8 m^3$。2016 年我国 LNG 进口量 $352 \times 10^8 m^3$，比 2015 年增长 33%。从远期市场发展及资源平衡看，未来我国 LNG 进口规模仍将大幅增加，2020 年进口量约 $3000 \times 10^4 t$[12-14]。

目前，我国天然气管道行业有了很大发展。截至 2015 年年底，我国天然气主干管道总里程约 $6.4 \times 10^4 km$，初步形成了以西气东输一线、西气东输二线、川气东送、陕京一线、陕京二线、陕京三线等天然气管道为主干线，以兰银线、淮武线、冀宁线为联络线的国家主干管网，同时，川渝、华北、长江三角洲等地区已经形成相对完善的区域管网。"十三五"期间，规划新建天然气主干及配套管道 $4 \times 10^4 km$，2020 年总里程将达到 $10.4 \times 10^4 km$。随着管道的发展，管道直径增加，设计压力随之提高，例如，从陕京一线、涩宁兰管道管径 660mm、压力 6.4MPa，到西气东输一线、陕京二线、陕京三线的管径 1016mm、压力 10MPa，再到西气东输三线管径 1219mm、压力 12MPa[4,15,16]，皆有所体现。

输气干线管道运行过程高度依赖储气设施的调峰来平衡用户用气的波动，以维持管道系统满负荷稳定高效运行。天然气地下储气库调峰具有库容大、安全性好、储转费低等优点，是最主要和经济的城市供气调峰方式。保障输气干线高效经济运行，实现供气的可靠性和安全性，我国先后建成了与陕京输气管配套的大港储气库群及华北储气库群，与西气东输配套的金坛储气库和刘庄储气库。截至2015 年年底，我国储气库工作气量为 $55 \times 10^{8} m^{3}$，仅占消费量的 2.8%，远低于国际天然气联盟规定的安全运营水平(12%)。用气负荷高的大中城市缺乏储气和应急调峰设施。"十二五"期间，新增储气库工作气量约 $37 \times 10^{8} m^{3}$，约占 2015 年天然气消费总量的 1.9%，重庆相国寺、新疆呼图壁、长庆靖边、华北苏桥、大港板南等储气库陆续建成投用[4,17,18]。

1.2 天然气过滤分离设备的应用

天然气从气井采出，经过降压并进行分离除尘、除液处理之后，再由集气支线、集气干线输送至天然气处理厂或长输管道首站，这一过程由气田集输系统完成。集输后的天然气在处理厂完成脱硫、脱碳、脱水等气体净化过程，成为合格的管输天然气，进入长输管道，最后进入城市管网。长输管道的组成如图 1.1 所示[19]，包括首站、中间气体分输站、干线截断阀室、中间气体接受、障碍的穿跨越、末站、城市储配站和压气站等。输气干线首站主要是对进入干线的气体质量进行检验并计量，同时具有分离、调压和清管发送功能。中间分输站的功能和首站类似，主要是给沿线城镇供气或接受其他支线与气源来气。压气站是为提高输气压力而设置的，它由压缩机及其驱动设备组成。清管站通常和其他站场合建，其目的是定期清除管道中的杂质，包括水、机械杂质和铁锈等。

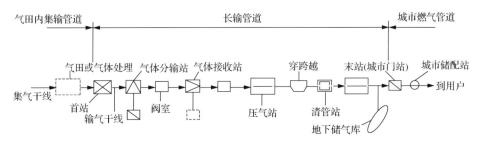

图 1.1 长输管道组成[19]

依据天然气集输、长输管道和城市燃气管网的工艺过程，天然气集输、长输管道和城市燃气管网的工艺过程都需要使用过滤分离设备，根据其应用场合，可将其分为以下四种：天然气矿场分离用过滤分离设备、天然气处理厂用过滤分离设备、长输管道站场用过滤分离设备和城市燃气用过滤分离设备。

1.2.1　天然气矿场分离用过滤分离设备

从气井采出的天然气常含有液体(水、液态烃)和固体(岩屑、腐蚀产物和酸化处理后的残存物等)物质。这将对集输管线和设备产生严重的磨蚀危害,且会堵塞管道和仪表计量管线及设备等,因此会影响集输系统的安全可靠运行。矿场设置过滤分离器的目的就是尽可能除去天然气中所含的液体和固体颗粒。多数天然气田中含砂量较少,但也有个别气田含砂量高,导致集输设备磨损严重。例如,我国的青海涩北气田就曾出现含砂量随采气量增加,砂子带出量严重增加的现象,因此需要在天然气进入集输管线前,安装除砂分离器。当天然气中含有微量固体颗粒和少量液体时,均不在井场进行分离,而在集气站统一处理。当天然气中的水、烃等含量较大时,则需要在井场进行分离处理。井场天然气压力和温度的变化会影响烃类和水的相态平衡,因此井场分离器分离出来的液体产物将随分离温度和压力的变化而变化。

目前井场常用的分离工艺分为两类:常温分离工艺和低温分离工艺。常温分离工艺是指在分离器操作压力下,以不形成水合物的温度条件下进行气液分离,分离出的气体进入气体集输管线,分离出的液体送入储液罐。常温分离工艺辅助设备少,操作方便,适用于干气的分离。低温分离工艺是指当天然气采气压力远高于外输压力时,利用天然气通过节流降压阀产生的节流降温效应,实现低温条件的气液分离。低温分离器的操作温度越低,轻组分进入液烃的量越多,低温分离工艺不但可以增加液烃回收量,还可以降低天然气的烃露点和水露点,进而满足集输工艺要求[20]。目前常用的过滤分离设备包含以下四种。

1. 重力分离器

重力分离器主要是利用天然气和被分离物质的密度差实现两相或三相的分离。除了天然气的温度和压力等参数外,最大处理气量是重力分离器选型和设计时的一个重要参数,应保证实际处理气量在最大设计流量范围内。重力分离器可以适应气量变化范围大的场合,主要用于除去较大的液滴和固体颗粒,一般用于集输系统的初级分离。

2. 旋风分离器

旋风分离器是利用离心力实现气固和气液两相分离的设备,由于要分离的液滴和固体颗粒的密度远大于气体密度,在数十米每秒的切向速度下,液滴和固体颗粒所受的离心力远大于重力,因此旋风分离器的分离精度要高于重力分离器。旋风分离器的分离性能与操作流量密切相关,其仅在一定流量范围内才具有较高的分离效率,因此不适用于气量波动大的场合。

3. 惯性分离器

惯性分离器除了利用入口段的离心力作用和沉降段的重力作用外，在气流通道上设置了由各种形式的折流板组成的弯曲通道，以利用颗粒自身的惯性实现分离。常用的惯性分离器有百叶窗式和螺道式分离器。惯性分离器的分离性能介于重力分离器和旋风分离器之间，但由于其内部结构复杂，应用不如重力分离器普遍。

4. 超音速分离器

超音速分离器由旋流器、超音速喷管、工作段和气液两相分离器及扩散段等组成。天然气首先进入旋流器旋转，产生强旋转流场，然后在超音速喷管内实现膨胀降压、降温和进一步加速。由于经过喷管后的天然气温度低，其中含有的水蒸气和部分烃类凝结成液滴，然后在旋转速度场作用下分离到管壁，从而实现气液高效分离，净化后的天然气经过扩散段的减速、增压和升温，恢复部分压力能。超音速分离器实现了节流阀和旋风分离器双重功能，具有分离效率高、工艺简单和运行可靠等特点，适用于高压天然气井场[21]。

5. 过滤分离器

过滤分离器是利用气流通过多孔过滤元件时的直接拦截、惯性碰撞和扩散效应等作用，分离出气体中的固体颗粒或液滴。过滤分离器常应用于对天然气净化要求高的场合，如集输站压缩机进口或流量计量仪器前等，一般与重力分离器、旋风分离器或惯性分离器组合使用。

1.2.2　天然气处理厂用过滤分离设备

天然气净化处理的目的是脱除其中的硫化氢和二氧化碳等酸性气体，一般采用加压常温条件下的胺液吸收方法。在天然气进入吸收塔之前需要对原料气进行过滤分离，以除掉其中的固体颗粒和液滴。原料气中固体杂质进入下游流程会污染甲基二乙醇胺(MDEA)等脱硫溶剂，使脱硫溶液发泡，影响原料气净化装置的平稳操作和成品气的品质。含硫原料气中的液体会和气相中酸性成分生成腐蚀性极强的酸性物质，形成腐蚀性环境。天然气处理厂设置的原料气过滤分离器常有以下几种型式。

1. 重力分离器

重力分离器作为初级分离设备，主要用于除去原料气中游离水和大粒径的固体杂质。

2. 过滤分离器

设置过滤分离器的目的是除去直径 1μm 以上的固体颗粒和液滴。过滤分离器分为立式和卧式型式,当天然气含液量少,推荐采用卧式过滤分离器。当天然气中含液量大时,则应采用立式过滤分离器。过滤分离器一般作为前置预过滤器,后面设置聚结过滤器。

3. 聚结过滤器

聚结过滤器主要由数根到数十根聚结滤芯垂直并联在立式压力容器内,主要用于分离细小液滴。经过预分离后的天然气首先进入聚结过滤器的下部集气室,由于集气室内速度较低,会有部分大液滴沉降下来;含液气体向上进入聚结分离区,气体中的细小液滴在由聚结滤芯内表面进入滤材内部时聚结成较大液滴,滤芯外表面的液滴在重力作用下进入过滤器中部的集液区。净化后的气体通过上部的排气口排出,上下集液区内的液体可以定期排出。聚结过滤器主要用于分离0.3μm 以上的液滴[22]。

1.2.3　长输管道站场用过滤分离设备

长输管道中输送的天然气一般含有固体杂质,运行过程中还可能含有游离水、液烃等液滴,这些杂质的存在,会加速管道及设备的腐蚀,降低管道的输送效率,因此这些杂质都需要除去。如果气体中固体杂质含量达到 5～7mg/m³,一条新管道投产两个月后,管道的输送效率将降低 3%～5%;如果固体杂质含量达到30mg/m³,将会对压缩机叶轮造成严重冲蚀而导致失效。此外,当站内压缩机采用燃气轮机驱动,天然气作为燃料气时,其中固体颗粒会导致燃气轮机燃烧室喷嘴堵塞、动力涡轮叶片表面磨损和粉尘沉积;液体烃类物质将引起燃烧室局部高温,进而引起动力涡轮叶片损坏[23]。

在输气管道的首站、中间站、调压计量站、分输站、压气站,以及与管道配套的地下储气库等均需安装过滤分离设备,以保证气体满足设备、计量仪表和工艺要求。长输管道站场内过滤分离设备主要包括以下几个部分。

1. 多管旋风分离器

多管旋风分离器是由若干个直径为 50～150mm 的小型旋风管并联组合在一个壳体内的分离设备。含有颗粒的气体由进气管进入气体分布室,然后进入各个旋风管,颗粒和液滴在离心力作用下被分离到旋风管壁面,经下部排尘口进入共用灰斗,而净化后的气体经过旋风排气口进入上部的集气室后排出。多管旋风分离器的效率高于单个常规的切向旋风分离器,可以有效除净 10μm 以上的固体颗粒，且操作弹性范围宽，适用于气量大、压力高和颗粒粒径较大的场合。目前广泛应用于长输管道站场，对于颗粒分离要求精度高的压气站则作为初级分离设备，与过滤分离器配合使用。

2. 过滤分离器

过滤分离器是由数根到数十根过滤元件组合在一个壳体内构成，其内部通常由过滤段和分离段组成。当含尘天然气进入过滤器后，先在入口气体分布室内初步分离出固体粗颗粒和液滴，之后细小颗粒在气流通过滤元件外表面时被截留在滤材内，部分小液滴在过滤元件内部聚结成大的液滴后由内表面排出，并在分离段被分离下来，分离出的液滴和固体粉尘流入过滤器底部的集液室，并依据液面高度定期排出。过滤后的净化气体进入压缩机或计量系统等。过滤分离器主要用于分离颗粒直径大于 $1\mu m$ 的固体颗粒和液滴，分离效率远高于多管旋风分离器。在过滤分离器使用过程中，当过滤元件两侧压差达到设定值时需要更换，因此运行成本要高于多管旋风分离器。过滤分离器的结构型式分为卧式和立式两类，为了便于过滤元件的更换，长输管道站场一般采用卧式过滤分离器。

另外，压气站内驱动离心压缩机的燃气轮机可直接采用天然气作为燃料气。在燃料气供给燃气轮机使用之前，需对其进行净化处理以防固体粉尘和液滴对燃烧系统和透平叶片等造成危害，而采用的净化装置也可划分为过滤分离器，通常称为燃料气过滤器。为了保证燃气轮机的正常运行，我国国家标准和国际主要燃气轮机厂家等都对燃料气中杂质的含量做出了严格的要求。

3. 聚结过滤器

长输管道站场用聚结过滤器的结构与天然气净化厂相同，主要用于除净 $0.3\mu m$ 以上的液滴。依据使用条件和要求的过滤精度不同，可以分为以下两种。

1) 工艺气聚结过滤器

工艺气聚结过滤器通常设置在工艺气过滤器之后，用于分离粒径小于 $1\mu m$ 的液滴，防止天然气中存在的凝析水或凝析油等液滴与氯离子及湿气中的二氧化碳、硫化物等成分结合而造成压缩机叶片及流量计量仪表等的腐蚀。

2) 干气密封气聚结过滤器

压气站一般通过离心压缩机来实现天然气的增压，离心压缩机的轴端密封则采用干气密封型式。干气密封结构是通过旋转的动环和固定在机器壳体上的静环之间形成的气膜实现轴端密封，所用密封气则取自压缩机出口的天然气，经过干气密封气聚结过滤器和加热器后进入密封面。如果密封气中含有游离水和轻液烃等液相成分，则会引起动环和静环间的密封面浮动变形、密封面腐蚀、密封面过热、动环断裂失效等严重后果。干气密封聚结过滤器通常设计为双联过滤器，即"一用一备"的方式，从而便于内部滤芯更换，干气密封滤芯具有较高的过滤精度，对微小液滴有良好的聚结性能，用来保障干气密封装置的可靠运行。

4. 组合式过滤分离器

组合式过滤器是将惯性分离或旋风分离与过滤分离作用集成的一种分离设备，可以代替多管旋风分离器和过滤分离器两级组合。组合式过滤分离器采用立式结构型式，分为上下两段：下段为多个惯性分离元件或多个旋风子并联结构，主要用于分离 10μm 以上的固体颗粒和液滴，分离后的气体进入上部精细过滤段；上段结构与聚结过滤器内部类似，由多根聚结滤芯并联组成。组合式过滤分离器一般需要由上下两个排液口，分别排出下部分离段和上部聚结过滤段的液体。组合式过滤器与传统的多管旋风分离器与聚结过滤器两级串联相比，具有结构简单、占地空间小和制造成本低等特点，已在我国西气东输二线部分站场得到应用。但由于组合式过滤分离器为立式两段结构，使高度增加，给聚结滤芯更换带来不便。组合式过滤分离器的过滤精度与聚结过滤器相同。

1.2.4　城市燃气用过滤分离设备

城市燃气用过滤分离设备一般安装在城市门站，其目的是除去天然气中的机械杂质、凝聚物等固态颗粒，以减少对设备、仪表与管路的磨损、腐蚀和堵塞，并保证计量仪表与调压器精度和运行寿命。门站接受的天然气已经经过长输管道多个场站的净化和过滤处理，进入城市管网门站的天然气一般固体颗粒含量低，且不含有较大直径的颗粒，因此在门站一般采用单级过滤分离器即可满足要求，过滤分离器的过滤精度为 10μm 或 20μm。当设置粗、精两级过滤器，粗过滤精度为 50μm，精过滤精度为 5μm 或 10μm，过滤分离器的效率大于 98%。过滤分离器一般按照进口压力与允许压差条件下的流量选用[24]。

1.3　天然气净化过滤分离设备的分类和发展概况

1.3.1　过滤分离设备分类

依据天然气净化领域所用过滤分离设备的类型可分为：重力分离器、惯性分离器、旋风分离器、超音速分离器、过滤分离器和聚结过滤器。以上几种主要过滤分离设备的原理、性能和用途如表 1.1 所示。

表 1.1 气体净化分离设备的原理、性能和应用范围比较

参数	重力分离器	挡板分离器	旋风分离器、超音速分离器	过滤分离器	聚结分离器
主要作用力	重力	惯性力	离心力	惯性碰撞直接拦截	扩散效应为主
气体速度/(m/s)	1.5~2.0	15~20	20~30	0.2~1.0	0.01~0.08
固体颗粒直径范围/μm	>100	>40	>10	>3	0.01~1.0
压降	很小	中等	较大	较大	中等
流量范围	大	小	小	大	大
可分离液滴类型	气速变化夹带出的大液滴	较大的冷凝液滴	压力变化的雾化液滴	较大的冷凝、雾化液滴	冷凝液滴

1.3.2 过滤分离设备发展概况

油气集输系统用分离设备主要用来除去天然气中固体和液相杂质，常用的过滤分离设备包括重力分离器、旋风分离器。重力分离器又可分为立式和卧式两种。针对常规三相重力分离器使用中存在的问题，潘玉琦和袁智君[25]研制出了 HNS-I 三相分离器，实现了气体预分离、二次捕雾和强化破乳等技术的有机结合，提高了油水分离效率，气体中的液体带出量明显降低，具有结构紧凑和自动化程度高等特点，随后在地面油气集输站场和海上石油平台得到了广泛应用。

我国最早建设川气出川管道时没有设置内涂层，所采用的过滤分离设备为多管旋风分离器，当时只是针对干气输送。早在 1975 年，华东石油学院时铭显教授领导的除尘课题组针对川气外输管道技术要求，在大量实验室实验和四川气田现场试验的基础上，研制出了高压多管旋风分离器，其中的核心元件为直筒型导叶式旋风管，下部底板为螺旋槽结构，同时建立了多管旋风分离器成套设计方法，在四川天然气田的集输站场得到广泛应用，1995 年建设的陕京天然气管道就采用了这种结构的多管旋风分离器作为第一级分离器。随后国内相继开发了双切向入口的旋风管、大直径导叶型旋风管等。所用旋风管的直径从早期的100mm 到现在的 150mm 不等。

1995 年我国建设的陕京天然气管道是我国第一条长距离大直径自动化控制管道，压气站选用了多管旋风分离器与卧式过滤器加上立式过滤器的方案。后来建设的西气东输一线仍然按照干式输送设计，选用了多管旋风分离器加上卧式过滤分离器的方案，随着气质变化，开始考虑湿气、游离水、液烃析出等一系列问题，西气东输二线西段则采用了多管旋风分离器和立式聚结过滤器的方案。

过滤分离器和聚结过滤器的核心元件为其中的滤芯，滤芯的精度决定了过滤器的精度。最早使用的滤芯为美国派瑞公司(Perry)生产的过滤精度为 1μm 的进口滤芯，而后随着燃气轮机和压缩机要求的提高，滤芯精度要求达到 0.3μm。滤芯的材料包括玻璃纤维、聚酯纤维和聚丙烯纤维等多种类型。

2000 年以来，中国石油大学(北京)过滤与分离技术实验室逐步建立了旋风管、过滤滤芯和聚结滤芯性能检测平台，并形成了 SY/T 6883—2012《输气管道工程过滤分离设备规范》[26]、SY/T 6892—2012《天然气管道内粉尘检测方法》[27]及 SY/T 7034—2016《管道站场用天然气过滤器滤芯性能试验方法》[28]三项石油天然气行业标准，为管道过滤分离设备的性能评价提供了依据，同时也促进了过滤分离技术与装备的发展进程。

参 考 文 献

[1] 贾承造, 张永峰, 赵霞. 中国天然气工业发展前景与挑战. 天然气工业, 2014, 34(2): 1-11

[2] BP Group. BP statistical review of world energy. London: BP Group, 2017

[3] BP Group. BP energy outlook. London: BP Group, 2017

[4] 国家发展和改革委员会. 天然气发展"十三五"规划. 北京: 国家发展和改革委员会, 2017

[5] 中国能源中长期发展战略研究项目组. 中国能源中长期(2030、2050)发展战略研究. 电力·油气·核能·环境卷. 北京: 科学出版社, 2011

[6] 邱中建, 赵文智, 胡素云, 等. 我国天然气资源潜力及其在未来低碳经济发展中的重要地位. 中国工程科学, 2011, 13(6): 81-87

[7] 童晓光. 大力提高天然气在能源构成中比例的意义和可能性. 天然气工业, 2010, 30(10): 1-6

[8] 国家发展和改革委员会. 天然气利用政策. 北京: 国家发展和改革委员会, 2012

[9] 华贲. 中国低碳能源格局中的天然气. 天然气工业, 2011, 31(1): 7-12

[10] 周志斌. 中国非常规天然气产业发展趋势、挑战与应对策略. 天然气工业, 2014, 34(2): 12-17

[11] 国家发展和改革委员会. 天然气发展"十二五"规划. 北京: 国家发展和改革委员会, 2012

[12] 中国石油经济技术研究院. 2016 年国内外油气行业发展报告. 北京: 中国石油经济技术研究院, 2016

[13] 王震, 薛庆. 充分发挥天然气在我国现代能源体系构建中的主力作用——对《天然气发展"十三五"规划》的解读. 天然气工业, 2017, 37(3): 1-8

[14] 周淑慧, 郜婕, 杨义, 等. 中国 LNG 产业发展现状、问题与市场空间. 国际石油经济, 2013, 21(6): 5-15

[15] 田瑛, 甄建超, 孙春良, 等. 我国油气管道建设历程及发展趋势. 石油规划设计, 2011, 22(4): 4-8

[16] 王保群, 林燕红, 焦中良. 我国天然气管道现状与发展方向. 国际石油经济, 2013, 8: 76-79

[17] 周学深. 有效的天然气调峰储气技术——地下储气库. 天然气工业, 2013, 33(10): 95-99

[18] 肖学兰. 地下储气库建设技术研究现状及建议. 天然气工业, 2012, 32(2): 79-82

[19] 《石油和化工工程设计手册》编委会. 输气管道工程设计. 东营: 中国石油大学出版社, 2010

[20] 葛有琰, 乐宏, 张鹏, 等. 地面集输工程技术. 北京: 石油工业出版社, 2011

[21] 温艳军, 梅灿, 黄铁军, 等. 超音速分离技术在塔里木油气田的成功应用. 天然气工业, 2012, 32(7): 77-79

[22] 王开岳. 天然气净化工艺——脱硫脱碳、脱水、硫磺回收及尾气处理. 北京: 石油工业出版社, 2005

[23] 宋德琦, 苏建华, 任启瑞, 等. 天然气输送与储存工程. 北京: 石油工业出版社, 2004

[24] 严铭卿, 宓亢琪, 黎光华, 等. 天然气输配技术. 北京: 化学工业出版社, 2006

[25] 潘玉琦, 袁智君. HNS-I 型三相分离器. 油田地面工程, 1990, 9(3): 52-58

[26] 国家能源局.输气管道过滤分离设备规范: SY/T 6883—2012. 北京: 石油工业出版社, 2013

[27] 国家能源局.天然气管道内粉尘检测方法: SY/T 6892—2012. 北京: 石油工业出版社, 2013

[28] 国家能源局.管道站场用天然气过滤器滤芯性能试验方法: SY/T 7034—2016 北京: 石油工业出版社, 2016

第2章 天然气内的多相流特性

2.1 天然气物性

2.1.1 气田天然气的组成

天然气是由碳氢化合物和非碳氢化合物组成的复杂混合物，并且在大气条件下以气体的状态形式存在。不同气田的天然气组成不同，即使同一气田产出的天然气组成或组成分数也是不断变化的。天然气的主要成分是甲烷(CH_4)，同时也包含其他重要的碳氢化合物，如乙烷(C_2H_6)、丙烷(C_3H_8)、丁烷(C_4H_{10})及戊烷(C_5H_{12})，有时也会含有微量的己烷(C_6H_{14})和其他重烃类物质。大多数天然气中含有氮气(N_2)、二氧化碳(CO_2)、硫化氢(H_2S)和其他硫化物。另外，天然气也可能含有氢气和一些惰性气体。表 2.1[1]给出我国主要气田天然气组成。

表 2.1 我国主要气田的天然气组成 (单位：%)

气田名称	甲烷	乙烷	丙烷	丁烷	戊烷	己烷及以上	二氧化碳	氮气	硫化氢
长庆气田(靖边)	93.89	0.62	0.08	0.02	0.003		5.14	0.16	0.048
长庆气田(榆林)	94.31	3.41	0.50	0.15	0.054		1.20	0.33	
长庆气田(苏里格)	92.54	4.50	0.93	0.285	0.093	0.843	0.775		
中原气田(气田气)	94.42	2.12	0.41	0.33	0.18	0.26	1.25		
中原气田(凝析气)	85.14	5.62	3.41	2.10	1.13	0.67	0.84		
塔里木气田(克拉-2)	98.02	0.51	0.04	0.02	0	0.05	0.58	0.7	
塔里木气田(牙哈)	84.29	7.18	2.09						70*
海南崖 13-1 气田	83.87	3.83	1.47	0.78	0.27	1.11	7.65	1.02	
青海台南气田	99.20		0.02					0.78	
青海涩北-1 气田	99.90							0.10	
青海涩北-2 气田	99.69	0.08	0.02					0.20	
东海平湖凝析气田	81.30	7.49	4.07	1.85	0.48	0.28	3.87	0.66	
新疆柯克亚凝析气田	82.69	8.14	2.47	1.22	0.47	0.34	0.26	4.44	
华北苏桥凝析气田	78.58	8.26	3.13	1.43	0.55	5.84	1.41	0.80	
重庆气田(卧龙河 1)	93.72	0.88	0.21	0.05			0.54	0.49	4.10
重庆气田(卧龙河 2)	95.97	0.55	0.10	0.03	0.04		0.35	1.30	1.52
重庆气田(卧龙河)	97.53	0.43	0.03	0.01			1.01	0.73	0.26
重庆气田(相国寺)	97.62	0.92	0.07				0.16	1.13	0.10

气田名称	甲烷	乙烷	丙烷	丁烷	戊烷	己烷及以上	二氧化碳	氮气	硫化氢
蜀南气田(庙高寺)	96.42	0.73	0.14	0.04				1.93	0.69
蜀南气田(傅家庙)	95.77	1.10	0.37	0.16			0.08	2.24	
蜀南气田(宋家场)	97.17	1.02	0.20				0.47	1.09	0.01
蜀南气田(阳高寺)	97.81	1.05	0.17				0.44	0.48	
蜀南气田(兴隆场)	96.74	1.07	0.32	0.16	0.075		0.045	1.54	
蜀南气田(自流井)	97.12	0.56	0.07				1.135	1.06	0.02
蜀南气田(威远)	86.47	0.11					4.437	8.10	0.879
川中油气田(磨溪)	96.48	0.19					0.546	1.02	1.764
川中油气田(八角场)	88.19	6.33	2.48	1.00	0.70		0.26	1.04	
川中油气田(遂南)	87.92	6.48	2.46	1.14	0.4		0.21	1.38	
川西北气田(中坝1)	91.00	5.80	1.59	0.48	0.38		0.47	0.19	
川西油气田(中坝2)	84.84	2.05	0.47	0.281	0.102		4.13	1.71	6.32
川东北气田(罗家寨)	83.23	0.07	0.02				5.65	0.70	10.08
川东北气田(铁山坡)	77.12	0.05	0.01				6.32	1.01	15.00
川东北气田(渡口河)	75.84	0.05	0.03				6.59	0.91	16.50

注：上述各气体组成之和可能不足100%，剩下的为其他成分；丁烷包括正丁烷和异丁烷，戊烷包括正戊烷和异戊烷。

*单位为 mg/m³。

除天然气外，煤层气和页岩气在我国能源消费中也逐渐占据重要地位，这两种气体的主要组分也是甲烷。煤层气是指储存在煤层微孔隙中以甲烷为主要成分，主要吸附在煤基质颗粒表面，部分游离于煤孔隙中或溶解于煤层水中的烃类气体，是煤的伴生矿产资源，属典型的自生自储式非常规天然气气藏。煤层气俗称瓦斯，热值是通用煤的2~5倍，1m³纯煤层气的热值相当于1.13kg汽油、1.21kg标准煤，其热值与天然气相当，可以与天然气混输混用，而且燃烧几乎不产生任何废气。

页岩气是一种以游离或吸附状态储藏于页岩层或泥岩层中的非常规天然气，一般特指赋存于页岩中的非常规气。页岩气的主要成分是烷烃，其中甲烷占绝大多数，另有少量的乙烷、丙烷和丁烷，此外还含有硫化氢、二氧化碳、氮气、水蒸气及微量的惰性气体。

2.1.2　天然气的主要物性参数

由于天然气是由相互不发生化学反应的多种单一组分组成的混合物，无法用一个统一的分子式来表达它的组成和性质，只能假设成具有平均参数的某一物质。混合物的平均参数由各组分的性质按加合法求得。天然气的物理性质通常是指天然气的组成、平均相对分子质量、密度和相对密度、黏度、临界参数和气体状态方程等。表2.2给出了天然气中的主要烃类的基本性质[2]。

表 2.2　天然气中常见烃类的基本性质(0℃，101.325kPa)

参数	甲烷	乙烷	丙烷	正丁烷	异丁烷	正戊烷	异戊烷
分子式	CH_4	C_2H_6	C_3H_8	$n\text{-}C_4H_{10}$	$i\text{-}C_4H_{10}$	$n\text{-}C_5H_{12}$	$i\text{-}C_5H_{12}$
相对分子质量	16.043	30.070	44.097	58.124	58.124	72.151	72.151
千摩尔体积/(m³/kmol)	22.363	22.182	21.890	21.421	21.480	20.888	21.056
密度/(kg/m³)	0.7174	1.3556	2.0145	2.7134	2.7060	3.4542	3.4267
相对密度	0.5548	1.0484	1.5580	2.0985	2.0928	2.6715	2.6502
临界温度 T_{cr}/K	190.55	305.43	369.82	425.16	408.13	469.6	460.39
临界压力 p_{cr}/kPa(绝对压力)	4604	4880	4249	3797	3648	3369	3381
临界比容 V_{cr}/(m³/kg)	0.0062	0.00492	0.0046	0.00438	0.00452	0.00422	0.00424
理想高发热值/(kJ/m³)	39829	69759	99264	128629	128257	158087	157730
理想低发热值/(kJ/m³)	35807	63727	91223	118577	118206	146025	145668
爆炸下限(体积分数)/%	5.0	2.9	2.1	1.8	1.8	1.4	1.4
爆炸上限(体积分数)/%	15.0	13.0	9.5	8.4	8.4	8.3	8.3
定压比热容/[kJ/(mol·K)]	34.931	49.822	68.783	91.270	90.078	112.603	110.369
比热比 c_p/c_v	1.314	1.202	1.138	1.097		1.077	
动力黏度/(mPa·s)	0.0101	0.009	0.0074	0.0068	0.0066	0.0071	0.0066
气体常数 R_g/[kJ/(kg·K)]	0.5183	0.2765	0.1885	0.1430	0.1430	0.1152	0.1152
自燃点/℃	645	530	510	490			
理论燃烧温度/℃	1830	2020	2043	2057	2057		
燃烧 1m³ 气体所需空气量/m³	9.54	16.70	23.86	31.02	31.02	38.18	38.18
最大火焰传播速度/(m/s)	0.67	0.86	0.82	0.82			

1. 真实气体状态方程式

天然气集输过程中压力一般较高，因此需按真实气体计算其温度、压力与体积的关系。在工程计算中一般在理想气体状态方程式中引入修正系数，即压缩系数 Z(或称压缩因子)，其方程式为

$$pV = ZnRT \tag{2.1}$$

式中，p 为气体的绝对压力；V 为气体的体积，m³；T 为气体的绝对温度，K；n 为在压力 p、温度 T 时，V 体积气体的物质的量；R 为摩尔气体常数。

2. 压缩系数

压缩系数(Z)用来描述真实气体对理想气体性质的偏离程度,天然气的压缩系数主要有以下计算方法。

1) 根据对比参数求压缩系数

压缩系数随温度和压力发生变化，通常用对比压力 p_r 和对比温度 T_r 的函数关系表示：

$$Z = f(p_r, T_r) \tag{2.2}$$

对比压力 p_r 和对比温度 T_r 的表达式为

$$p_r = p/p_{cr} \tag{2.3}$$

$$T_r = T/T_{cr} \tag{2.4}$$

式中，p_{cr} 和 T_{cr} 分别为气体的临界压力和温度，单位分别为 Pa 和 K。

天然气中常见烃类的临界参数如表 2.2 所示，由于天然气为混合物，只能计算天然气的临界参数的平均值，其平均临界压力和温度的表达式为

$$p_{cr} = \sum_{i=1}^{m} p_{cr,i} y_i , \qquad T_{cr} = \sum_{i=1}^{m} T_{cr,i} y_i \tag{2.5}$$

式中，$p_{cr,i}$ 和 $T_{cr,i}$ 分别为天然气中组分 i 的临界温度和压力，单位分别为 Pa 和 K；y_i 为各组分的物质的量分数，%；m 为组成气体的总数。

因此，只要知道天然气各组成的物质的量分数，利用表 2.2 就可以计算出天然气的平均临界温度和压力。如果天然气的组成和各组成的临界参数未知的话，可以用天然气的相对密度 γ_g 来估算其准临界压力 p_{cr} 和温度 T_{cr}。最常用的计算公式是由 Sutton[3] 提出的，是基于 264 种不同气体的实验数据回归了一个二阶拟合的准临界参数计算公式：

$$T_{cr} = 169.2 + 349.5\gamma_g - 74.0\gamma_g^2 \tag{2.6}$$

$$p_{cr} = 756.8 - 131.07\gamma_g - 3.6\gamma_g^2 \tag{2.7}$$

式 (2.6) 和式 (2.7) 适用的相对密度 γ_g 的范围为 $0.57 < \gamma_g < 1.68$。

只要计算出天然气的对比压力和对比温度，就可以利用图 2.1[4] 求得天然气的压缩系数。图 2.1 覆盖的对比压力范围为 0～15，对比温度范围为 1.05～3，在计算含有少量非烃类气体的无硫天然气的压缩系数时比较可靠。对于主要由甲烷组成的洁净天然气，含氮量不超过 5%，天然气摩尔质量不超过 40 时，从图 2.1 得到的压缩系数，误差一般不会超过 3%[5]。当 CO_2 或者 H_2S 含量超过 2% 时，则应考虑这些组分对压缩系数的影响。

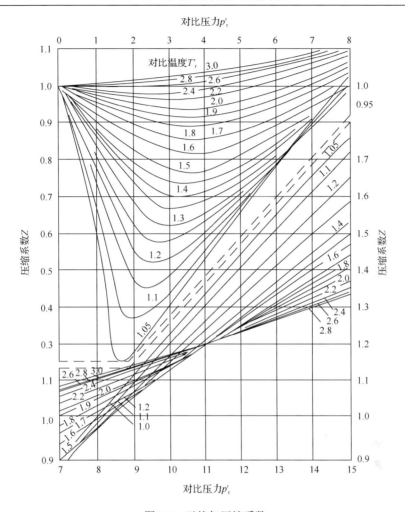

图 2.1　天然气压缩系数

2) 利用国标计算压缩系数

天然气压缩系数除了利用对比压力和对比温度查图求得外，还可以根据国标 GB/T 17747.2—2011《天然气压缩因子的计算》[6]的第 2 部分和第 3 部分，用天然气的摩尔组成或用天然气的物性值进行计算。

3) 经验公式计算压缩系数

中国石油天然气行业标准 SY/T 6882—2012《输气管道工程过滤分离设备规范》[7]提供了一些计算天然气压缩系数的经验公式，大多数计算公式都是对比压力和对比温度的关系式。

3. 密度

(1)天然气是混合气体，密度服从叠加定律，在任意温度与压力下密度为

$$\rho=\sum_{i=1}^{n}\left(V_i\rho_i\right) \tag{2.8}$$

式中，ρ 为混合气体的密度，kg/m^3；ρ_i 为任意温度、压力下组分 i 的密度，kg/m^3；V_i 为组分 i 的体积分数。

(2)国家标准 GB/T 11062—2014《天然气发热量、密度、相对密度和沃泊指数的计算方法》[8]规定了当已知天然气的摩尔组成时，用各组分的物性值计算天然气的发热量、密度、相对密度的方法，标准中列有烃类和其他气体的纯组分在 0℃和 20℃标准状态下的理想密度，并规定天然气的真实密度为

$$\rho_{re} = \frac{\rho_{id}}{Z_m} \tag{2.9}$$

式中，ρ_{re} 为混合气体的真实密度，kg/m^3；ρ_{id} 为混合气体的理想密度，kg/m^3；Z_m 为混合气体的压缩系数，其计算公式为

$$Z_m = 1 - \left(\sum_{i=1}^{n} y_i \sqrt{b_i}\right)^2 + 0.0005\left(2y_H - y_H^2\right) \tag{2.10}$$

其中，$\sqrt{b_i}$ 为组分 i 的求和因子；y_i 为组分 i 的物质的量分数；y_H 为氢气的物质的量分数。

4. 相对密度

天然气的相对密度是指在相同压力和温度条件下，天然气的密度与干空气的密度之比。在标准状态下(0℃和 101.325kPa)，干空气的密度为 1.293kg/m^3。因此天然气的相对密度可以表示为

$$\gamma_g = \frac{\rho_g}{1.293} \tag{2.11}$$

式中，γ_g 为相对密度；ρ_g 为天然气密度，kg/m^3。

另外，天然气相对密度也可以表示为

$$\gamma_g = \frac{M}{M_{air}} \tag{2.12}$$

式中，M 为天然气的摩尔质量，g/mol；M_{air} 为空气的摩尔质量，g/mol。其中天然气的摩尔质量为

$$M = \sum_{i=1}^{n} y_i M_i \tag{2.13}$$

式中，M_i 为各组分的摩尔质量，g/mol；y_i 为各组分的物质的量分数。

5. 黏度

气体在低压下的黏度随温度的升高而增加；随着压力的增加，温度升高对黏度增大的影响越来越小，当压力很高（10MPa 以上）时，气体的黏度随温度的升高而降低。相同温度下气体黏度随着压力的上升而增加。

(1) 纯烃气体在低压下的黏度可由从文献[2]中提供的烷烃、烯烃、二烯烃、炔烃蒸气黏度图查得，该图是由实验数据绘制而成，其平均误差范围为 1%～2%，适用压力范围 $p_r < 0.6$。

(2) 如果已知天然气的相对分子质量和温度，也可由图 2.2[2] 查得在 101.325kPa 下天然气的动力黏度。天然气中含有氮气、二氧化碳和硫化氢气体会使烃类气体黏度增加，图 2.2 给出了有关的校正值。

(3) 通常工程计算中纯物质气体低压下的黏度可用物质临界参数计算，平均误差约为 5%，计算公式如下[2]：

当 $T_r < 1$ 时

$$\mu = 0.001612 M^{0.5} p_{cr}^{0.667} T_r^{0.965} / T_{cr}^{0.167} \tag{2.14}$$

当 $T_r > 1$ 时

$$\mu = 0.001612 M^{0.5} p_{cr}^{0.667} T_r^{(0.71+0.29/T_r)} \tag{2.15}$$

式中，μ 为动力黏度，mPa·s。

(4) 在低压力下，天然气的黏度可根据各组分在一定温度和压力下的黏度计算[1,9]：

$$\mu_L = \frac{\sum (y_i \mu_i \sqrt{M_i})}{\sum (y_i \sqrt{M_i})} \tag{2.16}$$

式中，μ_L 为低压下天然气的黏度，Pa·s；μ_i 为相同压力下天然气中组分 i 的黏度，Pa·s；y_i 为天然气中组分 i 的物质的量分数；M_i 为天然气中组分 i 的摩尔质量。式(2.16)的平均误差为 1.5%，最大误差为 5%。

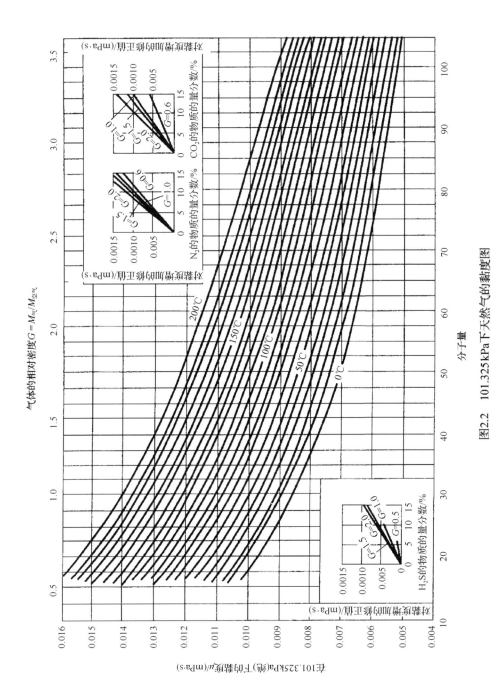

图2.2　101.325kPa下天然气的黏度图

6. 天然气的烃露点

国家标准 GB 50251—2015《输气管道工程设计规范》[10]规定：在一定压力下，天然气经冷却到气相中析出第一滴微小的液体烃时的温度，称为烃露点。准确地测定天然气烃露点，获取可靠的烃露点可有效地指导天然气输配系统的运行，避免在天然气输送过程中出现液烃所引发的一系列安全问题，从而保证天然气长输管道的运行安全。天然气烃露点的检测标准有国家标准 GB/T 27895—2011《天然气烃露点的测定：冷却镜面目测法》[11]。

7. 天然气的水露点和水含量

国家标准 GB 50251—2015《输气管道工程设计规范》[10]规定：在一定压力下，天然气经冷却到气相中析出第一滴微小的液体水时的温度，称为水露点。另外还规定在天然气输送过程中，要求天然气的水露点在输气压力下必须比输气管线各地段的最低温度低 5℃，确保输气管道内无液相水存在。国家标准 GB/T 17283—2014《天然气水露点的测定：镜面凝析湿度计法》[12]规定了采用镜面凝析湿度计法检测天然气的水露点，其检测原理和天然气烃露点冷却镜面法的测量原理基本相同。国家标准 GB/T 27896—2011《天然气中水含量的测定：电子分析法》[13]中规定了采用电容法、激光法、光纤法和压电式法等方法测定天然气的水含量/水露点，目前在天然气贸易计量站采用这些原理的在线水含量/水露点分析仪应用较多。

2.2　气体中的颗粒粒径分布

天然气输气管道安装时管道中会沉积较多的泥土和焊接时遗留的焊渣，以及管道试压时会残留一部分水，在清管时很难把固体杂质和水全部清理；另外，由于脱硫、脱水不彻底会造成输送管道腐蚀而形成如硫化亚铁、氧化铁等黑色粉末状的固体粉尘杂质。天然气集输过程中的颗粒群是由大量的单颗粒组成的集合体，它包括固体颗粒、液滴和气泡。

颗粒的大小通常用粒径和粒度来表征。粒径是以单一颗粒为对象表示颗粒的大小，固体颗粒的形状一般都不规则，不规则形状的颗粒粒径则可按某种规定的特征尺寸表示；粒度是以颗粒群为对象表示所有颗粒大小的总体概念。

2.2.1　单个颗粒大小的表示方法

形状规则的颗粒可以用某种特征尺寸来表示其大小，如球形颗粒，其粒径就是它的直径。其他一些规则颗粒也可用一个或几个参数来度量，但绝大多数颗粒的形状不规则，难以准确描述。为此，采用当量直径来表示不规则颗粒的大小，当量直径就是通过测定某些与颗粒大小有关的参数，推导出与线性量纲相关的参数。对同一颗粒，以不同方法获得的粒径大小也不尽相同。

1. 球当量直径

球当量直径是用和不规则颗粒具有相同参量的球体直径来表示，即实际颗粒与球形颗粒的某种性质类比所得到的粒径。这些参量包括体积、面积、比表面积及沉降速度等，其粒径表示公式如表 2.3 所示[14, 15]。

表 2.3　颗粒的球当量直径

符号	名称	公式	物理意义或定义
d_v	体积直径	$\sqrt[3]{6V_p/\pi}$	与颗粒具有相同体积的圆球直径
d_s	面积直径	$\sqrt{S_p/\pi}$	与颗粒具有相同表面积的圆球直径
d_{sv}	面积体积直径	d_v^3/d_s^2	与颗粒具有相同外表面积和体积比的圆球直径
d_d	阻力直径	当 $Re<0.5$ 时，阻力 $F_R=\psi v^2 d_p^2 \rho$	在黏度相同的流体中，以同一速度并与颗粒具有相同运动阻力的球径
d_f	自由沉降直径	自由沉降终端速度 $v_0=\sqrt{\dfrac{\pi d_f(\rho_p-\rho_l)g}{6\psi\rho_l}}$	与颗粒同密度球体，在密度和黏度相同的流体中，与颗粒具有相同沉降速度球体的直径
d_{Stk}	Stokes 直径	$\sqrt{18v\mu/(\rho_p-\rho_l)g}$	层流区($Re<0.5$)颗粒的自由沉降直径

注：V_p 为颗粒的体积，cm^3；S_p 为颗粒的比表面积，cm^2/g；v 为颗粒在流体中的运动速度，cm/s；v_0 为颗粒在介质中的沉降末速度，cm/s；ρ_l 为流体密度，g/cm^3；ρ_p 为颗粒的密度，g/cm^3；μ 为动力黏度，$Pa\cdot s$；ψ 为阻力系数；Re 为雷诺数；F_R 为流体运动阻力。

2. 空气动力学直径

空气动力学直径指在常温常压空气中，在重力作用下，与实际颗粒具有相同终端速度、密度 ρ_0 为 1000kg/m³ 的球体直径，用 d_a 表示。沉降速度公式可以把空气动力学直径与 Stokes 直径联系起来，关系如下：

$$\rho_p d_{Stk}^2 = \rho_0 d_a^2 \tag{2.17}$$

2.2.2　颗粒的形状系数

绝大多数颗粒都不是球形对称的，颗粒的形状影响颗粒的流动性和颗粒与流体的相互作用。所以严格地说，所测得的粒径只是一种定性的表示。对于非球形颗粒，其外形可能千差万别，但都可以用颗粒的形状系数和比表面积进行描述。颗粒的形状系数可用多种尺度表示，这里只介绍球形度、圆形度和颗粒的比表面积。

1. 颗粒的球形度

颗粒的球形度（ψ_v）是指颗粒外形接近球体的程度，它是一个无因次参数。最常见的定义为与被考察颗粒体积相等的球体表面积 S_v 与被考察颗粒的表面积 S_p 之比，球形度可表示为

$$\psi_v = \frac{S_v}{S_p} = \frac{\pi d_v^2}{S_p} = \frac{\pi \left(\dfrac{6V_p}{\pi}\right)^{\frac{2}{3}}}{S_p} \tag{2.18}$$

显然，对于球体颗粒，球形度为 1；对于其他形状的颗粒，有 $0 < \psi_v < 1$。

2. 颗粒的圆形度

颗粒的圆形度（ψ_c）是指颗粒在某一平面上的投影接近圆形的程度，常定义为与被考察颗粒等投影面积的球体的投影周长 P_A 与被考察颗粒投影周长 P_p 之比，其表达式为

$$\psi_c = \frac{P_A}{P_p} = \frac{\pi d_H}{P_p} \tag{2.19}$$

同样，对于球体颗粒，圆形度为 1；对于其他形状的颗粒，有 $0 < \psi_c < 1$。

3. 颗粒的比表面积

颗粒的比表面积（a）定义为单位体积的颗粒所具有的表面积，即颗粒表面积 S_p 与颗粒体积 V_p 之比：

$$a = \frac{S_p}{V_p} \tag{2.20}$$

由式（2.20）可以看出，颗粒越小，比表面积越大。另外，当颗粒的体积一定时，一般比表面积越大的颗粒，其形状偏离球形越远。

2.2.3　颗粒群的粒径分布

颗粒群或颗粒系由许多颗粒组成。如果组成颗粒群的所有颗粒均具有相同或

近似相同的粒度，则称该颗粒群为单分散的。当颗粒群由大小不一的颗粒组成时，则称为多分散的。颗粒粒径分布又称颗粒粒度分布，是指用简单的表格、绘图和函数形式来表示颗粒群中各种粒径颗粒的相对数量及分布状态。

1. 频率分布和累积分布

颗粒粒径分布常以频率分布和累积分布的形式表示。频率分布表示各个粒径相对应的颗粒含量所占的百分数，累积分布表示小于(或大于)某粒径的颗粒占全部颗粒的百分含量与该粒径的关系(积分型)。百分含量的基准可用颗粒个数、体积或质量来表述，也可以用长度和面积为基准。表 2.4 列出了以个数为基准的表述颗粒粒径分布的频率分布和累积分布。

表 2.4　颗粒大小的分布数据

粒径/μm	颗粒个数	频率分布	累积分布/%	
			筛下累积	筛上累积
0～1.5	0	0.00	0.00	100.00
1.5～2.5	50	1.67	1.67	98.33
2.5～3.5	90	3.00	4.67	95.33
3.5～4.5	110	3.67	8.34	91.66
4.5～5.5	280	9.33	17.67	82.33
5.5～6.5	580	19.33	37.00	63.00
6.5～7.5	600	20.00	57.00	43.00
7.5～8.5	540	18.00	75.00	25.00
8.5～9.5	360	12.00	87.00	13.00
9.5～10.5	170	5.67	92.67	7.33
10.5～11.5	120	4.00	96.67	3.33
11.5～12.5	60	2.00	98.67	1.33
12.5～13.5	40	1.33	100	0.00

1) 频率分布

在颗粒样品中，某一粒度大小(用 d_p 表示)或某一粒度大小范围内(Δd_p 表示)的颗粒(与之相对应的颗粒个数为 n_p)在样品中出现的数量百分数(%)，即为频率，用 $f(d_p)$ 或 $f(\Delta d_p)$ 表示。样品中的颗粒总数用 N 表示，这样有如下关系：

$$f(d_p) = \frac{n_p}{N} \times 100\%　　　　　(2.21)$$

或

$$f(\Delta d_{\mathrm{p}}) = \frac{n_{\mathrm{p}}}{N} \times 100\% \qquad (2.22)$$

这种频率与颗粒大小的关系，称为频率分布。表 2.4 所示的频率分布数据可用如图 2.3 所示的直方图表示。如果把各直方图回归成一条光滑的曲线，便形成频率分布曲线。如果能用某种数学解析式来表示这种频率分布曲线，则可以得到相应的分布函数式，记为 $f(d_{\mathrm{p}})$。频率分布曲线与横坐标轴围成的面积为

$$\int_{d_{\min}}^{d_{\max}} f(d_{\mathrm{p}}) \, \mathrm{d}d_{\mathrm{p}} = 100\% \qquad (2.23)$$

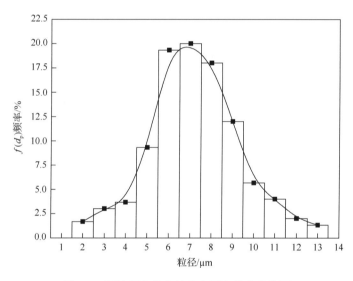

图 2.3　颗粒频率分布的直方图和分布曲线图

2) 累积分布

把颗粒大小的频率分布按一定方式累积，便得到相应的累积分布。它可以用累积直方图的形式表示，但更多的是用累积曲线表示。一般有两种累积方式：一是按颗粒从小到大进行累积，称为筛下累积；另一种是从大到小进行累积，称为筛上累积。前者得到的累积分布表示小于某一粒径的颗粒数(或颗粒质量)的百分数，而后者则表示大于某一粒径的颗粒数(或颗粒质量)的百分数。筛下累积分布常用 $D(d_{\mathrm{p}})$ 表示，筛上累积分布常用 $R(d_{\mathrm{p}})$ 表示。由表 2.4 绘制的累积直方图和两种累积曲线如图 2.4 所示。

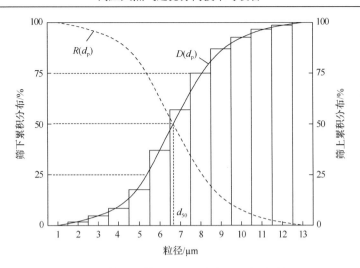

图 2.4 筛上和筛下累积分布直方图与曲线图

图 2.4 所示的筛上和筛下两条分布曲线可以看出有如下关系：

$$D\left(d_{\mathrm{p}}\right)+R\left(d_{\mathrm{p}}\right)=100\%\qquad(2.24)$$

$$\begin{cases}D\left(d_{\min}\right)=0, & D\left(d_{\max}\right)=100\% \\ R\left(d_{\min}\right)=100\%, & R\left(d_{\max}\right)=0\end{cases}\qquad(2.25)$$

与颗粒频率分布相比，累积分布应用更为广泛。许多颗粒测量技术，如筛析法、重力沉降法、离心沉降法等，所测量的分析数据都是以累积分布显示出来的。它的优点是消除了直径的分组，特别适用于确定中位数粒径等。

频率分布 $f(d_{\mathrm{p}})$ 和累积分布 $D(d_{\mathrm{p}})$ 或 $R(d_{\mathrm{p}})$ 之间存在以下关系：

$$D\left(d_{\mathrm{p}}\right)=\int_{d_{\min}}^{d_{\mathrm{p}}}f\left(d_{\mathrm{p}}\right)\mathrm{d}d_{\mathrm{p}}\qquad(2.26)$$

$$R\left(d_{\mathrm{p}}\right)=\int_{d_{\max}}^{d_{\mathrm{p}}}f\left(d_{\mathrm{p}}\right)\mathrm{d}d_{\mathrm{p}}\qquad(2.27)$$

2. 颗粒群的平均粒径

粒径不均匀的颗粒群，其平均粒径是颗粒群的基本特征参数。颗粒群的平均粒径，一般采用统计数学的方法来计算。设颗粒群粒径分别为 d_1，d_2，d_3，$\cdots$，d_i，$\cdots$，d_n；相对应的颗粒个数为 n_1，n_2，n_3，$\cdots$，n_i，$\cdots$，n_n，总个数 $N=\sum n_i$；相对应的颗粒质量为 w_1，w_2，w_3，$\cdots$，w_i，$\cdots$，w_n，总个数 $W=\sum w_i$。

以颗粒个数为基准和质量为基准的平均粒径计算公式总结如表 2.5 所示[16]。

表 2.5　常用平均粒径计算公式

序号	平均粒径名称	符号	个数基准平均粒径	质量基准平均粒径
1	个数长度平均粒径	D_{nL}	$D_{nL} = \dfrac{\sum n_i d_i}{\sum n_i}$	$D_{nL} = \dfrac{\sum w_i / d_i^2}{\sum w_i / d_i^3}$
2	表面积体积平均粒径	D_{SV}	$D_{SV} = \dfrac{\sum n_i d_i^3}{\sum n_i d_i^2}$	$D_{SV} = \dfrac{\sum w_i}{\sum w_i / d_i}$
3	个数表面积平均粒径	D_{nS}	$D_{nS} = \sqrt{\dfrac{\sum n_i d_i^2}{\sum n_i}}$	$D_{nS} = \sqrt{\dfrac{\sum w_i / d_i}{\sum w_i / d_i^3}}$
4	个数体积平均粒径	D_{nV}	$D_{nV} = \sqrt[3]{\dfrac{\sum n_i d_i^3}{\sum n_i}}$	$D_{nV} = \sqrt[3]{\dfrac{\sum w_i}{\sum w_i / d_i^3}}$

3. 表征粒度分布的特征参数

1) 中位粒径 d_{50}

百分含量的基准可用颗粒个数、体积或质量来表述，相对应的中位粒径可分为个数中位粒径和体积中位粒径（或质量中位粒径）。体积中位粒径的物理意义是大于或小于该直径的颗粒的体积各占颗粒总体积的 50%。个数中位粒径的物理意义是大于或小于该直径的颗粒的数目各占颗粒总数的 50%，如图 2.4 所示，根据式 (2.24) 有 $D(d_{50}) = R(d_{50}) = 50\%$，这样如果已知颗粒的累积频率分布，很容易求出该分布的中位粒径。

2) 最频粒径

最频粒径亦称为峰值粒径，一般以 d_{mod} 来表示。在频率分布坐标图上，纵坐标最大值所对应的粒径就是最频粒径，即在颗粒群中个数出现概率最大的颗粒粒径。如果某颗粒群的频率分布 $f(d_p)$ 已知，则令 $f(d_p)$ 的一阶导数为零，便可求出 d_{mod}；同样，如果 $D(d_p)$ 或 $R(d_p)$ 已知，则令其二阶导数等于零，也可以求出 d_{mod}。

3) 标准偏差

标准偏差以 σ 表示，几何标准偏差以 σ_g 表示。它是最常采用的表示粒度频率分布离散程度的参数，其值越小，说明分布越集中。对于频率分布，σ 和 σ_g 的计算公式为

$$\sigma = \sqrt{\frac{\sum n_i (d_i - D_{nL})^2}{N}} \tag{2.28}$$

$$\sigma_{\mathrm{g}} = \sqrt{\frac{\sum n_i (\lg d_i - \lg D_{\mathrm{g}})^2}{N}} \qquad (2.29)$$

式中，D_{g} 为几何平均粒径。

2.2.4　粒径分布的函数表示

目前已经提出很多种的粒径特性方程式，大都为经验公式，其中用得比较多的是正态分布、对数正态分布和 Rosin-Rammler 分布粒径特性方程式。

1. 正态分布

正态分布在颗粒粒径的研究中应用比较少，因为真正服从正态分布的颗粒群并不多。正态分布的分布函数 $f(d_{\mathrm{p}})$ 表示为

$$f\left(d_{\mathrm{p}}\right) = \frac{1}{\sqrt{2\pi}\sigma} \exp\left[-\frac{\left(d_{\mathrm{p}} - \overline{d}\right)^2}{2\sigma^2}\right] = \frac{1}{\sqrt{2\pi}\sigma} \exp\left[-\frac{\left(d_{\mathrm{p}} - d_{50}\right)^2}{2\sigma^2}\right] \qquad (2.30)$$

式中，$\overline{d} = d_{50}$ 为平均粒径；σ 为分布的标准偏差，$\sigma = \sqrt{\sum_{i=1}^{n} f_i (d_{\mathrm{p}} - d_{50})^2}$ 。

2. 对数正态分布

对数正态分布的定义是：一个变量的自然对数符合正态分布。因此，对于粒径的自然对数分布其频率分布函数为

$$f\left(d_{\mathrm{p}}\right) = \frac{1}{\sqrt{2\pi}\lg\sigma_{\mathrm{g}}} \exp\left[-\frac{\left(\lg d_{\mathrm{p}} - \lg D_{\mathrm{g}}\right)^2}{2\lg^2\sigma_{\mathrm{g}}}\right] = \frac{1}{\sqrt{2\pi}\lg\sigma_{\mathrm{g}}} \exp\left[-\frac{\left(\lg d_{\mathrm{p}} - \lg d_{50}\right)^2}{2\lg^2\sigma_{\mathrm{g}}}\right]$$

$$(2.31)$$

式中，σ_{g} 为几何标准偏差。

根据对数正态分布的性质，可得

$$\lg\sigma_{\mathrm{g}} = \lg d_{84.13} - \lg d_{50} \Rightarrow \sigma_{\mathrm{g}} = \frac{d_{84.13}}{d_{50}} = \frac{d_{50}}{d_{15.87}} \qquad (2.32)$$

如果颗粒分布满足对数正态分布，可以求得颗粒的平均粒径和比表面积。

3. Rosin-Rammler 分布

有些颗粒群可用 Rosin-Rammler 分布函数表示：

$$R(d_p) = 100\exp\left[-\left(d_p / d_e\right)^n\right] \tag{2.33}$$

式中，d_e 为特征粒径，表示筛上累积百分率为 36.8%时的粒径；n 为均匀性系数，表示粒径分布范围的宽窄程度，n 值越小，粒径分布范围越广。

颗粒群满足 Rosin-Rammler 分布函数的频率分布式为

$$f(d_p) = \frac{\mathrm{d}R(d_p)}{\mathrm{d}d_p} = nd_e^{-n}d_p^{n-1}\exp\left[-\left(d_p / d_e\right)^n\right] \tag{2.34}$$

2.3　颗粒粒径的测量方法

2.3.1　颗粒粒径测量方法简述

颗粒粒径测定的方法很多，现已研制并生产了多种基于不同工作原理的测量仪器。由于仪器的原理不同，所测的颗粒粒径含义也不同。例如，显微镜测出的是投影面直径，沉降法测出的是 Stokes 直径或空气动力学直径，而电感应法测得体积直径。多数颗粒呈不规则形状，因而不同方法之间很难对比，所以迄今为止尚无统一的标准方法。因此，应根据使用目的及方法的适应性做出合理的选择。

表 2.6 列出了常用来测量颗粒粒径的几种主要方法，除了表中所列测量方法以外，还有其他多种方法。在天然气工业中，常用散射光能分析法和电感应法来测量颗粒的粒径。

表 2.6　颗粒粒径测量方法

测定方法	粒径范围/μm	粒径表达	分布基准	测量依据的性质
光学显微镜	0.25～250			
电子显微镜	0.001～5	投影面直径	面积或个数	通常是颗粒投影像的某种尺寸或某种相当尺寸
全息照相	2～500			
离心沉降	0.01～10	Stokes 直径或空气动力学直径	重量	沉降效应，沉积量，悬浮液浓度，密度或消光等随时间或位置的变化
喷射冲击器	0.3～50			
光散射	0.3～50	体积当量直径	重量或个数	颗粒对光的散射或消光(散射和吸收)，颗粒对 X 光的散射
X 光小角度散射	0.008～0.2			
电感应法	0.2～2000	体积当量直径	体积或个数	颗粒在小孔电阻传感器区引起的电阻变化
声学法	50～200			

2.3.2　散射光分析法

当光束入射到颗粒(包括固体颗粒、液滴或气泡)上时将向空间四周散射,光的各个散射参数则与颗粒的粒径密切相关。可用于确定颗粒粒径的散射参数有散射光强的空间分布、散射光能的空间分布、透射光强度相对于入射光的衰减、散射光的偏振度等。通过测量这些与颗粒粒径密切相关的散射参数及其组合,可以得到粒径大小和分布,由此形成了光散射式颗粒测量方法及相关测量仪器。

光散射法颗粒测量仪的形式种类很多,可以有不同的分类方法。主要是按散射信号分类,可分为小角前向散射法、角散射法、消光法、动态光散射法和偏振光法等。散射光能颗粒测量技术是以散射光在某些角度范围内的光能作为探测量。其中发展最为成熟并得到广泛应用的是小角前向散射法(small-angel forward scattering,SAFS),它通过测量颗粒群在前向某一小角度范围内的散射光能分布,从中求得颗粒的粒径大小和分布。通常以激光为光源,因此习惯上将这类测量仪器称为激光粒度仪。

1. 光的散射理论

散射光强度及方向随着分散颗粒大小的变化而变化,根据颗粒大小的不同,光散射有三种不同规律[17-19]。

1)Rayleigh 散射理论

颗粒的粒径小于光的波长或粒径小于 0.05μm 时,光散射符合 Rayleigh 散射理论,即

$$I_\theta = \frac{\alpha^4 d^2}{8R^2} \frac{m^2-1}{m^2+1}\left(1+\cos^2\gamma\right)I_0 \tag{2.35}$$

式(2.35)中, α 和 m 分别为

$$\alpha = \frac{\pi d}{\lambda}, \qquad m = n_1/n_2$$

其中, I_θ 为散射角为 θ 时的散射光强度; I_0 为入射光强度; d 为颗粒直径,cm; R 为颗粒至观察散射光点间的距离,cm; λ 为入射光波长; n_1、 n_2 分别为分散相和分散介质的折射率; m 为相对折射率; γ 为散射角,即观察方向与入射光传播方向间的夹角。

非导电球形颗粒的散射光强度 I_θ 与入射光强度 I_0 之间有如下关系:

$$I_\theta = \frac{24\pi^3}{\lambda^4} \frac{n_2^2-n_1^2}{n_2^2+n_1^2} cV^2 I_0 \tag{2.36}$$

式中，c 为单位体积中的质点数，个/cm^3；V 为单位颗粒的体积，cm^3；其他参数含义同式(2.35)。

2）Mie 散射理论

随着颗粒粒径的增大，光散射逐渐偏离 Rayleigh 方程而服从 Mie 光散射方程，Mie 方程的典型形式为

$$S = \frac{\lambda^2}{2\pi} \sum_{r=1}^{\infty} \frac{\alpha_r^2 + p_r^2}{2r+1} \qquad (2.37)$$

式中，S 为一个球体颗粒全散射强度；α_r、p_r 分别为 $\frac{2\pi r}{\lambda}$ 和 $\frac{2\pi rm}{\lambda}$ 的函数，其中 r 为球形颗粒的粒径。

3）Fraunhoffer 衍射散射理论

当颗粒粒径比光的波长大很多时，特别是衍射光所占的比重很大，而反射和折射所占比重很小时，衍射光强度表达式为

$$I_w = \frac{1}{4} E\alpha^2 d^2 \left[\frac{J_1(\alpha\omega)}{\alpha\omega} \right]^2 \qquad (2.38)$$

$$\omega = \sin \vartheta$$

式中，I_w 为衍射光强度；E 为单位面积入射光强度；ϑ 为衍射角；J_1 为一阶 Bessel 函数。

当颗粒尺寸比光的波长大几个数量级时，一般按 Fraunhoffer 规律发生衍射散射，该理论的重要实用价值在于颗粒粒径的测量。

2. 基于衍射理论的激光粒度仪

基于衍射理论的激光粒度仪的测量原理如图 2.5 所示[20,21]，由激光器发出的光束经针孔滤波及扩束器后成为一束直径为 5~10mm 的平行单色光，当该平行单色光照射到测量区中的颗粒群时便会产生光衍射现象。衍射光的强度分布与测量区中被照射的颗粒直径和颗粒数有关。用接收透镜使由各个颗粒散射出来的相同方向的光聚焦到焦平面上，在这个平面上放置一个光电探测器，用来接收衍射光能分布。光电探测器把照射到每个环面上的散射光能转换成相应的电信号，电信号经放大和 A/D 转换后输入计算机，计算机根据测得的各个环上的衍射光能按预先编好的计算程序可以很快解出被测颗粒的平均粒径及其分布。

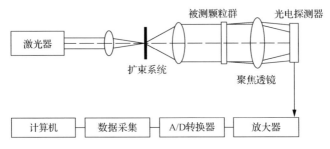

图 2.5　衍射激光粒度仪光学系统示意图

国内外主要衍射散射式激光粒度仪有很多，应用较多有英国马尔文仪器有限公司生产的 Mastersizer 系列粒度仪、日本岛津公司 Sald 系列粒度仪和美国贝克曼库尔特有限公司生产的 LS 系列粒度仪，不同的产品测量的粒径范围不一样。

3. 基于 Mie 散射理论的激光粒度仪

基于 Mie 散射法的激光粒度仪原理如图 2.6 所示，来自激光器的光束经透镜聚焦形成一细小明亮的束腰，在束腰中定义一光学敏感区，即测量区。测量区的容积要足够小，使得每一瞬间只有一个颗粒流过。被测介质(液体或气体)由一进样系统送入仪器并流经测量区。当存在于介质中的颗粒经过测量区时，被入射激光照射产生散射光，某个(或几个)角度下的散射光由光学系统采集，经光电系统转化成电信号。根据 Mie 理论可知，颗粒的散射光分布与粒径相关，粒径不同时，散射光的分布就不同。因此，根据光学系统所采集到的散射光信号可以确定颗粒的粒径大小。当颗粒流出测量区后，或某一瞬间流过测量区的介质中没有颗粒时，散射光及相应的电信号为零。待下一个颗粒流过测量区时，光电系统又给出一个与其粒径相应的电信号。因此，测量到的是一个又一个的电脉冲，脉冲数即为颗粒数。

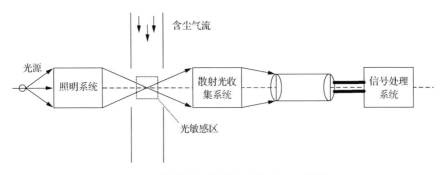

图 2.6　散射激光粒度仪测量原理示意图

目前常用的散射式激光粒度仪德国为 Palas 公司生产的 Welas1000(粒径范围为

0.12~40μm)、Welas2000(粒径范围为 0.2~105μm)、Welas3000(粒径范围为 0.2~105μm)和美国 TSI 公司生产的 DUSTTRAKTM Ⅱ 8530(粒径范围为 0.1~10μm)。

2.3.3　电感应法

电感应法又称为库尔特法(Coulter)，其原理如图 2.7 所示[17, 19]，将被测试样均匀地分散于电解液中，带有小孔的玻璃管同时浸入上述电解液，并设法令电解液流过小孔，小孔的两侧各有一电极并构成回路。每当电解液中的颗粒流过小孔时，由于颗粒部分阻挡了孔口通道并排挤了与颗粒相同体积的电解液，使小孔部分电阻发生变化。由此，颗粒的尺寸大小即可由电阻的变化加以表征和测定。仪器设计时，颗粒流过小孔时的电阻变化以电压脉冲输出。每有一个颗粒流过孔口，相应地给出一个电压脉冲，脉冲的幅值对应于颗粒的体积和相应的粒径。为此，对所有各个测量到的脉冲计数并确定其幅值，即得到被测试样中共有多少个颗粒及这些颗粒的大小。回路的外电阻应该足够大，使当颗粒流过孔口时所导致的电阻变化相应很小，使回路中的电流成为一个恒定值。这样，电阻的变化即可以通过与之成正比的电压变化或脉冲输出加以测量。

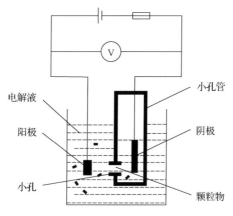

图 2.7　电感应法测量原理简图

2.4　液体的黏度和表面张力

在天然气长输管道上，管道试压时会残留一部分水，清管时很难完全清除。另外，冬季输气温度低时，会有部分轻烃和游离水析出，可能会使输气管道的含液量远高于含尘量。液滴的存在会影响过滤分离设备的除尘、除液性能，因此有必要了解液体的相关物性。

2.4.1 液体的黏度

任何流体，当其内部分子之间做相对运动时，都会因流体分子之间的摩擦而产生内部阻力。黏度值就是用以表示流体运动时分子间摩擦阻力大小的指标。液体的黏度分为动力黏度和运动黏度，动力黏度一般用 μ 表示，单位为 Pa·s。

1. 黏度与压力的关系

由于压力变化对分子的动量交换影响非常微弱，所以气体的黏性随压力的变化很小。压力增大时对分子的间距影响明显，故液体的黏性受压力变化的影响较气体大。当液体所受的压力增大时，其分子间的距离缩小，引力也就增强，导致其黏度增大。对于轻烃和游离水，只有当压力大于 20MPa 时，对黏度才有显著的影响，如压力达到 35MPa 时，油的黏度约为常压下的两倍。天然气中的轻烃和游离水在高压下的黏度可用下列经验公式计算[22]：

$$\lg \frac{\mu}{\mu_0} = \frac{p}{6.89476}(-0.0102 + 0.04042\mu_0^{0.181}) \tag{2.39}$$

式中，μ 为在温度 T、压力 p 下的黏度，mPa·s；μ_0 为在温度 T 和常压下的黏度，mPa·s；p 为操作压力，MPa。

天然气输送的压力一般低于 20MPa，因此可以忽略压力对液体黏性的影响。

2. 黏度与温度的关系

液体的黏度随温度的升高而减小，液体的黏度与温度的关系一般可用下列经验式计算：

$$\lg\lg(v + a) = b + m\lg T \tag{2.40}$$

式中，v 为运动黏度，mm²/s；T 为绝对温度，K；a、b、m 均为随液体性质而异的经验常数。

如果已知某烃类或水在三个不同温度下的黏度，即可求得该烃类或水的 a、b 及 m，这样便能利用式(2.40)算出气体温度的黏度，也可从有关图表集中查得[23]。

3. 液体黏度的测定方法

测定天然气中油、水等液体黏度的方法主要有降球法、毛细管法[24]和旋转(同心转筒与锥板)法[25]，但降球法已经很少应用。

2.4.2 液体的表面张力

在天然气输送过程中过滤分离设备的分离性能，特别是聚结过滤器的分离性能与液体的表面张力有关。表面张力的定义为液体表面相邻部分单位长度上的相互牵引力，其方向与液面相切且与分界线垂直，单位为 N/m，常用符号 σ 表示。

1. 表面张力与温度、压力的关系

表面张力的大小和液体的种类有关，不同的液体表面张力的大小不同。烃类等纯化合物的表面张力可从有关图表集中查得[23]。表 2.7 列出了几种烃类在常压不同温度下的表面张力，表 2.8 给出了 1 个标准大气压不同温度下的水和空气接触时的表面张力[26]。从两个表中可以看出，烃类和水的表面张力随温度的升高而减小。

表 2.7　烃类在不同温度下的表面张力

烃类	表面张力/(10^{-3}N/m)			
	20℃	40℃	60℃	80℃
正戊烷	16.0	13.9	11.8	9.7
正己烷	18.0	16.0	14.0	12.1
正庚烷	20.2	18.2	16.3	14.4
正辛烷	21.5	19.6	17.8	16.0

表 2.8　水的表面张力

温度/℃	0	10	20	30	40	60	80	100
表面张力/(10^{-3}N/m)	75.6	74.2	72.8	71.2	69.6	66.2	62.6	58.9

压力对表面张力的影响比较复杂。通常液体表面张力随大气压力变化不大。但是，液体表面张力是气液界面的特性，与构成界面的两相化学成分有关。为了增加体系的压力，气相中必须有传递压力的气体。不同气体的吸附、溶解作用均不相同，对表面张力的影响也就各异，但增高压力通常使气体的溶解度增大。

2. 表面张力的测量方法

测量液体表面张力的方法有很多，主要有毛细管法、最大压泡法、滴重法、圆环法和吊板法等方法[27, 28]，这里不做详细介绍，测量方法可见相关的参考书。

2.5　颗粒间的相互作用

2.5.1　颗粒的流动特性

颗粒的流动性的大小与颗粒之间的内摩擦力和黏聚力的大小有关，它会影响天然气净化用分离设备排料结构的操作特性。颗粒的流动特性可由流动因数、流动性指数、休止角和有效内摩擦角等来表征。

1. 休止角(安息角、堆积角)

颗粒堆积层的自由表面在静止平衡状态下,与水平面形成的最大角度称为休止角[16]。有两种形式的休止角,一种称为注入角,是指在某一高度下将颗粒注入一无限大的平板上所形成的休止角;另一种称为排出角,是指将颗粒注入某一有限直径的圆板上,当颗粒堆积到圆板边缘时,如再注入颗粒,则将由圆板边缘排出,此时在圆板上形成的锥体角也叫休止角。由于休止角的大小随测量方法而异,所以不能把它看作为颗粒的一个物理常数。休止角越大,表明颗粒群的流动性越差。

2. 有效内摩擦角

对于具有黏性的颗粒群,在不同的加固压力(颗粒系统的最大主应力)条件下,可得到不同的屈服曲线(图 2.8[29]),因此存在一个屈服曲线族,每条曲线的终点对应于其加固应力。过每条曲线的终点可做一个半圆与之相切,可做出一系列这样的半圆,然后做一个曲线与每个半圆相切,此包络线则称颗粒群的有效屈服曲线,实验发现,有效屈服曲线近似为一直线,而且通过原点,该直线与横坐标的夹角 δ_e 称为有效内摩擦角。该角的正切 $\tan \delta_e$,表示处于极限应力状态下颗粒之间的摩擦系数。δ_e 越小表示颗粒的流动性越好。

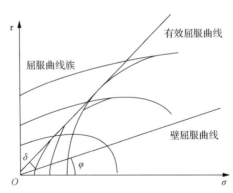

图 2.8　有效屈服曲线

δ 为有效内摩擦角;　φ 为壁面摩擦角;纵坐标 τ 为切向应力,横坐标 σ 为表面张力

3. 壁面摩擦角

壁面摩擦角表示颗粒群与其器壁之间的摩擦特征,其正切值 $\tan \varphi$ 为壁面摩擦系数,如图 2.8 所示。在研究天然气净化用旋风分离器料斗内颗粒流动时,需考虑壁面摩擦特性。

4. 滑动角

颗粒群在倾斜的光滑平面上开始滑动的最小倾斜角，称为滑动角 δ_s。滑动角代表颗粒群与倾斜固体表面的摩擦特性。此角在研究捕集于旋风分离器或料斗中的颗粒沿器壁下降摩擦时将被用到，但是颗粒几乎不会一次全部降落，滑动角值的范围相当宽，因此需求出滑落的颗粒群与滑动角之间的关系。

对于非黏性物粉料，一般它要小于休止角。这个角在设计料斗、溜槽及气力输送系统中很重要。为了使颗粒可自由流动，必须要求料斗底部设计成圆锥状，且其锥顶角要小于 $(180° - 2\delta_s)$，气力输送管线与铅垂线之间的夹角也要小于 $(90° - \delta_s)$。

2.5.2　颗粒在气体中的相互作用

一般而言，颗粒在气体中具有强烈的团聚倾向，颗粒团聚的基本原因是颗粒间存在着相互作用力，即范德瓦耳斯力(分子间作用力)、静电力、液桥力、磁吸引力和固体架桥力等，其中前三种作用力对颗粒在气体中的团聚行为最为重要。

1. 范德瓦耳斯力

范德瓦耳斯力是颗粒间距在 1000Å 以内时最基本的相互作用力，是构成颗粒的原子或分子间相互作用力的总和。颗粒间的分子力可由 Krupp[30]式计算，球形颗粒与平面之间的分子力可表示为

$$F_{V1} = \frac{h\omega R}{8\pi (a + z_0)^2} \tag{2.41}$$

式中，$h\omega$ 为 Lifshits-van der Waals 常数，是物质间固有的相互作用力；z_0 为修正系数，$z_0 = 4\text{Å}$；R 为颗粒半径，m；a 为接触面之间的距离，m。

球形颗粒与其他球形颗粒之间的分子力可表示为

$$F_{V1} = \frac{h\omega R}{8\pi (a + z_0)} \tag{2.42}$$

2. 静电力

根据库仑定律，两个球形非导体之间的引力为

$$F_e = \frac{1}{4\pi\varepsilon_0} \frac{16\pi^2 R^4 q_1 q_2}{(b + 2R)^2} = \frac{1}{\varepsilon_0} \frac{\pi R^2 q_1 q_2}{(1 + b/2R)^2} \tag{2.43}$$

式中，q_1、q_2 均为颗粒表面电荷密度，$e/\mu m^2$；ε_0 为真空中的偶极子常数；R 为球形颗粒半径，m；b 为颗粒间的距离，m。

3. 液体架桥产生的力

对大多数颗粒，特别是对亲水性较强的颗粒来说，在潮湿气体中由于蒸气压的不同和颗粒表面不饱和力场的作用，颗粒间或多或少凝结或吸附一定量的水蒸气，在其表面形成水膜。亲水性越强，湿度越大，则水膜越厚。当气体相对湿度超过 65% 时，颗粒接触点处形成环状的液相桥联，产生液桥力，如图 2.9 所示。

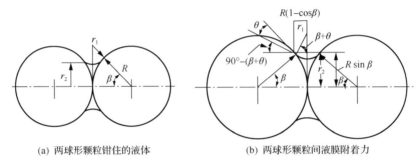

(a) 两球形颗粒钳住的液体　　　　　　　(b) 两球形颗粒间液膜附着力

图 2.9　颗粒间液桥示意图

R 为颗粒半径；r_1，r_2 分别为液桥的两个特征曲率半径；θ 为颗粒润湿接触角；β 为液膜最高边界处和颗粒中心连线与中心线的夹角

目前，已有大量的研究文献讨论液桥的作用[31-34]，一般认为，液桥作用力 F_y 可用毛细管压力 F_1 和黏着力 F_2 的和求得。

$$F_y = F_1 + F_2 = -2\pi R\sigma\left[\sin\beta\sin(\theta+\beta) + \frac{R}{2}\left(\frac{1}{r_1} - \frac{1}{r_2}\right)\sin^2\beta\right] \tag{2.44}$$

式中，σ 为液体的表面张力，N/m；θ 为颗粒润湿接触角；β 为钳角，即连接环和颗粒中心扇形角的一半，也称半角；r_1、r_2 分别为液桥的两个特征曲率半径，m。

确定 r_1 和 r_2 比较困难，主要通过两种途径实现：一种是用数值方法求解 Laplace-Young 方程[35]，其关键是初始条件的确定；另一种则是依据液桥的几何形状采用数值拟合法近似地确定弯曲面的母线方程，求解 r_1 和 r_2。

2.6　颗粒在流体中的运动

颗粒在气体中流动时受到各种力的作用，可以归纳为以下三种类型。

(1) 流体对颗粒的作用力。例如，颗粒周围气流与颗粒间存在相对运动时，气体会对颗粒产生力，当气流速度大于颗粒运动速度时，气流对颗粒产生曳力；当颗粒运动速度高于气流速度时，颗粒受到运动阻力。

(2)颗粒与颗粒、颗粒与固体壁面间的相互接触、碰撞所产生的作用力。在气固两相流动中，由于气流中颗粒群在颗粒粒径及运动速度等方面不完全一致，通常不可避免地存在颗粒与颗粒之间及颗粒与器壁之间的碰撞与摩擦，形成固体间的作用力。

(3)外界物理场对颗粒的作用力。如磁场、电场等对铁磁颗粒或带电颗粒运动所产生的作用力。

2.6.1　颗粒的运动方程

把牛顿定律应用于流体中的颗粒运动，可以得到颗粒的运动方程：

$$质量乘以加速度 = 体积力 + 流体阻力 + 非稳定力$$

式中，体积力通常是由重力场和离心力引起的；流体阻力是指当颗粒相对于流体以一个稳定的速度运动时，流体作用于颗粒上的阻力或曳力；非稳定力是考虑颗粒相对于流体具有加速度时的影响。

在悬浮状态下，如果颗粒与湍流尺度相比很小，流体的湍流成分将影响颗粒运动。因此，颗粒的运动方程可表示为

$$\left(\frac{\pi d_p^3}{6}\right)\rho_p \frac{\mathrm{d}\vec{u}}{\mathrm{d}t} = \left(\frac{\pi d_p^3}{6}\right)(\rho_p - \rho_f)\vec{a} - C_D\left(\frac{1}{2}\vec{u}\,|\vec{u}|\right)\left(\frac{\pi d_p^2}{4}\right) + \sum_{i=1}^{n}\vec{F_i} \qquad (2.45)$$

式中，$\vec{u}$ 是颗粒相对于气体运动的速度矢量；$\vec{a}$ 是外力场引起的加速度矢量(重力场为 $\vec{g}$)；ρ_p 和 ρ_f 分别为颗粒和流体的密度；t 为时间；d_p 为颗粒直径；C_D 为阻力系数；$\vec{F_i}$ 为各种非稳定力。

2.6.2　颗粒的受力

1. 颗粒运动时的阻力或曳力

当一个球体颗粒与流体之间存在相对运动时，颗粒与流体之间会存在相互作用力。单个球形颗粒在黏性流体中运动时，所受到的阻力可以表示为[36]

$$F_D = \frac{1}{2}C_D A_p \rho_f (u_p - u_f)^2 = \frac{1}{8}\pi C_D \rho_f d_p^2 (u_p - u_f)^2 \qquad (2.46)$$

式中，u_p、u_f 分别为球形颗粒和流体的运动速度；A_p、d_p 分别为球形颗粒投影面积和直径。

阻力系数 C_D 与雷诺数 Re 有关，根据研究人员的多次实验表明，雷诺数为 $700\sim 2\times 10^5$ 时，阻力系数差不多为常数，其平均值为 $C_D = 0.44$，这时式(2.46)可简化为

$$F_D = 0.055\pi d_p^2 \rho_f \left(u_f - u_p\right)^2 \tag{2.47}$$

但是在低雷诺数下，C_D 随着雷诺数 Re 的减少很快增加，图 2.10 给出了单个圆球以恒定速度在静止等温不可压缩流体内运动时，阻力系数 C_D 随雷诺数变化的关系曲线。由图 2.10 可见，对不同直径的圆球，在不同雷诺数下测得的阻力系数都排列在一条曲线上。

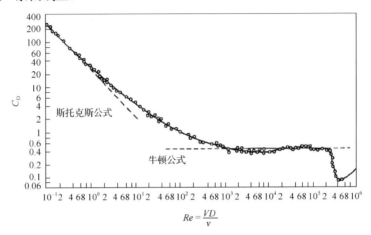

图 2.10　单个圆球颗粒的阻力系数随雷诺数变化的关系曲线

V 为速度；D 为管道直径；v 为气体黏度

从图 2.10 还可以看出，当 Re 大于 2×10^5 时，球体的阻力系数突然减少，这是由于球体周围流体的流动特性突然改变的原因。高临界雷诺数的具体数值会随球体表面粗糙度的改变而变化，球体表面粗糙时此值减少。比较精确的计算阻力系数 C_D 的关联式可以查阅文献[16]提供的阻力系数分区计算公式。

2. 颗粒运动时受到的其他力

固体颗粒在气固悬浮体中与流体做相对运动时，除了流动阻力作用外，还常受到其他一系列力的作用。例如，当旋转颗粒在流体中做相对运动时，将受到马格努斯旋转提升力（Magnus spin lift force）的作用；当悬浮系统流场存在较大速度梯度时，颗粒会受到萨夫曼剪切提升力（Saffman shear lift force）的作用；当系统存在压力梯度和温度梯度时，颗粒又受到压力梯度力（pressure gradient force）和热作用力（thermal force）的作用；另外，在颗粒与流体间做相对变速运动时，颗粒会受到虚拟质量力和巴塞特力（Basset force）的作用，紧靠固体壁面的颗粒还会受到范德瓦耳斯力。另外，颗粒还会受到重力的影响。

1）Magnus 力

在气固两相流动过程中，颗粒间的非对心碰撞会使颗粒产生旋转。在流体流场不均匀的情况下，速度梯度的存在也会使颗粒产生旋转。在低雷诺数下，颗粒的旋转会带动紧靠它表面的流体在其流动方向与旋转方向相同的一侧增加速度而在另一侧降低速度，在该情况发生时，颗粒会受到一个与颗粒运动方向垂直的力的作用，驱使颗粒向速度较高的一侧移动，这个力称为 Magnus 力。Magnus 力可以用以下公式计算[16]：

$$F_M = \frac{1}{8}\pi d_p^3 \omega \left(u_p - u_f\right)\left(\omega - \frac{1}{2}\frac{\partial u_f}{\partial z}\right) \tag{2.48}$$

式中，ω 为球形颗粒的旋转角速度。

2）Saffman 力

当颗粒在剪切流场中运动时，颗粒得到与运动方向垂直的力，称为升力（Saffman 力），类似于曳力系数的定义，Saffman 得到升力系数的表达式为[16]

$$C_L = \frac{4.11 v_f^{1/2}}{u_f - u_p}\left(\frac{\partial u_f}{\partial z}\right)^{1/2} \tag{2.49}$$

升力可用式（2.50）计算：

$$F_L = C_L \frac{\pi d_p^2}{4}\frac{\rho_f (u_f - u_p)^2}{2} \tag{2.50}$$

3）压力梯度力

流场内存在压力梯度时也会对颗粒产生作用力，其受力情况如图 2.11 所示。半径为 r_p 的小球上的环形微元表面在压差 $\frac{\partial p}{\partial x}$ 下受到的压力梯度力为

$$F_p = -\frac{1}{6}\pi d_p^3 \frac{\partial p}{\partial x} \tag{2.51}$$

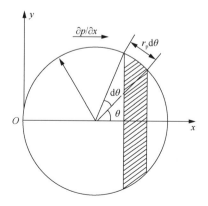

图 2.11　压力梯度作用力

4）附加质量力（虚拟质量力）

颗粒在流体中加速运动时，必将带动其周围的部分流体加速，相当于颗粒具有一附加质量力，对于球形颗粒，该力的表达式为[16]

$$F_a = \frac{1}{12}\pi d_p^3 \rho_f \frac{\mathrm{d}\left(u_f - u_p\right)}{\mathrm{d}t} \tag{2.52}$$

5）Basset 力

由于颗粒偏离稳态运动而引起的 Basset 力，其表达式为[16]

$$F_B = \frac{3}{2}d_p^2\sqrt{\pi\rho_f\mu_f}\int_{t_0}^{t}\frac{\mathrm{d}\left(u_f - u_p\right)}{\sqrt{t-\tau}}\mathrm{d}\tau \tag{2.53}$$

式中，τ 为时间。

除了上述几种力之外，还有范德瓦耳斯力、热作用力、碰撞阻力及重力等。在了解以上所述的各种力的基础上，可把各种力的表达式代入颗粒的运动方程式（2.45）进行求解。

需要说明的是，实际工作中式（2.45）所涉及上述几种其他作用力通常不会同时出现。因此对于每一种具体情况，式（2.45）中必须放入的作用力项并不多。

2.6.3　颗粒的沉降速度与松弛时间

1. 颗粒在流体中的沉降速度

在旋风分离器中，所研究的颗粒几乎总是以它的终端速度相对于气体进行运动的。对于所研究的颗粒来说，这个终端速度决定了它是被捕集还是被净化气体带走。这个终端速度类似于地球重力加速度场 g 中颗粒的稳态沉降速度。

极限沉降速度定义为单颗粒在静止的无限流体中自由下降时的最大速度，也可以定义为流体可以夹带颗粒上升的最小速度。在重力场中，单个颗粒在静止气体内沉降时所受的力有流体的阻力（曳力），流体对颗粒的浮力和颗粒的重力，所以其终端沉降速度计算公式为[16]

$$u_t = \sqrt{\frac{4d_p\left(\rho_p - \rho_f\right)g}{3C_D\rho_f}} \tag{2.54}$$

将各区域相应的 C_D 公式代入式（2.54），即可得到不同流动区域的终端沉降速度。

2. 颗粒在流体间作动量交换的松弛时间

当一个质量为 m_p 的球形颗粒以零速度进入速度为 u_f 的黏性流体中时，由于流体与颗粒的动量交换，颗粒将加速。如果忽略重力影响，颗粒在每一瞬间的加速度应决定于同一瞬间流体与颗粒间的相对速度为

$$\frac{\mathrm{d}u_p}{\mathrm{d}t} = \frac{1}{\tau}\left(u_f - u_p\right) = F\left(u_f - u_p\right) \tag{2.55}$$

式中，t 为时间；u_f 为流体速度；u_p 为颗粒速度；τ 为颗粒与流体间做动量交换的松弛时间；F 为松弛时间的倒数。

利用前面的通用阻力公式 (2.46) 代入式 (2.55)，得到球形颗粒 F 的通用计算式：

$$F = \frac{3}{4}C_D \frac{\rho_f}{\rho_p}\frac{u_f - u_p}{d_p} \tag{2.56}$$

从式 (2.56) 可以看出，松弛时间也和阻力系数 C_D 密切相关，只要把 C_D 的计算公式代入式 (2.56) 就可以计算出 F，从而求得松弛时间 τ。

2.6.4　颗粒的离心沉降

在离心场中，颗粒在流体内的沉降速度远大于其在重力场中的沉降速度。离心加速度比重力加速度大两个数量级甚至更大，因此，离心沉降不但能使沉降速度加快，而且可实现在重力条件下几乎不可能实现的分离过程，使细颗粒从流体中分离出来。

球形颗粒在流体中做旋转运动时，由于惯性力的作用，其运动轨迹是一条曲线，如图 2.12 所示。在 Stokes 流动区域内，忽略压力梯度力、附加质量力和 Basset 力，则颗粒的运动方程可表示为

$$\frac{\pi d_p^3 \rho_p}{6}\frac{\mathrm{d}^2 r}{\mathrm{d}t^2} = \frac{\pi d_p^3 \left(\rho_p - \rho_f\right)\omega^2 r}{6} - 3\pi\mu_f d_p \frac{\mathrm{d}r}{\mathrm{d}t} \tag{2.57}$$

如果忽略颗粒加速度的影响，则式 (2.57) 可简化为

$$\frac{18\mu_f}{d_p^2 \rho_p}\frac{\mathrm{d}r}{\mathrm{d}t} - \frac{\left(\rho_p - \rho_f\right)\omega^2 r}{\rho_p} = 0 \Rightarrow \frac{18\mu_f}{d_p^2 \rho_p}u_t - \frac{\left(\rho_p - \rho_f\right)\omega^2 r}{\rho_p} = 0 \tag{2.58}$$

可得离心沉降的终端速度表达式：

$$u_{\mathrm{t}} = \frac{d_{\mathrm{p}}^2 \rho_{\mathrm{p}} \omega^2 r}{18 \mu_{\mathrm{f}}} = \tau \omega^2 r \tag{2.59}$$

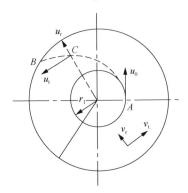

图 2.12　平面旋转流场中的颗粒运动

v_{t}、v_{r} 分别是气体切向速度和径向速度

参 考 文 献

[1] 徐文渊, 蒋长安. 天然气利用手册(第二版). 北京: 中国石化出版社, 2006

[2] 《石油和化工工程设计工作手册》编委会. 输气管道工程设计. 青岛: 中国石油大学出版社, 2010

[3] Sutton R P. Compressibility factor for high Molecular weight reservoir gases. SPE Annual Technical Conference and Exhibition, Las Vegas, 1985

[4] Standing M B, Katz D L. Density of natural gases. Tansactions of the Aime, 1942, 155(1): 140-149

[5] Mokhatab S, Poe W A, Speight J G. Handbook of Natural Gas Transmission and Processing. 2nd Edition. Houston: Gulf Professional Publishing, 2012

[6] 中华人民共和国国家质量监督检验检疫总局, 中国国家标准化管理委员会. 天然气压缩因子的计算: GB/T 17747.2—2011. 北京: 中国石化出版社, 2012

[7] 国家能源局, 和国国家质量监督检验检疫总局, 中国国家标准化管理委员会. 天然气发热量、密度、相对密度和沃泊指数的计算方法: GB/T 11062—2014. 北京: 中国石化出版社, 2015

[8] 中华人民共和国国家质量监督检验检疫总局, 中国国家标准化委员会. 天然气发热量、密度、相对密度和沃泊指数的计算方法: GB/T 11062—2014. 北京: 中国石化出版社, 2015

[9] 徐文渊, 蒋长安. 天然气利用手册(第二版). 北京: 中国石化出版社, 2006

[10] 中华人民共和国住房和城乡建设部. 输气管道工程设计规范: GB 50251—2015. 北京: 中国计划出版社, 2015

[11] 中华人民共和国国家质量监督检验检疫总局, 中国国家标准化管理委员会. 天然气烃露点的测定: 冷却镜面目测法: GB/T 27895—2011. 北京: 中国标准出版社, 2012

[12] 中华人民共和国国家质量监督检验检疫总局, 中国国家标准化管理委员会. 天然气水露点的测定: 镜面凝析湿度计法: GB/T 17283—2014. 北京: 中国标准出版社, 2014

[13] 中华人民共和国国家质量监督检验检疫总局, 中国国家标准化管理委员会. 天然气中水含量的测定: 电子分析法: GB/T 27896—2011. 北京: 中国标准出版社, 2011

[14] Allen T. Particle Size Measurement. 5th Edition. London: Chapman and Hall, 1997

[15] Kelly E G, Spottiswood D J. Introduction of Mineral Processing. New York: John Wiley & Sons Ltd., 1982

[16] 时钧, 汪家鼎, 余国琮, 等. 化学工程手册. 下册. 第二版. 北京: 化学工业出版社, 1996

[17] 蔡小舒, 苏明旭, 沈建琪. 颗粒粒度测量技术及应用. 北京: 化学工业出版社, 2009

[18] 任俊, 沈健, 卢寿慈. 颗粒分散科学与技术. 北京: 化学工业出版社, 2005

[19] 杨艳玲, 李星, 李圭白. 水中颗粒物的检测及应用. 北京: 化学工业出版社, 2007

[20] Barth H G. Modern Methods of Particle Size Analysis. New York: John Wiley &Sons Ltd., 1984

[21] 王乃宁, 张宏建, 虞先煌. FAM 激光粒度仪. 上海机械学院学报, 1990, 12(2): 1-10

[22] 徐春明, 杨朝合. 石油炼制工程. 第四版. 北京: 石油工业出版社, 2009

[23] 刘光启, 马连湘, 邢志有. 化工物性计算图手册. 北京: 化学工业出版社, 2002

[24] 国家标准局. 石油产品运动黏度测定方法和动力黏度计算法: GB/T 265—88. 北京: 中国标准出版社, 1988

[25] 国家能源局. 原油黏度测定: 旋转黏度计平衡法: SY/T 0520—2008. 北京: 石油工业出版社, 2008

[26] 杜广生. 工程流体力学. 北京: 中国电力出版社, 2007

[27] 张玉亭, 吕彤. 胶体与界面化学. 北京: 中国纺织出版社, 2008

[28] 滕新荣. 表面物理化学. 北京: 化学工业出版社, 2009

[29] Walker D M. An approximate theory for pressure and arching in hopper. Chemical Engineering Science, 1966, 21(11): 9755-997

[30] Krupp H. Particle adhesion theory and experiment. Advance in Colloid and Interface Science, 1967, 1(2): 111-239

[31] De Bisschop F R E, Rigole W J L. A physical model for liquid capillary bridges between adsorptive solid spheres: The nodoid of plateau. Journal of Colloid and Interface Science, 1982, 88(1): 117-128

[32] Lian G, Thornton C, Adams M J. A theoretical study of the liquid bridge forces between two rigid spherical bodies. Journal of Colloid and Interface Science, 1993, 161(1): 138-147

[33] Bayramli E, Abou-obeid A, Van De Ven T G M. Liquid bridges between spheres in a gravitational field. Journal of Colloid and Interface Science, 1987, 116(2): 490-502

[34] Coriell S R, Hardy S C, Cordes M R. Stability of liquid zones. Journal of Colloid and Interface Science, 1977, 60(1): 126-136

[35] Saez A E, Carbonell R G. The equilibrium and stability of menisci between touching spheres under the effect of gravity. Journal of Colloid and Interface Science, 1990, 140(2): 408-418

[36] 袁竹林, 朱立平, 耿凡, 等. 气固两相流动与数值模拟. 南京: 东南大学出版社, 2013

第3章　天然气过滤分离设备的性能要求

3.1　天然气中固体颗粒和液滴

天然气在从井口到处理厂的集输过程和进入长输管道的输送过程中，都会含有一定量的固体颗粒和液滴，且由于气源、输送工艺及所经过的输送设备的不同，天然气中固体颗粒物及液滴的含量、组成和粒径范围存在很大差别[1]。管道在不同运行阶段和运行季节，所含有的固体颗粒物和液滴也不断变化。例如，我国西气东输管道在设计阶段所选用的过滤分离设备是按干式天然气运行工艺设计的，而在后续运行过程中由于上游气源的气质变化及管道积液等因素，天然气所含的液体量增加，尤其是在冬季地温较低的情况下，站场凝液现象严重，甚至出现冰堵现象。我国早期建设的长输管道没有内涂层，在天然气中含水时，管道及站场设备内壁腐蚀严重，导致管道内颗粒物含量增加，尤其是当冬季输气量增加时，会将沉积在管道内壁和设备底部区域的固体颗粒携带起来，使天然气中颗粒物含量显著增加。

天然气中的固体可以分为三类：第一类是新建管道中施工过程的固体杂物，包括焊渣、金属屑、砂粒、泥土和其他杂物，如垫片、螺母等；第二类是从处理厂或井口本身夹带的细小砂粒、运行过程中管道和站场设备氧化或腐蚀产生的硫化铁和氧化铁，以及磨损产生的内涂层和金属粉末等颗粒物；第三类则是水合物和冰等。固体颗粒物在管道内以多种形态存在，细颗粒会随管道气体流动，粗颗粒则会在重力作用下沉积在流动速度较低的管段，部分铁锈和泥土等会与水和烃类以块状沉积形式存在于管道、阀门和分离器内部等流速较低的部位，无法清除。

水合物是高压天然气管道中水与甲烷在一定的压力和温度条件下形成的化合物，这种水合物呈结晶状。水合物可能沉积在节流孔板、阀门、三通管段和仪表支管的上下游滞流区，引起堵塞和工艺过程控制失灵。解决水合物的办法之一是利用甲醇或乙二醇等化学注剂，去除多余的水分；二是在减压装置的上游设置加热器，使工艺天然气温度保持在水合物形成温度之上[2,3]。

天然气中的液滴主要包括水、油类(原油和润滑油等)和析出的烃类。天然气中水的存在会引起腐蚀，因为天然气中含有硫化氢，尽管经过天然气净化处理后，其标准状态下的浓度降低到 $20mg/m^3$ 以下，因此，为了防止硫化氢引起的低温硫腐蚀，天然气管道内应尽量避免出现水。天然气中的润滑油、原油等主要是由于天然气经过集输压缩机增压及处理过程不彻底所造成的。天然气中

的烃类主要指 C_4 以上的组分，这些组分对天然气的相特性影响较大。随着管输天然气中重烃组分含量的增加，其相特性曲线明显偏移，重组分含量的少量增加，可显著影响管道内天然气的临界凝析压力和温度，其中 C_7、C_8 组分的影响明显高于 C_6 组分[4]。C_4 以上重组分的增加将导致天然气烃露点升高。在天然气的压力和温度发生变化时，当温度低于一定压力下的烃露点后，天然气中的较重烃类就会析出形成液相[5]。我国部分长输管道的上游气源具有凝析气田的特性，凝析气是多元组分的气体混合物，以饱和烃组分为主。一旦所含的重组分进入天然气管道，随着温度和压力的变化，将常伴随着凝析或反凝析现象，我国西气东输管道在 2005 年 6 月份由于上游处理厂的原因，天然气管道沿线各站出现了水和烃析出，且以 C_7 以上的重组分烃为主[6,7]。

　　天然气中液滴有三种来源：凝析、雾化和夹带。图 3.1 给出了其对应的粒径范围和所占的质量比例。三种来源的液滴大小差别较大，蒸汽冷凝析出的液滴直径最小，也最难以分离，直径为 0.2~5μm。利用机械剪切力将大的液滴通过雾化方式变成小液滴，例如，高速通过阀门节流孔时，雾化形成的液滴直径为 10~200μm。夹带现象则涉及管路中液体柱塞流动情况，液滴直径为 500~5000μm。在天然气集输、处理和长距离管道输送过程中都可能涉及以上三种液滴的产生[3]。

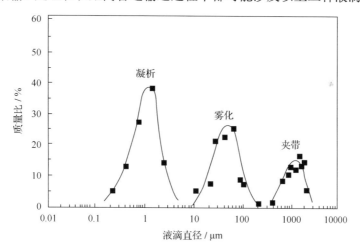

图 3.1　三类液滴的粒径范围和所占的比例

3.2　工艺气过滤分离设备性能要求

3.2.1　固体颗粒物和液体的影响

　　在天然气集输和长距离管道输送过程中，常采用压缩机提高天然气压力，满足输气量要求。在天然气集输过程中，随着气田天然气的不断开采，气井天然气压力逐渐降低，当降至低于集气管线压力时，便不能输入集气管网，因此需要利用压缩机提高天然气压力，以满足集输要求。在天然气长距离管道输送过程中，需要沿程设置多个压气站对天然气增压，以克服天然气管道阻力损失引起的压力降低。常用的压缩机有离心式压缩机和往复式压缩机两类，往复式压缩机适用于低排量、高压比的工况，而离心式压缩机正好相反，适宜于大排量、低压比的工况。在天然气集输工艺中，一般输气量较小，井口天然气压力下降幅度范围宽，适合使用往复式压缩机。在天然气长距离管道输送工艺中，输气量大，压缩机进出口压力比较稳定，适合使用离心式压缩机。在长距离管道和气田本身设置的天然气储气库中，由于向地下储气库注气时的压力高达 20.0MPa 以上，一般都采用往复式压缩机。

天然气压缩机入口气体的固体颗粒和液滴含量会严重影响压缩机的可靠性，压缩机的型式不同，其影响机理和影响程度也不同。固体颗粒物主要是腐蚀产物（氧化铁、硫化亚铁）、盐类和泥沙等，液体主要是各种烃类（润滑油、凝析液）及水溶性液体等。固体颗粒和液滴对离心压缩机和往复压缩机的影响方式不同。这些杂质主要影响往复压缩机的汽缸和吸排气系统，气阀上的沉积物会导致阀门密封不严或寿命降低，因此会降低压缩比和引起能耗增加。压缩机汽缸内的沉积物也会损坏活塞环、活塞和缸壁等。图 3.2 为往复压缩机入口天然气中的颗粒物在压缩机进气阀表面的沉积情况。压缩机入口气体中的固体颗粒和液滴含量在天然气往复式压缩机各类失效事故中所占比例高于 20%[3]，即使所引起的事故不是特别严重，但其检查和维修费用也会大大增加运行成本。离心压缩机对气体入口中的颗粒物不太敏感，压缩机叶轮表面沉积的污垢，会导致通流面积降低，增加能耗。此外还可能引起叶轮转子的不平衡，进而导致压缩机轴的振动。

图 3.2　往复压缩机气阀表面颗粒物沉积情况

图 3.3 为长输管道压气站用过滤分离器内固体颗粒物引起的堵塞情况，主要由天然气管道中腐蚀产生的颗粒物含量高引起的。固体颗粒物为黑色粉末，主要成分是氧化铁和硫化亚铁。固体颗粒物含量高，导致过滤分离器压差增加过快，滤芯更换频繁。

图 3.3　站场用卧式过滤分离器内部粉尘堵塞情况

图 3.4 为某长输管道首站天然气相包线的变化，图中分别给出了 9 月份和 4月份两种工况下天然气中的重组分影响。由图中可以看出，当重组分含量增加时天然气相包线右移，会使输送天然气温度降低时出现液烃析出[4,5]。图 3.5 则是长输管道站场收球筒内出现冰堵的情况，是该站场上游管道天然气中析出了大量的水且在环境温度较低条件下形成的，此时管道和站场设备也可能会出现冰堵情况，严重影响整个输气管道的安全可靠运行。

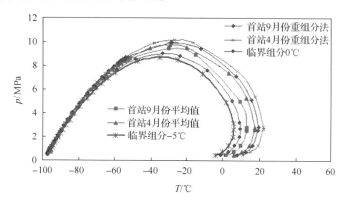

图 3.4　析烃分析所采用的相特性(文后附彩图)

图 3.5　收球筒内冰堵情况

此外，天然气输送过程中气体中的凝析水和凝析油等会对压气站燃气轮机、压缩机、阀门、仪表和管道等设备和仪器的正常运行造成影响和损害。为了防止凝析液的析出，保障管道设备和仪表的安全，很多国家和组织都对长输管道的天然气气质进行了严格规定。

3.2.2　工艺气中固体颗粒物含量和液体含量相关规范和要求

1. 管输天然气中固体颗粒物含量和液体含量的相关规范和要求

由前述可知，在长距离管道天然气输送过程中，必须对其中的固体颗粒物和液滴进行严格控制，才能保证输气管道和站场设备的安全可靠运行。为此，在长输管道站场内依据要求安装了不同类型的过滤分离设备。在天然气分输站和清管站一般安装多管旋风分离器，主要用于分离粒度 10μm 以上的固体颗粒。在计量站和压气站等站场内，天然气中的固体颗粒和液滴严重影响计量仪表和压缩机的操作运行，因此常采用多管旋风分离器和过滤分离器的两级串联过滤方式，当对液滴含量要求严格时，则在采用上述两级串联的基础上，再加上一级聚结分离器。

图 3.6 为长输管道压气站内流程简图，该站具有收发球功能，共有两台燃气轮机驱动的离心压缩机组，上游来的天然气首先进入过滤分离区，然后经过压缩机组增压后输往下一站。图中的过滤分离区为 4 台多管旋风分离器并联后进入汇管，然后再进入 4 台并联的卧式过滤分离器，多管旋风分离器与卧式过滤分离器构成两级串联形式。并联的多管旋风分离器可依据站内输气量的变化而确定出运行台数，4 台卧式过滤分离器中可以通过停输其中的任一台而更换滤芯。天然气站场内所选用过滤分离系统的过滤精度则取决于管道站场内流量仪器、压缩机及管输工艺的要求。

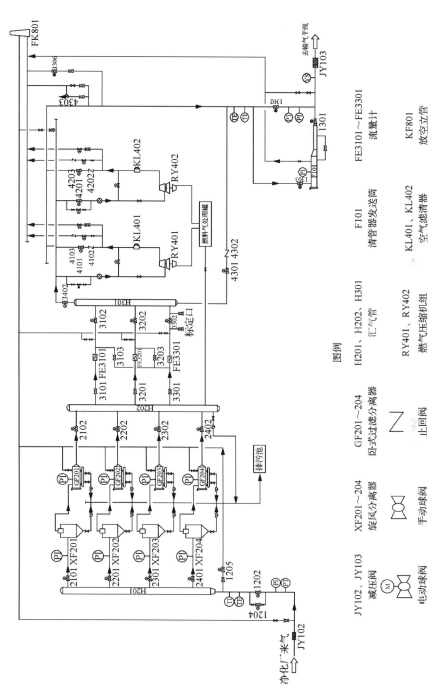

图 3.6 天然气管道压气站过滤分离设备工艺流程

目前国内外尚未有统一的管输天然气中有关固体颗粒物和液滴含量的标准。由国际标准化组织(ISO)制定的天然气国际标准 ISO 13686—2013[8]对天然气中液态形式存在的水和烃类、固体颗粒物等的含量没有给出具体的指标要求，只是说明其含量不应严重影响天然气输送和利用过程。我国天然气气质国家标准 GB 17820—2012[9]也基本沿用了类似的要求，没有对管输天然气中固体颗粒物和液滴含量给出具体规定，主要原因是缺乏通用可靠的杂质含量检测仪器。对固体颗粒物杂质只提出了原则性要求，即天然气中固体颗粒含量应不影响天然气的输送和利用，在天然气交接点的压力和温度下，天然气应不存在液态烃和游离水。目前只有俄罗斯国家标准 ГОСТ 5542—87[10]中规定了天然气中机械杂质含量应不大于 0.001g/m³，所采用的检测标准为 ГОСТ 22387.4—77[11]，其中规定的方法为等动取样方法，即利用颗粒物过滤称重方法和取出的气体累积流量得到颗粒物含量。中石油的企业标准 Q/SY 30—2002[12]和石油天然气行业标准 SY/T 5922—2012《天然气管道运行规范》[13]对管输天然气中的固体颗粒物的粒径做出了应小于 5μm 的明确规定。

此外，在天然气长输管道站场设备选型和设计时依据压缩机的操作运行要求，专门对站场压气站用过滤分离设备提出具体的过滤性能指标。英国罗尔斯罗伊斯公司(R-R)压缩机公司基于对长输管道压气站的压缩机保护等方面对工艺气中的固体颗粒物含量和液滴含量的要求如下：①长周期运行工况下应不大于 10μm；②短时间运行工况下(小于 150h/a)情况下应不大于 25μm；③正常操作工况下的固体颗粒物含量最大值不大于 0.05g/Nm³①；④正常操作工况下的液体含量最大值不大于 0.013L/Nm³。

我国输气管道工程设计规范 GB 50251—2015[14]参照相关磨损试验数据，建议进入压缩机的气体中的固体颗粒物直径应小于 5μm，并推荐采用二级过滤分离设备。我国在长距离管道设计过程中，对天然气中的固体颗粒物含量和液体含量的要求也不断提高。早期天然气管道的设计基于干式天然气，对天然气中液体含量的要求不高，后来运行过程中发现由于我国长距离管道沿程温度变化大、天然气组分也存在不稳定现象，在长距离输送过程中存在游离水和液态烃析出，有时甚至比较严重。表 3.1 给出了西气东输管道一线和二线对过滤分离设备的性能要求。

表 3.1　西气东输管线对过滤装置的分离性能要求

项目	西气东输一线(过滤分离器)	西气东输二线(过滤分离器+聚结过滤器)
粉尘	5μm 以上效率 100% 1μm 效率不小于 99.9%	5μm 以上效率 100% 1μm 效率不小于 99.9%
液滴	5μm 效率不小于 98.0%	能除去不小于 0.3μm 的液滴 分离效率不小于 99.8%

① Nm³ 指在温度为 20℃，压力为 1 个标准大气压下的天然气体积。

天然气中液体的来源主要由其输送过程压力降低和温度降低引起。尤其是在经过节流时受焦耳-汤姆孙效应(Joule-Thomson effect)的影响，温度下降，在绝热节流情况下，压力每降低 1.0MPa，温度大约下降 5.6℃。控制天然气中水露点和烃露点则可以控制液体析出，进而保证天然气站场用压缩机、计量仪器、阀门和管道等安全可靠运行。由于液烃在管道内冷凝并积聚后会产生两相流而影响计量的准确性，并增加管道运行阻力，构成安全运行的隐患。因此，天然气输配系统必须保证在高于其烃露点的条件下运行，保证单相气体流动要通过控制天然气中重质烃类含量来实现。然而天然气的特殊性在于其在储层或典型操作条件下均会发生反凝析现象，必须通过一系列不同操作条件下的反凝析露点曲线来确定合适的烃露点。就天然气而言，反凝析露点曲线上临界冷凝温度并非取决于天然气中重烃组分的总量，而是取决于其中最重组分的性质与含量。这大大增加了确定烃露点及其测试方法的困难。此外，由于各个国家和地区的环境不同，天然气的组成也存在较大差别，因此很难用一个统一的标准对天然气气质进行规范。世界多数国家是按不同季节提出在最大可能操作压力下气体的露点温度值，表 3.2 给出了国际标准化组织和部分国家对长输管道天然气烃露点和水露点的规定[9]。

表 3.2　国际标准化组织和部分国家对管输天然气的烃露点和水露点的标准

国家/组织	标准名称	水露点	烃露点
ISO	ISO 13686	交接温度和压力下无液相水	交接温度和压力下无液态烃
中国	GB 17820	交接温度和压力下水露点应比最低环境温度低 5℃	交接温度和压力下不存在液态烃析出
美国		水含量：110mg/m³	
英国	BG/PS/DAT33	夏季 4.4℃/6.9MPa 冬季-9.4℃/6.9MPa	夏季 10℃/6.9MPa 冬季-1℃/6.9MPa
俄罗斯	OCT 51.04-1993	温带地区：夏季-3℃/操作压力；冬季-5℃/操作压力 寒冷地区：夏季-10℃/操作压力；冬季-20℃/操作压力	温带地区：夏季 0℃/操作压力；冬季 0℃/操作压力 寒冷地区：夏季-5℃/操作压力；冬季-10℃/操作压力
德国	DVGW G260/I	最低地温/操作压力	最低地温/操作压力

我国国标 GB 50251—2015《输气管道工程设计规范》[14]中规定："进入输气管道的气体，其水露点应比输送条件下最低环境温度低 5℃；烃露点应低于最低环境温度，硫化氢含量不大于 20mg/m³"。我国天然气气质国家标准 GB 17820—2012[9]给出了三个类别的天然气技术指标，对于烃露点，则为在交接温度和压力下不存在液态烃析出，可见输气管道工程设计规范管道设计标准 GB 50251—2015比天然气气质 GB 17820—2012 指标更加严格。

2. 高含硫处理气的相关规范和要求

由天然气田集输的原料天然气在进入净化厂脱硫装置前需要进行过滤分离。因为原料天然气中的烃液和固体颗粒物是引起脱硫吸收塔发泡、脱硫装置腐蚀及换热设备热阻增加的主要原因。此外加入到气井中的缓蚀剂、钻井液及水等都可能随原料天然气进入脱硫工艺流程，因此必须对原料天然气进行分离，通常采用多级分离，在利用重力分离器和离心分离器等进行预分离后，还需要采用过滤分离与聚结过滤相结合的方式进一步净化气体，目前要求的过滤指标为对于粒径不小于 $0.3\mu m$ 固体颗粒物和液滴的过滤效率应达到 99.9%。

3.3 燃料气过滤分离性能要求

3.3.1 燃料气中固体颗粒物和液体含量对燃气轮机性能的影响

在天然气长输管道压气站，常采用燃气轮机和变频电机作为离心压缩机的驱动机，燃气轮机主要应用于电力不足或单独架设高压输电线路成本高的区域。例如，我国西气东输管道经过的新疆、青海、甘肃和陕西等西部区域主要采用燃气轮机。西气东输一线和二线主要采用英国罗尔斯罗伊斯(R-R)和美国通用电气(GE)公司30MW 等级的燃气轮机，有些管道则采用美国索拉透平(Solar)公司的 7～20MW 等级的燃气轮机。截至 2013 年，我国长输管道站场用燃气轮机已达 150 台以上，其所用的燃料皆为取自所输送的天然气。图 3.7 为燃气轮机气体燃料的流程，燃料气要经过预过滤分离器、计量、加热、聚结分离、控制与调节、分配等之后进入燃气轮机的燃料环管，最后进入燃料喷嘴。燃料气和空气中所含的固体颗粒物和液滴也会影响到燃气轮机的操作和运行。燃气轮机空气过滤器常采用脉冲反吹循环再生滤芯，其过滤精度要求为 3～5μm 以下颗粒的过滤效率应在 98%以上，末级空气过滤器精度等级为 F7～F8，可参考文献[15]，本书主要介绍燃料气过滤分离要求。

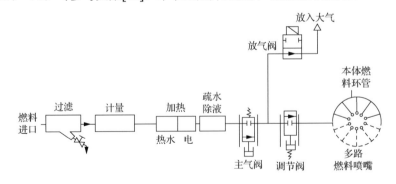

图 3.7 燃气轮机燃料气系统流程

　　天然气中的固体颗粒物会引起喷嘴等部位的堵塞、磨蚀和沉积现象。堵塞引起的后果最为严重，尤其是导致燃气喷嘴孔面积减小，造成喷嘴间和各个燃烧室间气体分布不均匀，进而使燃气温度不均匀和增加污染物排放，严重时甚至会引起自燃和回火。

　　当天然气中固体颗粒物含量高时，会产生磨蚀现象，造成燃料气喷嘴的磨损和堵塞，尤其是对于低污染燃烧室(DLN)，其燃料气喷嘴的孔径比扩散火焰燃烧室喷嘴的孔径要小，更容易引起堵塞。同时为避免颗粒产生磨损，燃气轮机规范规定必须除净 $10\mu m$ 以上的颗粒；小于 $10\mu m$ 的颗粒与气流的跟随性好，不会撞击设备壁面，磨蚀速率明显降低。磨蚀速率与颗粒速度和气体燃料所处的高速流动区域的面积呈指数关系，尤其是节流喷嘴处于阻塞工况时，如流量计孔板、阀门座等，磨蚀非常严重。燃气轮机内涡轮动静叶片的粉尘沉积与颗粒的特性和含量有关[16-20]。

　　天然气中所含有的液态碳氢化合物会使天然气的实际热值发生较大变化，其具体热值取决于液态碳氢化合物与不可燃气体的比例，燃料气热值改变 10%以上就会引起操作参数改变；而液态烃的堵塞会影响到燃气轮机的能量转换，情况严重时，燃烧中未燃尽的液滴会在正常火焰区之外产生火焰，这将损坏燃烧室和涡轮等热端部件，因此必须采取措施除去所含液体。图 3.8 为燃烧喷嘴中的液烃存在引起的局部燃烧导致燃烧室内及涡轮部分温度分布改变，这种温度分布不均匀会造成图 3.9 中燃烧室外筒壁的烧蚀。图 3.10 则为由燃烧室温度不均匀产生的高温燃气经过高压涡轮导叶时引起的局部烧蚀现象。

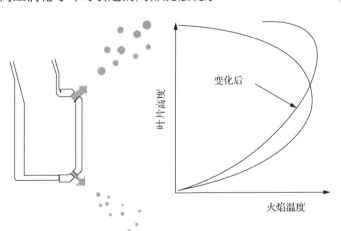

图 3.8　天然气液烃引起的温度分布特性变化

图 3.9　燃烧室外壁烧蚀部位(文后附彩图)

图 3.10　燃气轮机高压导叶超温部位(文后附彩图)

天然气中的凝析液不仅含有 C_5 或 C_6 以上的组分，且有水析出，水会与甲烷形成固态水合物。液态烃影响燃气轮机的原因在于当气体减压提速时会出现堵塞现象，使压缩机出口温度达到 329～451℃时产生自燃，进而导致回火等现象。因此，应保证天然气没有其他液体存在，特别是要求 C_6 以上的碳氢化合物不能以液态形式存在，因为该类烃的自燃温度为 204～288℃，这个温度低于燃气轮机轴流压缩机的气体出口温度(329～451℃)。一旦液滴与压缩机排出的空气接触，将会导致瞬间点火，引起过早燃烧。因此要求气体的温度必须高于它的露点一定值，即需要天然气保持一定过热度。

3.3.2　燃料气中固体颗粒物和液体含量的相关规范和标准

美国通用电气(GE)公司针对不同类型的燃气轮机,分别制定了相应的气体燃料技术规范,其中针对重型燃气轮机的规范 GEI-41040i[17]要求固体颗粒总含量应小于 30mg/kg,其中 10μm 以上的颗粒物含量应小于 0.3mg/kg。对于航改型燃气轮机的要求是气体燃料中的固体颗粒物含量小于 30mg/kg;固体颗粒物的粒径大小要求为:在大气压力为 1.0363×10^5Pa 和温度为 21.1℃条件下,空气中的沉降速度大于 6mm/s 的固体颗粒所占比例应小于颗粒物总含量的 1.0%,沉降速度大于10mm/s 的颗粒所占比例应小于 0.1%[18]。我国轻型燃气轮机燃烧使用规范 GB/T 13674—92[19]和机械行业标准 JB/T 5886—1991[20]规定的气体燃料中固体颗粒含量与此基本相同,所规定的颗粒物直径大小可换算为表 3.3 的当量直径,表中相对密度为颗粒密度与4℃时的密度($1000kg/m^3$)的比值。

表 3.3　固体颗粒的沉降速度与当量直径的关系

沉降速度/(mm/s)	固体颗粒的当量直径/μm	
	相对密度 2	相对密度 4
5.93	10	7
9.74	13	9

美国通用电气(GE)公司对燃气轮机所配备的燃料气过滤分离设备的性能要求为:对大于 5μm 的颗粒,其过滤效率应高于 99.5%,过滤后固体颗粒物总含量小于 30mg/kg。罗尔斯罗伊斯(R-R)公司对燃气轮机燃料气过滤器的性能要求是名义过滤精度达到 5μm。美国索拉透平(Solar)公司对燃料气的要求是最大颗粒直径小于 10μm[21],颗粒物总含量小于 30mg/kg。表 3.4 给出了燃气轮机厂家对燃料气滤芯精度的要求。

表 3.4　燃气轮机厂家对燃料气过滤器滤芯精度要求

公司	过滤效率要求	过滤后颗粒物含量/(mg/kg)
GE	大于 5μm 的颗粒,过滤效率高于 99.5%	小于 30
R-R	名义过滤精度达到 5μm 绝对过滤精度为 20μm	
Solar	过滤后的颗粒物最大直径小于 10μm	小于 30

由前述分析可知,燃料气中含有液态烃时会引起局部燃烧室和涡轮部分局部高温,造成燃烧室外筒壁和涡轮部件的烧蚀。因此,燃料气中不允许存在液体,且必须对燃料气有过热度的要求。GE 公司针对重型燃气轮机气体燃烧规范GEI-41040i[17]和航改型燃气轮机气体燃烧规范 MID-TD-0000-1[22]对燃料的要求为

高于水露点和烃露点 28℃。ASME B133.7M[23]规定燃气轮机的气体燃料高于烃露点和水露点温度以上(过热度)25～30℃。表 3.5 汇总了燃气轮机规范和制造厂家对气体燃料过热度的要求。

表 3.5　燃气轮机气体燃料对过热度的要求

标准名称	过热度
GB/T 13674—1992	最高冷凝温度至少比燃料系统最低温度低 28℃
ASME B133.7M	高于烃露点和水露点温度以上 25～30℃
R-R 公司标准	燃料气温度高于烃露点和水露点温度以上 10℃
Solar 公司标准	燃料气温度高于烃露点和水露点的温度以上 27.8℃，且在−40～71.1℃
GE 公司标准	高于天然气烃露点和水露点温度以上 28℃
Siemens 公司标准	高于天然气露点 10℃，高于水露点 15℃

3.4　压缩机组干气密封用过滤性能要求

3.4.1　干气密封气中固体颗粒和液滴对性能的影响

长输天然气管道压气站常采用离心式压缩机来提高天然气的压力，离心式压缩机排气压力高达 12.0MPa，出口压力与进气压力比值一般为 1.2～1.6。由于离心式压缩机内部压力高，且天然气易燃易爆，离心式压缩机两个轴端的密封至关重要。目前轴端密封皆采用干气密封。干气密封为非接触式密封，其极限速度高，密封特性好、寿命长，不需密封油系统，功率消耗少，运行维护费用低，是目前常用密封形式。干气密封的概念是 20 世纪 60 年代末在气体润滑轴承的基础上发展起来的。

图 3.11 为长输管道压缩机轴端密封常采用的串联式干气密封结构简图，左侧为压缩机内部，右侧为轴承端。当工艺气体为有毒或可燃性气体时，常采用这种密封。靠近工艺气体侧的密封称为主密封，靠近大气侧的密封称为隔离密封。隔离密封的作用是防止气体向大气或轴承箱泄漏，有时又称为缓冲密封，隔离密封气通常采用空气或氮气，如在主密封失效时，隔离密封起到备用密封作用。由于工艺气体的洁净度达不到要求，因此在压缩机的不同运行阶段，需要不同的密封气对其进行密封。在压缩机进口和出口工艺气的压差形成之前，需要从密封气入口注入辅助密封气对轴端进行密封，以防不清洁的工艺气体进入密封环。当压缩机正常运行后，则关掉辅助密封气，而打开主密封气入口。主密封气以高于压缩机内的工艺气体的压力由主密封气入口注入，用以阻止压缩机工艺气体向外部泄漏。离心压缩机常以取自压缩机出口的气体或外设的氮气作为主密封气和辅助密

封气。在压缩机启动和停车时，为了保护洁净的密封环而采用辅助密封气。主密封气注入密封装置后，大部分进入压缩机高压侧与工艺气体混合，小部分通过主密封面泄漏的工艺气体和隔离气的混合气经过压力开关、限流孔板和流量计后，排放到主放空口，通过一次密封口排放到火炬系统。另有极少量的工艺气体通过辅助密封面后与来自隔离盘的少量空气混合后一起排到大气。压缩机油泵运行前，必须将隔离气体引入到干气密封装置，以防止密封部件和油接触。压缩机使用前，一般先注入洁净的氮气启动和保护密封面，在压缩机投入正常运行前，置换来自压缩机出口的工艺气。工艺气必须经过过滤器过滤。干气密封系统管路如图 3.12 所示，图中给出了密封气、隔离气、放空火炬和直接放空管路。

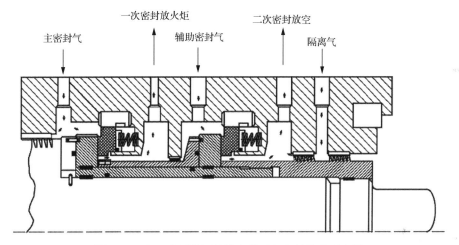

图 3.11　离心式压缩机轴端串联干气密封结构示意图

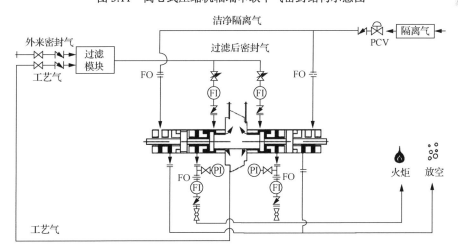

图 3.12　干气密封系统图

FO 为流量限制孔板；PI 为压力计；FI 为流量计；PCV 为压力控制阀

　　图 3.13 为干气密封结构的详细说明，初级密封和二级密封主要由动环组件和静环组件两部分组成。静环组件包括由 O 形环密封的静环、加载弹簧及固定静环的不锈钢夹持套。动环组件利用一夹紧套和一锁定螺母等部件固定在旋转轴上随轴高速旋转。动环一般选用硬度高、刚性好且耐磨的钨、硅硬质合金制造。干气密封的特别之处是在动环表面开有不同形状的沟槽，沟槽深度一般为 2.5～10μm。当离心式压缩机正常运行时，动、静环之间形成厚度为 3～5μm 的气膜，利用此气膜实现动、静环之间的密封。为了绝对避免压缩机内的工艺气体经过工艺侧迷宫密封齿间隙向外侧流动进入干气密封面，应保证密封气的压力高于工艺气的压力约 345kPa 以上，原则上应保证密封气穿过工艺侧迷宫密封齿缝间隙小机内流动的最小速度达到 4.88m/s。在实际设计中，考虑到齿缝间隙由于磨损减少等因素，将该速度按最小速度的两倍即 9.76m/s 选取[24]。对于天然气压气站所用的离心式压缩机，常用的干气密封型式即为图 3.13 所示的串联式干气密封，大约 80%以上的密封气量通过工艺侧迷宫密封齿缝间隙流向压缩机内；低于 20%的密封气量通过初级密封的动环上的沟槽向外侧流动，其中约 18%的密封气通过一次密封放空火炬排出，剩下的约 2%的密封气通过二次密封后经二次密封放空口排出。由此可知，保证密封气的流量是干气密封能否起到密封作用的关键，而密封气是否干燥洁净则直接影响到干气密封系统动静环的运行寿命[25]。

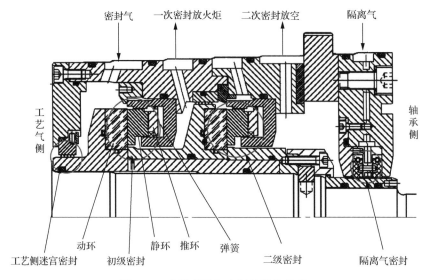

图 3.13　串联式干气密封的结构组成

　　如果密封气中含有直径大的固体颗粒和液滴必然会严重影响干气密封的性能，因此无论压缩机是处于备用和运行，还是启动和停机过程，都必须保证密封气的气质。密封气的污染物可能是固体颗粒物，也可能是液滴，甚至可能是气体中腐蚀性成分引起的。由于干气密封气一般来自压缩机出口，其中的固体颗粒可能有以下来源：①密封气管路本身不清洁，既包括密封气输送管路，也包括放空管路，如管道壁面的沉积物被气流冲刷下来；②管路内壁、压缩机内壁及密封部件等部件的腐蚀产物；③工艺气本身的杂质。此外还有由于过滤器失效或过滤精度不满足要求、密封系统操作程序不当、压缩机工艺气体侧的迷宫密封内气体速度低而产生的固体颗粒。

隔离气一般为空气或氮气，其作用是防止轴承端的润滑油等杂质进入干气密封系统，因此对隔离气也需要进行过滤，避免隔离气中的固体颗粒物和液滴进入干气密封的动、静环密封。

密封气中的固体颗粒会造成如下问题：①由于动、静环之间的间隙大约为$5\mu m$，直径大于此间隙的固体颗粒必然会造成密封面间的磨损，引起密封槽结构尺寸改变，进而导致气体泄漏量增加，甚至失效；②直径小的固体颗粒会沉积和堵塞在密封槽，不但会影响气膜均匀性，而且降低了动压效应；③密封套筒的失控和黏紧，导致密封不平衡。

密封气中液滴主要有以下来源：①由干气密封外侧的隔离气从轴承侧带入的或沿轴向内移动带入的润滑油；②密封气过滤器失效或过滤精度不满足要求；③操作运行工况下析出的液滴，主要是从压缩机出口引出的工艺气经过干气密封气过滤器、各类阀门、节流孔及密封面等部件时体积膨胀，导致压力和温度降低，使液滴析出；④工艺管道内腐蚀产生的液相产物。

密封气中的液滴会造成如下问题：①降低动、静环间的动压效应，增加密封间的摩擦，进而产生热量；②密封间的液滴影响散热，导致密封元件变形、O 形环被挤出和动环热冲击现象发生，直至密封环失效(图 3.14)；③当天然气中含酸时，析出的游离水会引起腐蚀。

图 3.14　干气密封装置动环表面的润滑油(文后附彩图)

除固体颗粒物和液滴外，气体污染物也会引起密封系统失效：①密封气组分间发生化学反应时的情况，如密封气组分间的聚合反应；②密封件与密封气间的反应，如含硫密封气与动环中的镍发生反应生成的硫化镍颗粒会堵塞密封槽[26,27]。

3.4.2　干气密封气过滤性能要求

干气密封制造厂家一般要求过滤器固体颗粒的绝对精度达到 3μm。美国福斯(Flowserve)公司要求，大于 3μm 以上的液滴或固体颗粒效率要高于 99.98%，当气体中含有硫化铁时，需要采用过滤精度为 0.3μm 的滤芯，要求当密封气中的液体含量高于 0.2%(体积分数)时，应采用预过滤器，气体温度须高于露点温度 20℃。美国约翰克兰(John Crane)公司则要求除尽 3μm 以上的固体颗粒或液滴，采用聚结过滤器除去气体中的微小液滴。

由于密封气体经过过滤器后，还要经过节流孔、流量计、动静环密封及连接管路等部件，这时密封气体积会膨胀，导致压力和温度降低，进而有液滴析出。因此，除了保证密封气过滤器对固体颗粒和液滴的过滤要求外，还需要考虑密封气可能出现的凝析现象，API 614 要求密封气温度应高于露点温度 11.1℃[28]。表 3.6 给出了各种规范和标准对干气密封气中固体颗粒和液滴含量的要求。

表 3.6　各种规范和标准对干气密封气中固体颗粒和杂液滴含量的要求

规范种类	颗粒类别	具体指标
API 614	液滴	密封气温度高于露点温度 11.1℃
	固体颗粒	≥3μm 的颗粒含量低于 1.3%
MAN	固体颗粒	无 3μm 以上的颗粒
	液滴	≥3μm 的液滴含量低于 0.3% 密封气湿度高于 2mol%时，密封气温须小于 150℃，且高于露头温度 11.1℃以上
R-R		无 0.5μm 以上的颗粒
Dresser-Rand	固体颗粒	无 3μm 以上的颗粒
	液滴	≥3μm 的液滴含量低于 0.03%

图 3.15 为干气密封气相图，由图可知，当密封气压力为 0.24MPa 时，密封气的烃露点约为 37.8℃，若要求高于露点温度 11.1℃，为保证密封在整个流动过程中不出现凝析现象，则应将密封气在 7.24MPa 压力下加热到 93.3℃。因此密封气在经过聚结过滤器后应安装加热装置，将密封气加热到规定的温度[24]。

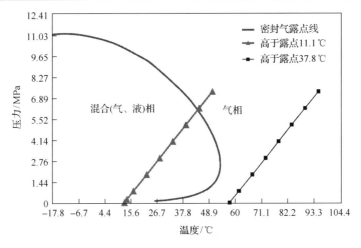

图 3.15　干气密封气相图

图 3.16 给出了在密封气初始压力为 9.0MPa 时，密封气温度对凝析现象的影响，由图中曲线可以看出，当密封气初始温度较低时，在其膨胀降压过程中，就会出现烃析出和水析出。由此可知，离心式压缩机干气密封系统的安全可靠运行既要保证过滤器的精度，也要通过加热系统保证在后续的膨胀降压过程中不出现凝析现象[24,25]。

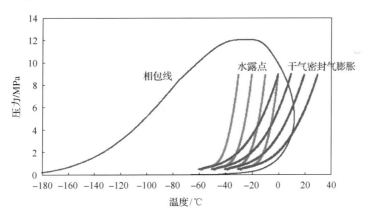

图 3.16　密封气温度对凝析现象的影响

图 3.17 为干气密封气过滤和加热流程图，在过滤器内聚结滤芯下部安装了预分离器，一般为惯性捕集器或旋风分离器，主要用于当气体中湿度高或含液量高于 2%时首先分离出直径大的液滴，然后再利用聚结滤芯除净 3μm 以上的液滴和颗粒。由过滤分离器净化后的气体经过阀门、节流孔板或流量计后再经电加热器加热，达到高于露点温度 11.1℃以上的要求，加热温度主要考虑干气密封装置的密封圈、动环和静环等部件的耐温要求，一般加热温度应低于 150℃。此外，还

可以在过滤分离器前加装冷却器，使得在过滤前尽量增加液滴析出量，可由过滤分离器的预分离器除去析出的液滴[24]。

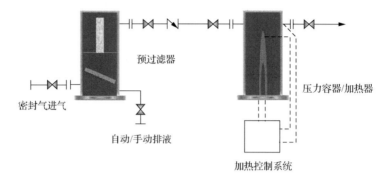

预过滤器

密封气进气

自动/手动排液

压力容器/加热器

加热控制系统

图 3.17　干气密封气过滤和加热流程

参 考 文 献

[1] 《石油和化工工程设计工作手册》编委会. 输气管道工程设计. 青岛: 中国石油大学出版社, 2010

[2] 宋德琦, 苏建华, 任启瑞, 等. 天然气输送与储存工程. 北京: 石油工业出版社, 2004

[3] Mokhatab S, Poe W A, Speight J G. Handbook of Natural Gas Transmission and Processing. 2nd Edition. Waltham: Gulf Professional Publishing, 2012

[4] 王玮, 张晓萍, 李明, 等. 管输天然气气质的相特性. 油气储运, 2011, 30(6): 423-426

[5] 郭艳林, 李巧, 毛敏, 等. 气田外输天然气烃露点保证问题研讨. 天然气工业, 2004, 24(11): 151-155

[6] 姜永涛. 湿气输送技术分析. 油气储运, 2007, 26(7): 57-61

[7] 孙启敬, 高顺华. 西气东输管道压缩机组输送湿气实践分析. 油气储运, 2007, 26(6): 57-59

[8] ISO 13686—2013 Natural gas-quality designation. Geneva: International Standardization Organization, 2013

[9] 中华人民共和国国家质量监督检验检疫总局, 中国国家标准化管理委员会. 天然气: GB 17820—2012. 北京: 中国标准出版社, 2012

[10] Ussr State Standard, Natural Fuel Gases for Industrial and Domestic Use-specifications: ГОСТ 5542—87. Moscow: Standards Publishing House, 1994.

[11] Ussr State Standard, Gas for Domestic and Public Utilities Method for Determination of Tar and Dust Content: ГОСТ 22787. 4—77. Moscow: Standards Publishing House, 1986

[12] 中华人民共和国国家质量监督检验检疫总局, 中国国家标准化管理委员会. 天然气长输管道气质要求: Q/SY 30—2002. 北京: 石油工业出版社, 2002

[13] 国家能源局. 天然气管道运行规范: SY/T 5922—2012. 北京: 石油工业出版社, 2013

[14] 中华人民共和国住房和城乡建设部. 输气管道工程设计规范: GB 50251—2015 北京: 中国计划出版社, 2015

[15] 林公舒, 杨道刚. 现代大功率发电用燃气轮机. 北京: 机械工业出版社, 2007

[16] Wilkes C. GER-3942 Gas fuel clean-up system design considerations for GE heavy-duty gas turbines. New York: GE Power Systems, 1999

[17] General Electric Company. Specification for Fuel Gases for Combustion in Heavy-duty Gas Turbines: GEI-41040i. New York: GE Power Systems, 2005

[18] GE. GE Industrial AeroDerivative Gas Turbines. NewYork: GE Power Systems, 2000

[19] 中华人民共和国国家质量监督检验检疫总局, 中国国家标准化管理委员会. 轻型燃气轮机燃料使用规范: GB/T 13674—92. 北京: 中国标准出版社, 1992

[20] 中华人民共和国机械电子工业部. 燃气轮机气体燃料的使用导则: JB/T 5886—1991. 北京: 机械科学研究院, 1991

[21] Villanueva G. Fuel requirements for Solar gas turbines summary of specification ES 9-98E. Solar Turbines, 1998

[22] MID-TD-0000-1 Fuel gases for combustion in aeroderivative gas turbines. New York: GE Power Systems, 2001

[23] American Society of Mechanical Engineers. ASME B133.7M: Gas Turbine Fuels. New York: American Society of Mechanical Engineers, 1985

[24] Stahley J. Dry gas seal system design standards for centrifugal compressor applications. Proceedings of the 31th Turbomachinery Symposium, Texas, 2002

[25] Stahley J. Design, operation, and maintenance consideration for improved dry gas seal performance in centrifugal compressors. Proceedings of the 30th Turbomachinery Symposium, Texas, 2001

[26] 韩忠晨. 曼透平机组操作维护手册. 西安: 西北工业大学出版社, 2009

[27] Bridon R, Lebigre O. Gas seal contamination. Proceedings of 40th Turbomachinery Symposium, Texas, 2011

[28] American Petroleum Institute, API Standard 614 Lubrication. Shaft-sealing, and Control-oil Systems and Auxiliaries for Petroleum and Gas Industry Services. 4th Edition. Washington D C: American Petroleum Institute, 1999

第4章 过滤分离设备性能测定和评价方法

天然气压气站配有多台并联多管旋风分离器和多台并联的过滤分离器，然后两者串联，用以保证管道上阀门、流量计和压缩机的安全运行。因此，国内外对高压天然气集输用多管旋风分离器和过滤分离器的性能指标都有具体的要求。

尽管设计部门对多管旋风分离器和过滤分离器的压降和过滤效率提出了详细指标，但实际执行起来非常困难，关键是旋风分离器和过滤分离器属于非标设备，没有统一的性能检测方法去评价、检验和测定高压工况下的实际分离效率。因此，有必要对过滤分离设备性能进行实验室测定和现场检测，建立统一的评价方法。

4.1 过滤分离设备的主要性能指标

过滤分离设备的主要性能指标有：表示分离效果的总分离效率(或分离效率)及分级效率(或粒级效率)，表示能耗指标的压降(或阻力)，表示生产能力的处理气量，表示经济指标的单位处理量的造价、操作费用及寿命等。一般以前三种为主要的指标。

4.1.1 压降

过滤分离设备的进口总压与出口总压的差值称为过滤分离设备的压降 Δp ，其大小不仅取决于过滤分离设备的结构，还与过滤分离设备的操作条件(如气体密度、气流速度等)有密切关系。一般地，过滤分离设备及过滤分离元件的压降可表示为

$$\Delta p = p_{in} - p_{out} \tag{4.1}$$

式中， p_{in}、 p_{out} 分别为过滤分离设备和过滤分离元件进、出口处的总压。

由于过滤分离设备及过滤元件进出口气体速度和气体密度几乎保持不变，因此，可以忽略其进、出口的动压差，所以过滤分离设备及过滤分离元件的压降可以通过测量其进出口的静压差得到，即直接在过滤分离设备及过滤分离元件进、出口管位置测量静压差。

4.1.2 总分离效率

过滤分离设备或过滤分离元件的总分离效率有两种测量方法：称重法和在线

测量法。称重法是通过测量过滤分离设备或过滤分离元件进口和捕集的颗粒质量计算总分离效率，在线测量法是利用在线检测仪器实时测定过滤分离设备或过滤分离元件的进、出口颗粒浓度计算总分离效率。

称重法中，由过滤分离设备或过滤分离元件考虑进入、捕集及出口排放的颗粒物质量，分别用符号 M_{in}、M_c 和 M_{out} 分别表示单位时间内进入、捕集和排放的质量（或质量流量），三者之间满足质量平衡关系：

$$M_{in} = M_c + M_{out} \tag{4.2}$$

对于每台过滤分离设备或每个过滤分离元件而言，总分离效率 η 的定义为

$$\eta = \frac{M_c}{M_{in}} \times 100\% = \left(1 - \frac{M_{out}}{M_{in}}\right) \times 100\% \tag{4.3}$$

在线测量法可以测量过滤分离设备或过滤分离元件的进口质量浓度 C_{in}（g/m³）和出口质量浓度 C_{out}（g/m³），则过滤分离设备或过滤分离元件的总分离效率也可表示为

$$\eta = \left(1 - \frac{C_{out}}{C_{in}}\right) \times 100\% \tag{4.4}$$

在工业过程中，总分离效率通常是一个最常用的评价指标，但是这个指标并不全面。如在入口浓度比较高时，过滤分离设备或过滤分离元件的总分离效率一般都比较高，不便比较其优劣，但是过滤分离设备或过滤分离元件的主要目标是控制出口浓度 C_{out}，所以也可采用另外一些指标来表示分离效果，如带出率（或称透过率）和净化指数。

对于过滤分离器或过滤元件来说，当其总分离效率 η 值达 99%以上时，例如，把它表示为 99.99%或 99.999%，这种表示方法在数值上区别不明显，所以需要另外的表示方法。其中最简单的是用带出率（或称透过率）P（%）来表示，即

$$P = \frac{C_{out}}{C_{in}} \times 100\% = 1 - \eta \tag{4.5}$$

如 $\eta = 99.99\%$ 时，$P = 0.01\%$；$\eta = 99.999\%$ 时，$P = 0.001\%$，这样带出率更直观一些。

净化系数定义为过滤分离设备或过滤分离元件进口浓度与出口浓度之比，可表示为

$$\phi = \frac{C_{\text{in}}}{C_{\text{out}}} = \frac{1}{1-\eta} \tag{4.6}$$

净化指数一般取净化系数的对数，即 $\lg\phi$ 为净化指数。例如，当 $\eta = 99.999\%$，其净化系数为 10^5，净化指数为 5。

4.1.3　分级效率

分级效率是指某一给定粒径或者粒径范围内(小范围)的分离效率。进入过滤分离设备或过滤分离元件的颗粒中，某一粒径 d_{p} 的颗粒在全部颗粒中所占的质量频率(或体积频率)为 $f(d_{\text{p}})_{\text{in},i}$，出口净化气中的颗粒中粒径为 d_{p} 的颗粒所占的质量频率为 $f(d_{\text{p}})_{\text{out},i}$，捕集下来的颗粒中粒径为 d_{p} 的颗粒所占的质量频率为 $f(d_{\text{p}})_{\text{c},i}$，则该粒径为 d_{p} 的颗粒的捕集分离效率称为分级效率，可以表示为

$$\eta_i = \left[1 - \frac{C_{\text{out}}f\left(d_{\text{p}}\right)_{\text{out},i}}{C_{\text{in}}f\left(d_{\text{p}}\right)_{\text{in},i}}\right] \times 100\% = \left(1 - \frac{C_{\text{out}}}{C_{\text{in}}}\right)\frac{f\left(d_{\text{p}}\right)_{\text{c},i}}{f\left(d_{\text{p}}\right)_{\text{in},i}} \times 100\% \tag{4.7}$$

式中，η_i 为某一粒径颗粒的分级效率；C_{in}、C_{out} 分别为过滤分离设备或过滤分离元件进出口颗粒质量浓度。因此，只要用称重法或在线测量法测量出过滤分离设备或过滤分离元件进口和出口(或捕集)的颗粒质量(或质量浓度)和颗粒的质量(或个数)频率分布就可以计算出各个粒径下的分级效率。

总分离效率是对进入过滤分离设备或过滤分离元件的整个颗粒群而言，所以它不仅随过滤分离设备或过滤分离元件的不同而变化，而且对于同一过滤分离设备或过滤分离元件，还随入口颗粒的大小而变化。分级效率则是对某个粒径的颗粒而言，这就与入口颗粒的大小无关，只取决于过滤分离设备或过滤分离元件本身性能及单个颗粒的本身性质，所以用分级效率来衡量过滤分离设备或过滤分离元件的性能较为适宜。

总分离效率和分级效率之间是有相互联系的，则由式(4.4)和式(4.7)可得

$$\eta_i = \left[1 - \frac{C_{\text{out}}f\left(d_{\text{p}}\right)_{\text{out},i}}{C_{\text{in}}f\left(d_{\text{p}}\right)_{\text{in},i}}\right] \times 100\% = \left[\frac{\left(C_{\text{in}} - C_{\text{out}}\right)f\left(d_{\text{p}}\right)_{\text{c},i}}{C_{\text{in}}f\left(d_{\text{p}}\right)_{\text{in},i}}\right] \times 100\% = \eta\frac{f\left(d_{\text{p}}\right)_{\text{c},i}}{f\left(d_{\text{p}}\right)_{\text{in},i}}$$

$$\tag{4.8a}$$

$$\eta = \sum_{i=0}^{\infty} \eta_i f\left(d_{\text{p}}\right)_{\text{in},i} \tag{4.8b}$$

4.1.4　累积效率

累积效率是指不小于某一粒径的所有颗粒的总分离效率，它分为计重累积效率和计数累积效率，多管旋风分离器和旋风管一般用计重累积效率来表示，而过滤分离器和过滤元件可用计重和计数两种累积效率。

计重累积效率可表示为

$$\eta_{ci}=\left[1-\frac{C_{\text{out}}\sum\limits_{j=i}^{\max}f\left(d_{\text{p}}\right)_{\text{out},i}}{C_{\text{in}}\sum\limits_{j=i}^{\max}f\left(d_{\text{p}}\right)_{\text{in},i}}\right]\times100\% \tag{4.9}$$

式中，i 为任意粒径；η_{ci} 为不小于某一粒径的颗粒计重累积效率；C_{in}、C_{out} 分别为过滤分离设备或过滤分离元件进、出口颗粒质量浓度；$f\left(d_{\text{p}}\right)_{\text{in},i}$、$f\left(d_{\text{p}}\right)_{\text{out},i}$ 分别为过滤分离设备或过滤分离元件进、出口某一粒径颗粒的质量频率分布；$\max$ 为颗粒群中最大的颗粒粒径。

相应地，计数累积效率可表示为

$$\eta_{\text{p},ci}=\left[1-\frac{C_{\text{p,out}}\sum\limits_{j=i}^{\max}f\left(d_{\text{p}}\right)_{\text{p,out},i}}{C_{\text{p,in}}\sum\limits_{j=i}^{\max}f\left(d_{\text{p}}\right)_{\text{p,in},i}}\right]\times100\% \tag{4.10}$$

式中，$\eta_{\text{p},ci}$ 为不小于某一粒径的颗粒计数累积效率；$C_{\text{p,in}}$、$C_{\text{p,out}}$ 分别为过滤分离设备或过滤分离元件进、出口颗粒的个数浓度；$f\left(d_{\text{p}}\right)_{\text{p,in},i}$、$f\left(d_{\text{p}}\right)_{\text{p,out},i}$ 分别为过滤分离设备或过滤分离元件进、出口某一粒径颗粒的个数频率分布。

4.2　过滤分离元件测试方法

4.2.1　旋风分离元件性能测定和评价方法

1. 测试和评价系统组成

图 4.1 为旋风分离元件测试装置示意图，由被测试旋风分离元件、气源、加料器、灰斗、流量计和采样管路等组成。气源一般采用离心式风机实现吸风负压

操作，整个系统要求密封性好，测试前应对整个气源系统进行检漏。灰斗用于收集被旋风分离元件分离的粉尘，对收集的粉尘进行称重，获得旋风分离元件捕集的粉尘量。加料器可采用旋转刷式加料器或粉尘喷射器，且应能在规定的加料速度范围内计量出加料的质量，同时加料器不应改变测试灰的原始粒度分布。旋风分离元件的压降由安装在进、出口之间的差压计测量得到，而其效率可根据入口粉尘浓度采用称重法或在线测量法得到。

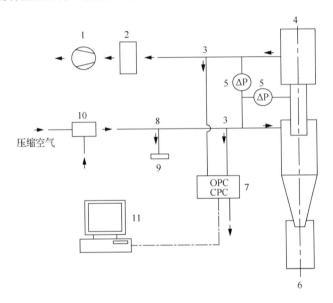

图 4.1　旋风分离元件分离性能测试装置流程图

1.风机；2.过滤袋；3.采样口；4.整流器；5.压差计（ΔP）；6.旋风分离元件；
7.颗粒物粒径谱仪（OPC、CPC）；8.皮托管；9.微压差计；10.加料器；11.计算机

2. 称重法

当旋风分离元件入口粉尘浓度比较高时，加入和收集的粉尘颗粒质量比较大，可以用称重法评价其分离效率，这样得到的分离效率误差较小，即由加料器在旋风分离元件入口加入的粉尘质量 M_{in}，通过测量灰斗中粉尘质量得到 M_c，然后利用式(4.3)计算旋风分离元件的总分离效率 η。

旋风分离元件的入口粉尘浓度 C_{in} 可表示为

$$C_{in} = \frac{M_{in}}{Qt} \tag{4.11}$$

式中，t 为加料时间，h；Q 为旋风分离元件的进口气体流量，m³/h。旋风分离元件的出口粉尘浓度 C_{out} 由式(4.3)和式(4.4)计算得到。

要获得旋风分离元件分级效率和累积效率还必须测量进出口粉尘的粒径分布，进口粉尘粒径分布可以在实验之前用 Coulter 仪进行测量得到 $f(d_p)_{in}$；在旋风分离元件的出口利用采样系统可以收集到出口的代表粉尘，然后利用 Coulter 测量出旋风分离元件出口的粒径分布 $f(d_p)_{out}$，这样就可以利用式(4.7)和式(4.9)分别计算出旋风分离元件的分级效率和计重累积效率。另外，也可以分析灰斗中的粒径分布 $f(d_p)_c$ 来计算分级效率。另外，带出率和净化系数可分别由式(4.5)和式(4.6)计算得到。

3. 在线测量法

在旋风分离元件入口浓度比较低时(小于 1g/m³)，称重法测量其总分离效率误差会比较大，因此一般推荐采用在线测量法测量其总分离效率、分级效率和累积效率。

如图 4.1 所示，在旋风分离元件前后安装等动取样装置，引出的含尘气体经稀释系统(如果浓度没有超过颗粒计数器测量范围则不需要)后进入颗粒计数器，即可得到旋风分离元件进出口质量浓度、个数浓度、粒径个数分布和粒径体积分布，这样就分别利用式(4.4)、式(4.7)、式(4.9)和式(4.10)分别计算出总分离效率、分级效率、计重和计数累积效率。同样，带出率和净化系数可分别由式(4.5)和式(4.6)计算得到。

4. 测试要求

测试过程中使用的气源和颗粒要满足石油天然气标准 SY/T 6883—2012《输气管道工程过滤分离设备规范》[1]中的要求。

4.2.2　过滤分离元件性能测定和评价方法

1. 测试和评价系统组成

过滤分离元件性能测试装置如图 4.2 所示，试验装置主要由气溶胶发生系统、采样系统和检测系统三部分组成。基本流程为：用气溶胶发生装置发生满足试验要求的固态或液态气溶胶，采集被测滤芯上、下游的气溶胶，通过凝结核粒子计数器(CPC)或光学粒子计数器(OPC)测量其计数浓度值，进而计算出滤芯的过滤效率。

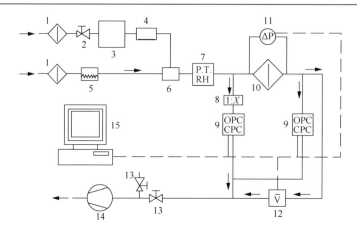

图 4.2　过滤分离元件分离性能测试装置流程图

1.高效空气过滤器；2.调压阀；3.气溶胶发生装置；4.中和器；5.加热器；6.混合室；7.测量绝对压力(p)、温度(T)和相对湿度(RH)的仪器；8.稀释系统 1:X(X 为稀释的倍数)；9.粒子计数器(OPC、CPC)；10.被测滤芯；11.差压计；12.体积流量计($\bar{V}$)；13.调节阀；14.真空泵；15.计算机

2. 参数测量

1)流量与阻力关系测量

测量滤芯初始阻力时，气量至少包括额定流量的 50%、75%、100%、125%、150%。首先记录环境温度、大气压力和相对湿度，然后记录各对应气量下滤芯的阻力值。

2)效率测量

采用液态气溶胶检测滤芯效率时，应在滤芯阻力和下游气溶胶浓度达到稳定后进行记录。每次测试应包含三种粒径(d_p)范围：$0.3\mu m \leqslant d_p < 1\mu m$、$1\mu m \leqslant d_p < 3\mu m$ 及 $3\mu m \leqslant d_p < 10\mu m$，对每种粒径范围应进行至少三次试验，并选择最低值作为被测滤芯的试验效率。

4.2.3　过滤分离效率不确定度评定

过滤分离效率是评价过滤分离元件性能的重要评价指标，在 CNAS-CL07《测量不确定度评估和报告通用要求》[3]中明确要求"检测实验室应有能力对每一项有数值要求的测量结果进行测量不确定度评估"。所以，在给出测量结果的同时给出测量不确定度，这样的测量结果才是完整的，使不同国家不同实验室的测量数据具有可比性。

测量过程引入的不确定度主要来源有：①影响过滤效率测量结果的因素，主要有测试人员的操作差异、环境的变动性等因素，为测量重复性引入的不确定度；②仪器设备引起的不确定度。可依据 JJF 1059.1—2012《测量不确定度评定与表示》[4]，对采用 GB/T 6165—2008《高效空气过滤器性能试验方法：效率和阻力》[5]中过滤效率测量结果进行不确定度评定。

4.3　采样测试技术

在过滤分离设备进出口管道内流动的含尘气流中，颗粒在管道横截面上分布不均匀，所以在采样位置、采样设备、采样点数和采样方法等方面都应遵循一定的规则。各国均有采样测试技术规范可供参照使用。

管道内颗粒检测技术主要分为离线检测和在线检测两种。颗粒离线检测的基本流程是：从管道内取出一部分具有代表性样品气体，利用颗粒捕集装置捕集样品气体中的粉尘，分析颗粒浓度和粒度分布，典型的离线检测方法有称重法、筛分法等。颗粒在线检测的流程是：从管道内取出一部分具有代表性的样品气体，通过光学原理或电学原理的检测装置直接对取出气体中粉尘浓度和粒度分布进行检测。

图 4.3 和图 4.4 分别为旋风分离设备和过滤分离设备进出口颗粒采样示意图。采样嘴中心线所处位置称为采样点，即能够从管道内采集到有代表性样品的部位。图 4.3 所示的 A—A 截面和 B—B 截面，即采样点所处的管道截面。

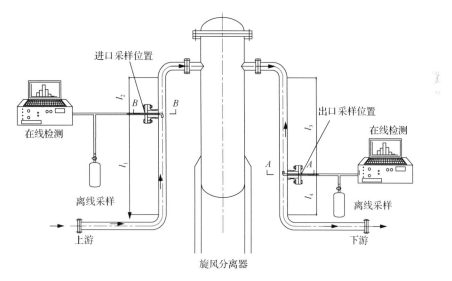

图 4.3　旋风分离器进出口颗粒检测示意图

l_1 和 l_2 分别为旋风分离器进口采样位置的前后直管长度，l_3 和 l_4 分别为旋风分离器
出口采样位置的前后直管长度

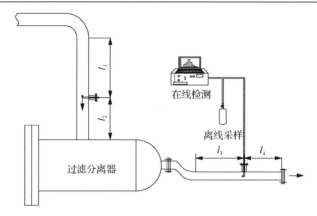

图 4.4　过滤器出口取样位置

4.3.1　采样点和采样位置

1. 采样位置

采样位置的选择对采样结果有重要的影响，各国标准对采样位置都做了相应的规定，综合美国标准 ANSI/ASME PTC 38—1980[6]、日本标准 JIS Z 8808—1995[7]、中国国家标准 GB/T 16157—1996[8]、中国国家标准 GB 5468-91[9]、中国石油天然气行业标准 SY/T 6883—2012[1]和 SY/T 6892—2012[10]，以及文献[11]，总结出采样位置时应遵循以下原则。

(1)采样位置必须选择在气流流动和颗粒分布形态稳定的直管段。不能选择在弯头、接头、阀门、变径管及其他断面形状急剧变化的部件上或附近区域。

(2)采样位置的上游应留有不小于 8 倍管径的直管段长度，即图 4.3 和图 4.4 所示的 l_1、l_3 应大于 8 倍管径；采样位置的下游应留有不小于 3 倍管径的直管段长度，即图 4.3 和图 4.4 所示的 l_2、l_4 应大于 3 倍管径。

(3)采样位置选择时应优先考虑竖直管段。因为含尘气流在水平管段内流动时，由于重力的作用，较大的粉尘将沉积在管道底部，造成管道内径向浓度分布不均匀，而在竖直管段这种影响最低。

(4)采样位置选择时应考虑操作方便和安全等因素。

2. 采样点

各国采样标准中都对采样点数和采样点分布进行了规定，主要依据管径大小、气体流动平稳性及粉尘浓度分布情况而定。许多学者利用实验和数值模拟的方法研究了在输送过程中水平管道[12-15]和弯头后的竖直管道[16-19]的颗粒分布规律，图 4.5[12]和图 4.6[17]分别为水平管道颗粒分布和弯头后竖直管道的颗粒分布示意图。从图 4.5

中可以看出，在水平管道输送的颗粒由于受到重力、惯性力、湍流强度、颗粒团聚等因素的影响，大颗粒多在管道下部运动，严重时会沉积在管道底部。从图 4.6 中可以看出，由于弯头存在，会使颗粒在弯头处分布严重不均，如图 4.6 的 *A—A* 截面所示；即使弯头后气流充分发展，也不能保证颗粒均匀分布，如图 4.6 的 *B—B* 截面所示。因此，基于气流和颗粒运动规律的复杂性，采样点应选择在浓度最接近管道内气体平均含尘浓度的位置，但这样点很难确定，一般推荐多点采样。

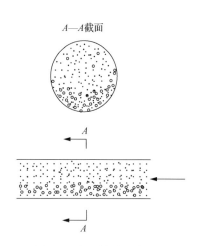

图 4.5　水平管道颗粒分布

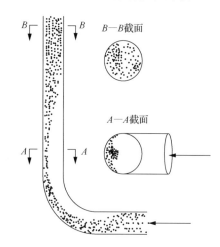

图 4.6　弯头后竖直管道颗粒分布

采样孔应设置在包括各采样点在内的相互垂直的直径线上。如图 4.7 所示，将管道分成适当数量的等面积同心环，各取样点选在各环等面积中心线与呈垂直相交的两条直径的交点上，其中一条直径线应在预期浓度变化最大的平面内，如当测点在弯头后，该直径线应位于弯头所在的平面 *A—A* 内，如图 4.8 所示。

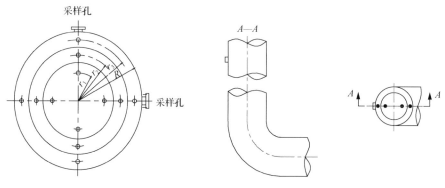

图 4.7　圆形截面的测定点　　　　　　图 4.8　圆形管道弯头后的测定点

当管道内气流为充分发展管流时，可对采样点作如图 4.9 所示简化。当管道内气体流动稳定，而且气体流速呈对称分布时，可减少采样点数，对于水平管道可减少一半，竖直管道可减少 3/4。当管道直径小于 0.3m 时，且管道横截面上粉尘浓度比较均匀时，可采用单环布点，竖直管道即为单点采样[1,10]。当在气流不稳定、管道内粉尘浓度分布不均匀的流场采样时，多点采样较单点采样误差小，更能反映管道内真实的含尘情况。

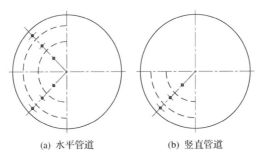

(a) 水平管道　　　　　　　(b) 竖直管道

图 4.9　简化多点采样

中国国家标准 GB/T 16157—1996《固定污染源排气中颗粒物测定与气态污染物采样方法》[8]对管道直径的分界点的规定，如表 4.1 所示。

表 4.1　GB16157—1996 对含尘管道采样点的规定[8]

管道直径/m	等面积环数	采样直径数	采样点数
<0.3			1
0.3~0.6	1~2	1~2	2~8
0.6~1.0	2~3	1~2	4~12
1.0~2.0	3~4	1~2	6~16
2.0~4.0	4~5	1~2	8~20
>4.0	5	1~2	10~20

中国石油天然气行业标准 SY/T 6883—2012《输气管道过滤分离设备设计规范》[1]和 SY/T 6892—2012《天然气管道内粉尘检测方法》[10]除对采样环数与采样点位置的进行了规定外，还规定了采样点距管道圆心的距离，如表 4.2 所示。

表 4.2　采样点距管道内壁的距离

管道直径/m	半径划分个数	采样点数	采样点距管道圆心的距离				
			r_1	r_2	r_3	r_4	r_5
<1	1	4	0.707R				
1~2	2	8	0.500R	0.866R			
2~4	3	12	0.408R	0.707R	0.913R		
4~4.5	4	16	0.345R	0.612R	0.791R	0.935R	
>4.5	5	20	0.316R	0.548R	0.707R	0.837R	0.949R

另外，美国标准 ANSI/ASME PTC 38—1980[6]和日本标准 JIS Z 8808—1995[7]对采样环数与采样点位置的规定和中国国家标准 GB/T 16157—1996[8]、中国石油天然气行业标准 SY/T 6883—2012[1]和 SY/T 6892—2012[10]标准一样。

4.3.2　等速采样方法

在保证采样位置和采样点满足相关标准要求的前提下，要使所取得的样品能够准确反映实际气体中颗粒的浓度和粒度分布，采样必须在等速的条件下进行。等速采样即所抽取的样品气体进入采样嘴的速度必须与气体管道内该点的气流速度相等，以克服由于粉尘运动的惯性作用而引起的测量误差。

对气流中颗粒进行采样时，可能会产生图 4.10 所示四种情形：采样速度小于、大于或等于来流速度，或采样速度虽然等于来流速度，但采样嘴没有正对气流方向。当采样速度 v_s 小于采样点处管道内实际气速 u_0 时，进入采样嘴的流量将小于管道内原先的流量，部分气流会绕向采样嘴外侧，由于粉尘密度一般远大于气流密度，大颗粒粉尘却因惯性作用仍然流入采样嘴中，使采样浓度偏高、平均粒径偏大；而当采样速度 v_s 大于采样点处管道内实际气速 u_0 时，结果正好相反；当采样嘴没有对准气流来流方向时，大颗粒粉尘因惯性作用，没有流入采样嘴中，使采样浓度偏低、平均粒径偏小；因此只有当采样速度等于采样点气速且采样嘴对准来流方向，即等速采样时，所取样品才具有代表性。

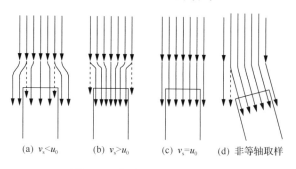

| (a) $v_s < u_0$ | (b) $v_s > u_0$ | (c) $v_s = u_0$ | (d) 非等轴取样 |

图 4.10　各种采样工况的比较

维持颗粒物等速采样的方法有普通型采样管法(即预测流速法)、皮托管(Pitot tube)平行测速采样法(即平行采样法)、动压平衡型采样管法(即动压平衡法)和静压平衡型采样管法(即静压平衡法)。

1. 预测流速法

预测流速法[8,20]采用皮托管预先测量管道内采样点处的气体流速，然后根据采样点处的气体流速和选用的采样嘴直径，计算出样品流量。该方法需测量管道内采样点处和进入采样嘴气体的状态参数，然后再进行换算得到含尘气体在标准状态下的含尘浓度。预测流速法将测速与采样分成两个阶段，而实际工况是管道内气体的流量会发生变化的，无法严格保证测速状态与采样状态的一致。当实际工况不稳定时，该方法将会造成较大的误差。为弥补预测流速法的缺点，可在管道上开有两个测量孔，一个用于测速，另一个用于采样，但此时同样需要先计算采样点的速度进而求得采样流量，再手动调节采样气量。增加开孔还加大了流场的干扰和操作的不确定性。

2. 平行采样法

利用平行采样法[8, 21,22]等速法采样时，需要将皮托管与采样嘴固定在一起插入被采样管道，其间距规定为 25～30mm。根据皮托管测得的采样点的速度，随时调节采样气量，以达到等速采样，其原理与预测流速法类似，具体流程如图 4.11 所示。该方法一般应用于非稳态流动工况，其缺点是开孔较大，操作繁杂，频繁操作带来相对较大的误差。

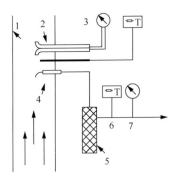

图 4.11　平行采样法采样流程
1.含尘管道；2.皮托管；3.微差压计；4.采样嘴；5.干燥器；6.温度计；7.真空表

3. 动压平衡法

动压平衡法采样系统如图 4.12 所示[8]，其原理是利用皮托管测量被采样管道流速，利用孔板流量计测量采样管道流量，通过调节取样气体流速使采样嘴后孔板压差等于皮托管测得动压从而达到等速采样。采样时应随时调节采样流量，使孔板压差与皮托管动压始终相等，从而实现保证等速采样。动压平衡法的优点是无须预先测量气体流速和气体状态参数和计算等速采样的流量，而是直接调节动压达到平衡实现等速采样。与静压平衡法相比，动压平衡法能在采样同时测量采样点的气体动压。

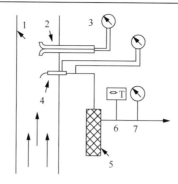

图 4.12 动压平衡法采样流程图

1.含尘管道;2.皮托管;3.微差压计;4.采样嘴;5.干燥器;6.温度计;7.真空表

4. 静压平衡法

静压平衡法采样流程如图 4.13 所示。静压平衡法利用特殊结构的采样嘴使采样嘴内压力与采样管道内压力相等,从而达到等速采样。与其他采样方法相比,静压平衡法不需要知道采样点处的具体流速与采样气速,减少了检测流速不准带来的误差。该方法要求采样时同时监视采样嘴内压力与管道内压力差,以便及时调节流量以实现等速采样。

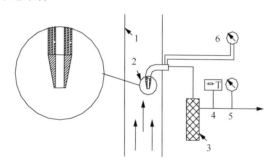

图 4.13 静压平衡法等速采样流程

1.含尘管道;2.采样嘴;3.干燥器;4.温度计;5.真空表;6.微压差计

常规的和补偿型的静压平衡采样嘴都是采用单点测量采样嘴管内外的静压,但实际上由于采样嘴具有一定的直径,因此静压测孔位置不同得到的静压值会不一样,因此需要在测压位置布置多个静压测孔以测量平均静压,提高测量精度[23]。图 4.14 为直径 6.0mm 的多点测压补偿式静压平衡型采样嘴结构[24],A—A 和 B—B 截面分别为采样嘴管内、外测压孔截面,每个截面六个测压孔,图 4.15 为当操作压力为 6.0MPa 时,A—A 截面处采样嘴外壁管道气体的静压分布,从图中可以看出,在不同角度的管道气体的静压变化较大,单点测压不能代表采样嘴管外的静压。因此,应在测压孔截面不同角度尽量多布置取压孔。

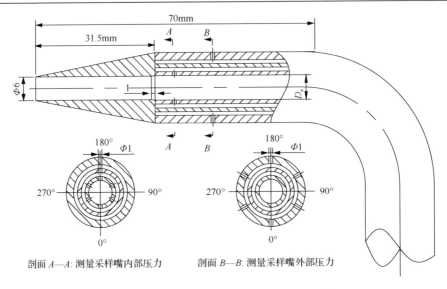

剖面 *A—A*: 测量采样嘴内部压力　　　　剖面 *B—B*: 测量采样嘴外部压力

图 4.14　多点测压补偿式静压平衡型采样嘴

D_e 为压缩管直径

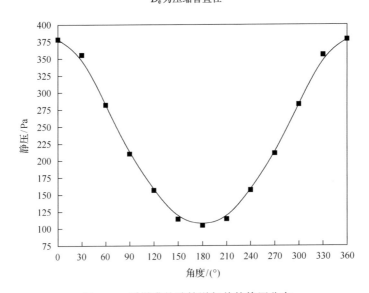

图 4.15　采样嘴外壁管道气体的静压分布

　　由于存在流动损失，*A—A* 截面测量的压力会小于 *B—B* 截面处测量的压力，因此需要对在采样嘴进口段后增加扩压段进行压力补偿。不同直径的采样嘴都存在一个最佳的扩压管。图 4.16 为图 4.14 所示采样嘴在不同直径扩压管的速度偏差与静压关系曲线，扩压段直径为 6.2mm 时等速效果最好。

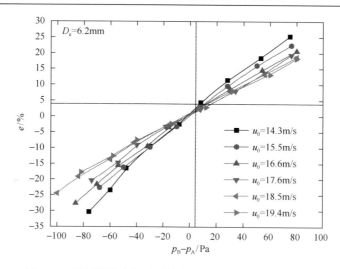

图 4.16　不同补偿直径时采样嘴速度偏差与静压差关系图

4.3.3　等速采样误差

采样过程中有很多因素影响采样的准确性，如采样嘴入口处和采样管内的颗粒沉降、采样过程中颗粒在管道内的团聚等，其中大颗粒主要受重力、惯性力等影响，小颗粒主要受扩散、静电力等影响。

美国标准 ANSI/ASME PTC 38—1980[6] 中规定，等速采样时不等速偏差 e 要在 10%之内；如果被采样的气流中颗粒粒径小于 $3\mu m$，采样误差可允许在 30%之内；如果最大颗粒直径小于 $1\mu m$，采样误差引起的质量和成分误差可以忽略不计。日本标准 JIS Z 8808—1995[7] 中规定等速采样时不等速偏差要在–5%～10%。

4.3.4　离线采样颗粒样品收集

离线采样时颗粒样品的收集方法有干法和湿法两种，现在主要应用干法收集样品。一般采用滤筒或滤膜作为捕集介质，基本可捕集 $0.1\mu m$ 以上的颗粒，捕集效率达 99%以上，滤速为 $0.05\sim0.5m/s$。常温常压下，滤材可用玻璃纤维和聚酯纤维等；而高压工况下，可用金属纤维或金属粉末制备的滤筒。滤膜一般分为圆盘形和圆柱形两种，当滤筒的有效直径大于 30mm 时，选择圆盘形滤膜，同时配置相应的滤膜支撑装置，圆柱形滤膜一般直接安放在支撑装置内。

表 4.3 给出了几种金属过滤介质的性能，金属过滤介质具有良好的渗透性、较高的过滤效率，其中采用烧结金属作为过滤器的粉尘颗粒捕获效率可达 99.9%，若同时使用表面纤维或粉末介质效率会更高。

表 4.3 金属过滤介质的渗透率

过滤介质	金属纤维毡	烧结金属丝网	烧结金属粉末	金属微孔膜
等效孔径/μm	5	5	5	0.3
渗透率/μm^2	$1\times10^{-3}\sim5\times10^{-3}$	$1\times10^{-4}\sim5\times10^{-4}$	$6\times10^{-5}\sim1\times10^{-4}$	$1\times10^{-6}\sim5\times10^{-6}$

4.4 高压天然气管道内粉尘检测技术

常压含尘气体采样检测方法是在等速采样的基础上利用采样管从被测管道或容器中抽取一定量的含尘气体,然后利用称重法或粒子计数器进行粉尘浓度与粒度分布的测试分析。而高压含尘气体的采样却不同,因为大多数粒子计数器都在常压或压力不太高(小于 1MPa)的情况下操作,当气体压力较高时,无法直接采用粒子计数器进行检测分析。高压天然气管道内粉尘检测与常压下一般的管道内粉尘的检测相比,具有以下特点。

(1)高压天然气管道内粉尘浓度波动范围大,一般为 0.01～100mg/Nm^3,粉尘粒径大部分在 1～40μm。

(2)天然气管道内压力一般较高,如西气东输二线西段的设计压力达 12MPa,若要采用粒子计数器对颗粒进行分析,必须先对高压含尘气体进行减压,以适应粒子分析仪的操作压力。

(3)天然气管道站场属易燃易爆危险场所,整套在线检测装置须严格保证安全性、密封性的问题。

目前,高压天然气管道内粉尘检测技术主要有以下几种方法进行:一是利用传统的称重法进行离线检测;二是利用减压装置对被采样的天然气进行减压,然后利用粒子计数器进行检测的高压减压在线检测的方法;三是对粒子计数器进行改进,使其能够承受高压的高压直接在线检测方法。

4.4.1 测量仪表要求

高压天然气管道内粉尘检测装置应用于天然气压气站现场,依据国家标准 GB3836.14—2014《爆炸性气体环境用电气设备第 14 部分:危险场所分类分析报告》[25],试验场所为危险区 1 区,可燃性气体释放等级为 1 级,因此在选择仪表时,要考虑其防爆性,所以仪表应按行业标准 SH3005—2016《石油化工自动化仪表选型设计规范》[26]进行选用。根据 SH3005—2016 的要求,检测用温度变送器、压力变送器和流量变送器均选择本质安全型。

4.4.2 高压采样用采样嘴设计

高压天然气管道内粉尘检测方法需要设计符合高压采样要求的采样嘴,在天然气管道上的开口结构和强度设计须严格遵照相关标准。特种设备安全技术规范 TSGR 1001—2008《压力容器压力管道设计单位资格许可与管理规则》[27]将输气站场内过滤分离设备的出口管道划为 GC1 级压力管道,行业标准 SH3501—2011[28] 将其划为 SHA 级压力管道。

采样嘴的整体设计,采样嘴与现场管道连接方法见参考文献[29]。采样嘴与被采样管道用法兰连接,对被采样管道的开孔要依据国家标准 GB150—2011[30], 并采用厚壁补强接管进行补强,补强接管与天然气管道的焊接采用全熔焊透结构。

4.4.3　高压离线检测方法

图 4.17 为高压天然气管道内粉尘离线检测方法示意图,具体操作步骤如下: ①将采样嘴、测量仪表和粉尘捕集系统按规定要求连接,并进行分级试压,确保没有泄漏;②打开阀门,调节装置的流量,实现采样嘴等动采样,并应保证在整个检测过程中实现采样嘴等动采样;③采用精度为 0.3μm 烧结金属滤芯或其他高效过滤滤芯收集粉尘颗粒;④试验完毕时取出滤芯密封好送回实验室分析滤芯增重量和收集粉尘颗粒的粒径分布。

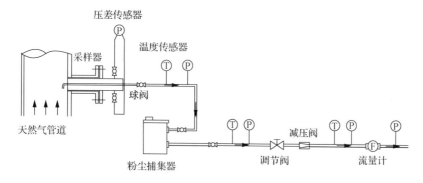

图 4.17　高压离线检测示意图

4.4.4　高压减压在线检测方法

高压天然气减压在线检测方法可以参考文献[29]和[31],主要操作步骤如下: 连接检测装置,并进行分级试压,试压方法按 GB/T 20801.5—2006[32]执行;将静压平衡采样嘴插入高压天然气管道内,调节流量使采样嘴内外腔的压力相等,达到等动采样;由采样嘴的特殊结构将其内外腔气体的压力隔开为两部分,分别传送到差压变送器进行检测,在差压变送器显示结果为零或在其精度范围(如 ±0.1%FS)之内时,即认为采样已达到等动采样;然后等动采集的高压天然气再经冷凝干燥,记录其瞬时流量与累积流量,同时,测试此时的压力与温度。然后, 高压天然气经过减压装置减压,减压后的天然气等动地取出粒子计数器所需要的气体流量，并测试此时的压力与温度，多余的气体排出；最后，经粒子计数器分析检测后的天然气排出；根据粒子计数器检测的含尘浓度，然后由减压前后的压力、温度、流量等参数可以推算出天然气管道中的含尘浓度(折算到标准状态下)。

在高压减压在线检测系统中，其关键设备为减压装置和粒子计数器，减压装置的作用是降低天然气的压力，但同时要减小减压过程中颗粒的损失。

4.4.5 高压直接在线检测方法

1. 测试和评价系统组成

高压气体管道内颗粒物在线检测流程如图4.18所示[33-35]，在线检测系统主要由采样、流量控制、在线检测和减压四部分组成。通过对高压气体管道中的颗粒物进行等速采样，获得具有代表性的颗粒物。由于在线检测仪器需要在恒定流量下工作才能准确测量，因此采样后的气体首先通过流量分配器，将一部分含尘气体分配给在线检测仪器。进行在线检测的同时利用离线采样装置对管道内粉尘取样，获得具有代表性的颗粒物，用于后期数据分析比对，最后两路气体分别计量后减压放空。

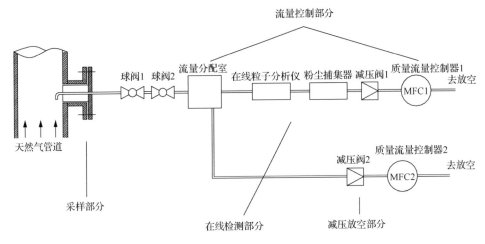

图 4.18 在线检测装置流程图

在线检测装置具有如下特点。

(1)等速取样系统适用于不同压力和不同管径的天然气管道。

(2)计量控制系统实现了便携及成套化，选用的仪表精度等级和防爆等级高，操作安全可靠。

(3)可以实时测定管道内颗粒浓度与粒度分布，在线检测数据能够自动记录与存储。

2. 高压管道内颗粒物检测原理

高压在线测试所使用的光学颗粒计数器的关键部件为光学传感器,如图 4.19 所示,含尘气体垂直于纸面方向通入至气溶胶导管内部,颗粒物在经过位于气溶胶导管中的光学敏感区时散射光强和粒径的关系符合 Mie 散射定律,光电倍增管将光信号转换为电信号,通过记录由每个时间单元测定的散射光脉冲数量和脉冲的高度,就可测定颗粒数量和粒径,从而得到颗粒个数浓度、体积浓度等参数[36]。

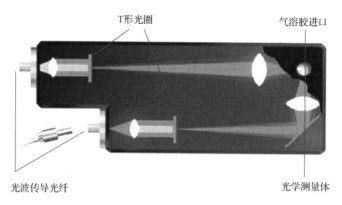

图 4.19　光学颗粒计数器光学传感器原理图

常温常压环境下,光学颗粒计数器通常采用标准颗粒对其光学传感器进行标定。高压工况下,含尘气体的密度与常温常压有很大不同,气溶胶导管内外气体的密度差较大时,光束射入气溶胶检测导管时发生偏折,导致通过光阑反射光束的成像位置偏离于气溶胶导管中心,使照射到粒子上的光强降低,并直接影响接收光路中探测到的光强,导致系统对粒径的测量值偏小,所测颗粒数目减少,造成一定的测量误差。

3. 颗粒物物性对测量结果的影响及修正方法

光学粒子计数器对颗粒折射率比较敏感,通常采用标准聚苯乙烯小球(相对折射率为 1.59)在常温常压的空气环境中对其进行标定,当被测颗粒物折射率与相对折射率 1.59 相差较大时,测量的结果会产生较大误差,需要对测量结果进行修正。利用相关修正模型[37]分别计算了相对折射率为 1.59(常温常压空气中聚苯乙烯颗粒折射率)和假设折射率 $m = m_{ass}$(假定折射率)时光散射强度与粒径的关系,图 4.20 中的散射强度为相对散射强度,即为实际散射强度与最大散射强度的比值。通过这两条曲线可获得修正后的粒径分布和中位粒径,当修正后中位粒径同 Coulter 粒度分析仪测量结果的差别小于 10%时,可以认为所假设的折射率为混合颗粒物的有效折射率。此时可由修正前后的粒径关系，根据 Stier 和 Quinten[38]所采用的方法得到粒径修正曲线。

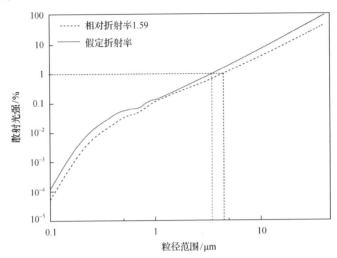

图 4.20　两种不同折射率光散射强度曲线

4.5　高压天然气过滤分离设备性能检测与评价

高压天然气现场用多管旋风分离器和过滤分离器进出口颗粒采样示意图如图 4.3 和图 4.4 所示，采样位置和采样点的选取都应遵守本章 4.3 节的要求，另外高压离线检测、高压减压在线检测和高压直接在线检测三种检测方法的采样嘴连接、仪表选用等都应该遵守本章 4.4 节的要求。

4.5.1　高压下过滤分离设备性能检测

2004～2015 年，Xiong 等[24]、张星[29]、许乔奇等[34]、许乔奇[35]、刘震等[39]相继将高压天然气管道内粉尘离线检测、减压在线检测和高压在线检测等检测方法应用于国内多条天然气输气管线，对压气站内的多管旋风分离器和过滤分离器的性能进行了测定。

4.5.2　高压下多管旋风分离器性能评价

1. 某输气站的分离器性能评价

选取位于我国东部的某长输管道压气站，该管道设计压力 6.3MPa，设计年输气量 $15 \times 10^8 Nm^3$。利用高压天然气管道内粉尘检测装置对站内的多管旋风分离器性能进行了性能检测。

图 4.21 为常规运行工况下测量得到的旋风分离器出口的粉尘粒径分布,其他时间测量得到的粒径分布具有相似规律。从图 4.21 可以看到:以体积计量粒径分布时,10μm 以上的颗粒体积占总体比例约 25%,大部分粉尘颗粒集中在 10μm 以下;从个数计量的粒径分布来看,10μm 以上粉尘颗粒个数比例很少。由旋风分离器出口的浓度和粒径分布检测结果可知,该旋风分离器能够除去 10μm 以上的粉尘颗粒。

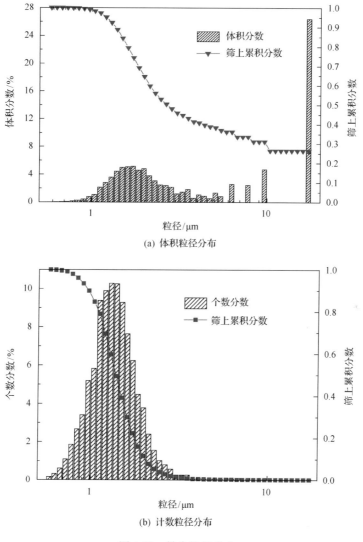

(a) 体积粒径分布

(b) 计数粒径分布

图 4.21　粉尘粒径分布

在检测时间内实际状态下,旋风分离器进口平均浓度为 26.99mg/m³,出口平均浓度为 5.67mg/m³,总分离效率为 78.99%,而由旋风分离器进出口浓度和粒径分布得到了旋风分离器的分级效率曲线,结果如图 4.22 所示。

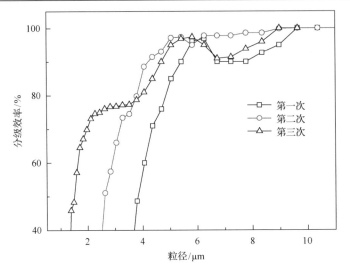

图 4.22 旋风分离器的分级效率曲线

2. 某压气站过滤分离器性能评价

选取位于我国东部的某长输管道压气站，该站配置有 5 台过滤分离器，输气总量为 $30.9 \times 10^4 \text{Nm}^3/\text{h}$。过滤分离器的设计压力为 6.4MPa，实际工作压力为 3.5MPa 左右，单台分离器设计处理天然气量 $13 \times 10^4 \text{Nm}^3/\text{h}$。

图 4.23 和图 4.24 分别为测量得到的过滤分离器进出口粒径分布，在进口段 10μm 以上的颗粒占总体的数目、体积比例都较小，大部分粉尘颗粒集中在 10μm 以下；在出口段，5μm 以上的颗粒体积占总体的比例 10%左右，个数比例总计 0.5%左右。

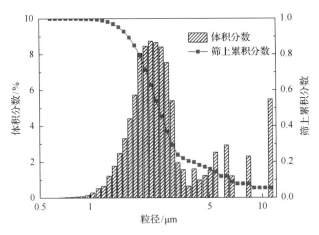

图 4.23 进口粒径分布

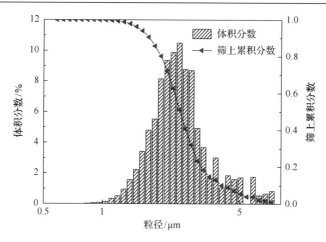

图 4.24　出口粒径分布

检测得到过滤分离器实际状态下进、出口的平均粉尘浓度分别为 3.75mg/m^3 和 2.47mg/m^3，因此过滤分离器的分离效率为 34.13%。该站位于输气管道末站，经过上游各站旋风分离器和过滤分离器的净化，管道内粉尘含量已经很少。图 4.25 为过滤器累积效率曲线，对于粒径大于 1μm 的颗粒，过滤效率为 50%～72%；粒径大于 5μm 的颗粒，过滤效率为 85%～97%。

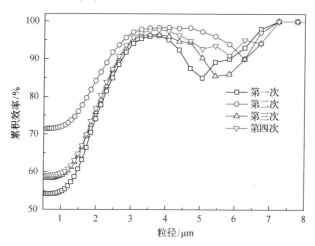

图 4.25　过滤分离器累积效率曲线

4.6　天然气内颗粒物组分分析

目前，国内外关于管道内粉尘检测的方法主要侧重于颗粒速度、粉尘浓度和粒径分布。相对而言，对颗粒物杂质的物性，尤其对有机物和无机物组成及含量的研究较少，然而确定颗粒物杂质的组分对分析天然气管道的运行状态、过滤分离系统的性能等具有重要的参考价值。因各管道天然气气源、气质差异及天然气处理、集输工艺不同，需根据组分分析结果，结合管道杂质生成机理，对杂质来源进行分析和匹配。因此，有必要研究形成一套天然气管道内颗粒物杂质组分分析方法，以便更好地去除管道内的粉尘杂质，减少颗粒物对天然气集输的影响。

4.6.1　物质组分分析方法

在物质成分检测中，依靠单一的检测方法往往不能准确地确定物质的成分或组分，常常需要配合几种检测方法共同配合相互验证，以提高检测结果的可信性。总结了一套颗粒物杂质样品的检测分析方法如图 4.26 所示。

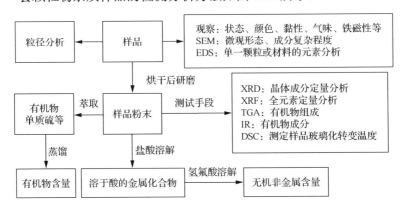

图 4.26　颗粒物杂质样品检测分析法

通过选取合适的采样点，如收球筒和工艺气过滤器等，对管道内采集的粉尘样品做分析，可以检测其无机物和有机物含量及成分，所得结果可用来评价过滤分离设备的运行状况，分析管道腐蚀程度和内涂层脱落问题。

随着现代仪器的发展，仪器测试手段越来越多地利用在成分分析领域中，仪器分析具有对样品污染少、快速、操作简便的优点。针对不同物质形态和特性，管道内颗粒常用的仪器检测手段有红外光谱法、X 射线衍射分析(XRD)、X 射线荧光光谱分析(XRF)、能谱分析(EDS)和热重分析(TGA)等。通过 SEM 可以更细致地观察颗粒形状、粒度和聚集状态等，并使用 EDS 对单个颗粒或颗粒群做能谱分析，得到各主要元素的比重。利用 XRD 方法定量分析粉尘中无机物，该方法依据多晶体 X 射线衍射方法[40]及粉末衍射数据库，可分析样品中的无机化合物及比重。天然气管道内壁一般会喷涂一定厚度的环氧树脂，减少酸性气体对管道内壁的腐蚀和降低壁面摩擦阻力，若内涂层大面积脱落将对管道运行安全造成严重影响。为确定是否存在管道内涂层脱落的问题，可综合采用红外线分析法(IR)、热重分析法和差示扫描量热法(DSC)法，分析粉尘中的有机物是否为管道内涂层。

4.6.2　组分分析方法的应用

1. 输气管道运行问题分析

如图 4.27 所示，压气站 D 是国内某长输天然气管道的首站，与国外天然气管道的末站 C 相接，工程设计年处理能力 $300 \times 10^8 m^3$。某年 6 月底，压气站 D 按照计划将日处理气量由 $2000 \times 10^4 Nm^3/d$ 增至 $4600 \times 10^4 Nm^3/d$ 时，发现国外天然气管道来气携带的粉尘量显著增加，过滤器滤芯拥堵频繁，并多次造成压缩机组停机。为保证压气站 D 正常运行，必须缩短滤芯更换周期，同时管道输气量紧急降至 $2500 \times 10^4 Nm^3/d$。为了分析该问题的原因并尽早恢复正常生产，利用天然气管道内颗粒物杂质组分分析方法，对天然气中的颗粒含量、粒径分布和粉尘组分进行详细测定分析[41, 42]。

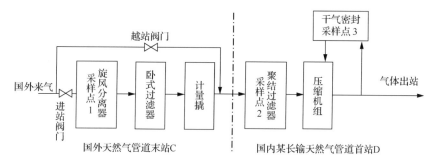

图 4.27　天然气输气站工艺流程图

样品采样位置为如图 4.27 所示的采样点 1～3，样品 F1 为采样点 1 获取得增输前国外管道来气的粉尘；样品 F2 为采样点 2 获取得经旋风分离器分离后的粉尘；样品 F3 为采样点 3 获取得经干气密封过滤器过滤后的粉尘。样品的检测流程如图 4.28 所示。样品的具体检测流程如图 4.28 所示。

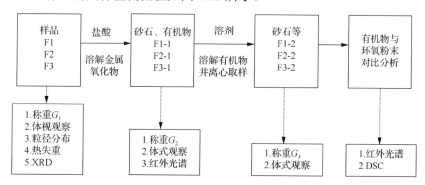

图 4.28　样品检测分析流程

　　通过体视显微镜可观察到粉末中主要含有各种形状的砂石、铁丝和有机物等，而在滤除采样粉尘中的大颗粒后，分别对三个样品做粒径分析，样品颗粒的体积分布概率和颗粒粒径的关系曲线及各样品的中位粒径对比见图4.29。

　　样品溶解称重的结果列于表4.4。从实验结果可知，粉尘中的主要成分是砂石及不溶性物质，含量都在 50%以上，其中可溶于盐酸的金属氧化物含量也较多，而可溶性有机物含量较少，样品 F1 和样品 F2 对比说明增大输气量后含量略微增加。

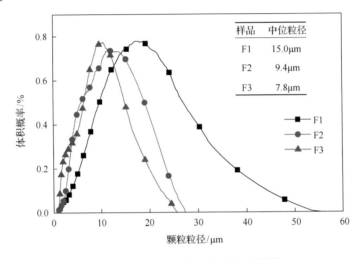

样品	中位粒径
F1	15.0μm
F2	9.4μm
F3	7.8μm

图 4.29　粉尘样品粒径的体积分布图

表 4.4　粉尘样品中的有机物与无机物含量　　　　　　　　　　（单位：%）

样品中相应物质	样品 F1	样品 F2	样品 F3
溶于盐酸的金属氧化物	43	36	25
砂石及不溶性有机物	52	55	63
可溶性有机物	5	9	12

　　对粉尘中无机物做 XRD 定量分析，发现样品中绝大部分是石英、斜长石等矿物，与通过体式显微镜得到的分析结果一致。三种样品均含有极少量菱铁矿和磁铁矿，这些含铁化合物可能是来气本身所带的杂质，也可能是管道腐蚀的脱落物。管道增输后的菱铁矿和磁铁矿的比重较管道增输前有所降低，说明粉尘中的含铁化合物跟来气的气质有关，而 D 站上游并不存在较严重的管道内腐蚀情况。

　　对原始粉末分离的有机物和环氧树脂粉末(EP)做红外光谱分析，结果表明粉末中含有有机物环氧树脂。

　　综合测试结果表明,粉尘组分主要是石英砂、铁锈等无机物,粉尘量增加是由于上游清管和前期输气量增加而将施工期间或初期运行不稳定而沉积下来的粉尘带出所致。通过该颗粒物杂质分析方法得到的分析结果,消除了现场人员对管道内涂层大面积脱落的疑虑,缩短了对输气量调整的决策时间,为保证正常输气供应提供了决策依据。

2. 天然气储气库颗粒成分分析

　　以某储气库为例,分析其固体颗粒的组分。采样位置选取在储气库注气工艺管线内,分别为注气流程中过滤分离器上游沉积的粉尘、过滤分离器下游沉积的粉尘及压缩机前滤网沉积的粉尘。

　　样品的扫描电镜图如图 4.30 所示,可以看出过滤器上游粉尘为晶体夹杂着粉末聚结状物质,根据形态判断为针铁矿,即铁锈的主要成分;而下游粉尘为许多细小的块状物质聚集分布;压缩机前滤网处样品主要为晶体状物质中间夹杂着油状物。

(a) 过滤器上游样品　　　　　　(b) 过滤器下游样品　　　　　　(c) 压缩机前滤网样品

图 4.30　样品的扫描电镜分析

　　经过 XRD 定量检测出过滤器上游中的主要晶体为磁铁矿,来源极有可能是由水和氧存在下的管道腐蚀物 $FeO(OH)$ 分解而来,且样品中含有单质硫晶体和针铁矿,这也验证了扫描电镜图像中的晶体物质为单质硫晶体,针状物质为针铁矿。过滤器下游样品和压缩机前滤网样品分析结果并未显示有单质硫,两者主要成分均为铁的化合物和石英、硅酸盐等。

　　XRD 能定量测定样品中晶体成分的含量,为准确测定样品的元素组成,对样品进行 X 射线荧光光谱(XRF)元素定量分析,样品的 XRF 分析结果如表 4.5 所示,XRF 可以准确地测定样品 C 以后的元素组成,结合 XRD 分析结果可以估算判断样品的组分及含量。XRF 结果表明,样品中含量最多的是 Fe,其次是 O、C、S、Si 等。

表 4.5   X 射线荧光光谱分析结果　　　　　　[单位：%（质量分数）]

位置	Fe	O	C	S	Si	Al	Mn	Ca	Zn	Na	Mg
滤芯外侧	36.60	36.00	15.60	6.73	2.62	0.68	0.51	0.42	0.27	0.19	0.17
滤芯内侧	44.20	37.10	11.00	2.60	1.18	0.91	0.75	0.22	0.50	0.45	0.24
滤网	37.30	28.00	27.80	1.50	1.97	0.79	0.72	0.76	0.08	0.22	0.30

　　根据各种分析手段所得到的结果，并结合管道杂质的生成机理，估算样品的成分分析结果如表 4.6 所示。由样品成分分析结果可以看出，储气库三个采样点的样品成分比较相似。过滤器上游沉积样品中含有相对较多的单质硫；压缩机前滤网处粉尘沉积样品，有机物含量较高。三个取样点主要成分均为铁的氧化物、铁的碳酸盐和铁的硫化物等，总量为 60%～70%，产生原因为管道内的腐蚀。由元素组成可知，管道腐蚀物主要为铁的氧化物，少部分杂质为管道建设初期残留的泥土和砂石等。压缩机滤网处存在较多的有机物，含量约 20%，为黑色油状物，极有可能为管道设备的润滑油。此外，过滤器上游含有单质硫，产生原因极有可能是因为储气库为废弃含硫气藏，注、采气系统存在共用管段，使得干法脱硫产生的单质硫被部分带入管道而使样品中出现少量单质硫，或管道内产生了硫沉积。

表 4.6   储气库样品组分及含量　　　　　　[单位：%（质量分数）]

样品位置	管道腐蚀物	单质硫	石英和硅酸盐	有机物	其他
过滤器上游	65	7	15	10	3
过滤器下游	70		10	10	10
压缩机前滤网	60		10	20	10

3. 煤层气集输管网颗粒成分分析

　　受地质情况和抽采方式等因素影响，煤层气从井口到外输的地面集输过程中常夹带有煤粉、砂石等固体杂质，以及游离水等液体杂质[43-45]。相比于国内长输天然气管道中气体携带有微量固体颗粒和重烃等凝析液体的情况，煤层气地面集输系统内的气体所携带的杂质具有粉尘浓度波动大、所含液体主要是游离水等特点。固体杂质会造成仪表和阀门的磨损或堵塞，部分粉尘会沉积在管道中，磨蚀阀门和仪表等各类器件。若微米级的杂质进入压缩机，易沉积于气缸和阀片，造成气缸磨蚀或阀片损坏，从而造成压缩机非正常停机等生产事故。液体杂质会腐蚀管道和设备，且沉积在集输管道低洼处，降低集输效率[46,47]。因此，了解煤层气田地面集输系统中颗粒物杂质的来源和形成原因，有助于分析现有过滤分离系统存在问题的原因和设计适用于煤层气工况特点的过滤分离设备或元件。

　　依据颗粒物杂质组分分析方法，结合国家标准 GB/T 212—2008《煤的工业分析方法》[48]和 GB/T 7560—2001《煤中矿物质的测定方法》[49]分析粉尘样品中的煤粉和无机矿物质的含量，结合行业标准 JY/T 009—1996《转靶多晶体 X 射线衍射方法通则》[40]和"PDF2 粉末衍射数据库"分析无机矿物质中的成分及其比重，以确认是否存在管道内腐蚀。

在煤层气田典型井口处设置粉尘捕集器，具体位置位于节流阀后、单井流量计前，待取得足够量的固体粉尘后做组分分析。

X 射线衍射分析，发现固体颗粒的矿物质以石英、斜长石等为主，两个集气站所属区块的成分差别在于是否存在绿泥石、方解石、磁铁矿和石膏等矿物质，这与采气区块的地质有较大关系。

在集气站至中央处理厂的清管作业时取得代表压缩机后管道内杂质的样品，通过观察、溶解、分液及真空干燥后，测试结果列于表 4.7。样品中的固体杂质含量极少，质量比重占 1%～5%，其余大部分为油水混合物。静置一段时间后出现油和水的分层，其中水的比重为 3%～10%；油所占比重为 85%～93%，不溶于酒精、不完全溶于 CCl₄，经初步分析污油以压缩机润滑油为主，基本不含重烃。对比集气站压缩机前杂质分析结果，发现压缩机前后的杂质成分有较大区别。

表 4.7　压缩机前后杂质成分对比　　　　　　　　　　（单位：%）

取样位置	污油	游离水	固体杂质
某集气站进站汇管		98～99	1～2
中央处理厂收球筒	85～93	3～10	1～5

参 考 文 献

[1] 国家能源局. 输气管道工程过滤分离设备规范: SY/T 6883—2012. 北京: 石油工业出版社, 2012

[2] International Organization for Standardization. Road Vehicles-test Contaminants for Filter Evaluation-part 1: Arizona Test Dust: ISO 12103-1—2016. Geneva: International Standardization Organization, 2016

[3] 中国合格评定国家认可委员会. CNAS-CL07: 测量不确定度评估和报告通用要求. 北京: 中国合格评定国家认可委员会, 2007

[4] 国家质量监督检验检疫总局. 测量不确定度评定与表示: JJF 1059.1—2012. 北京: 中国质检出版社, 2013

[5] 中华人民共和国国家质量监督检验检疫总局, 中国国家标准化管理委员会. 高效空气过滤器性能试验方法: 效率和阻力: GB/T 6165—2008. 北京: 中国标准出版社, 2009

[6] American Society of Mechanical Engineers. Determining the Concentration of Particulate Matter in a Gas Stream: ANSI/ASME PTC 38—1980. New York: American Society of Mechanical Engineers, 1980

[7] Japanese Industrial Standard.Methods of Measuring Dust Concentration in Flue Gas: JIS Z 8808—1995. Tokyo: Japanese Standards Association, 1995

[8] 国家环境保护总局. 固定污染源排气中颗粒物测定与气态污染物采样方法: GB/T 16157—1996. 北京: 中国标准出版社, 1996

[9] 国家环境保护总局. 锅炉烟尘测试方法: GB/T 5468—1991. 北京: 中国标准出版社, 1992

[10] 国家能源局. 天然气管道内粉尘检测方法: SY/T 6892—2012. 北京: 石油工业出版社, 2012

[11] Allen T. Particle Size Measurement. 5th Edition. London: Chapman & Hall, 1997

[12] Yan Y, Byme B. Measurement of solids deposition in pneumatic conveying. Powder Technology, 1997, 91: 131-139

[13] Huber N, Sommerfeld M. Characterization of the cross-sectional particle concentration distribution in pneumatic conveying systems. Powder Technology, 1994, 79: 191-210

[14] Hyder L M, Bradley M S A, Reed A R, et al. An investigation into the effect of particle size on straight-pipe pressure gradients in lean-phase conveying. Powder Technology, 2000, 112: 235-243

[15] Molerus O, Heucke U. Pneumatic transport of coarse grained particles in horizontal pipes. Powder Technology, 1999, 102: 135-150

[16] Rautiainen A, Graeme S, Poikolainene V, et al. An experimental study of vertical pneumatic conveying. Powder Technology, 1999, 104: 139-150

[17] Bilirgen H, Levy E K. Mixing and dispersion of particle ropes in lean phase pneumatic conveying. Powder Technology, 2001, 119: 134-152

[18] Levy A, Mason D J. The effect of a bend on the particle cross-section concentration and segregation in pneumatic conveying systems. Powder Technology, 1998, 98: 95-103

[19] Schallert R, Levy E K. Effect of a combination of two elbows on particle roping in pneumatic conveying. Powder Technology, 2000, 107: 226-233

[20] 杨珊荣, 童志权. 预测流速法在炼厂高温高压烟道烟尘浓度采样分析中的应用与探讨. 石油化工环境保护, 2005, 28(2): 54-57

[21] 纵宁生, 陈书建, 张晏. 自动皮托管平行测速烟尘采样仪使用中几个问题的解决方法. 电力环境保护, 2004, 20(2): 54-55

[22] 肖海兵, 吕武轩. 排尘管道及烟道粉尘测定用皮托管平行测速自动等动取样仪. 劳动保护科学技术, 1998, 18(5): 14-16

[23] 姬忠礼, 付松广, 陈鸿海, 等. 管道内固体粉尘采样探头: ZL 200310115387.7. 2003

[24] Xiong Z, Ji Z, Wu X, et al. Experimental and numerical simulation investigation on particle sampling for high-pressure natural gas. Fuel, 2008, 87(13): 3996-3104

[25] 中华人民共和国国家质量监督检验检疫总局, 中国国家标准化管理委员会. 爆炸性气体环境用电气设备: GB 3836.14—2014. 北京: 中国标准出版社, 2015

[26] 中华人民共和国工业和信息化部. 石油化工自动化仪表选型设计规范: SH3005—2016. 北京: 中国石化出版社, 2016

[27] 中华人民共和国国家质量监督检验检疫总局. 压力容器压力管道设计单位资格许可与管理规则: TSGR 1001—2008. 北京: 国家质量监督检验检疫总局, 2008

[28] 中华人民共和国国家发展和改革委员会. 石油化工剧毒、可燃介质管道工程施工及验收规范: SH3501—2011. 北京: 中国石化出版社, 2011

[29] 张星. 高压天然气管道内粉尘在线检测技术研究. 北京: 中国石油大学(北京)博士学位论文, 2010

[30] 中华人民共和国国家质量监督检验检疫总局, 中国国家标准化管理委员会. 钢制压力容器: GB 150—2011. 北京: 中国标准出版社, 2011

[31] 姬忠礼, 付松广, 蔡永军, 等. 高压天然气管道内粉尘在线检测方法及其装置. ZL200710117988.X. 2008

[32] 中华人民共和国国家质量监督检验检疫总局, 中国国家标准化管理委员会. 压力管道规范 工业管道 第 5 部分: 检验与试验: GB/T 20801.5—2006. 北京: 中国标准出版社, 2007

[33] 姬忠礼, 许乔奇, 陈鸿海, 等. 适用于高温气体管道内颗粒物在线检测的装置及方法: ZL201210479293.7. 2013

[34] 许乔奇, 姬忠礼, 张星, 等. 天然气管道内颗粒物采样分析装置设计与应用. 油气储运, 2013, 32(3): 317-320

[35] 许乔奇. 高压和高温两种工况下气体管道内颗粒物在线测定技术研究. 北京: 中国石油大学(北京)博士学位论文, 2013

[36] Heima M, Mullinsb B J, Umhauera H, et al. Performance evaluation of three optical particle counters with an efficient "multimodal" calibration method. Journal of Aerosol Science, 2008, 39: 1019-1031

[37] Heidenreich S, Friehmelt R, Bottner H, et al. Calibration of optical particle counters by means of an aerodynamic particle sizer. Journal of Aerosol Science, 1996, 27(1): 345-346

[38] Stier J, Quinten M. Simple refractive index correction for the optical particle counter PCS 2000 by PLAS. Journal of Aerosol Science, 1998, 29(1/2): 223-225

[39] 刘震, 姬忠礼, 吴小林, 等. 输气管道内颗粒物检测及分离器性能. 油气储运, 2016, 35(1): 47-51

[40] 国家教育委员会. 转靶多晶体 X 射线衍射方法通则: JY/T 009—1996. 北京: 科学技术文献出版社, 1996

[41] 郭永华, 刘震, 王玉凤, 等. 天然气管道内粉尘物性分析方法探究. 石油机械, 2012, 40(6): 101-105

[42] 刘震. 天然气管道内颗粒物检测及过滤系统性能优化. 北京: 中国石油大学(北京)学位论文, 2017

[43] Moore T A. Coalbed methane: A review. International Journal of Coal Geology, 2012, 101(6): 36-81

[44] 吕玉民, 汤达祯, 许浩, 等. 沁南盆地樊庄煤层气田早期生产特征及主控因素. 煤炭学报, 2012, 37(s2): 401-406

[45] 刘升贵, 胡爱梅, 宋波, 等. 煤层气井排采煤粉浓度预警及防控措施. 煤炭学报, 2012, 37(1): 86-90

[46] 田炜, 陈洪明, 梅永贵, 等. 沁水盆地南部樊庄区块地面集输工艺优化与思考. 天然气工业, 2011, 31(11): 30-33

[47] 陈明燕, 靳贤娴, 李万俊, 等. 煤层气计量准确度影响因素分析及对策. 天然气工业, 2012, 32(9): 121-124

[48] 中华人民共和国国家质量监督检验检疫总局, 中国国家标准化管理委员会, GB/T 212—2008 煤的工业分析方法. 北京: 中国标准出版社, 2008

[49] 中华人民共和国国家质量监督检验检疫总局. 煤中矿物质的测定方法: GB/T 7560—2001. 北京: 中国标准出版社, 2001

第5章 重力分离器

5.1 重力分离器的结构型式

重力分离器按放置方式分为两种,即立式分离器和卧式分离器。按功能分为油气两相分离器和油水气三相分离器,但都是利用天然气和被分离物质的密度差实现分离。立式分离器的主体为一立式圆筒容器,气流一般从该筒体的中段进入,顶部为气流出口,底部为液体出口,如图 5.1 所示。卧式分离器的主体为一卧式圆筒容器,气流从一端进入,从另一端流出,如图 5.2 所示。

尽管重力分离器的结构多种多样,但其内构件设置都很类似,为了能在较宽的工况范围内平稳有效地运行,分离器宜具有以下功能区。

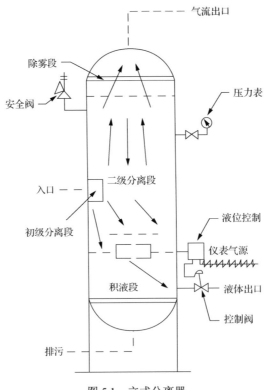

图 5.1　立式分离器

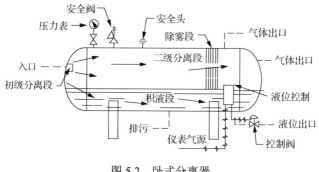

图 5.2　卧式分离器

1. 初级分离段

即气体入口处，该段的作用是除去进口流体中的大部分液体。液流及大液滴首先被除去，以减少气体湍流和液滴夹带，为二级分离做好准备。为了实现这一功能，需要通过某些形式的入口缓冲板吸收流体的动能或改变流体的流动方向。

2. 二级分离段

此段是气体与液滴实现重力分离的主体，其各种参数为设计重力分离器的主要依据。在立式分离器的沉降段内，气流向上流动，液滴向下沉降，两者方向完全相反，因而气流对液滴下降的阻力较大；而在卧式分离器的沉降段内，气流水平流动，与液滴运动的方向呈 90°夹角，因而液滴下降的阻力小于立式分离器。一般相同直径的卧式分离器的处理能力要大于立式分离器。

3. 积液段

该段用于液体收集。此区域中的液体受流动气流的扰动最小，有足够的储存能力使液流缓冲，并提供足够的液体脱气和三相分离器中的游离水脱除所需的滞留时间。为防止底部液体夹带油或气，也可以在液体出口设置防涡流器。

4. 除雾段

捕雾器的设计可采用一连串叶片、钢丝网填料或离心设备，用于捕集重力沉降段未能分离出来的较小液滴(10～100μm)。

对于不同的工况条件，需对分离设备进行选择：①在井场内分离天然气中的岩砂或大量气田水时，应采用重力分离器；②在集气站分离天然气中凝析液(游离水或天然气液烃)时，应采用重力分离器，当进行气、油、水分离时，应采用三相分离器；③在气田压气站压缩站，一般采用多种分离器组合。

5.2 重力分离器的内部组件及设计

分离器各种内部构件的作用是强化气液平衡分离和机械分离，减小分离器外形尺寸。

5.2.1 入口分流器

入口分流器的功能是减小流体动量，有效进行气液初步分离；尽量使分出的气液在各自流道内分布均匀；防止被分离的液体破碎和二次夹带。

目前已有多种结构的分流器，有窄缝式、碰撞式、稳流式、叶片式、旋流式和分流式等多种结构型式，如图 5.3 所示[1,2]。窄缝式分流管为一两头封闭的水平管，沿管长度方向有多条窄缝，油气混合物经窄缝流出使气液初步分离；碰撞式分流器使气液混合物碰撞在碟形或锥形板上，迅速改变流体方向和速度，使气液

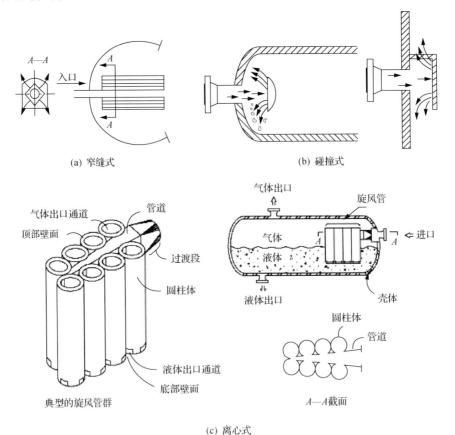

(a) 窄缝式   (b) 碰撞式

(c) 离心式

图 5.3 入口分离器结构型式

初步分离；碟形和锥形板造成的湍流度要小于平板和角钢式分流器；旋流式分流器依靠油气混合物自身能量产生旋转运动，这种设备一般是旋风管结构或者其他能迫使流体做旋转运动的设备；旋流式适合于气油比较大的油气混合物，入口流速应达到 6m/s 以上。由于旋风管的长度较长，在立式气液分离器中较少使用，而常应用在卧式气液分离器中。

　　在立式重力分离器中，常用的进口分流器为分流式，如图 5.4 所示[3]。Shell 公司(皇家荷兰壳牌公司集团)开发了 Schoepentoeter™ 和 SchoepentoeterPlus™[4, 5]两种导向叶片(图 5.5)。Schoepe- ntoeter™ 结构与图 5.5 所示结构类似，工作原理也基本相同；SchoepentoeterPlus™ 结构主要通过将进料混合物经过一系列扁平喷嘴进行分离。在 Schoepentoeter™ SchoepentoeterPlus™ 叶片中能够分离出 50%～70%的液体[4]。

图 5.4　导向叶片式分流器

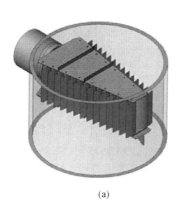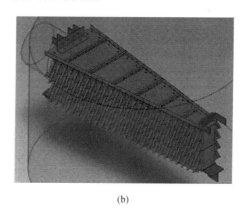

(a)　　　　　　　　　　　　　　　　　(b)

图 5.5　Schoepentoeter™(a)和 Schoepentoeter Plus™(b)导向叶片

5.2.2　防涡器

　　重力分离器的容器既是分离器，又是储存液体的容器。由于液面过低及排出流体的虹吸作用，分离器排液(排气)口可能产生液体(或气体)漩涡，在排液口带入气体、在排气口带入液体,使分离效果恶化,如图 5.6 所示。为防止漩涡产生,一方面应使分离器保持一定高度的液位,另一方面在排液口和排气口设置防涡器。

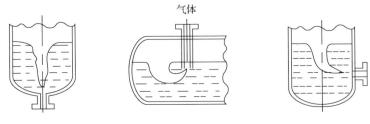

图 5.6　容器排液时的涡流

我国石油天然气行业规范 SY/T 0515—2014《油气分离器规范》[6]对油气分离器最低液位的推荐值不小于排液口直径的 3 倍,且不得小于 0.2m。防涡器有多种形式,图 5.7 为典型的结构。

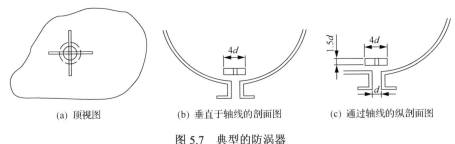

(a) 顶视图　　　　(b) 垂直于轴线的剖面图　　　　(c) 通过轴线的纵剖面图

图 5.7　典型的防涡器

5.2.3　重力分离的设计计算

气液混合物经入口分离器初步分流后,携带大量液滴的气体进入重力沉降区,气体流速突然变慢,液滴在重力作用下开始以某一加速度下沉。随着液滴下沉速度加大,液滴受气流的阻力也越来越大。当液滴上所受合力为零时,液滴将以匀速在气流中向下沉降。显然,液滴沉降至分离器集液区所需时间应小于气流把液滴带出分离器所用的时间,即应小于气体在分离器内的停留时间。

1. 液滴沉降速度

为简化液滴匀速沉降速度计算公式的推导,假设:①液滴为球形,在沉降过程中既不破碎也不与其他液滴合并;②液滴与液滴、液滴与分离器壁及其他内部构件间没有作用力;③气体在分离器重力沉降区的流动很稳定,任意点的气体流速不随时间而变化。

当作用在液滴上各种力的合力为零时,气体对液滴的阻力与液滴在气体中受的重力相等。可得到液滴沉降速率为

$$v_d = \left[\frac{4 g d_d (\rho_0 - \rho_g)}{3 C_D \rho_g} \right]^{0.5} \tag{5.1}$$

式中，C_D 为液滴沉降阻力系数，与液滴形状、周围气体的流态有关，流态用雷诺数 Re 判断；d_d 为球形液滴直径；ρ_0 为液体密度；ρ_g 为气体密度，该式为液滴沉降速度的基本公式。

2. 气体允许流速和处理量

在确定分离器内气体容许流速或最大流速时，有两种方法：一种是根据液滴的沉降速度，另一种则用经验系数法。

1) 液滴沉降速度法

在立式分离器中，气流方向与液滴沉降方向相反。显然，液滴能够沉降的必要条件是液滴沉降速度 v_d 必须等于或大于气体在流通截面上的平均流速(v_g)，即

$$v_d \geqslant v_g \tag{5.2}$$

在卧式分离中(图 5.8)，气体流向和液滴沉降方向垂直，液滴能沉降至集液区的必要条件是液滴沉降至气液界面所需时间应小于或等于液滴随气体流过重力沉降区所需时间，即

$$\frac{L_e}{v_g} \geqslant \frac{(1 - h_D) D}{v_d} \text{ 或 } v_g \leqslant \frac{L_e v_d}{(1 - h_D) D} \tag{5.3}$$

式中，L_e 为重力沉降区的有效沉降长度，即入口分流器至气体出口的水平距离，一般取分离器圆筒部分长度的 0.75 倍；D 为重力分离器内径；h_D 为无量纲液位高度，$h_D = H_1 / D$，H_1 为液位高度(当 $H_1 = D / 2$ 时，$h_D = 0.5$)。

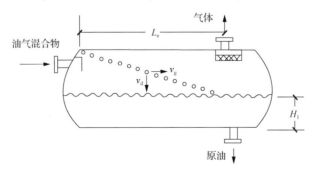

图 5.8　卧式分离器液滴沉降轨迹

我国石油天然气行业规范 SY/T 0515—2014《油气分离器规范》[6]规定，重力沉降区应分出 100μm 的液滴。由粒径 100μm 液滴沉降速度 v_d 求气体容许流速时，用系数考虑理论与实际情况的差别，我国对立式分离器和卧式分离器的系数选取如下。

立式分离器：

$$v_{gv} = (0.7 \sim 0.8)v_d \tag{5.4}$$

卧式分离器：

$$v_{gh} = (0.7 \sim 0.8)\frac{L_e v_d}{D(1-h_D)} = \frac{L_e v_{gv}}{D(1-h_D)} \tag{5.5}$$

式中，v_{gv}、v_{gh} 分别为立式和卧式分离器的气体容许流速。若 $h_D = 0.5$，则 $v_{gh} = 2v_{gv}L_e / D$，说明卧式分离器内气体容许流速为立式的 $2L_e / D$ 倍。

已知分离器重力沉降区内允许气体流速 v_g，根据气体处理量 Q_g 就可求得气体所需的流通面积 A_g 和分离器直径 D、长度(或高度) L_e 的关系。

立式分离器：

$$Q_{gv} = \frac{\pi D^2}{4}v_{gv}, \qquad D = \left(\frac{4Q_{gv}}{\pi v_{gv}}\right)^{0.5} \tag{5.6}$$

卧式分离器：若液位控制于 0.5D 处时，

$$Q_{gh} = \frac{\pi D^2}{8}v_{gh}, \qquad D = \left(\frac{8Q_{gh}}{\pi v_{gh}}\right)^{0.5} \tag{5.7}$$

式中，Q_{gv}、Q_{gh} 分别为分离压力和温度条件下，立式分离器和卧式分离器的气体流量。

2) 桑得斯-布朗(Souders-Brown)系数法

把式(5.1)液滴沉降速度计算式内的常数和不确定参数，用综合系数 K_{SB} 表示，则分离器内气体容许流速为

$$v_g = K_{SB}\left(\frac{\rho_0 - \rho_g}{\rho_g}\right)^{0.5} \tag{5.8}$$

确定系数 K_{SB} 的最好方法是进行现场先导实验，在缺少现场数据的情况下，可参照美国石油学会提供的推荐值选取如表 5.1 所示。

表 5.1　系数 K_{SB} 值（装有丝网捕雾器）

分离器类别	高度 H 或长度 L/m	K_{SB} 推荐值/(m/s)
立式	1.5	0.04～0.07
	>3.0	0.055～0.11
卧式	3.0	0.12～0.15
	其他长度	$(0.12～0.15)(L/3)^{0.56}$

5.3　捕　雾　器

经过重力分离后，气体内所携带的液滴粒径一般应小于 500μm，常用碰撞和聚结原理进一步从气流中分离这种小液滴。图 5.9～图 5.11 为带捕雾器的卧式分离器和立式重力分离器的示意图。

在选择捕雾器前，必须考虑以下因素：气液分离器必须除掉的液滴尺寸，达到分离要求时所允许的压降，气体含有颗粒时分离器被颗粒堵塞的敏感性，分离器的液体处理量，捕雾器是否安装在已有的设备里还是需要安装在一个独立的容器中，与处理过程相比结构材料的实用性，以及捕雾器、容器、管道、仪器仪表的花费。现有的捕雾器可分为叶片式、丝网式、填料式和离心式等多种型式，其中以叶片式和丝网式最为常见。

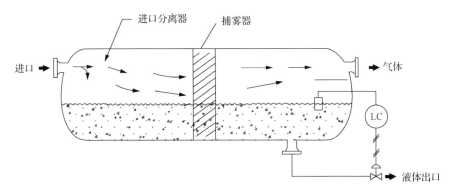

图 5.9　含有捕雾器的卧式重力分离器示意图

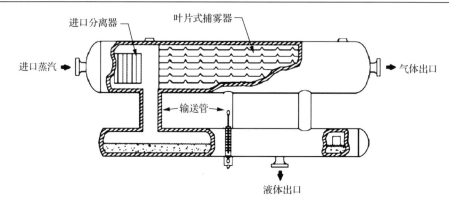

图 5.10　含有捕雾器的卧式双筒分离器式重力分离器示意图

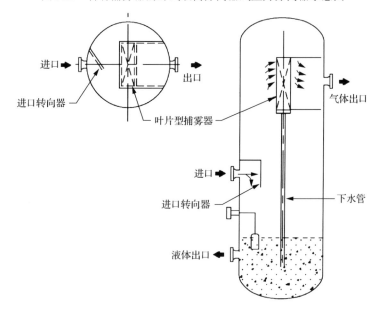

图 5.11　含有捕雾器的立式重力分离器示意图

5.3.1　丝网式捕雾器

丝网捕雾器示意图如图 5.12 所示，由直径为 0.05～0.5mm（一般为 0.28mm）的碳钢、不锈钢、蒙乃尔合金、铝、镍或塑料丝编织并叠成厚度 100～150mm 的网垫，孔隙率达 97%以上，比表面积（单位体积网垫的金属丝表面积）约为 3.5cm^2/cm^3，网垫密度为 160～200kg/m^3。丝网捕雾器靠液滴惯性碰撞、丝网直接拦截和液雾的布朗运动捕集液滴。为提高捕雾效率，截获更小粒径的液滴，可用更细的金属丝或塑料丝加密原有的网垫，构成粗细丝组合式网垫。

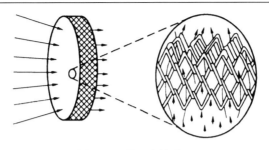

图 5.12　丝网式捕雾器

　　一个适当大小的金属丝网装置能够 100%去除 3～10μm 的液滴。尽管金属丝网捕雾器比较便宜，但是与其他型式的捕雾器相比更容易堵塞，因此在含有固体颗粒时最好不要选择金属丝网型捕雾器。

5.3.2　叶片式分离器

　　叶片式分离器结构示意图如图 5.13 所示，携带液滴的气体进入一组间距很小、流道曲折的板组，气体被迫绕流。由于气流方向的改变和液滴的惯性，使液滴碰撞到经常润湿的板组结构表面上，与表面上的液膜聚结成较大液滴，靠重力沉降至集液部分。叶片内气体流通面积不断地改变，在面积小的流道中，雾滴随气流提高了速度，液滴所受的惯性力增加。气流在捕雾器中不断改变方向，反复改变速度，造成雾滴与结构表面的碰撞、聚结，从而使液滴从气流中分离出来，如图 5.14 所示。

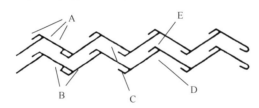

图 5.13　叶片式分离器工作示意图

A.碰撞；B.改变流向；C.改变流速；D.液滴凝聚；E.液体捕集槽

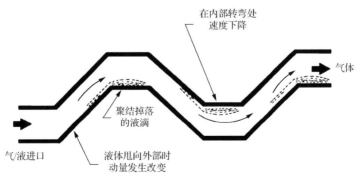

图 5.14　叶片中液滴分离示意图

　　根据气流与液滴运动方向不同，叶片式分离器分为水平式和垂直式两种[7]，如图 5.15 所示。在垂直叶片式分离器中气体垂直向上运动，被分离下来的液滴与气流方向相反，向下流动。在水平叶片式分离器中，气流水平通过叶片式分离器，而被分离的液体运动方向与气体运动方向相垂直。随着分离气速的增加，垂直叶片式分离器会出现液泛现象，水平叶片式分离器会出现二次夹带现象，这将会降低分离器的分离性能。因此工业上常在叶片式分离器内部加入不同形式的排水钩，加速液膜的排出。

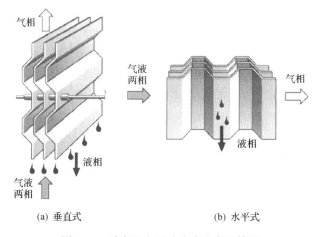

(a) 垂直式　　　　　　　　(b) 水平式

图 5.15　垂直及水平叶片式分离器简图

　　叶片是叶片式分离器的重要组成元件，其性能的好坏直接影响着分离器的运行。叶片通常由不锈钢、铝型材或高分子材料制作成。叶片式分离器的几何形状大致分为梯形、带钩梯形、折形及弧线形等，如图 5.16～图 5.18 所示[2]。

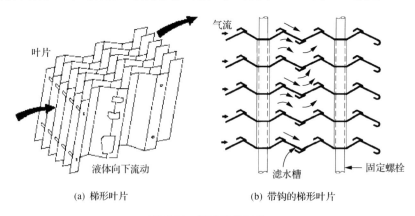

(a) 梯形叶片　　　　　　　　(b) 带钩的梯形叶片

图 5.16　梯形叶片元件

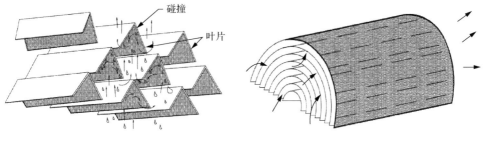

图 5.17　折形叶片元件　　　　　　　　　图 5.18　弧线形叶片元件

　　与旋风分离器相比，叶片式分离器对 10μm 以下液滴的分离效果并不好，但对于 10~40μm 的液滴，叶片式分离器的分离效率能基本达到 100%。与金属丝网捕雾器相比，叶片式分离器在一些黏性或易发泡的液体和高盐性液体工况下有很好的应用效果。在设备直径相同的情况下采用叶片式分离器取代金属丝网除雾器可以提高 30% 的处理量，且能够降低整个分离系统的压降。

　　叶片式分离器的缺点在于分离负荷范围窄，超过气液混合物规定流速后，分离效率急剧下降，其阻力也比重力沉降大，但叶片式分离器的分离效率比重力沉降器高，且叶片式分离器制作简便、体积小、能力大、不易结垢，并能无限制的排污，具有优越的性能，但是在实际运行中由于叶片结构的局限性会产生二次夹带现象，造成分离效果下降。因此工业中对折流板进行改进，如在弯折处添加排液槽加快液体排出，抑制二次夹带，如图 5.19 所示。另外，也有通过增加叶片表面粗糙度来提高分离性能的设计，如图 5.20 所示。

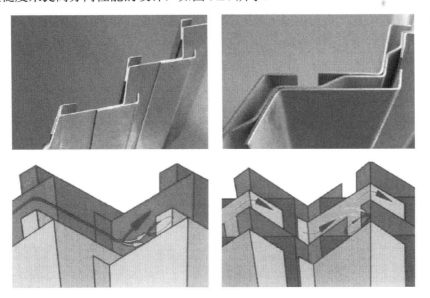

图 5.19　添加排液槽的叶片元件

　　　　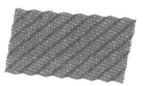

(a) 一般结构　　　　　　　　(b) 多孔表面结构　　　　　　　(c) 网状表面结构

图 5.20　表面改进后的折流板

参 考 文 献

[1] 苏建华, 许可方, 宋德琦. 天然气矿场集输与处理. 北京: 石油工业出版社, 2004

[2] Arnold K, Stewart M. Surface Production Operations: Design of Oil Handling Systems and Facilities. 3rd Edition. Houston: Gulf Professional Publishing, 2008.

[3] Wehrli M, Hirschberg S, Schweizer R. Influence of vapour feed design on the flow distribution below packings. Chemical Engineering Research & Design, 2003, 81 (1): 116-121

[4] Viteri R, Egger D, Polderman H. Innovative gas-liquid separator increases gas production in the north SEA. 85th GPA Annual Convention, Grapevine, 2006

[5] Ramesh V K, Satyaprakash P V, Sarkar S C. C2-C3 Plant, Dahej, ONGC: World's first LNG processing plant for extraction of VAP. Petrotech, New Delhi, 2010

[6] 国家能源局. 油气分离器规范: SY/T 0515—2014. 北京: 石油工业出版社, 2015

[7] Narimani E, Shahhoseini S. Optimization of Vane Mist Eliminators. Applied Thermal Engineering, 2011, 31 (2): 188-193

第6章 旋风分离器气固分离性能

天然气净化用旋风分离器多选用多管旋风分离器，其核心部件是内部的单管旋风分离器(旋风管)，本章介绍了单管旋风分离器的气体流动规律、颗粒运动轨迹、切割粒径、压降和效率模型，天然气常用单管旋风分离器的结构和型式，以及多管旋风分离器的设计及其操作运行特点。

6.1 天然气用旋风分离器的结构型式

6.1.1 单台切向旋风分离器

图 6.1 为切向入口旋风分离器的结构示意图。当气流由切向进口进入旋风分离器时，气流由直线运动变为圆周运动。旋转气流的绝大部分沿器壁自圆筒体呈螺旋形状向下，朝锥体流动，通常称之为外旋流。含尘气体在旋转过程中产生离心力，将密度大于气体的粉尘颗粒甩向器壁。粉尘颗粒一旦与器壁接触，便会在重力和壁面处向下的气体速度共同作用下沿壁面下落，在下部的排灰管排出。旋转下降的外旋气流在达到锥体时，因圆锥形收缩而向分离器中心靠拢。根据"旋

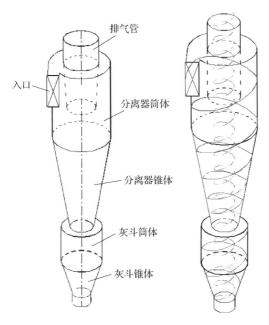

图 6.1 切向式旋风分离器结构及原理示意图

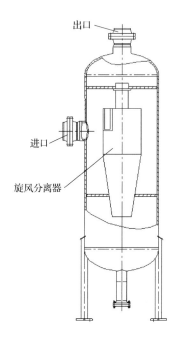

图 6.2　单台切向式旋风分离器示意图

"转矩"不变原理，其切向速度会不断提高。当气流到达锥体下端某一位置时，气流会反转继续做螺旋形流动，形成内旋气流。最后，净化气经排气管排出，一部分未被分离的粉尘颗粒也从排气管逃逸。由于天然气井口压力比较高，一般要在切向入口旋管器外部加上一个承压外壳，如图 6.2 所示。

6.1.2　多管旋风分离器结构型式

多管旋风分离器是一种适用于输气站场的高效除尘设备。具有处理气量大、操作压力高及分离的粉尘颗粒范围宽等特点。

多管旋风分离器的结构如图 6.3 和图 6.4 所示[1]，上游来的气体首先经过多管旋风分离器进口进入分离器，经过流量再分布管进入单个旋风管，含有颗粒的气体经过各个并联旋风管分离后，被分离的颗粒进入下部的收尘室，洁净气体由排气管进入上部集气室经分离器出口排出。

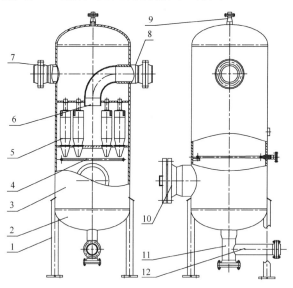

图 6.3　多管旋风分离器示意图

1.支座；2.底部封头；3.筒体；4.喷淋管；5.旋风管；6.流量分布管；7.分离器出口；

8.分离器进口；9.紧急放空阀；10.人孔；11.排污管；12.排尘管

　　旋风管是多管旋风分离器的核心部件,其排布方式对多管旋风分离器的分离效率影响较大。排布方式根据旋风管的个数来安排,图 6.5 为一种多管旋风分离器中双切向进口的排布方式,内圈均匀分布 5 个旋风管,外圈均匀分布 10 个旋风管。从结构上看,从上游来的气体不可能均匀分布到每个旋风管上。内圈的旋风子入口速度普遍要比外圈的大,即便对同一个旋风管,两个进口的入口速度可能也会不一样,这样必然会影响整台旋风分离器的分离效率。

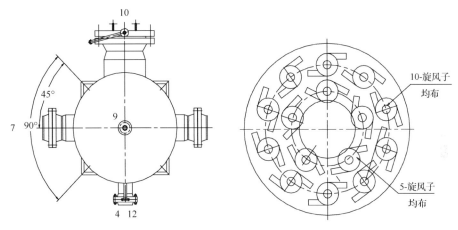

图 6.4　多管旋风分离器俯视图
各部件名称同图 6.3

图 6.5　旋风管分布示意图

　　除了图 6.3 所示的多管旋风分离器的结构外,如图 6.6 所示的多管旋风分离器,其净化气体出口位于分离器的顶部。

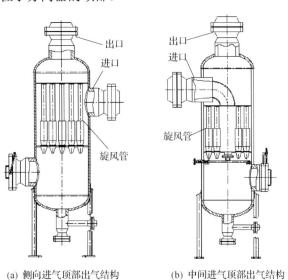

(a) 侧向进气顶部出气结构　　　(b) 中间进气顶部出气结构

图 6.6　多管旋风分离器的其他结构型式

6.2　旋风管的结构和特点

　　旋风管的结构种类较多，天然气用旋风管可分为轴流式、直流式、单切向入口式、双切向入口式和双蜗壳入口式，图 6.7 给出了常见几种入口型式。

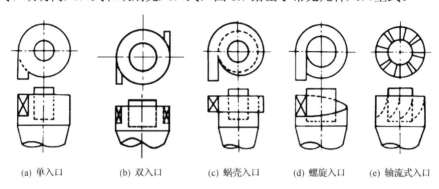

| (a) 单入口 | (b) 双入口 | (c) 蜗壳入口 | (d) 螺旋入口 | (e) 轴流式入口 |

图 6.7　多种旋风管的入口型式

6.2.1　轴流式旋风管

　　早在 20 世纪 70 年代，根据川气外输工程的需要，中国石油大学(北京)以时铭显教授为首的气固分离研究室[2-8]，研发出了直径为 $\Phi100$ 的轴流式旋风管，并先后在西南气田的天然气集输站、天然气净化厂及长输管道得到了广泛的应用。轴流式旋风管工作原理如图 6.8 所示。含有固体颗粒的气体轴向进入旋风管，经过叶片时会转向和加速，变为高速旋转气流，在旋风管内形成离心力场，固体颗粒在离心惯性力的作用下被分离出来。

　　轴流型旋风管优点是结构紧凑，有利于在多管旋风分离器中的排布，且处理量较大；缺点是进口处导向叶片间的流道较窄，当天然气中含有轻烃和水等液滴组分时，容易与粉尘颗粒在旋风管进口结块从而堵塞流道，如果旋风管是直筒形还容易造成排尘底板的堵塞。轴流式旋风管的直径一般为 75~200mm，筒体直径小于 $\Phi100$[①] 容易造成入口处堵塞，而大于 $\Phi150$ 会使得分离效率降低，目前天然气净化常用的轴流式旋风管一般有 $\Phi100$ 和 $\Phi150$ 两种规格。

1. 旋风管的型式

　　轴流式旋风管型式分为直筒形和圆锥形，如图 6.9 所示。对细小颗粒的分离，圆锥形的分离效率稍高；而当进口颗粒的粒径分布较宽时，使用直筒形的旋风管可以使大粒径的颗粒带出量大大减少。当粉尘颗粒较粗时，圆锥形的锥部由于存

　　① $\Phi100$ 表示直径为 100mm，其余同。

在回转灰带会使得锥部容易遭受磨损；直筒形的磨损在排尘底板处。在天然气集输过程中季节温差比较大，且天然气含湿量较大时，为避免排尘底板的排尘孔堵塞，一般选用圆锥形旋风管。

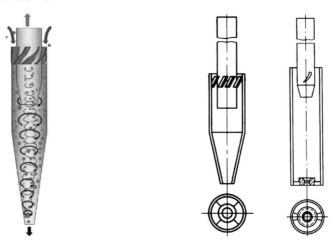

图 6.8　轴流式旋风管工作原理示意图　　　图 6.9　圆锥及直筒形轴流式旋风管示意图

在直筒形旋风管中，排尘底板的结构型式对颗粒的分离效率均有较大影响，应用的排尘底板主要有图 6.10 所示的两种结构型式。A 型是效率高而且结构最简单的一种排尘底板，它的主要特点是中心孔带喇叭口。B 型排尘底板是效率最高的一种排尘底板，对粗、细粉尘颗粒均有很高的分离效率。与 A 型排尘底板相比，结构较为复杂。它的主要特点是喇叭口中心孔上方加水滴状导流锥，为了获得较高的分离效率，导流锥尺寸及喇叭口距离要与中心孔尺寸有适宜的匹配。

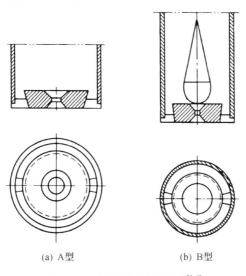

(a) A型　　　　　　　　　　(b) B型

图 6.10　排尘底板结构型式[3,4]

2. 导向叶片

导向叶片的主要作用是使气体的轴向流动转变为旋转流动，其形状与尺寸对旋风管的分离性能有重要影响，图 6.11 为导向叶片的三维视图，图 6.12 为 $\Phi100$ 和 $\Phi75$ 的导向叶片展开示意图。导向叶片的主要参数有叶片准线、叶片出口角、叶片出口直边长和叶片根径比。气体的切向速度对颗粒的分离起主要作用，而气体的切向速度主要受叶片出口角和出口直边的影响。

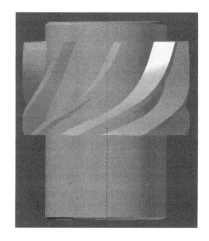

图 6.11　导向叶片的三维视图

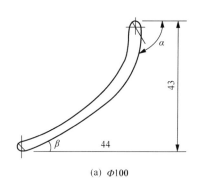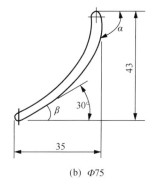

(a) $\Phi100$　　　　　　　　　　　　(b) $\Phi75$

图 6.12　导向叶片展开示意图(单位：mm)
α、β 分别为叶片的进、出口角

叶片准线是叶片曲面与圆柱面的交线，如图 6.13 所示的曲线 l，叶片准线分为内、外准线。实际应用中对叶片所提出的主要参数，都可以在叶片内准线上体现，如图 6.14 所示。这些参数包括叶片出口角 β_1，叶片高度 h 和叶片包弧长 l。当准线的函数类型确定以后，就可以由这三个参数确定准线方程的具体表达式。常用的准线函数类型有圆弧函数、幂函数、对数函数和双曲函数等，为了便于制

造，常用前面两种。当其他叶片参数相同时，叶片型线对旋风管的效率及压降基本上都没有影响。因此，可以根据设计和制造方便，选用能满足进出口几何条件的任何连续光滑曲线作为叶片型线，就圆弧函数和幂函数而言，前者的设计与制造更为简单些，推荐优先采用圆弧形叶片[5]。

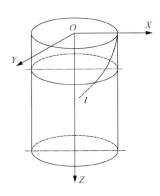 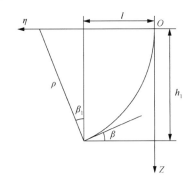

图 6.13　叶片准线形成　　　　　　　　　　　图 6.14　叶片准线参数

ρ 为叶片准线的圆弧半径；η 为一个坐标参数

3. 排气芯管

旋风管的排气芯管对旋风管的分离效率和压降有较大影响，依据熵产模拟结果，芯管处的不可逆熵产所占比例大[9]，因此设计时要考虑减小此处的不可逆损失，图 6.15 为几种不同结构的排气芯管，图 6.15(a) 为常规的锥形结构图，图 6.15(b) 为常规带回流锥的锥形结构图，图 6.15(c) 为直缝分流型结构图[10]，图 6.15(d) 为螺旋缝分流型结构图[11]。

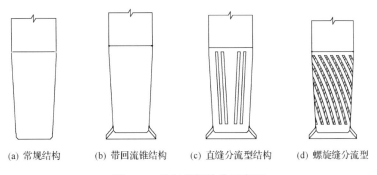

(a) 常规结构　　　(b) 带回流锥结构　　　(c) 直缝分流型结构　　　(d) 螺旋缝分流型

图 6.15　排气芯管结构示意图

6.2.2　单切向、双切向和双蜗壳式旋风管

单切向、双切向和双蜗壳式旋风管如图 6.16 所示。单切向旋风管筒体直径一般为 $\Phi100\sim\Phi200$，特点是处理量和分离效率适中。

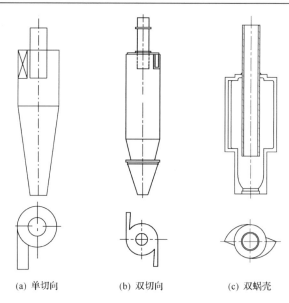

(a) 单切向   (b) 双切向   (c) 双蜗壳

图 6.16　单切向、双切向、双蜗壳式旋风管示意图

　　双切向和双蜗壳旋风管的工作原理相似，如图 6.17 所示。双切向旋风管单个入口面积较小，筒体部位较长，一般下部带有双锥体排尘结构，其作用是防止颗粒返混，以提高旋风管的分离效率。其管筒体直径为 $\Phi75\sim\Phi200$，常用的有 $\Phi100$ 和 $\Phi150$ 两种规格。在这几种旋风管中，如果条件相同，其分离效率最高，但压降也较高。

　　双蜗壳旋风管的筒体直径较小，一般为 $\Phi50$ 或 $\Phi100$，其入口面积较大，筒体和锥体段尺寸较短，如图 6.16(c) 所示。相对单切向和双切向旋风管，双蜗壳旋风管处理量较低，但结构紧凑，便于更换。由于尺寸较小，一般是几十根甚至几百根双蜗壳旋风管并联在一起，图 6.18 为双蜗壳旋风管的一种实际组合应用。双蜗壳旋风

气体出口

排尘口

图 6.17　双切向、蜗壳式旋风管原理示意图

管一般和过滤元件组合在一个外壳内组成一个容器，即组合式过滤分离器，如图 6.19(a) 所示，目前在西气东输上有应用；除此以外，也可以组合成多管旋风分离器，如图 6.19(b) 所示。

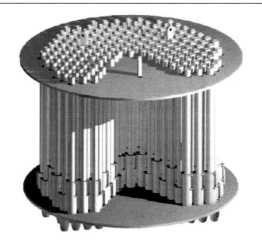

图 6.18　双蜗壳旋风管的组合

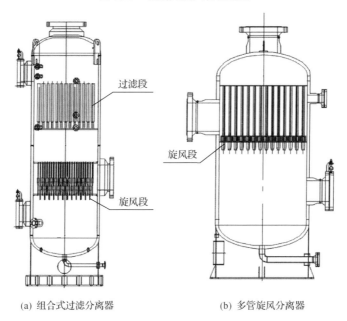

(a) 组合式过滤分离器　　　　　　　　(b) 多管旋风分离器

图 6.19　双蜗壳旋风管组合形式

6.3　旋风管内的气固流动

6.3.1　切向旋风管的气固两相流动

1. 气流运动

旋风管内气体运动规律是认识和研究旋风管气固分离过程的基础。旋风管内的气流运动是极其复杂的三维强旋湍流运动，在主流上还伴有许多局部二次涡流，主流是双层旋流，如图 6.1 所示。对旋风分离器内流场的分析，主要从切向速度、径向速度、轴向速度、湍流度和静压分布情况进行分析，图 6.20 为测量得到的切向旋风管流场分布的典型结果。

1) 切向速度 v_t

在旋风管内切向速度占主导地位，由它带动颗粒做高速旋转运动。在离心力作用下被甩到器壁处而被分离出来，所以切向速度增大会使分离效率提高。其典型分布特点如图 6.20(a) 所示，沿轴向变化很小。图 6.21 为一横截面上的切向速度分布，切向速度分成内外两层旋流，外旋流是准自由涡，内旋流是准强制涡，一般可用下列公式表示

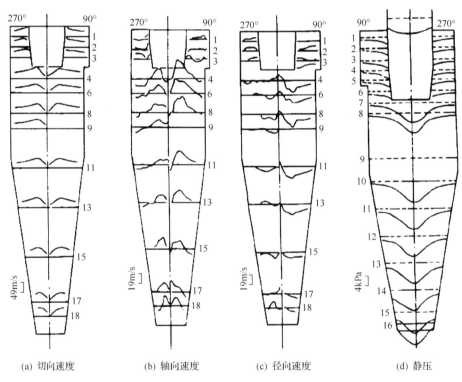

(a) 切向速度　　(b) 轴向速度　　(c) 径向速度　　(d) 静压

图 6.20　旋风分离器内的实测流场分布[12]

数字 1~18 表示测量时的截面

外旋流：

$$v_t r^n = c_1 \tag{6.1}$$

内旋流：

$$v_t = c_2 r^m \qquad (6.2)$$

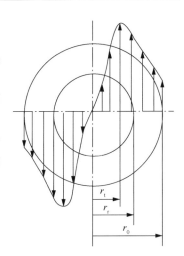

图 6.21　横截面上切向速度分布
r_0 为旋风管半径

式 (6.1) 和式 (6.2) 中，n、m 均为旋流指数，随旋风管的尺寸及操作条件而变化，一般为 0.5～0.7；c_1、c_2 均为常数，由实验测定；r 为距离中心轴线的径向距离，m。

内外旋流的分界处为最大的切向速度 v_{tmax}，分界点半径 r_t 主要取决于排气管的下口半径 r_r，与轴向位置的关系不大，一般表示为[13]

$$r_t = (0.65 \sim 0.8) r_r \qquad (6.3)$$

2）轴向速度 v_z

旋风管内的轴向速度不仅沿径向的分布较复杂，而且沿轴向上的变化也大，轴对称性不如切向速度，如图 6.20(b) 所示。由图可见，轴向速度外侧是下行流，内侧是上行流，上、下行流的交界面形状大体与旋风管形状相似。外侧下行流的气体流量沿轴向向下逐渐减小，最后有 15%～40% 的颗粒会进入灰斗[13]，把捕集的颗粒沉降于灰斗内后再从中心返回到旋风管内，此时总会夹带一部分细颗粒进入中心向上气流中，对分离不利。外侧下行流的向下轴向气速远大于颗粒的终端沉降速度，所以旋风管不是垂直放置也可顺利排灰。

3）径向速度 v_r

旋风管的径向速度一般要比切向速度小一个数量级，大部分是向心的径向流，只有在中心涡核处才有小部分的向外的径向流。径向速度的分布比较复杂，难以准确测量，且在轴向上变化较大，如图 6.20(c) 所示。

4）静压

在强旋流中，一般静压主要取决于切向速度，可近似表示为

$$\frac{\mathrm{d}p}{\mathrm{d}r} = \frac{\rho v_t^2}{r} \qquad (6.4)$$

从图 6.20(d) 上可看出，静压 p 随半径的减小而急剧降低，中心涡核处静压远低于入口处静压，而且也低于排气芯管内平均静压，同时也使灰斗内平均静压低于入口处静压。

5) 局部二次流

除上述主流外，还存在局部二次流，主要有环形空间的纵向环流、排气芯管下口附近的短路流和排尘口附近的偏流，如图 6.22 所示。在旋风管顶板下方，由于静压分布的特点，会形成一股向上向心的纵向环流。这种环流会把一部分已分离到器壁处的颗粒向上带到顶板处而形成一层"上灰环"，并不时被带入排气管内而降低效率。

排气芯管下口附近，往往有较大的向心径向速度，从图 6.20(c) 也可以看到，内旋流区的下行流量变化较快，这是由短路流造成的。短路流范围不大，但由于该处向心径向速度高达每秒几米，会夹带部分颗粒进入排气管，对分离效率不利。

进入灰斗的一部分气体在从中心部位返回旋风管锥体下端时，与该处高速旋转的内旋流混合，产生强烈的动量交换和湍动能耗散，使内旋流不稳定，其下端产生"摆尾"现象，形成若干偏心的纵向环流，容易把已聚集在器壁处的颗粒重新卷扬起来进入向上的内旋流中，这种返混也会降低分离效率。

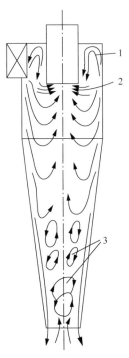

图 6.22　局部二次流[13]

1. 上部纵向环流；2. 短路流；3. 偏心环流

6) 数值模拟

近年来，随着计算流体力学技术的发展，越来越多的研究者开始采用计算流体力学(computational fluid dynamics，CFD)方法研究旋风分离器内的三维强旋转湍流流场。目前处理湍流的方法有三种，分别为直接数值模拟(direct numerical simulation，DNS)方法、大涡模拟(large eddy simulation，LES)方法和雷诺平均纳维-斯托克斯(Navier-Stokes，N-S)方程(RANS)方法。

旋风管内的流动为三维强旋转的湍流流动，流场内存在短路流和二次回流，流动状态复杂，具有非对称性和各向异性。标准 k-ε 模型和 RNG k-ε 模型均作了各向同性假设，不适合计算旋风分离器内的流场。图 6.23 为数值模拟和实验值的比较[14]，湍流模型分别采用 RSM 和 LES 模型，可知 RSM 模型和 LES 模型能较好地描述旋风管内的流场，并且当网格致密时，LES 模型能够更准确地预测旋风分离器的流场，但 LES 模型对网格质量和计算机的性能要求高，计算所需时间长。当网格数较少时，在壁面附近，LES 模型的预测结果比基于壁面函数的 RSM 模型结果误差更大[15]。随着计算能力的提高，LES 模型更具应用前景，但就目前来说，RSM 模型更适合工程应用。

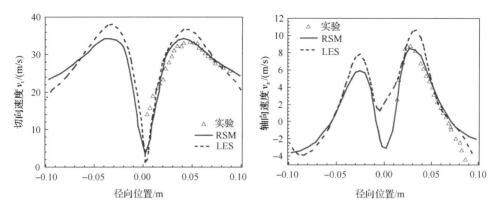

图 6.23　湍流模型比较[14]

图 6.24 为直径 300mm 单切向旋风管在不同排气芯管直径下（d_r 为排气管直径与筒体直径之比）RSM 模型模拟的结果和实验测得的结果对比，模拟结果和图 6.20 实验测量结果类似，切向速度基本可分为内外旋流，而且轴对称性较好，内外旋流分界点沿轴向可近似认为不变。在不同升气管直径下，切向速度的分布呈现"兰金涡"结构，与测量值较为吻合。轴向速度基本上是外侧下行流与内侧上行流的特征，与实验值也吻合较好。

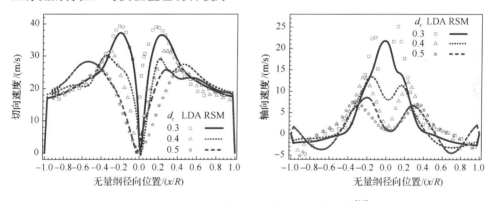

图 6.24　RSM 模型模拟结果与实验值的比较[16]

综上所述，CFD 方法计算得到不同尺寸下的旋风分离器内的速度分布与实验结果较吻合，因此 CFD 方法能有效预测旋风分离器内的流场。

2. 旋进涡核

1) 旋进涡核现象

旋风管的流场分布实际上是三维非稳态的湍流流动，图 6.25 是切向旋风管一个轴向剖面在不同时刻的速度矢量图，从图中可以看出，在同一剖面的速度矢量图随着时间的变化而变化，在内旋流区存在明显的摆动现象，在旋风管锥体部分到灰斗入口处之间摆动比较明显，在灰斗入口附近，摆动的幅度已经达到了器壁。另外，速度摆动的中心在不同位置的摆动并不是绕着旋风分离器的几何中心旋转，也就是说并不是做刚体或类刚体运动。

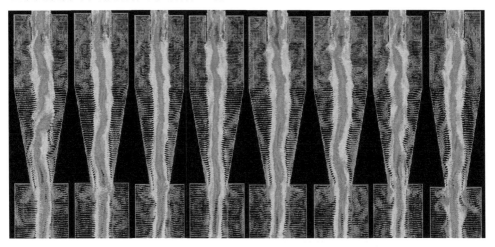

(a) $t=1.858$s　(b) $t=1.862$s　(c) $t=1.872$s　(d) $t=1.882$s　(e) $t=1.892$s　(f) $t=1.902$s　(g) $t=1.912$s　(h) $t=1.922$s

图 6.25　旋风管不同时刻流场[17]（文后附彩图）

从图 6.20 (d) 可知，旋转气流的切向速度分布导致了径向压力分布的中心处静压最低和中心轴线附近的负压区存在，而切向速度沿气流轴向运动方向的衰减使静压呈增加的趋势，即在轴线上出现了逆压力梯度，进而使中心区域产生逆向流动和回流现象。这种现象首先在设备轴线上以一个封闭循环流动的小旋涡的形式表现出来，当雷诺数增加时，则呈现出一种强烈的三维非稳态现象，即旋进涡核（PVC）[18,19]，此时中心强制涡中心偏离分离器几何轴线并绕轴线旋进。

图 6.26 为图 6.25 所示旋风管同一轴向位置不同时刻的压力云图，截面的几何中心为图中的小"十字点"。从图中可以看出，不同时刻的压力云图并不一样，在中心区域，压力值最低，并且是一个动态变化的过程。压力最低点即为速度中心，速度绕着这个速度中心旋转，并不是绕着几何中心旋转（图 6.27），随着时间的变化，速度中心并不固定不变，而是变化的，但是偏离几何中心的距离不大。因此，旋风管中存在旋进涡核现象。

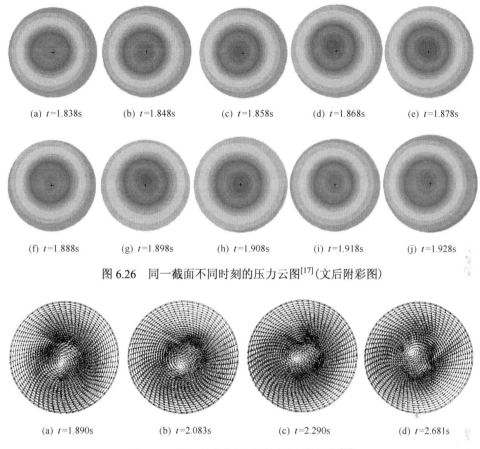

(a) t=1.838s　　(b) t=1.848s　　(c) t=1.858s　　(d) t=1.868s　　(e) t=1.878s

(f) t=1.888s　　(g) t=1.898s　　(h) t=1.908s　　(i) t=1.918s　　(j) t=1.928s

图 6.26　同一截面不同时刻的压力云图[17](文后附彩图)

(a) t=1.890s　　　(b) t=2.083s　　　(c) t=2.290s　　　(d) t=2.681s

图 6.27　同一轴向位置在不同时刻的流场[17]

2) 旋进涡核中心

旋风管内的旋进涡核具有非稳态流动特性,目前测量瞬态湍流流场主要有激光测速仪、热线风速仪和粒子成像测速仪(PIV)三种测量方法。图 6.28 为 PIV 测量直径为 $\varPhi$240 的切向旋风管锥体部位某一截面的原始图像[17,20],经软件处理后可得关于速度和涡量的 DAT 数据文件,再对该 DAT 数据文件进行处理后可得速度矢量图、速度云图和涡量图。从图 6.28 中可以看到图片中央存在一个黑洞,这是由于位于旋风管中心的示踪粒子稀少,散射出的光非常弱,从而导致涡核中心处的流场不易捕捉所致,图 6.28(a)、图 6.28(b)中都找不到该区域的粒子的像,计算时认为该处位移为零,速度也就为零。

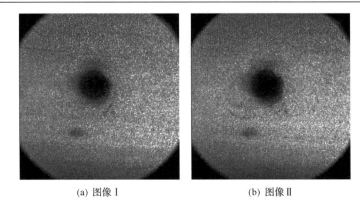

(a) 图像 I   (b) 图像 II

图 6.28   短时间间隔内示踪粒子的原始图像

　　用 Tecplot 软件对图 6.28 所示的 DAT 数据文件进行处理，得到涡核中心的坐标，然后用 Origin 软件进行处理，可得 6.29 所示图形。在涡动力学中，涡核被定义为涡量高度集中的区域，涡核中心应该为涡量最大值处。从图中可以明显看出，涡核中心(即速度矢量旋转中心)刚好在涡量最大值处(深红色区域)。

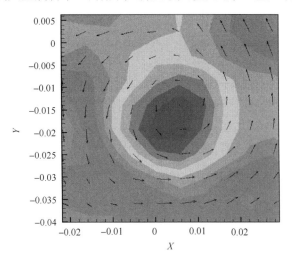

图 6.29   速度矢量和涡量重叠图(文后附彩图)

　　图 6.30 为用数值模拟方法得到不同轴向位置旋进涡核中心的运动轨迹(以排尘口几何中心为坐标原点)，其中 $z = 834\text{mm}$ 的位置位于排气芯管内，$z = 114\text{mm}$ 的位置位于分离空间锥体段部分，从图 6.30 可以明显地看出，各个截面的涡核中心偏离几何中心的情况并不一样，并且在不同的截面涡核中心运行偏离的区域也不一样，说明在同一时刻各个截面的涡核中心的连线并不在一个平面上，也就是扭转摆动的。

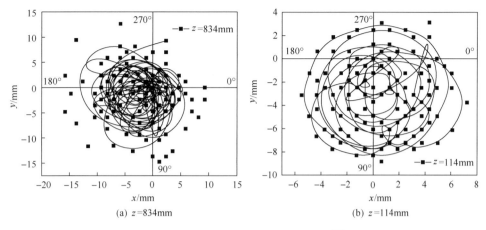

(a) *z*=834mm　　　　　　　　　　(b) *z*=114mm

图 6.30　不同轴向位置的 PCOV 轨迹[21]

由上述分析可知，由于进口位置的不对称，中心区域逆流和回流现象的存在，使得旋风管内流场呈现强烈的非稳态现象，进而造成旋进涡核的不稳定。因此，旋进涡核在单切向进口旋风管中存在，在双切向进口旋风管中也存在[17,22]。

3）旋进涡核频率和幅值

旋进涡核摆动频率为测定出的瞬时速度波的主频率，它与湍流频率等有显著区别，可以通过速度信号的频谱分析得到[17,20,21]。图 6.31 为不同入口速度下 $\Phi240$ 旋风管锥体某一截面涡核频率沿径向变化规律，随着入口气速减小，PVC 的频率减小，其他截面上 PVC 频率的分布规律基本一致，说明旋进涡核中各点的 PVC 频率对入口气速的响应相同。图 6.32 为不同入口气速下 PVC 频率沿轴向变化（图

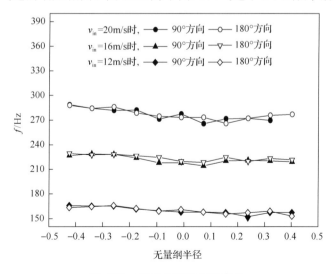

图 6.31　PVC 频率沿径向变化

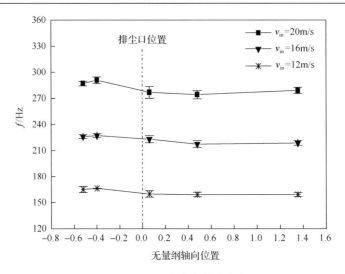

图 6.32　PVC 频率的轴向变化

中的横坐标值为轴向位置 z 与旋风管筒体直径之比）。从图中可以看出，PVC 频率沿轴向方向在锥体内近似为一常数，不同的入口气速下，PVC 频率沿轴向的分布曲线形状非常相似。

　　旋进涡核的幅值是表示瞬时速度的变化量大小的特征值，其计算方法是速度瞬时值减去一段时间内的速度平均值。图 6.33 为不同入口气速时旋进涡核幅值最大值截面上各方位的平均值沿轴向变化曲线[17]，随着入口气速增加，涡核的摆动强度相应增大，而在同一入口气速下，涡核的摆动强度呈先上升后下降的趋势，

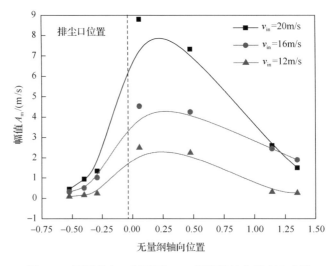

图 6.33　不同的入口气速下 PVC 幅值沿轴向的变化曲线

在排尘口上部，气流速度波动幅值最大。在气固分离过程中，由于排尘口附近颗粒不断向下落入灰斗中，该处颗粒浓度最高，大幅度的气流速度波动必将搅起部分已经分离到器壁的粉尘颗粒，重新进入内旋流，从而影响分离效率。进入灰斗后，旋进涡核的强度减弱得较快。

4) 旋进涡核现象抑制措施

旋风管结构参数会对旋风涡核存在的范围、频率和幅值都有较大影响，如双切向入口旋风管由于两个进口处于相对的位置，使得它的旋进涡核频率要比单切向入口旋风管的低[17,22]。

旋进涡核的存在会影响旋风管的分离效率，特别是对细小颗粒的影响较大，因此应尽量抑制旋进涡核现象。可以通过优化旋风管本身结构以降低旋进涡核的频率和幅值，也可以通过在旋风管中安装防返混锥[23]和稳涡杆[24]来实现，安装防返混锥的效果更好。图 6.34 为防返混锥结构简图，即在排尘口下方安装一个锥体。图 6.35 为安装不同规格锥体时旋进涡核存在范围的对比示意图[17,23]，防返混锥大大地减小了 PVC 的存在范围，在普通旋风分离器内能测到 PVC 的大部分地方，加上防返混锥后已经测不到 PVC。实验测得 PVC 的存在范围情况示于表 6.1。加小防返混锥后测到 PVC 的范围在径向和轴向都比加大防返混锥时测的 PVC 范围小。在灰斗内没有测到 PVC，说明防返混锥的加入已消除了灰斗内的 PVC 现象。

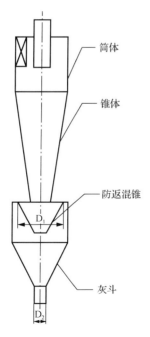

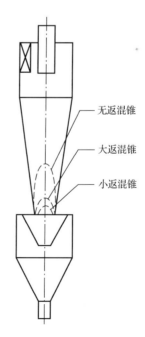

图 6.34　防返混锥结构简图　　　　　图 6.35　旋进涡核存在范围对比示意图

表 6.1　加上防返混锥后 PVC 的存在范围对比

参数	返混锥类型		
	小防返混锥	大防返混锥	无防返混锥
PVC 存在的截面范围高度 H/D	0.125	0.538	1.859
PVC 触壁的范围高度 H_1/D	0	0	0.542

注：D 为旋风管直径。

值得注意的是，防返混锥的加入使得 PVC 扫到壁面的范围高度为零，即加上两种尺寸的防返混锥后，虽然在小范围内存在 PVC，但其已经不能扫到壁面，说明防返混锥对 PVC 的抑制作用很大。由于旋进涡核的影响主要是它容易把沉积在排尘口附近壁面的已分离粉尘重新卷入内旋流而引起粉尘从内旋流逃逸，使分离效率下降。分析在此过程中起主要作用的是旋进涡核扫到排尘口附近器壁的部分。由此可见，防返混锥很好地削弱了旋进涡核对旋风分离器分离效率的影响，小返混锥的效果更好些。

3. 颗粒运动

在 2.6 节中详细描述了颗粒在流体中的运动规律，颗粒在气体中流动时受到三种力的作用：①流体对颗粒的作用力；②颗粒与颗粒、颗粒与固体壁面间的相互接触、碰撞所产生的作用力；③外界物理场对颗粒的作用力。

天然气输送过程中固体颗粒浓度较低，因此可将旋风管内的气固两相流动假定为稀相流动，可假设颗粒的存在不影响气体流场，颗粒与颗粒间的相互作用也可忽略不计，并只考虑气流对颗粒的曳力及重力。由于难以采用实验的方法研究单一直径颗粒的运动状态，用 CFD 来模拟颗粒的运动轨迹比较方便。采用 Euler-Lagrange 方法研究单一粒径颗粒在旋风分离器内的气固运动规律，随机轨道模型（discrete phase model，DPM）用于计算低入口浓度颗粒，离散单元模型（discrete element model，DEM）用于计算高入口浓度颗粒，对不同时刻颗粒的运动状态和浓度进行统计分析，得到各区域的分离效率。目前已有许多学者利用数值模拟的方法模拟旋风管内单个颗粒的运动轨迹和不同条件下的分离效率。

图 6.36 为典型的不同直径的颗粒在旋风管内的运动轨迹，从图中可以看出，由于粒径较小的颗粒受到的离心力小于受到的气体曳力，不能向旋风管的壁面方向移动，而是随内旋流从排气芯管逃逸；粒径较大的颗粒以一定的倾角螺旋运动到锥体下口壁面处而被捕集。尽管数值模拟的方法能跟踪单颗粒的运动轨迹，但不能真实反映不同直径颗粒的分离效率，为了较准确地计算出不同颗粒的分离效率，还要借助于切割粒径和分级效率的计算公式。

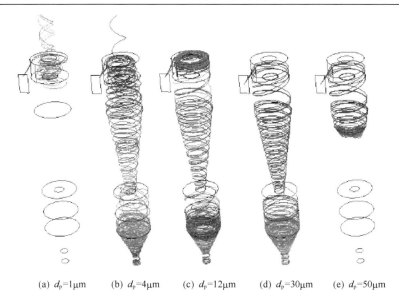

(a) d_p=1μm　　(b) d_p=4μm　　(c) d_p=12μm　　(d) d_p=30μm　　(e) d_p=50μm

图 6.36　不同粒径颗粒在旋风管内的运动轨迹

图 6.37 是应用 DPM 模型和 DEM 模型计算的某一时刻旋风管内颗粒的分布图，对比图 6.37(a)和图 6.37(b)可以看出，DPM 模型在模拟单个颗粒运动轨迹时有优点，但在模拟分离效率时存在明显缺点，而 DEM 模型能够较形象地模拟出高颗粒浓度时的运动状态。

(a) DPM模型　　　　　　　　　(b) DEM模型

图 6.37　旋风管内某一时刻颗粒分布

　　近年来，许多学者对旋风管内部颗粒的运行轨迹进行了研究，结果表明，颗粒在旋风分离器内的运动情况与颗粒的粒径和进入旋风分离器的位置有关。粒径相同，所处的原始位置不同，其运动轨迹不同；即使粒径相同，所处的初始位置也相同，运动轨迹也可能不同，最终位置也不同。同一个小粒径颗粒从相同的初始位置入射，其运动轨迹可能有很多种情况；同样较大粒径的颗粒，由不同初始位置入射，其运动轨迹差别不大。这是由于小颗粒受湍流脉动的影响较显著，随机性大，而大颗粒受湍流脉动的影响较小。

　　旋风管的入口结构直接影响到颗粒的运动轨迹，图 6.38 描述了从不同的初始入口位置进入旋风管的颗粒运动情况，从图中可以看到，在原型旋风管的筒壁上，颗粒聚集成几条下降角度不同的颗粒流。在入口截面中的 D 区域进入，颗粒流在直筒的位置高，并且下降角度小。A 区域的情况与 D 区域的相似，只是颗粒流在直筒位置较 D 区低一点。B 区域中，可以明显看到颗粒流的位置低，下降角度大。C 区域的颗粒流最低，下降角度更大。

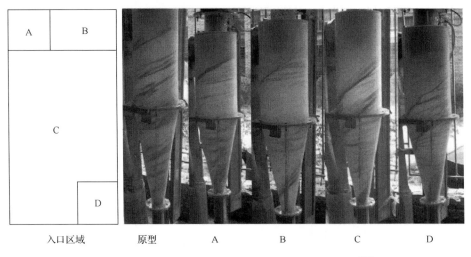

图 6.38　旋风管器壁处不同入口位置颗粒运动轨迹[25]

6.3.2　轴向旋风管的气固两相流动

1. 气流运动

　　轴向旋风管内流场分布如图 6.39 所示(各速度分量均以旋风管横截面表观速度 v_p 为特征速度进行无量纲化)。旋风管内切向速度 v_t 是旋转流场中的主要速度分量，数值最大，分布规律清楚(图 6.39 所示的左半部分)。在旋风管内，切向速度沿径向呈明显的驼峰形分布，以及存在一个最大切向速度点 v_{tm}，可根据 v_{tm} 的

半径位置 r_{tm} 将旋风管分离空间流场分为外部的准自由涡与内部的准强制涡。最大切向速度沿轴向衰减不明显，在排尘单锥内部气流仍保持高速旋转，对颗粒具有一定的分离作用。轴向速度 v_z 沿径向存在一个上下行流分界点(图 6.39 所示的右半部分)，其速度值为零，根据其半径位置 r_{z0} 将旋风管内部流场分为边壁附件的下行流及中心区域的上行流区。下部排尘结构无论是锥体结构还是排尘底板结构，轴向旋风管的切向速度和轴向速度分布规律基本上一样。另外，对比图 6.20和图 6.39 可以发现，切向旋风管和轴向旋风管的切向速度和轴向速度分布具有相似性。

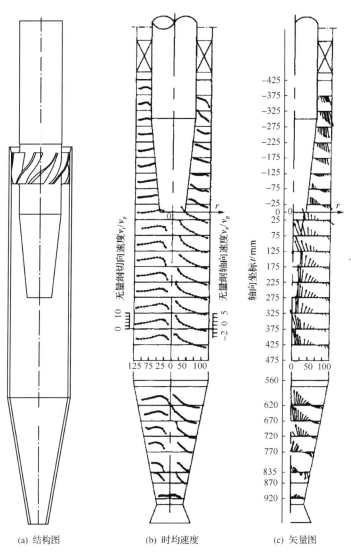

(a) 结构图   (b) 时均速度   (c) 矢量图

图 6.39   轴向旋风管流场分布[26]

　　利用数值模拟的方法也可以得到和图 6.39 类似的结果，图 6.40[27]是直径为 150mm 的轴向旋风管的切向和轴向速度分布云图，图 6.41 为对应的切向、轴向和径向速度分布，可以看出切向速度的分布呈双峰现象，各截面上的分布呈 M 形，其值从外筒壁沿径向先增大，然后逐渐减小，即外部为准自由涡流动，内部为准强制涡流动。轴向速度分布基本上也对称，在内旋涡中心处数值最大，旋风管从上往下，轴向速度逐渐变小。旋风管内的径向速度较小，说明流场比较稳定，不同截面上的径向速度大小分布不同。

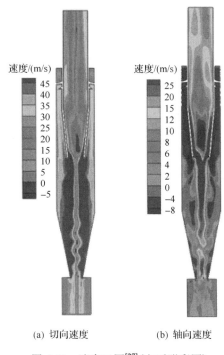

(a) 切向速度　　　　　　　(b) 轴向速度

图 6.40　速度云图[27]（文后附彩图）

2. 颗粒运动

　　由于轴向旋风管的气相流场分布具有和切向旋风管一样的规律，因此轴向旋风管中颗粒与切向旋风管中的颗粒具有相似的运动规律。图 6.42 为直径 2μm 颗粒在不同初始位置的运动轨迹，相同粒径的颗粒由于进入旋风管时的初始位置不同，其运动轨迹也随之不同。

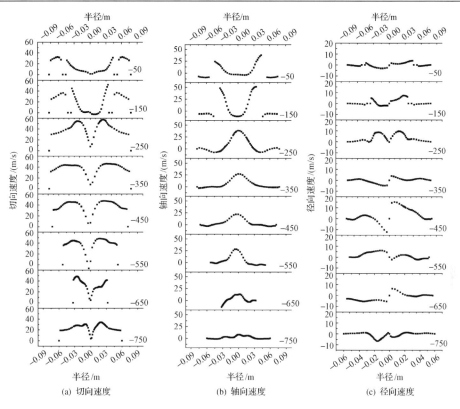

(a) 切向速度　　　　　　(b) 轴向速度　　　　　　(c) 径向速度

图 6.41　轴向旋风管切向和轴向速度分布

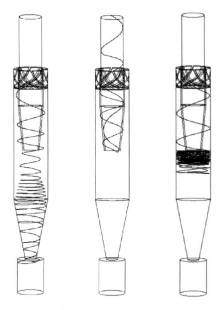

图 6.42　不同初始位置相同直径颗粒的运动轨迹

6.4 旋风管的分离性能和模型

6.4.1 常用分离性能模型

1. 速度分布关联式

表 6.2 概述了文献中旋风管内速度分布的经验模型，给出了各种模型的基本假设和主要公式。

表 6.2 旋风管内速度场计算模型

文献	公式		备注
Alexander[28]	$v_t = v_{tw}\left(\dfrac{R}{R_i}\right)^n$	(6.5)	适用蜗壳和切向入口。v_{tw} 为旋风管内部壁面处切向速度；v_t 为任意位置的切向速度；A_{in} 为进口面积；R 为筒体半径；R_i 为任意位置的半径；D 和 D_e 分别为旋风管筒体和排气管直径；n 为速度分布指数
	$\dfrac{v_{tw}}{v_{in}} = 2.15\left(\dfrac{A_{in}}{DD_e}\right)^n$	(6.6)	
	$n = 1-(1-0.67D^{0.14})\left(\dfrac{T}{283}\right)^{0.3}$	(6.7)	
Barth[29]	$\alpha = \dfrac{2v_{in}R_{in}}{v_{tw}D}$	(6.8)	适用于蜗壳入口。$\alpha \approx 1$；对切向入口，α 的值由图给出；λ 为摩擦系数；H 为分离空间高度；H_c 为锥体长度；S 为排气芯管长度；R_e 为排气管半径；Q 为流量；h^* 为 CS 面高度；v_{tCS} 为 CS 面处的切向速度；v_{rCS} 为 CS 面处的径向速度；R_d 为排尘口半径；b 为进口宽度
	$v_{tCS} = \dfrac{v_{tw}R/R_e}{1+(h^*R\pi\lambda v_{tw}/Q)}$	(6.9)	
	$v_{rCS} = \dfrac{Q}{\pi D_e h^*}$	(6.10)	
	$R_{in} = R - b/2$	(6.11a)	
	$h^* = \dfrac{H-S-H_c(R_e-R_d)}{R-R_d}$	(6.11b)	
Muschelknautz[30]	$\alpha = 1 - 1.2b/D$	(6.12)	式(6.14)适用条件：$0.9 < ab/\pi \bar{r}_i^2 < 1.8$，$\bar{r}_i = R_i/R$；$C_{si}$ 单位为 kg 固体/kg 气体；对高雷诺数：$\lambda_g \approx 0.005$；a 为进口的高度
	$\alpha = 1 + \sqrt{3}\pi\lambda \bar{r}_i/\sqrt{ab}$	(6.13)	
	$\lambda = \lambda_g(1+2\sqrt{C_{si}}), \quad C_{si}<1$	(6.14a)	
	$\lambda = \lambda_g(1+3\sqrt{C_{si}}), \quad C_{si}>1$	(6.14b)	
Meissner 和 Löffler[31]	$\dfrac{v_{tw}^*}{v_{in}} = \left(\dfrac{-0.204b}{R}+0.889\right)^{-1}$	(6.15)	v_{tw}^* 为旋风管入口处切向速度；χ 代表壁面与气体间的角动量交换；对于室温下光滑壁面 $\lambda_g, \lambda_x, \lambda_k \approx$ 0.065～0.0075，v_b 平均轴向速度；h 为旋风管筒体长度；ϕ_c 旋风管锥体的锥度角
	$\dfrac{v_{tw}}{v_b} = \dfrac{1}{\lambda_g h_z^*}\left[\left(0.25+\dfrac{\lambda_g h_z^* v_{tw}^*}{v_b}\right)^{0.5}-0.5\right]$	(6.16)	
	$v_b = 4Q/\pi D^2$	(6.17)	
	$h_z^* = \dfrac{a}{R}\left\{\dfrac{2\pi - a\cos[(b/R)-1]}{2\pi}-1\right\}+\dfrac{h}{R}$	(6.18)	
	$v_t = \dfrac{v_{tw}}{R_i/R[1+\chi(1-R_i/R)]}$	(6.19)	

文献	公式	备注
Meissner 和 Löffler[31]	$\chi = \dfrac{v_{tw}}{v_b}\left[\lambda_x + \dfrac{\lambda_k}{\sin(\phi_c)}\right]$　(6.20) 径向速度：$v_r(R)=0$,　　$v_r(R_e)=\dfrac{Q}{2\pi R(H-S)}$　(6.21) 轴向速度：$v_{z0}=\dfrac{Q(H-z)}{\pi(R^2-R_e^2)(H-S)}$　(6.22)	v_{tw}^* 为旋风管入口处切向速度；χ 代表壁面与气体间的角动量交换；对于室温下光滑壁面 $\lambda_g, \lambda_x, \lambda_k \approx$ $0.065\sim0.0075$，v_b 平均轴向速度；h 为旋风管筒体长度；ϕ_c 为旋风管锥体的锥度角
Reydon 和 Gauvin[32]	自由涡：$v_t = 14.79 v_{in} R_i^{-0.72}$　(6.23) 强制涡：$v_t = 1.35 v_{in} R_i \exp[-0.153 v_{in}^{-0.17} R_i]$　(6.24)	
Ogawa[33]	自由涡（$R_t \leqslant R_i \leqslant R$）：$v_r = -\dfrac{Q}{2\pi H R_i}$　(6.25) $v_t = C_1/R_i^n$　(6.26) $n = \sqrt{\dfrac{\mu Q}{2\pi H g}} - 1$　(6.27) 强制涡（$0 \leqslant R_i \leqslant R_t$）：$v_r = -\dfrac{Q}{2\pi H R_t^2} R_i$　(6.28) $v_t = 4 v_{tt} K R_i \exp(-K R_i)$　(6.29) $K = \sqrt{\dfrac{\mu Q}{2\pi H R_t^2 g}}$　(6.30)	μ 为气体黏度；C_1 为常数；R_t 为自由涡和强制涡交接处半径；v_{tt} 为自由涡和强制涡交接处的切向速度
吴小林等[34]	切向速度：$\tilde{v}_t = C\tilde{r}_i^n$　(6.31) 外旋流区，$\tilde{r}_t < \tilde{r}_i < 1$　$C_0 = 1.4 K_A^{-0.10}$　(6.32) $n_0 = -1.375(1-0.019\tilde{Z})K_A^{-0.586}$　(6.33) 内旋流区，$\tilde{r}_i < \tilde{r}_t$　$C_i = C_0 \tilde{r}_t^{(n_0-n_i)}$　(6.34) $n_i = 2.78 K_A^{-0.09} \tilde{d}_r^{1.75}$　(6.35) 轴向速度：$0 < \tilde{r}_i < \tilde{r}_{zm}$：　$\tilde{v}_z = a_1 + a_2\tilde{r}_i + a_3\tilde{r}_i^2$　(6.36a) $\tilde{r}_{zm} < \tilde{r}_i < \tilde{r}_{z0}$：　$\tilde{v}_z = a_4 + a_5\tilde{r}_i + a_6\tilde{r}_i^2 + a_7\tilde{r}_i^3$　(6.36b) $\tilde{r}_{z0} < \tilde{r}_i < \tilde{r}_{zw}$：　$\tilde{v}_z = a_8/\tilde{r}_i + a_9$　(6.36c)	$\tilde{v}_t = v_t/v_{in}$；$\tilde{v}_z = v_z/v_{in}$；$\tilde{r}_i = R_i/R$；$\tilde{r}_{zm} = R_m/R$，R_m 为轴向速度最大处半径；$\tilde{r}_{z0} = R_0/R$，R_0 为上下行流分界点处半径；$a_1 \sim a_9$ 均为系数；$K_A = \dfrac{4ab}{\pi D^2}$

　　Alexander[28]模型是纯经验模型，包括两方面内容：①提出了一个仅适用于高雷诺数时考虑结构参数的近壁切向速度与平均入口气速的关系式；②给出了反映外旋流区切向速度分布指数 n 的计算式，但是与现有的许多模型和实验结果相比，该公式计算的 n 值偏低。另外，Alexander 模型中未考虑壁面摩擦系数对旋风管内流场的影响。

　　Barth[29]模型首次把摩擦引入到旋风管速度模型计算中。Barth 模型认为入口气体的平均角动量与旋风管内近壁旋转气体角动量的比值与旋风管的结构参数有关。壁面处切向速度与控制面 CS 处切向速度相关，如图 6.43 所示，控制面 CS

处切向速度近似代表了内旋流的旋转强度。摩擦损失由壁面摩擦系数进行经验调整。

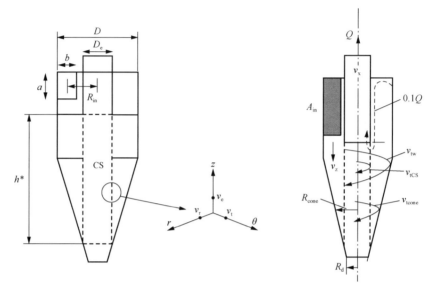

图 6.43　Barth 模型假想圆柱面和速度名称

R_c 为锥体半径；v_{tcone} 为锥体部位切向速度

Muschelknautz[30]模型是在 Barth 模型的基础上发展起来的，保留并完善了 Barth 模型中的 α 系数和摩擦表面的概念，另外模型还考虑了颗粒浓度对速度的影响规律。

Meissner 和 Löffler[31]模型基于壁面磨擦的动量平衡建立了入口切向速度 v_{tw}^* 和旋风管内部壁面切向速度 v_{tw} 的计算公式。模型中采用的动量平衡与 Barth 模型不同，认为气体由 v_{tw}^* 减少到 v_{tw} 仅仅是沿壁面损失的结果。该模型仅能处理切向入口旋风管，不适用于蜗壳入口旋风管。

Reydon 和 Gauvin[32]为了获得更通用的 v_t 表达式，在不同的操作参数和结构参数下进行了理论和实验研究。按照外旋和内旋流分成了两个区域，自由涡和强制涡计算公式分别如式(6.23)和式(6.24)所示。公式中的系数根据实验数据线性回归进行调整。

Ogawa[33]模型是在理论基础上提出的一个半经验模型，推导出了外部自由涡区公式(6.25)和强制涡区公式(6.26)，并引入了最大切向速度 v_{tmax}。此外，该模型还可以用于计算自由涡与强制涡区的轴向与径向速度。

吴小林等[34]根据旋风管流场的大量实测数据，经多元回归分析得到了切向、轴向气速在分离器蜗壳与分离空间内的无量纲化的计算公式，其中包括影响分离效率的两个关键结构参数 K_A 与 $\tilde{d}_r$。

2. 分离性能模型

由于旋风管内颗粒运动的复杂性和随机性，迄今尚无准确可靠反映各种影响因素的分离理论，各国学者采用不同的简化假设，提出了不同的分离理论，至今已先后提出了转圈理论(停留时间)、平衡轨道理论、全横混-边界层分离理论和相似分析方法等。

1) 转圈理论模型

转圈理论和平衡轨道理论的力学基础都是牛顿运动定律和气溶胶力学中颗粒绕流的阻力定律。若假定颗粒为球形，其存在不影响气体流场，且不计颗粒间的相互作用，则通过分析旋风管内的颗粒运动轨迹，进一步得到其分离效率计算公式。

Rosin 等[35]认为颗粒进入旋风管内后，一面向下做螺旋运动，一面在离心效应下向器壁浮游。设颗粒在旋风管内共转 m 圈，所需时间为 t_m，则可定义：若在时间 t_m 内某一位于排气管外壁处的颗粒刚好能运动到器壁，就认为它的捕集效率为 100%，此颗粒的直径为临界直径 d_{100} 为

$$d_{100} = \sqrt{\frac{9\mu b}{2\pi\rho_p m v_{in}}\left(1 + \frac{r_e}{R}\right)} \tag{6.37}$$

式中，b 为切向旋风管入口宽度，m；R、r_e 分别为旋风管半径及排气芯管半径，m；v_{in} 为旋风管入口气体速度，m/s；m 为颗粒旋转圈数；ρ_p 为颗粒密度，kg/m³。

Lapple[36]认为 d_{100} 不易测量，应着重考虑位于平均半径 $\left(\dfrac{r_e + R}{2}\right)$ 处的颗粒，它的效率就是 50%，定义该颗粒的直径为切割粒径 d_{50}，其表达式为

$$d_{50} = \sqrt{\frac{9\mu b}{2\pi\rho_p m v_{in}}} \tag{6.38}$$

由于此假设中没有考虑向心径向气速对颗粒的曳带作用，而且 m 值(Rosin 等[31]认为 $m = 4$，Lapple[36]则取 $m = 5$)也不易确定，故现在已很少应用。

2) 平衡轨道模型

平衡轨道理论认为，旋风管内流场是涡旋场和汇流场的叠加。颗粒在旋风管内同时受到方向相反的作用力，涡旋场的离心力使颗粒沿径向向壁面运动，而汇

流场又使其受到向心方向的运动。颗粒能否得到分离取决于上述作用的相对强弱。若某一粒径为 d_p 的颗粒在空间某处所受的这一对作用力达到平衡，则该颗粒在径向上无位移，将固定在半径为 R_b 的圆形轨道上回转，称 R_b 为该颗粒的平衡轨道半径。若 R_b 位于外侧下行气流中，该颗粒可被分离出来；反之，若 R_b 位于上行气流中，就可能被带入排气管而逸出。一般假定平衡轨道半径与上下行流分界面半径相同(假定图 6.43 所示的 CS 面是上行流和下行流的分界面)，即 $R_b = R_{CS}$ 的颗粒分离效率为 50%，此时该颗粒的直径就是切割粒径 d_{50}。

基于平衡轨道模型理论计算切割粒径 d_{50} 的计算公式较多，比较有代表性的是 Barth[29]提出的公式：

$$d_{50} = \sqrt{\frac{9\mu v_{rCS} D_e}{\rho_p v_{tCS}^2}} \tag{6.39}$$

式中，CS 为旋风管内的一个假设面，CS 面如图 6.43 所示，式(6.8)～式(6.11)给出了式(6.39)中各参数的计算公式。

3) 横向返混理论模型

Leith 和 Licht[37]认为在旋风管空间内的颗粒已很细小，湍流扩散的影响很强烈，可以假设在分离器的任一横截面上，任意瞬时的颗粒浓度分布均匀，但颗粒在近壁处的边界层内是层流运动，只要颗粒在离心效应下克服气流阻力而达到此边界层内，就可以被捕集下来。据此推导出分离效率的计算公式：

$$\eta(d_p) = 1 - \exp\left\{-2\left[(1+n)St \cdot K\right]^{\frac{1}{2n+2}}\right\} \tag{6.40}$$

式中，n 为旋流指数，由实验确定，一般为 0.5～0.7；K 为旋风管的几何结构系数，它包括了几乎所有的结构参数在内，其表达式为 $K = 10.2 K_A K_V$，其中，$K_A = \frac{\pi D^2}{4A_{in}}$，$K_V = \frac{V_1 + 0.5V_2}{D^3}$，表达式中 V_1 为旋风管入口高度一半以下的环形空间的体积，m³；V_2 为旋风管排气芯管下口以下的分离空间体积减去内旋流的体积，m³；D 为旋风管直径，m。St 为斯托克斯数，$St = \frac{\rho_p d_p^2 v_{in}}{18\mu D}$。

由式(6.40)可知，包含主要操作参数的 St 十分重要，此值越大，分级效率越高。另外，旋风管几何尺寸的影响都集中反映在 K_A 和 K_V 两个无量纲参数内，前者反映入口尺寸的影响，后者反映高径比及排气芯管尺寸的影响。由此便可分析判断旋风管主要结合尺寸对其效率的影响程度。对于几何相似的旋风管，由于 K_A 和 K_V 值都相同，所以只要 St 一样，便有相同的分离效率。

4) 相似理论模型

Shi[38]、金有海和时铭显[39]及罗晓兰等[40]利用相似理论，在大量实验的基础上建立了相似理论模型来计算旋风管的分离效率。根据气固两相运动方程的相似分析，可以得到影响旋风管性能的相似准则数，气相准数有雷诺数和洛劳德数，固相准数有斯托克斯数 St。在大量实验基础上用上述无量纲准数关联，可得到粒级效率计算公式：

$$\eta_i = \begin{cases} 1 - \exp(-4.0461\psi^{1.29}\tilde{C}_r^x), & \psi > 0.9 \\ 1 - \exp(-3.945\psi^{1.05}\tilde{C}_r^x), & 0.6 \leqslant \psi \leqslant 0.9 \\ 1 - \exp(-11.855\Phi\tilde{C}_r^x), & \psi < 0.6 \end{cases} \quad (6.41)$$

式中，$\psi = f(St, Re, Fr, d_p/d_m, d_m/D, \tilde{d}_r)$ 和 $\Phi = f(St, Re, Fr, d_p/D, \tilde{d}_r)$ 均为相似准数关联群，由大量实验回归求得，可参考文献[38]和[40]。其中，$St = \dfrac{\rho_p d_p^2 v_{in}}{18\mu D}$；$Re = \dfrac{\rho_g D v_{in}}{\mu K_A \tilde{d}_r}$；$Fr = \dfrac{gHK_A^2}{v_{in}^2}$；$\tilde{C}_r = \dfrac{C_{in}}{C_r}, C_r = 0.01\,\mathrm{kg/m^3}$；$d_p$ 为颗粒直径；d_m 为入口颗粒群的中位粒径，m；$\tilde{d}_r$ 为排气芯管下口直径与筒体直径之比；H 为排气芯管下端到排尘口的距离，m；x 为指数，当 $C_{in} \leqslant 0.05\,\mathrm{kg/m^3}$ 时，$x = 0.06$，当 $C_{in} > 0.05\,\mathrm{kg/m^3}$ 时，$x = 0.1$。

式(6.41)适用的范围为：$St \leqslant 2$，$10^5 \leqslant Re \leqslant 2 \times 10^6$，$0.1 \leqslant Fr \leqslant 18$，$0.2 \leqslant \tilde{d}_r \leqslant 0.6$，入口颗粒浓度 $\tilde{C}_r \leqslant 300$。对于不同入口颗粒浓度的修正结果可以采用 API 修正曲线，如图 6.44 所示。先设 $C_{in} = 10\,\mathrm{g/m^3}$（$\tilde{C}_r = 1$），用式(6.41)算出此条件下的该旋风管的分离效率 η_0，再查图 6.44 便可得到实际入口浓度时的分离效率。

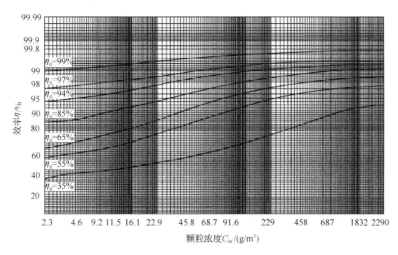

图 6.44　入口颗粒浓度对分离效率的修正[41]

3. 压降计算模型

旋风管的压降通常用分离器进、出口的全压之差来表示，如第 4 章所述，压降是旋风管的一项重要的性能指标。影响旋风管压降的主要因素有：旋风管的结构尺寸、壁面摩擦系数和操作条件，操作条件包括气体的压力、温度、入口流速和固体颗粒浓度等。通常旋风管的压降计算公式可表示为

$$\Delta p = \xi \frac{\rho_g v_{in}^2}{2} \tag{6.42}$$

式中，ξ 为阻力系数。从式(6.42)可以看出，求解压降计算模型的关键在于得到旋风分离器的阻力系数。

Shephered 和 Lapple[42,43]将引起旋风管内压力损失的归结为 5 个因素，奠定了旋风管阻力特性分析的基础，分别为：①气体进入旋风分离器时的膨胀损失；②气体在旋风分离器内旋转引起的动能损失；③壁面摩擦引起的损失；④气体在升气管及其后直管段的旋流损失；⑤其他损失。

目前为止，国内外研究者建立了多个经验公式和半经验公式来计算旋风管的压力损失，常见的 10 个阻力计算模型见表 6.3。其中第 1 个、第 2 个、第 4 个、第 7 个、第 8 个和第 9 个模型将旋风管内的压力损失看作整体，根据已有实验数据总结出阻力系数的经验公式，模型大多仅考虑旋风分离器的主要结构尺寸，缺乏对分离器内部流场的了解。其余四个模型则是基于分离器内部流场分析，选择上述引起压力损失的因素中的几个作为分离器压力损失的主要原因，建立旋风管阻力系数计算模型。

表 6.3　旋风管阻力系数计算模型

序号	模型	公式
1	Shephered 和 Lapple[42, 43]	完全式：$\xi = (7.5 \sim 18.4)\dfrac{ab}{D_e^2} + \dfrac{f_0 S + (1+f_0)D_e}{D_e K_A \tilde{d}_r^2} - 1$，简化式：$\xi = 16\dfrac{ab}{D_e^2}$
2	Alexander[28]	$\xi = 4.62\dfrac{ab}{D_e^2}\tilde{d}_r\left[\left(\tilde{d}_r^{-2m}-1\right)\left(\dfrac{1-m}{m}\right)+\left(1.9+0.76m^{1.84}\right)\tilde{d}_r^{-2m}\right]$
3	Stairmand[44]	$\xi = 1 + 2\varphi^2\left[\dfrac{2(D-b)}{D_e}-1\right]+2\left(\dfrac{4ab}{D_e^2}\right)^2$，$f_0 = 0.005$　　$\varphi = \dfrac{ab}{2f_0 F_s}\left[\sqrt{\dfrac{D_e}{2(D-b)}}+\sqrt{\dfrac{D}{2(D-b)}+\dfrac{4f_0 F_s}{ab}}\right]$，式中，$F_s$ 为所有气体摩擦面积
4	Frist[45]	$\xi = \dfrac{ab}{D_e^2}\left\{\dfrac{12/Y}{\left[h(H-h)/D^2\right]^{1/3}}\right\}$，式中，$h$ 为旋风管筒体高度

续表

序号	模型	公式
5	Barth[29]	$\xi = \varsigma^2 \dfrac{ab}{D_e^2}(\varsigma_e + \varsigma_i)$, $\quad \varsigma = \dfrac{\pi(D-b)}{2ab\alpha + \pi f_0(H-S)(D-b)}\dfrac{D_e}{2}$ $\varsigma_e = \dfrac{D_e}{D}\left\{[1-2\varsigma f_0(H-S)/D_e]^{-2}-1\right\}$ $\varsigma_i = \dfrac{4.4}{\varsigma^{2/3}}+1$, $\quad \alpha \cong 1-1.2b/D$, $\quad f_0 = 0.02$
6	Muschelknautz[30]	$\xi = \dfrac{fF_s(\nu_{tw}\nu_{tCS})}{0.9Q_{in}\nu_{in}^2}+\left(\dfrac{1}{K_A \tilde{d}_r^2}\right)^2\left[2+\left(\dfrac{\nu_{tCS}}{V_e}\right)^2+3\left(\dfrac{\nu_{tCS}}{V_e}\right)^3\right]$ ，式中，Q_{in} 表示入口气体流量 $\nu_e = \dfrac{\nu_{in}}{K_A \tilde{d}_r^2}$ $\quad f = f_0 + \dfrac{1}{4}\tilde{d}_r^{0.625}\sqrt{\dfrac{\eta C_{in}}{\rho_{str}}\dfrac{\nu_e^2}{gD}}$ ，式中，$\rho_{str} \cong 0.5\rho_p$ ；ρ_{str} 为灰带密度；C_{in} 为入口颗粒浓度
7	Casal 和 Martinez-Benet[46]	$\xi = 1.13\left(\dfrac{ab}{D_e^2}\right)^2 + 3.33$
8	Dirgo 和 Leith[47]	$\xi = 20\left(\dfrac{ab}{D_e^2}\right)\left\{\dfrac{S/D}{(H/D)(h/D)(B/D)}\right\}^{1/3}$
9	Avci 和 Karagoz[48]	$\xi = \dfrac{f_0}{\alpha - f_0}\left[(1-\alpha)^{-2(1-f_0/\alpha)}-1\right]$
10	Chen 和 Shi[49]	$\xi = \xi_1 + \xi_2 + \xi_3 + \xi_4$ $\xi_1 = \left(1-\dfrac{2k_i(b/D)}{1+1.33(b/D)-(D_e/D)}\right)^2$, $\quad \xi_2 = 4.5\dfrac{1-3(D_e/D)^2}{(\pi D^2/4ab)^2}$ $\xi_3 = \dfrac{4(\pi D^2/4ab)f_0 A \tilde{\nu}_{\theta w}^3}{0.9\pi D^2(D_e/D)^{1.5n}}$, $\quad \tilde{\nu}_{tw} = \dfrac{\nu_{tw}}{\nu_{in}}$ $\xi_4 = \dfrac{\tilde{\nu}_{tw}^2}{(r_c D_e/D)^n}+\dfrac{1}{(\pi D^2/4ab)^2((D_e/D)^2 - R_d^2)^2}$

除此以外，还有一些压力损失计算模型，这些模型适用于预测不同结构尺寸或操作参数下旋风管的压降系数。图 6.45 是不同温度和速度下压降模型预测结果、模拟计算值与实验值的比较图，可知模型计算结果偏差较大，同一模型在改变操作参数后预测的结果偏差也比较大。数值模拟方法能够准确预测不同结构尺寸及操作条件下旋风分离器的压力损失，比各经验公式更有优势。

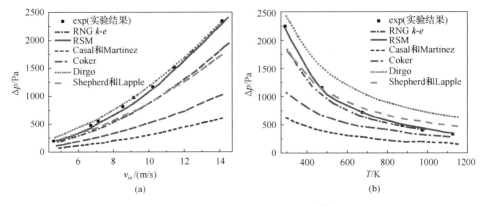

图 6.45　压力损失计算模型比较[50]

6.4.2　天然气用分离性能测定与模型

1. 测试方法

第 4 章第 2 节中详细介绍了旋风管的测试方法，从现场天然气管道内粉尘检测结果来看(第 4 章第 5 节)，进入多管旋风分离器的粉尘颗粒浓度较低。因此，天然气用旋风管性能测试方法推荐使用在线测量法，具体测量方法可参见第 4 章第 2 节。

2. 分离性能影响因素

影响旋风管分离性能的因素很多，大体可以分为三类：结构参数、操作条件和制造安装质量。

1)结构参数的影响

旋风管结构参数对分离性能影响的研究已经很多，几乎各个参数都有涉及。可以把结构尺寸归纳为进气、排气、排尘和总体长度四类。

对于切向式旋风管进气结构参数主要包括进气面积，当入口气速一定时，分离器横截面积与入口面积之比 K_A 值增大，意味着要加大分离器直径，此时含尘气体在器内平均停留时间也要增加，效率提高而压降反而下降。对于轴向式旋风管进气结构参数包括进气面积和导向叶片的参数。

排气芯管结构参数既影响旋风管的分离效率，也影响其压降。国内外已有很多学者研究排气芯管的下口直径、插入深度和结构等参数对分离性能的影响。研究表明排气芯管压降占整个旋风管压降的30%以上[49,51]。因此，在排气芯管内可以采用一些结构来减小旋风管的压降，其中毛羽等[52]提出的直缝型[图 6.46(c)]和Xiong 等[11]提出的螺旋型分流芯管减压效果明显，且在降压的同时还能提高分离效率。Xiong 等[11]以直径为 150mm 的轴向旋风管为研究对象，对比了如图 6.46

所示的 6 种排气芯管对旋风管分离性能的影响。在保证其他结构不变的前提下,只改变旋风分离器排气芯管结构,对比相同条件下旋风管的分离效率和压降。把具有基本排气芯管结构、带回流锥结构、竖直分流缝隙结构和螺旋分流缝隙结构(由上往右下倾斜 15°和 30°,以及由上往左下倾斜 30°)的旋风管分别定义为 A 型、B 型、C 型、D 型、E 型和 F 型轴向式旋风管。

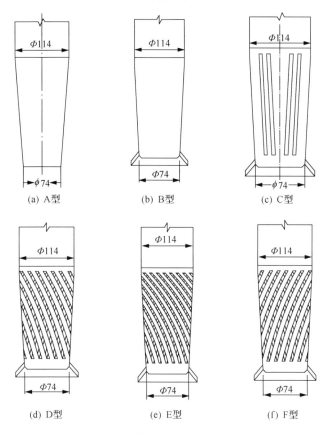

(a) A型　　　　(b) B型　　　　(c) C型

(d) D型　　　　(e) E型　　　　(f) F型

图 6.46　排气芯管结构示意图

表 6.4 为几种不同排气芯管的压降对比值,图 6.47 和图 6.48 分别为总分离效率和分级效率对比。从对比结果可以看出,在排气芯管上安装回流锥、竖直分流缝隙和螺旋分流缝隙结构不仅能有效地降低压降,而且还能明显提高总分离效率和分级效率,解决了降低压降必会降低效率这一难题。在这几种排气芯管中,由回流锥和螺旋分流缝隙结构组合时(D 型旋风管),旋风管具有最低的压降和最高的分离效率,这是由于外部气流通过螺旋分流缝隙进入芯管内,有效抑制了气流的旋转,减小了摩阻损失,另外,螺旋分流缝隙开缝结构和回流锥能够减少排气芯管下端短路流引起的颗粒夹带量。

表 6.4　不同排气芯管的压降对比

压降	流量					
	214m³/h	268m³/h	321m³/h	375m³/h	428m³/h	482m³/h
Δp_A (A 型)/Pa	669	1020	1433	1925	2482	3084
Δp_B (B 型)/Pa	424	632	865	1149	1463	1892
Δp_C (C 型)/Pa	326	422	482	761	1130	1399
Δp_D (D 型)/Pa	159	234	316	467	659	832
Δp_E (E 型)/Pa	181	260	355	516	718	897
Δp_F (F 型)/Pa	170	248	335	483	669	846
$\left[(\Delta p_A-\Delta p_B)/\Delta p_A\right]\times100\%$	36.6	38.0	39.6	40.3	41.1	38.7
$\left[(\Delta p_B-\Delta p_C)/\Delta p_B\right]\times100\%$	23.1	33.2	44.3	33.8	22.8	26.1
$\left[(\Delta p_C-\Delta p_D)/\Delta p_C\right]\times100\%$	51.2	44.5	34.4	38.6	41.7	40.5

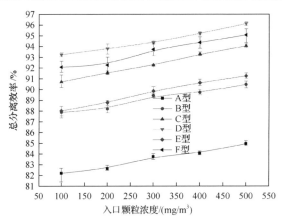

图 6.47　不同旋风管总分离效率对比（Q =375m³/h）

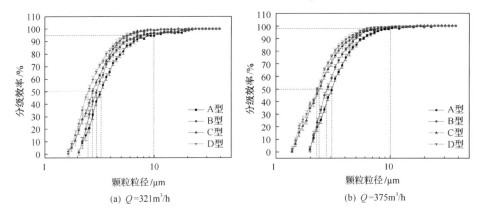

图 6.48　不同旋风管分级效率对比（文后附彩图）

除排气芯管外,排尘部分的结构也会
严重影响旋风管的分离效率和压降。切向
式旋风管采用锥体排尘结构,轴向式旋风
管有锥体和底板型两种,由于排尘底板结
构容易堵塞且分离效率较低,目前已被淘
汰。因此,现有天然气净化用旋风管都是
采用锥体排尘结构。在锥体排尘结构部位
主要是靠近器壁处的下行气流将已聚集
在器壁处的颗粒排入灰斗,所以不可避免
有一部分气流进入灰斗,而后再返回到分

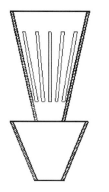

图 6.49　分流型双锥结构

离器内。此部分返混气总会夹带部分细颗粒,影响分离效率的提高,综合考虑,
一般排尘口直径只要稍大于内旋流直径,或等于 0.8 倍排气芯管下口直径即可[13]。
大量实验表明,单锥体排尘结构很难完全抑制已被分离的细颗粒重新进入内旋流
而逃逸,为了提高细颗粒的分离效率和尽量减小灰斗返气的夹带,目前切向式和
轴向式旋风管都采用双锥体结构,如图 6.49 所示。另外,Duan 等[51]利用熵产理
论得到排尘部位的压降占总压降比例较大,因此有必要在排尘部位进行分流。

　　旋风管的总体长度对分离效率影响较大,它关系到颗粒在旋风管中的停留时
间。一般认为,分离空间的高径比(排气芯管下口到排尘口之间的距离与筒体直径
的比值)存在一个最佳值,如果大于这个最佳值对分离效率影响较小,该最佳值往
往随粉尘颗粒的粗细而不同,大体在 3 左右[13]。

　　2) 操作条件的影响

　　旋风管的入口速度 v_{in} 是个关键参数。对于尺寸一定的旋风管,入口速度增大,
不仅可以增加处理气量,而且由于离心力的增强,还可提高分离效率,但压降也
会增大。当 v_{in} 达到某个值后,湍流及颗粒碰撞等因素会促使沉积在器壁处的颗粒
重新被卷扬起来,另外随着气流的增大,向心的径向速度和向上的轴向速度会增
大,灰斗的颗粒夹带增多,这样会使得入口速度大于某一值时,分离效率反而会
下降。此外,入口速度增大也会增加旋风管的磨损。对于天然气净化用旋风管,
由于压降的限制,常用的入口速度为 8~16m/s,在这个范围内,总分离效率和分
级效率都随入口速度的增大而增加,如图 6.50 和图 6.51 所示。

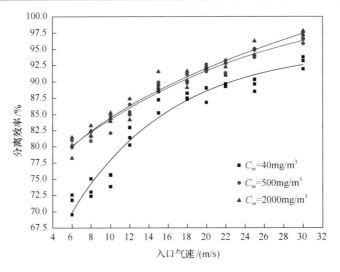

图 6.50　入口气速对分离效率的影响

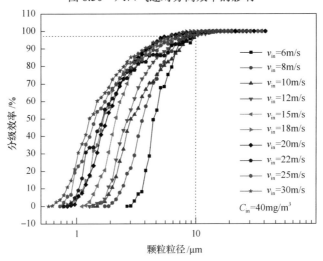

图 6.51　入口气速对分级效率的影响(文后附彩图)

　　入口颗粒浓度对旋风管的分离效率和压降都有影响,但天然气净化用旋风管入口颗粒浓度较低,所以对压降的影响几乎可以忽略不计。实验研究表明,在入口颗粒浓度很低时,旋风管的分离效率和分级效率随着入口浓度增加而增大,如图 6.52 和图 6.53 所示[53,54]。可见入口浓度对较细颗粒的影响最为显著,其次是中等大小的颗粒,对粗颗粒的影响则较小,其原因在于粗颗粒自身的离心力足以克服流动阻力,从而无须借助其他的分离机制就可轻易获得分离。而细颗粒主要靠扩散和团聚机制获得分离,入口浓度越高,粗、细颗粒产生碰撞的频率及聚团的可能性越大,因此细颗粒的分级效率提高得就越多。

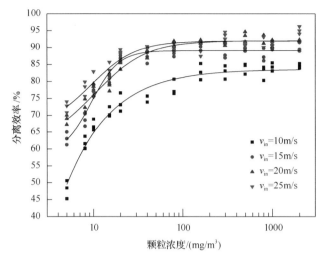

图 6.52　入口浓度对分离效率的影响

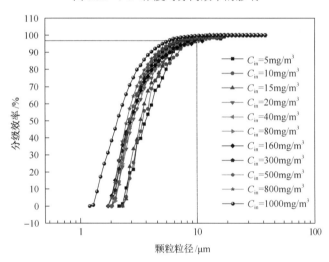

图 6.53　入口浓度对分级效率的影响(v_{in} =15m/s)（文后附彩图）

颗粒团聚现象也被实验所验证[53,54]，图 6.54 为实验中水平管入口处(v_{in} =10m/s)不同入口颗粒浓度下的粒径分布，可以看出由于颗粒在未喷出之前在加料器内部已搅拌均匀，与刚从加料器出口喷出来的颗粒的分布规律比较接近，只存在细微的差别，即颗粒分散得比较均匀。但是经过一段水平管之后，颗粒已经发生了湍流团聚现象，不同的入口颗粒浓度，其颗粒的粒径分布规律也有所不同，如图 6.55 所示。尽管在几个浓度下颗粒的分布规律比较相似，但是总体来说，入口颗粒浓度越大，颗粒团聚的概率就越大，细小颗粒所占的比例就越小，这样使入口颗粒浓度大时进入旋风分离器内的颗粒相对就比较大，进而导致了在入口颗粒浓度较大时分离效率和分级效率比较高。

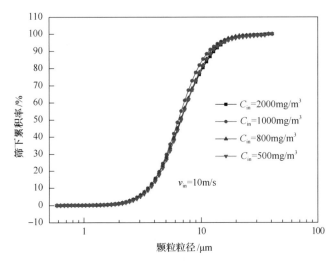

图 6.54　水平管入口处的粒径分布

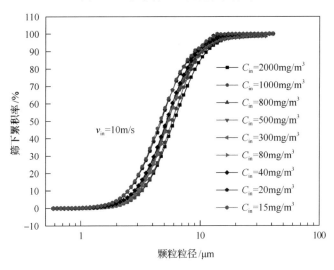

图 6.55　旋风分离器入口处的粒径分布(文后附彩图)

3. 压降模型

1)气体压力对流场的影响

气体操作压力的改变会影响气体的密度，从而使旋风管的流场和压降发生变化。气体压力改变时，旋风管的轴向速度基本上保持不变，只是对内旋流区的轴向速度有些影响，如图 6.56 所示[14]；但是压力对切向速度影响较大，随着压力的

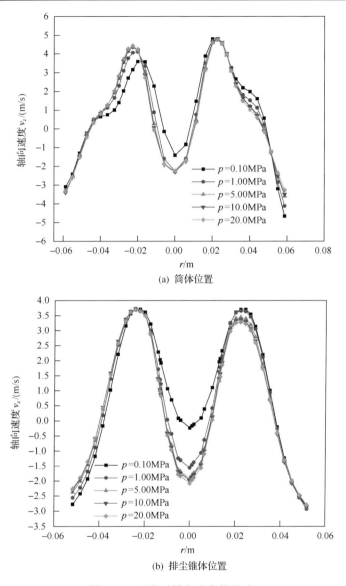

(a) 筒体位置

(b) 排尘锥体位置

图 6.56　压力对轴向速度的影响

增加，最大切向速度也增大，但当压力达到 5.0MPa 以上时，压力对切向速度的影响稍微少一些，如图 6.57 所示。从旋风管的分离理论可知，切向速度越大，颗粒在离心场中获得的离心效应越大，越容易分离，因此高气体压力有利于旋风管分离效率的提高。

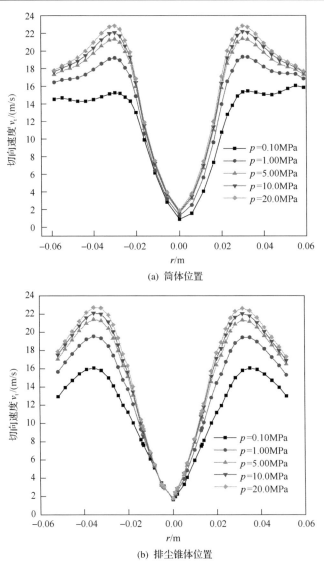

(a) 筒体位置

(b) 排尘锥体位置

图 6.57　压力对切向速度的影响

　　在气体入口速度不变的前提下，气体压力的增加必然引起气体密度的增加。如果只改变压力，而不改变其他参数不变(包括密度)，则可以忽略压力对旋风管切向速度影响，其微小差别则是由气体黏度的差别所致，如图 6.58 所示。如果压力不变，而改变密度和黏度，同样气体密度改变会对旋风管内切向速度分布产生影响，如图 6.59 所示。对比图 6.58 和图 6.59 可以发现，两者的压力不同，密度和黏度完全相同，得到切向速度分布规律和大小完全一样。因此，压力对旋风管内部流场的影响反映在气体密度和黏度对分离器的影响上。气体的密度越大，同一位置的切向速度就越大，就意味着颗粒的分离效率越高。

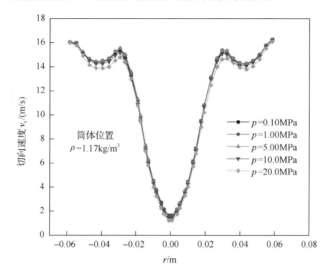

图 6.58　改变压力对切向速度的影响

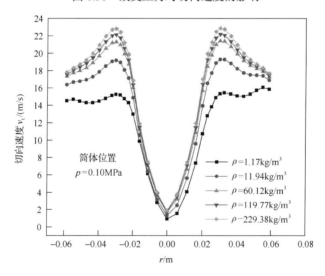

图 6.59　改变气体密度对切向速度的影响

2) 压力对压降的影响

压力升高时，气体的密度增大，旋风管的压降必然增加，所有的压降经验计算公式都表明压降和气体的密度呈正比，但从图 6.57 和图 6.59 可以发现，在旋风管气体入口速度相同时，其切向速度并不是固定不变，这说明气体密度改变时，内部的速度分布也是变化的。因此，不能简单地认为压降与压力呈线性关系。另外，各个天然气压气站、输气站和清管站的运行温度也不一样，所以温度对天然

气密度影响也必须考虑在内。高压下旋风管的压降可以通过测定常压下的压降值进行换算得到，其计算公式为

$$\Delta p_{\mathrm{h}} = \left(\frac{p T_0}{Z T p_0} \right)^{\alpha} \Delta p_0 \tag{6.43}$$

式中，p、T 分别为高压下的压力和温度；p_0、T_0 分别为常压下的气压（101.325kPa）和温度（可取室温）；Z 为压缩因子；Δp_0、Δp_{h} 分别为常压下和高压下旋风管压降；α 为常数，不同结构的旋风管 α 取值不同。

3）熵分析方法

旋风管的进、出口压降虽易于测量，但仅能反映旋风管内总能量损失的多少，无法描绘并阐释旋风分离器内部能耗的分布情况及产生机理。速度分布、压力分布及湍动能分布等虽能够用于分析旋风管内的流动特性，但涉及的方法不能直接衡量旋风管的能量损失。常温下引起旋风管不可逆能量损失的因素是摩擦引起的耗散效应和有限温差传热，摩擦引起的不可逆能量损失取决于流体的黏性和速度场，有限温差传热引起的不可逆能量损失取决于流体的导热率和温度场。应用 CFD 技术能够得到旋风管内的速度、温度、湍流黏性和湍流耗散率等物理量场，利用这些物理量可以计算分离器内各不可逆因素引起的熵产，进而研究旋风管内能耗的组成和分布。

假设旋风管壁面绝热，当流动达到稳定时，根据开口系统稳定流动烟平衡方程，旋风管的烟损可表示为

$$I = \left(H_1 - H_2 \right) - T_0 \left(\sum_{\mathrm{in}} s_1 \dot{q}_{\mathrm{m}} - \sum_{\mathrm{out}} s_2 \dot{q}_{\mathrm{m}} \right) + \frac{1}{2} \sum_{\mathrm{in}} \dot{q}_{\mathrm{m}} c_{\mathrm{f1}}^2 - \frac{1}{2} \sum_{\mathrm{out}} \dot{q}_{\mathrm{m}} c_{\mathrm{f2}}^2 \tag{6.44}$$

式中，H_1、H_2 分别为旋风管进、出口焓；c_{f1}、c_{f2} 分别为进、出口速度；$\dot{q}_{\mathrm{m}}$ 为气体质量流量；s_1、s_2 分别为进、出口状态参数熵。

旋风管的烟损都是由流体流动引起的，气体在流动过程中速度分布不均匀，流场内任意一点机械能转化为内能的量有所差别，即流场内的能耗分布不均匀。对于任意非壁面处的微元体（假设该单元足够小），仅考虑流体的流动和温差传热时，微元体内的单位体积熵产率具有如下形式[55]：

$$S_{\mathrm{gen}}''' = \frac{\lambda}{T^2} \left(\nabla T \right)^2 + \frac{\mu}{T} \Phi \tag{6.45}$$

式中，等号右侧第一项为对流传热引起的熵产；第二项为流体黏性摩擦引起的熵产；μ 为流体动力黏度；Φ 为黏性耗散方程；λ 为气体的热导率。式（6.45）表明，

单位体积熵产率取决于流体的温度梯度场和速度梯度场。

在壁面绝热且无内热源的流体机械中，不考虑对流传热引起的熵产，则流体流动过程中的熵产可表示为

$$S_{\text{gen}}^{m} = \frac{\mu}{T} \Phi \tag{6.46}$$

式(6.46)中各参量为流体微元的瞬时值。RANS 方程方法是将瞬时运动分解为平均运动和脉动运动，因此单位体积熵产率亦可分解为时均项和脉动项。

经时间平均后，流体微元内因黏性耗散引起的熵产可分为两部分，一部分是由时均速度场引起的熵产，可通过时均速度梯度计算得到，称之为直接耗散熵产，表达式为[56-58]

$$\dot{S}_{\text{gen,D}}^{m} = \frac{\mu}{\overline{T}} \left\{ 2 \left[\left(\frac{\partial \overline{u}}{\partial x} \right)^2 + \left(\frac{\partial \overline{v}}{\partial y} \right)^2 + \left(\frac{\partial \overline{w}}{\partial z} \right)^2 \right] + \left(\frac{\partial \overline{u}}{\partial y} + \frac{\partial \overline{v}}{\partial x} \right)^2 + \left(\frac{\partial \overline{u}}{\partial z} + \frac{\partial \overline{w}}{\partial x} \right)^2 + \left(\frac{\partial \overline{v}}{\partial z} + \frac{\partial \overline{w}}{\partial y} \right)^2 \right\}$$

$$\tag{6.47}$$

式中，$\dot{S}_{\text{gen,D}}^{m}$ 为微元体内直接耗散引起的单位体积熵产率，$W/(m^3 \cdot K)$；$\overline{u}$、$\overline{v}$ 和 $\overline{w}$ 分别为 x、y、z 方向上的时均速度分量，m/s；$\overline{T}$ 为微元体内的时均温度，K。

另一部分是因脉动速度引起的熵产，由此引起的熵产可以通过脉动速度梯度得到，称为湍流熵产，表达式为[56-58]

$$\dot{S}_{\text{gen,t}}^{m} = \frac{\mu}{\overline{T}} \left\{ 2 \left[\left(\frac{\partial u'}{\partial x} \right)^2 + \left(\frac{\partial v'}{\partial y} \right)^2 + \left(\frac{\partial w'}{\partial z} \right)^2 \right] + \left(\frac{\partial u'}{\partial y} + \frac{\partial v'}{\partial x} \right)^2 + \left(\frac{\partial u'}{\partial z} + \frac{\partial w'}{\partial x} \right)^2 + \left(\frac{\partial v'}{\partial z} + \frac{\partial w'}{\partial y} \right)^2 \right\}$$

$$\tag{6.48}$$

式中，$\dot{S}_{\text{gen,t}}^{m}$ 为微元体内湍流耗散引起的单位体积熵产率，$W/(m^3 \cdot K)$；u'、v' 和 w' 分别为 x、y、z 方向上的脉动速度分量，m/s。

由于脉动速度场不易测量和计算，Kork 和 Herwig[56-58]建立了一个模型代替脉动速度场对熵产进行求解，该模型建立了湍动能耗散率 ε 与熵产的关系，因此将该项熵产称之为单位体积湍流熵产，其表达式如下：

$$\dot{S}_{\text{gen,t}}^{m} = \frac{\rho \varepsilon}{\overline{T}} \tag{6.49}$$

式中，ε 表示湍流耗散率，m^2/s^3。

对式(6.47)和式(6.49)在积分区域内积分，可分别得到积分区域的直接耗散熵产和湍流熵产，即

$$\Delta \dot{S}_{\text{gen,D}} = \iiint_{\Omega} \dot{S}'''_{\text{gen,D}} \mathrm{d}V \tag{6.50}$$

$$\Delta \dot{S}_{\text{gen,t}} = \iiint_{\Omega} \dot{S}'''_{\text{gen,t}} \mathrm{d}V \tag{6.51}$$

其中，Ω 表示旋风分离器内整个流域。

除考虑直接耗散熵产模型和湍流熵产模型外，由于壁面附近的速度梯度较大，有必要建立壁面附近的熵产模型。其模型为

$$\Delta \dot{S}_{\text{gen,w}} = \int \frac{\tau_{\text{w}} v_{\text{p}}}{T} \mathrm{d}A \tag{6.52}$$

式中，τ_{w} 为壁面剪切应力；v_{p} 为临近壁面第一层网格中心处流体的平均速度。

因此，流动过程总㶲损可表示为

$$I = T_0 \left(\Delta \dot{S}_{\text{gen,D}} + \Delta \dot{S}_{\text{gen,t}} + \Delta \dot{S}_{\text{gen,w}} \right) \tag{6.53}$$

式中，T_0 为环境温度，K。

在旋风分离系统中，当系统与环境没有热量交换，且无内热源时，黏性摩擦是流动过程中产生能量损失的唯一因素。该过程不可逆，因此机械能转化为内能的量等于稳定流动系统的㶲损 I，忽视位置势能，㶲损与压降呈正相关关系，因此，旋风管㶲损与压降的关系可表示为

$$I = \frac{q_{\text{m}}}{\rho} \Delta p + \frac{1}{2} q_{\text{m}} \left(\alpha_1 v_{\text{in}}^2 - \alpha_2 v_{\text{out}}^2 \right) \tag{6.54}$$

式中，v_{in}、v_{out} 分别为旋风管进出口的气体速度，m/s。

由于旋风分离器内的气流为紊流，α_1 和 α_2 可以近似认为等于 1，根据旋风管进、出口尺寸的关系，忽略密度的变化，则式(6.54)可变化为[9,16,27]

$$\Delta p = \frac{\rho}{q_{\text{m}}} I - \frac{\rho}{2} V_1^2 \left(1 - \frac{1}{\tilde{d}r^4 K_{\text{A}}^2} \right) \tag{6.55}$$

也可以把上式改写成压降常用的表现形式，即

$$\Delta p = \frac{1}{2} \rho_{\text{g}} v_{\text{in}}^2 \xi_{\text{ex}} \tag{6.56}$$

$$\xi_{\text{ex}} = \frac{I}{\frac{1}{2} \rho A_{\text{in}} v_{\text{in}}^3} - \left(1 - \frac{1}{\tilde{d}r^4 K_{\text{A}}^2} \right) \tag{6.57}$$

式中，A_{in} 为旋风管入口面积。

段璐[27]对比了多种不同结构的旋风管压降实验值与式 (6.56) 计算得到的计算值，两者之间的偏差小于 3.5%，说明采用熵产分析方法能够准确地计算旋风管的阻力损失，其精度完全可以满足工程需求，可以用来计算高压下旋风管的压降值。

虽然旋风管流动过程中的熵产包括直接耗散熵产、湍流耗散熵产和壁面熵产，但各部分在总熵产中的比例不同，图 6.60 显示了不同入口速度下旋风管各部分熵产占总熵产的比例[23]，直接耗散熵产占总熵产的比例小于 1.0%，可见对于壁面绝热的旋风管，直接耗散引起的熵产可忽略不计。相反，湍流熵产和壁面熵产占总熵产的比例较大，不同速度下占总熵产的比例范围分别为 38.4%～42.7% 和 56.2%～61.4%，因此湍流耗散和壁面摩擦是造成旋风分离器内能耗的主要因素。另外，随着入口速度的增大，湍流熵产比例减小，壁面熵产比例增加，且 $v_{in} \leqslant 10\,\mathrm{m/s}$ 时，两者比值变化的幅度较大；当 $v_{in} > 10\,\mathrm{m/s}$ 时，各因素占总熵产比值的变化趋于平缓。由于直接耗散熵产占总熵产的比值较小，可忽略不计。

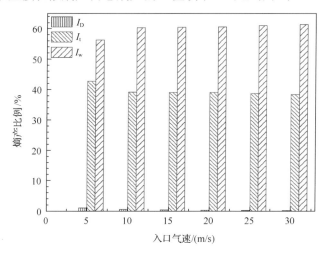

图 6.60　各因素对总熵产的贡献

图 6.61 为切向旋风管内单位体积湍流熵产率分布云图，湍流熵产的分布具有强烈的壁面效应，即湍流熵产在壁面处急剧增加，这是因为壁面处速度梯度较大，流动状态从湍流过渡到层流，湍动能被耗散，导致壁面附近熵产较大。

在排气芯管内，湍流耗散率较大的区域主要集中在伸入筒体的部分，且沿壁面向中心减小。造成这一现象有以下几方面原因：①排气芯管壁的阻碍使流体的流动面积急剧缩小，气流被压缩；②"短路流"沿着排气芯管内壁向上运动，增加了内壁附近流体的速度；③在排气芯管内，切向速度和轴向速度沿径向位置先增大后减小，增大了壁面附近的速度梯度，因此壁面附近的熵产大于中心处的熵产。

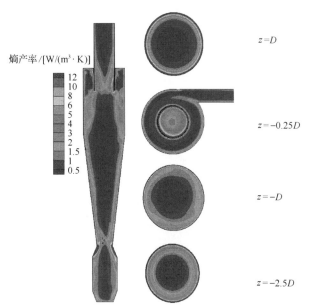

图 6.61　湍流熵产率分布云图（文后附彩图）
z 表示截面所在的位置

　　在入口部分，筒体壁面和排气芯管外壁形成了两个高熵产区，两者之间的区域湍流熵产率较小。在入口内侧壁面与筒体壁面的相接处，平行于入口处的气流与分离器内的旋转流动相互作用，在该位置附近形成了一个尾巴状的高熵产区，且这一区域将筒体壁面和排气芯管外壁附近的两个高熵产区连接在一起。

　　靠近锥体下部，流动面积逐渐减小，气流的旋转速度逐渐增大，湍流熵产逐渐增大。此外，返混现象和中心涡核的摆动加剧了流体的动量交换，湍流动能损失随之增大。

　　图 6.62(a) 反映了上述各区域的熵产值，图 6.62(b) 反映了局部区域熵产占整个旋风管熵产的比值。其中，排气芯管、分离空间、灰斗和入口四部分体积占整个旋风管体积的百分比分别为 23.2%、52.5%、9.1% 和 15.2%。

　　熵产分析法也能很好地反映出旋风管结构改变时其能耗的分布情况，即通过熵产分析可以判断出结构改进效果的好坏。图 6.63 给出了图 6.46 所示 A~D 型旋风管内湍流熵产分布云图和沿轴上的湍流熵产率线性分布图，可以看出回流锥和缝隙结构均能减少旋风管的湍流熵产，和实验测量得到的压降结果比较吻合。

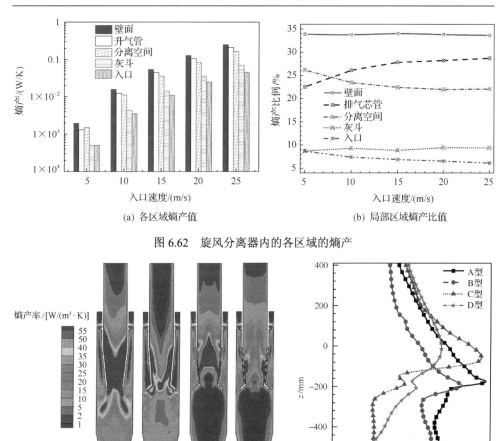

(a) 各区域熵产值　　　　　　　　　　　　(b) 局部区域熵产比值

图 6.62　旋风分离器内的各区域的熵产

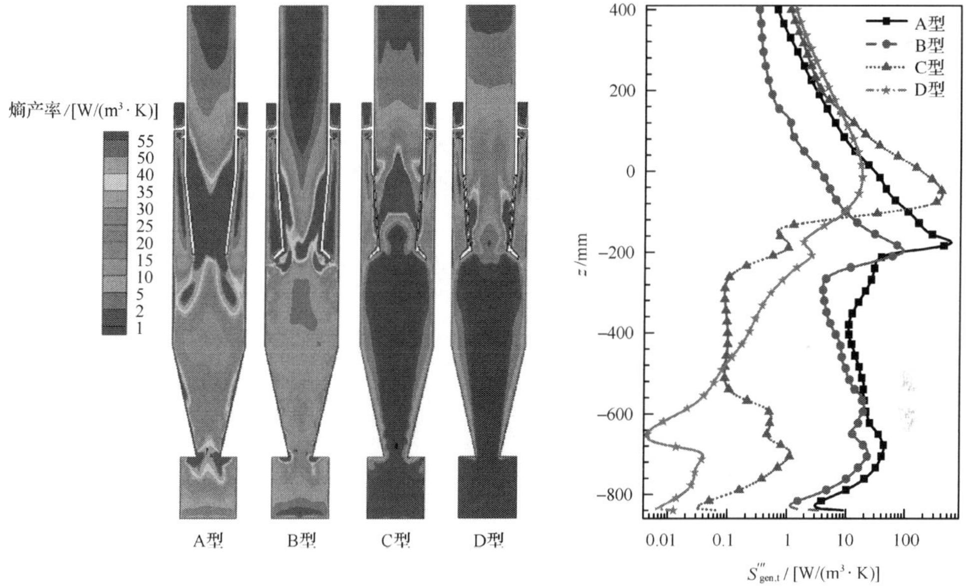

图 6.63　轴向式旋风管湍流熵产分布云图(文后附彩图)[51]

6.5　旋风管的设计方法

6.5.1　切向旋风管的设计方法

　　旋风管的设计主要是根据已知操作条件及所需性能,分离性能要求确定其结构型式及尺寸。目前工业上主要可采用的设计方法有三类:①以平衡轨道理论为基础的设计方法;②以横混理论为基础的设计方法;③以尺寸分类优化为基础的

设计方法。前两类设计方法可以参考《化学工程手册》第 23 篇《气固分离》[13]
中的介绍。

　　虽然旋风管的结构简单，但各种尺寸对分离器的性能的影响规律却不同，必
须进行优化组合。中国石油大学(北京)时铭显院士课题组[1-5, 38]经过上千次的实
验，发展了一套以尺寸分类优化为基础的设计方法。依据旋风管的结构尺寸参数
对性能的不同影响而将其分为三类：第一类尺寸是只对分离效率有影响，而对压
降基本上没有什么影响的参数，可通过一定的实验确定其最佳值；第二类尺寸是
对分离效率和压降均有明显影响的参数，要通过优化组合计算才能确定其最佳值，
此类尺寸是影响旋风管分离性能的最主要参数；第三类尺寸是对效率与压降均无
明显影响的参数。

　　切向旋风管结构尺寸如图 6.64 所示，依据尺寸分类优化设计方法得到的尺寸
参数列于表 6.5。

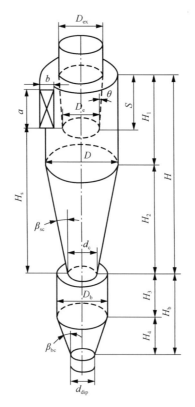

图 6.64　切向旋风管结构尺寸参数示意图

表 6.5　切向旋风管尺寸参数范围

第一类尺寸	符号	d_c	H_S	S	H_1	H_2
	取值	0.4D~0.5D	3D~3.5D	$S/a=0.85\sim1$	$H_1 \geqslant D\sqrt{\pi(a/b)/K_A}$	2D~2.2D
第二类尺寸	符号	$\tilde{d}_r = D_e/D$			$K_A = 4ab/(\pi D^2)$	
	取值	0.25D~0.75D			3~10，$a/b=2.25\sim2.5$	
第三类尺寸	符号	D_b	β_{bc}	H_b		D_{ex}
	取值	0.65D~0.72D	≤20°	根据需要确定		$\leqslant D_e + 0.12S$

6.5.2　轴向旋风管的设计方法

轴向旋风管的主要结构参数如图 6.65 所示，其关键尺寸是导向叶片的结构参数，此外还需要考虑排气芯管结构和尺寸，以及旋风管的整体高度。

在 6.2 节已对轴向旋风管导向叶片进行了介绍，导向叶片的主要参数有叶片出口角 β_1、叶片高度 h_1、叶片包弧长 l 和叶片根径比 $\tilde{d}_b$（$\tilde{d}_b = r_1/r_2$，r_1 和 r_2 分别叶片内外径）。只要确定三个参数 β_1、h_1 和 l，叶片形状就可确定。叶型常用的准线函数类型有圆弧函数、幂函数、对数函数和双曲函数等，但叶型对旋风管性能的影响不大，故从便于制造的角度出发，常选用圆弧叶片，其内准线在平面上的展开为一段半径为 ρ 的圆弧，外准线在平面上的展开则为一段椭圆曲线。

叶片有关参数的选取对旋风管的性能有较大的影响。叶片出口角 β_1 是最重要的参数，β_1 角越小，叶片的出口的切向速度越大，压降也越大，效率也会提高，但有一定限度，一般 β_1 为 20°~26°时较好。为了防止轴向进气在两个相邻的叶片间短路，影响切向速度，一般要求两个相邻叶片要有一段重叠度。对于常用的八片叶片，叶片包弧角 α_0 选用 60°。叶片根径比 $\tilde{d}_b$ 选取较大，叶片宽度就小，入口进流面积变小，处理气量也就变小，但能提高分离效率，综合考虑，一般选取 $\tilde{d}_b = 0.64 \sim 0.72$。

叶片进出口截面比 $\tilde{A}$ 也是十分重要的参数，$\tilde{A}$ 取值小，压降较低，但效率也

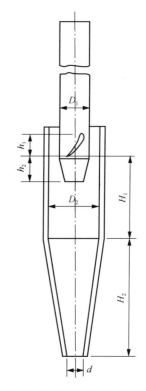

图 6.65　轴向旋风管主要尺寸参数

不高，一般可在 2.4～3.2 的范围内取值，可由式(6.58)近似计算[5]：

$$\tilde{A} = \frac{\pi(r_1 + r_2) - z\delta}{z(d' - \delta)\left(1 + \dfrac{r_2 - r_1}{2r_1}\sin^2\beta_1\right)} \tag{6.58}$$

式中，z 为叶片数，一般 $z = 8$；δ 为叶片厚度，mm；d' 为在叶片展开图上，后一叶片的出口点到前一叶片准线的最短距离。

轴向旋风管的长度由导向叶片 h_1、排气芯管插入深度 h_2 及排气芯管下口以下的分离空间高度 H_s 三段组成。由于一般高效旋风管的截面气速较高，所以 H_s 一般选取大些，一般取值为 $2.8D \sim 3.0D\,(D = D_2)$。

排气芯管下口直径一般取值为 $0.4D \sim 0.5D$，如果排气芯管采用分流型芯管，则分流型芯管的适宜参数有如下关系：

$$\tilde{d}_r^2(\tilde{a} + 1) = 0.33 \tag{6.59}$$

式中，$\tilde{a}$ 为分流型芯管开缝面积与下口面积之比。

现用的轴向旋风管基本上不采用排尘底板结构，而是采用锥体排尘结构，锥体的长度、锥体角和排尘口直径都可参考切向旋风管锥体尺寸的设计。

6.6　多管旋风分离器的设计

6.1 节已经详细介绍了多管旋风分离器的结构型式和工作原理，多管旋风分离器的核心部件是多根并联的旋风管，设计中的关键问题之一是：使各旋风管进气分配均匀，灰斗内粉尘的夹带和返混尽量减少，从而尽可能减小窜流返混现象。多管旋风分离器流场分布较旋风管复杂得多，除了旋风管本身的气流流动外，还包括进气室、灰斗和集气室内的复杂湍流流动。因此，影响多管旋风分离器分离性能的因素较多。

6.6.1　旋风管排列方式

一旦多管旋风分离器核心部件旋风管选定之后，影响多管旋风分离器分离性能的主要结构参数是旋风管的排布方式。多管旋风分离器外壳一般是圆筒形，内部旋风管呈同心圆分布。旋风管间距不能太小，否则排尘时容易相互干扰而加剧返混，且不便安装。一般推荐两个相邻旋风管的最小中心距取 $1.4D_2 \sim 1.5D_2$（D_2 为旋风管外径）[3]。最外圈的旋风管中心与多管旋风分离器器壁之间的距离要大些，以便旋风管进气分配均匀些，并减小气流对器壁的冲蚀，该距离最好大于旋风管的直径。除了这些之外，每个旋风管与管板之间的焊缝的热影响区不应重合。因此，需要按照这些要求排布旋风管。

我国石油天然气行业标准 SY/T 6883—2012《输气管道过滤分离设备规范》[1]中规定了不同压力和流量下多管旋风分离器的筒体直径，目前应用的多管旋风分离器直径一般为 Φ400～Φ1500，不同筒体直径的旋风管排列个数也不相同。旋风管的排布也比较灵活，每一圈旋风管的排布根数没有具体要求，可以根据实际根数进行排布，其排布方式和多管旋风分离器的进气方式相关。图 6.6 给出了两种不同的进气方式，其中图 6.6(a) 为单侧进气方式，而图 6.6(b) 为中间进气方式。对于前一种进气方式，在多管旋风分离器的中心也可排布旋风管，如图 6.66(a) 所示；对后一种进气方式，在多管旋风分离器进口管对着的直径范围内最好不要排布旋风管，这样有利于各个旋风管进气量分配均匀，如图 6.66(b) 所示。由于单侧进气会造成各个旋风管的进气不均，目前这种进气方式应用较少。表 6.6 为根据《输气管道工程过滤分离设备规范》[1]计算了中间进气不同筒体直径时最多能排布的旋风管根数。

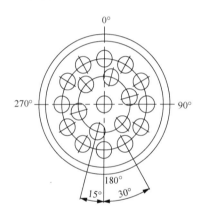
(a) 中心布有旋风管的排布方式

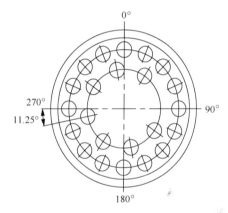
(b) 中心无旋风管的排布方式

图 6.66　旋风管的排布方式

表 6.6　多管旋风分离器直径与旋风管型号数量对应列表

直径	SQX100 双切向入口旋风管	SQX150 双切向入口旋风管	ZL100 轴向入口旋风管	ZL150 轴向入口旋风管
Φ600	3	3	9	6
Φ700		5	12	7
Φ800		7	14	9
Φ900		9	21	10
Φ1000		11	28	12
Φ1100		12	33	14
Φ1200		19	38	21
Φ1400		26		26

6.6.2　多管旋风分离器的分离性能

1. 分离效率

1) 常压下多管旋风分离器分离效率

常压下，多管旋风分离器的分离效率会随着入口气体速度和入口颗粒浓度的增大而增加，如图 6.67 所示[54,59]。这两个规律和旋风管性能变化规律是一样的，这是因为随着多管旋风分离器的入口流量和入口颗粒浓度的增加，多管旋风分离器内部的旋风管入口流量和入口颗粒浓度相应增加，这样使旋风管的分离效率增加，进而使多管分离的分离效率随入口气速和入口颗粒浓度的增大而增加。

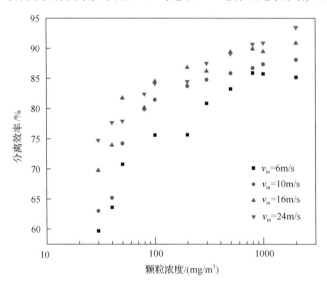

图 6.67　多管旋风分离器分离效率随入口速度和浓度的变化规律

尽管随着入口气速和入口颗粒浓度的增加，多管旋风分离器的分离效率升高，但是相同条件下多管旋风分离器分离效率要低于内部旋风管的分离效率，如表 6.7 所示（实验对象如图 6.3 所示，旋风管的排布如图 6.5 所示）。入口速度越大，两者之间的差值就越大，最大的差别达到 10%以上。引起这种现象主要的原因有两个：一是多管旋风分离器内各个旋风管之间存在入口气流分布不均；二是多管旋风分离器底部排尘口之间没有相互隔离。当两个或多个旋风管并联且共用一个集气室和一个灰斗时，就会发生上述两个现象，从而可能发生交叉窜气或干扰现象。进入各个旋风管的气流分布不均匀使各旋风管管内压力不同。这种不平衡会导致一个或多个旋风管漏气，而其余旋风管则出现窜气来作为补偿，存在窜气的旋风管的分离性能会受到严重影响，从而影响了多管旋风分离器的分离效率。随着入口气速增大，进入各个旋风管的气量差别就越大，旋风管之间发生漏气和窜气现象就越厉害，导致多管旋风分离器的分离效率与旋风管的分离效率的差值就越大。

表 6.7　多管旋风分离器和旋风管分离效率对比

入口颗粒浓度/(mg/m³)	v_{in}=10m/s		v_{in}=16m/s		v_{in}=24m/s	
	单管	多管	单管	多管	单管	多管
30		63.00%		69.75%		74.74%
40		66.50%		73.90%		77.62%
50	78.78%	74.20%	83.30%	81.75%	91.58%	75.57%
80	82.27%	79.90%	86.19%	86.15%	94.03%	82.42%
100	82.56%	81.48%	86.64%	84.49%	94.43%	84.18%
200	85.65%	83.73%	86.68%	86.81%	95.23%	85.47%
300	86.3%	84.81%	87.56%	86.21%	95.68%	87.4%
500	89.31%	85.87%	88.56%	89.37%	96.21%	89.1%
800	91.38%	86.73%	89.9%	89.87%	96.38%	90.69%
1000	92.63%	87.37%	90.19%	89.43%	96.21%	90.9%
2000	92.8%	88.10%	90.51%	90.86%	96.85%	93.48%

图 6.68 给出了不同入口颗粒浓度时多管旋风分离器分级效率变化规律，入口浓度越高，多管旋风分离器的分级效率也就越高，但也可以看出在多管旋风分离器的出口还存在少量 10μm 以上的颗粒，而在单个旋风管工作时能除净 10μm 以上颗粒，如图 6.69 所示。

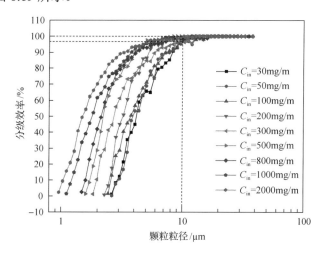

图 6.68　多管旋风分离器分级效率曲线(v_{in}=16m/s)

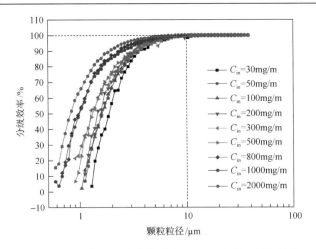

图 6.69　旋风管分级效率曲线(v_{in} =16m/s)（文后附彩图）

2) 高压下多管旋风分离器分离效率

在第 4 章中已经详细介绍了高压天然气管道内粉尘检测技术和站场多管旋风分离器性能测量方法。2004~2015 年，Xiong 等[60]、张星等[61]、许乔奇等[62]和刘震等[63]先后利用高压天然气管道内粉尘检测技术在多条天然气输气管线上进行现场应用，对国内多条天然气输气管线用多管旋风分离器和过滤分离器的性能进行了测定。下面以某压气站的检测结果来分析高压下多管旋风分离器的性能。该压气站位于整条管线的中部，配置有 4 台高压多管旋风分离器，实际运行时开启 3 台多管旋风分离器，3 台过滤分离器，输气总量为 28.2×10⁴Nm³/h。每台设计压力为 6.3MPa，实际工作压力为 3.21MPa 左右。表 6.8 给出了多管旋风分离器进出口管段粉尘在线检测结果。

表 6.8　旋风分离器进出口粉尘在线检测结果

序号	多管旋风分离器进口位置			序号	多管旋风分离器出口位置		
	浓度/(mg/m³)	中位粒径/μm	粒径范围/μm		浓度/(mg/m³)	中位粒径/μm	粒径范围/μm
1	10.75	2.35	0.56~10.75	13	6.72	1.58	0.70~9.31
2	7.17	2.04	0.56~10.75	14	8.21	1.77	0.56~6.04
3	10.34	2.56	0.56~10.75	15	11.52	2.40	0.56~10.75
4	13.23	2.24	0.70~9.31	16	12.08	2.40	0.56~8.66
5	27.00	2.58	0.56~10.75	17	1.81	3.88	0.65~8.06
6	19.14	2.65	0.70~14.33	18	9.49	3.04	0.70~10.00
7	11.25	2.85	0.75~11.55	19	10.00	2.95	0.70~6.49
8	17.6	1.56	0.60~10.00	20	9.78	3.00	0.70~7.50
9	12.00	3.07	0.70~11.55	21	8.27	3.32	0.70~11.55
10	9.50	3.08	0.65~11.55	22	8.24	1.80	0.60~9.31
11	10.34	5.65	0.56~11.55	23	8.00	3.32	0.70~11.55
12	17.89	3.39	0.70~11.55	24	8.35	1.78	0.56~8.06

旋风分离器进口管段的颗粒物浓度范围为 7.17～27.00mg/m^3，中位粒径范围为 1.56～5.65μm，粒径分布范围为 0.56～14.33μm。图 6.70 为旋风分离器进口的粒径分布检测结果，可以看到 10μm 以上颗粒总体积比例不到 5%，管道内粉尘颗粒物的粒径较小。

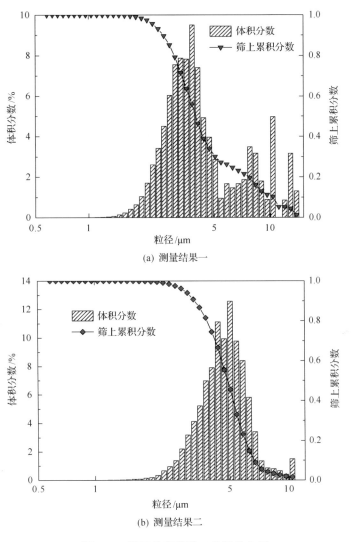

(a) 测量结果一

(b) 测量结果二

图 6.70　旋风分离器进口粒径分布图

旋风分离器出口天然气含粉尘浓度范围为 1.81～12.08mg/m^3，中位粒径范围为 1.58～3.88μm，粒径分布范围为 0.56～11.55μm。图 6.71 为出口粒径分布检测结果，可以看出该站的旋风分离器能够除去 10μm 以上的粉尘颗粒。

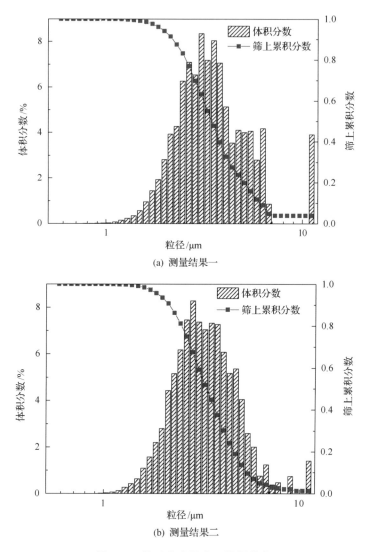

(a) 测量结果一

(b) 测量结果二

图 6.71　旋风分离器出口粒径分布

　　在检测时段内，该多管旋风分离器进、出口管段粉尘浓度平均值分别为 15.83mg/m³、5.43mg/m³，则多管旋风分离器的分离效率为 65.70%。图 6.72 为 4 组多管旋风分离器分级效率曲线可知多管旋风分离器对 10μm 及以上的粉尘颗粒分级效率接近 100%，即多管旋风分离器能去除 10μm 以上的粉尘颗粒。

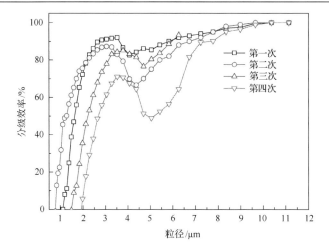

图 6.72　高压下多管旋风分离器分级效率曲线

多次检测结果表明，由于各个站场使用多管旋风分离器规格和旋风管型号、数量不一样，很难得到分离效率的规律。即使是同一站场，由于天然气输气管线的压力、流量和温度等参数随季节性变化较大，其性能变化也较大。但多次检测结果也表明，尽管多管旋风分离器运行工况不一样，但在高压下多管旋风分离器基本上能除净 10μm 以上的粉尘颗粒。

2. 压降

1) 常压下多管旋风分离器压降

多管旋风分离器压降的组成比旋风管复杂得多，主要包括以下部分：进口管压力损失、气体在进气室的膨胀损失、进气室的摩擦损失、各个旋风管的入口损失、旋风管的压力损失、灰斗空间的压力损失、集气室内的膨胀损失，以及集气室出口损失等[54,64]。

多管旋风分离器入口压力损失 $\Delta p_{\text{m-in}}$ 包括了弯管的压力损失、进气室内的膨胀损失、摩擦损失，以及旋风管的入口损失，则 $\Delta p_{\text{m-in}}$ 可表示为

$$\Delta p_{\text{m-in}} = \left[\frac{16 n^2 A^2}{\pi^2 D_{\text{m-in}}^4} (\xi_{\text{m-b}} + \xi_{\text{m-e}}) + \xi_{\text{m-cyclone-in}} \right] \frac{\rho_{\text{g}} v_{\text{in}}^2}{2} \tag{6.60}$$

式中，$\xi_{\text{m-b}}$、$\xi_{\text{m-e}}$ 和 $\xi_{\text{m-cyclone-in}}$ 分别为 90°弯管的阻力系数、进气管管出口膨胀阻力系数和旋风管入口阻力系数；A 为旋风管进口面积；$D_{\text{m-in}}$ 为多管旋风分离器进气管直径；n 为旋风管个数。

根据流体力学中关于局部阻力系数描述可得

$$\xi_{\text{m-b}} = 0.131 + 0.16\left(\frac{D_{\text{m-in}}}{R_{\text{m-b}}}\right)^{3.5} \tag{6.61a}$$

$$\xi_{\text{m-e}} = \left(1 - \frac{D_{\text{m-in}}^2}{D_{\text{m}}^2 - nD_{\text{e-out}}^2}\right)^2 \tag{6.61b}$$

$$\xi_{\text{m-cyclone-in}} = 0.5 \tag{6.61c}$$

式中，D_{m} 为多管旋风分离器筒体直径。

忽略进入各个旋风管的流量差别，在多管旋风分离器中旋风管引起的压降可以认为是相同的，因此其压降可以用天然气净化用旋风管压降计算公式求解，用 $\Delta p_{\text{m-cyclone}}$ 表示。

从旋风管进入灰斗空间的气体是旋转的，但由于进入灰斗空间的气量比较少，忽略旋转气体的耗散损失和气体在灰斗空间的摩擦损失，灰斗空间的压力损失可简化为气体进入灰斗空间的膨胀损失和气体从灰斗重新进入单管旋风分离器的收缩损失的两者之和。但从旋风管进入灰斗空间的气量尚未有准确的计算公式，Shi 等[38]提出了一个计算旋风管下行流量的经验公式，即

$$Q_{\text{b}} = 0.428\left(\frac{\pi D^2}{4A}\right)^{0.383}\left(\frac{D_{\text{e}}}{D}\right)^{-0.935}\left(\frac{D_{\text{c}}}{D}\right)^{2.2}(Av_{\text{in}}) \tag{6.62}$$

由于旋风管是并联的，所以考虑一个旋风管的气体进入灰斗空间的压力损失即可，则灰斗空间的压力损失 $\Delta p_{\text{m-hopper}}$ 可表示为

$$\Delta p_{\text{m-hopper}} = \left[\left(1 - \frac{D_{\text{c}}^2}{D_{\text{m}}^2}\right)^2 + 0.5\left(1 - \frac{D_{\text{c}}^2}{D_{\text{m}}^2}\right)\right]\frac{\rho_{\text{g}}}{2}\left(\frac{4Q_{\text{b}}}{\pi D_{\text{c}}^2}\right)^2 \tag{6.63}$$

多管旋风分离器出口气体先经过一个集气室，然后排出，在旋风管压降计算中已经考虑了旋转气体的能量损失，所以多管旋风分离器的出口压力损失只包括气体进入集气室的膨胀压力损失和进入排气管的压力收缩损失，则出口压力损失 $\Delta p_{\text{m-out}}$ 可表示为

$$\Delta p_{\text{m-out}} = \left[\left(1 - \frac{D_{\text{e}}^2}{D_{\text{m}}^2}\right)^2 + 0.5 \times \frac{n^2 D_{\text{e}}^4}{D_{\text{m-out}}^4}\right]\frac{\rho_{\text{g}}v_{\text{out}}^2}{2} \tag{6.64}$$

式中，$D_{\text{m-out}}$ 为多管旋风分离器的出口管直径。

综上可得常压下多管旋风分离器压降 Δp_{m} 为

$$\Delta p_{\text{m}} = \Delta p_{\text{m-in}} + \Delta p_{\text{m-hopper}} + \Delta p_{\text{m-cyclone}} + \Delta p_{\text{m-out}} \tag{6.65}$$

图 6.73 对比了图 6.3 所示的多管旋风分离器压降试验值和计算值，从图中可以看出，模型计算值与试验测定值整体吻合较好，所以常压下多管旋风分离器压降计算模型能较准确地预测出压降的变化。

尽管影响多管旋风分离器压降的因素较多，但是主要还是由内部的旋风管引起的，图 6.74 对比了图 6.3 所示多管旋风分离器和旋风管的压降，在相同的入口气速下，单管旋风分离器的压降约占多管旋风分离器的压降的 88%～90%，即

$$\Delta p_{\mathrm{m}} = \frac{\Delta p_{\mathrm{s}}}{0.88 \sim 0.9} \tag{6.66}$$

式中，Δp_{s} 为旋风管的压降计算公式，即 $\Delta p_{\mathrm{s}} = \Delta p_{\text{m-cyclone}}$。

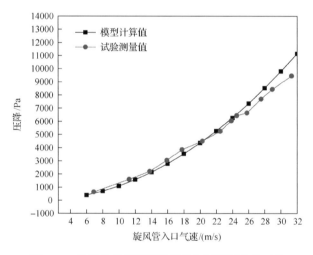

图 6.73　多管分离器压降计算值与试验测定值对比

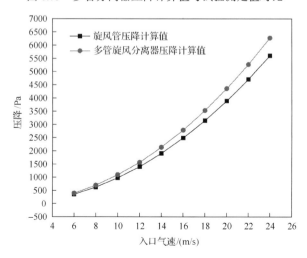

图 6.74　旋风管与多管旋风分离器压降对比

2) 高压下多管旋风分离器压降

为了了解高压下多管旋风分离器压降的变化规律,熊至宜[54]、熊至宜等[64]多次测量了现场高压天然气站场用多管旋风分离器的压降,如表 6.9 所示。利用第 2 章介绍的压缩因子和密度的计算方法,同时利用现场测量得到的温度、压力、状态流量和标况流量(20℃、101.325kPa),以及天然气的组成,就可以计算出现场测量时天然气密度、压缩因子和旋风管入口速度。

表 6.9　高压下多管旋风分离器压降测量值与计算值对比

站名	压力 /MPa	温度 /K	压缩因子	密度 /(kg/m³)	实际速度 v_{in}/(m/s)	测量压降 /kPa	计算压降 /kPa	误差 e/%	旋风管类型
站场 1	6.49	281	0.867	50.316	17.805	51.79	52.42	1.22	轴向
	6.53	281	0.866	50.684	13.304	29.59	29.47	0.41	
	6.53	281	0.866	50.684	10.606	19.10	18.75	1.83	
站场 2	5.93	288.7	0.891	43.543	21.521	67.17	67.85	1.01	轴向
	5.91	288.7	0.891	43.396	16.058	37.31	37.70	1.05	
	5.89	288.7	0.892	43.201	12.778	23.48	23.80	1.36	
站场 3	3.55	285.2	0.931	25.253	24.123	67.55	73.08	8.19	双切向
	3.55	285.2	0.931	25.253	12.009	19.11	18.13	5.13	
	3.55	285.2	0.931	25.253	8.041	8.02	8.13	1.37	
站场 4	3.25	279.2	0.929	23.667	23.972	68.74	71.89	4.58	双切向
	3.23	279.2	0.930	23.496	12.073	19.31	18.25	5.49	
	3.22	279.2	0.930	23.423	8.075	8.96	8.17	8.17	
站场 5	3.95	281	0.918	28.922	17.165	36.71	39.08	6.45	双切向
	3.95	281	0.918	28.922	11.444	16.82	17.38	3.33	
	3.95	281	0.918	28.922	8.582	9.78	9.78	0	
站场 6	4.05	283	0.918	29.445	14.198	27.60	27.22	1.38	双切向
	4.05	283	0.918	29.445	9.466	13.44	12.33	8.26	

前面已经分析了压力对流场和压降的影响,当压力改变时旋风管的压降可以用式 (6.43) 计算,但需要确定指数 α。同样,高压下多管旋风分离器的压降与常压下的压降值存在类似关系,即

$$\Delta p_{m\text{-}h} = \left(\frac{pT_0}{ZTp_0} \right)^{\alpha} \Delta p_{m0} \tag{6.67}$$

式中,$\Delta p_{m\text{-}h}$、Δp_{m0} 分别为高压、标况下多管旋风分离器压降,Δp_{m0} 可通过式 (6.66) 计算得到;p、p_0 分别为高压、标况下的压力,Pa;T、T_0 分别为高压、标况下

的温度, K; Z 为压缩因子。

用式(6.67)拟合表 6.9 中的压降发现, 对于由同一种旋风管组成的多管旋风分离器, 尽管旋风子个数不一样, 但是得到指数 α 值几乎相同。如果旋风管为双切向(切向式)进口, α 的拟合值为 1.17～1.21; 如果旋风管为轴向式, 则 α 的拟合值为 1.51～1.54。因此, 在计算时 α 值可以取上述范围的中间值。表 6.9 给出了测量值与计算值的对比, 两者之间的误差 e(测量值与计算值的差与测量值之间的比值)较小。因此, 高压下多管旋风分离器的压降可以通过式(6.67)计算得到, 如果内部旋风管为切向式, α 值取 1.19; 如果内部旋风管为轴向式, α 值取 1.52。

6.6.3　多管旋风分离器的设计

在设计多管旋风分离器时, 会给出单台多管旋风分离器的标况流量, 操作压力、温度, 以及压降和除尘除液效率要求。目前国内多管旋风分离器的性能指标为: ①压降, 单台旋风分离器在设计工况点的压降不大于 0.05MPa; ②总分离效率, 在不同压力和气量下, 均可除去粒度不小于 10μm 的固体颗粒, 在设计工况点的分离效率为 99%, 当操作流量在设计工况点流量在±15%范围波动时, 分离效率为 97%。

因此, 设计多管旋风分离器时最重要的是先选用合适的旋风管, 保证压降和分离效率满足要求; 其次是根据单台多管旋风分离器的设计流量(标况下流量, 20℃, 101.325kPa), 计算出所需旋风管根数; 最后设计多管旋风分离器容器的尺寸。

1) 旋风管根数计算

首先要根据对多管旋风分离器单台处理量的设计要求选择合适的旋风管, 然后根据压降的设计要求利用式(6.66)和式(6.67)初步估算旋风管的入口速度, 确定旋风管的设计气量 Q, 此值为状态量。根据要求的单台多管旋风分离器设计流量 Q_0(标况下流量, 20℃, 101.325kPa), 则所需的旋风管根数为

$$n = \frac{Zp_0TQ_0}{pT_0Q} \tag{6.68}$$

式中, Z 为压缩因子; p_0 和 p 分别为标况下和高压下的压力; T_0 和 T 分别为标况下和高压下的温度。

2) 其他尺寸的计算

其他尺寸主要包括多管旋风分离器筒体直径、进出口管直径, 以及进气室、排气室和灰斗的高度。

在计算出旋风管根数后, 可根据《输气管道过滤分离设备规范》[1]选择合适的筒体直径和进出口管直径; 进气室高度要根据旋风管的高度来确定, 旋风管的

进气口距离上管板距离要大一些，使得进入旋风管的气量分配均匀；排气室的高度要满足进出口管的布置要求及封头的焊接要求；灰斗高度（旋风管底板以下的多管旋风分离器直筒部分高度）需根据多管旋风分离器的直径和人孔直径大小来确定，一般可取700～1200mm。

6.6.4　材料

天然气净化用多管旋风分离器在实际应用中，经常会出现磨损的现象。旋风管内壁最容易受到磨损的几个部位是：从入口方向看到的环形空间筒体区域简称入口环形空间区域（切向式）、排气芯管插入筒体的区域和分离空间锥体下部区域。固体颗粒在流动过程中颗粒与器壁间由于相对摩擦引起颗粒中的表面裂纹扩展，其表层部分（边角、坑洼和凸起等）在摩擦碰撞过程中被切削磨去造成颗粒外表面的磨损，这样既会造成颗粒的粉碎，也会使设备受到磨损而逐步损坏。固体颗粒的磨损性除了与其硬度有关外，还与固体颗粒的形状、大小、密度等因素有关。固体颗粒的磨损性与气流速度的2～3次方呈正比，在高气流速度下，固体颗粒对器壁的磨损更为严重。气流中固体颗粒浓度增加，磨损性也增加。

旋风管的壁面磨损会直接影响到其安全运行，为了降低固体颗粒对分离器壁面的磨损，可以采取如下措施：①安装防磨板；②增加易磨损部位的厚度；③选用耐磨的硬质材料；④通过改变结构参数减少磨损。

另外，在加工时要注重施工质量，增强整体结构抗磨能力：①严格按照设计和加工工艺要求加工制造，保证加工精度；②旋风管本体钢板对接、焊接时，各条焊缝的高度与母材平齐；③合理选择锚固系统的焊接形式、衬里的固定方式；④在耐磨层和衬里施工过程中，需不断检查与验收；⑤加强设备的日常检查与维修，发现问题及时处理。

6.7　多管旋风分离器的操作和运行

6.7.1　多管旋风分离器的操作和优化运行

多管旋风分离器在天然气集输过程中得到广泛应用，在输气干线的首站和压气站多管旋风分离器和过滤分离器联合使用，而在天然气干线的分输站、末站和清管站，多管旋风分离器都是单独使用。由于不同季节输气量不同，而多管旋风分离器都是按最大流量进行设计，这样经常会导致其偏离设计流量。为了保证多管旋风分离器高效运行，应对其进行调节。对于多管旋风分离器单独使用的站场，输气量降低较多时应该通过关停一台或多台多管旋风分离器，输气量增加时应开启备用的多管旋风分离器，使其在设计流量下运行。

在输气干线的首站和压气站，除了关停和开启多管旋风分离器外，还可以与后面的过滤分离器进行匹配，使过滤分离系统优化运行。

1. 优化运行理论

在设计工况下，通过合理优化多管旋风分离器和过滤分离器的结构参数，在保证天然气过滤精度要求的条件下，降低天然气经过过滤分离设备的压降，可提高天然气压缩机组入口压力，减少压缩机的功耗。此外，在实际运行工况下，通过合理匹配旋风分离器与过滤分离器的组合方式，使过滤分离设备在最经济的工况下运行。

天然气离心式压缩机轴功率计算公式：

$$N = 9.807 \times 10^{-3} q_{\mathrm{g}} \frac{k}{k-1} RZT_1 \left(\varepsilon^{\frac{k-1}{k}} - 1 \right) \frac{1}{\eta} \tag{6.69}$$

式中，N 为压缩机轴功率，kW；T_1 为压缩机进口气体温度，K；R 为气体常数，kJ/(kg·K)；Z 为气体平均压缩系数；ε 为压比；η 为压缩机效率；q_{g} 为天然气流量，kg/s；k 为气体多变指数。

从式(6.69)可知，在压缩机出口压力一定时，提高压缩机入口压力，可降低压缩机所需轴功率，从而降低压缩机的能耗和运行成本。因此，过滤分离设备的优化目标为过滤分离设备的总压降最低，同时过滤后天然气中颗粒浓度满足压缩机的要求。因此，过滤分离设备优化模型可表示为

$$\min \Delta p_{\mathrm{f}} = \Delta p_{\mathrm{m}}(q_{\mathrm{m}}, x_{\mathrm{m}}) + \Delta p_{\mathrm{g}}(q_{\mathrm{g}}, x_{\mathrm{g}}) \tag{6.70}$$

$$\text{s.t. } C_{\mathrm{out}} = C_{\mathrm{in}} \left[1 - E_{\mathrm{m}}(q_{\mathrm{m}}, x_{\mathrm{m}}) \right] \left[1 - E_{\mathrm{g}}(q_{\mathrm{g}}, x_{\mathrm{g}}) \right] \leqslant C_0 \tag{6.71}$$

$$q_{\mathrm{m}} = Q/n_{\mathrm{m}}, \qquad q_{\mathrm{g}} = Q/n_{\mathrm{g}} \tag{6.72}$$

式中，s.t.表示受到的约束条件；Δp_{f} 为过滤分离设备总压降，kPa；Δp_{m}、Δp_{g} 分别为多管旋风分离器和过滤分离器压降，kPa；x_{m}、x_{g} 分别为旋风分离器和过滤分离器的结构参数(优化模型决策变量)；C_{out} 为过滤设备出口颗粒浓度，mg/m³；C_{in} 为过滤设备入口颗粒浓度，mg/m³；C_0 为压缩机入口颗粒浓度要求，mg/m³；E_{m}、E_{g} 分别为多管旋风分离器和过滤分离器颗粒分离效率，%；Q 为天然气总输量，Nm³/h；n_{m}、n_{g} 分别为多管旋风分离器和过滤分离器的数量。

该运行匹配优化模型中，决策变量为 n_{m} 和 n_{g}，其中，$n_{\mathrm{m}} \in (0, n_{\mathrm{m,max}})$、$n_{\mathrm{g}} \in (0, n_{\mathrm{g,max}})$，$n_{\mathrm{m,max}}$、$n_{\mathrm{g,max}}$ 分别为多管旋风分离器和过滤分离器的台数。通过确定旋风分离器和过滤分离器的启用台数 n_{m}、n_{g}，确定最优运行方案。过滤分离设备运行匹配优化模型包括连续变量和离散变量大规模非凸的混合整数非线性规划问

题(MINLP),可采用遗传算法进行求解。

2. 优化运行实例

选取某输气管道的一个压气站:配置有 4 台高压多管旋风分离器,单台输气量为 $28.2 \times 10^4 m^3/h$,3 台过滤分离器,如图 6.75 所示。利用高压天然管道内粉尘检测技术检测得到进入分离器的颗粒浓度为 $3mg/m^3$,过滤分离设备工作压力为 3.0MPa 左右。正常运行时,过滤分离设备的总压降为 30.3kPa,利用优化运行软件计算决定只采用过滤分离器,此时过滤分离总压降最低为 7.6kPa,压缩机入口压力可提高 22.6kPa。

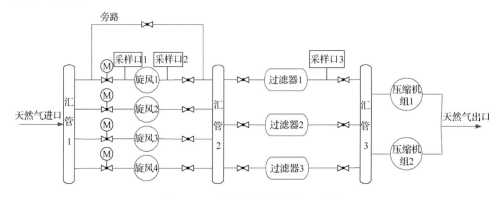

图 6.75　过滤分离设备运行示意图

6.7.2　多管旋风分离器的运行过程中存在的问题

多管旋风分离器设计假定天然气为干气,并且假设粉尘颗粒的入口浓度都较小,实际运行时,清管过程、冬季输气量增加和液体存在都会对其性能造成影响。

1. 清管过程中存在的问题

以某输气干线站场的检测结果为例,2013 年 11 月 29 日至 12 月 2 日对该管线某站管道内粉尘进行了系统检测。清管过程共持续 12h,监测清管过程及清管结束后 12h 内的多管旋风分离器进口颗粒物的浓度变化(图 6.76),可将清管过程分四个阶段。

(1)0~3h,即清管器从上游站发出后的 3h。清管器从上游站发出后,将管道内的腐蚀产物和沉积粉尘扰动起来,需通过一段时间的输送才会到达本站,因此,该阶段多管旋风分离器进口颗粒物浓度处于日常工况水平。

(2) 3～10h，即从上游站发出后的第 3h 至清管器到达本站前 2h。管道内的腐蚀产物和沉积粉尘被清管器扰动起来，跟随气流到达本站。此外，清管器移动造成管道震动，使附着于管壁的粉尘脱落，并跟随气流进入管道。该阶段颗粒物浓度发生明显变化，较日常运行工况最高提高了 0.3mg/Nm^3，并检测到粒径大于 10μm 的颗粒。

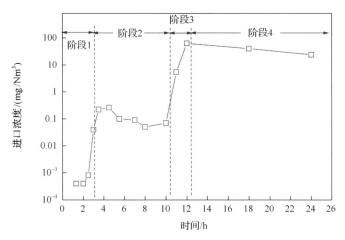

图 6.76　清管过程中多管旋风分离器进口颗粒物浓度监测曲线

(3) 10～12h，即清管器到达本站前的 2h。颗粒物浓度升至 1mg/Nm^3 以上，在第 12h 清管器到达本站时达到峰值，约 60mg/Nm^3。

(4) 12h 以后，即清管结束后到颗粒物浓度恢复日常工况水平。清管结束后 12h 内，颗粒物浓度维持在 20～50mg/Nm^3，并缓慢降低，直至恢复至日常运行工况的浓度水平。

因此，清管过程中多管旋风分离器的入口颗粒浓度会急剧增加，从而增加分离器内部的磨损。

2. 冬季增加输气量存在的问题

天然气输气干线在不同季节输气量不一样：夏季输气量小，冬季输气量大。冬季时，由于气量增大会导致沉积在输气管道内的粉尘颗粒被卷积，最终会进入多管旋风分离器，这样会使多管旋风分离器入口颗粒浓度增大，从而加大内部器壁磨损的风险。如果多管旋风分离器长时间在高浓度条件下运行，严重时会使旋风管遭受严重磨损，如图 6.77 所示。

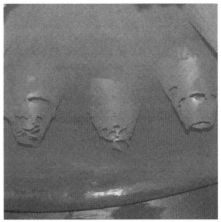

图 6.77　现场高浓度下旋风管排尘管磨损

3. 液体对多管旋风分离器的影响

多管旋风分离器在运行过程中，由于不同季节温度发生变化，在冬季温度较低时，经常会有轻烃和液滴析出，而多管旋风分离器一般是基于干气设计的，这样会使天然气含液时给多管旋风分离器的运行带来很大的困难。天然气中的液体会和固体颗粒混合黏结在一起，如果是轴向式旋风管，其进口是导向叶片结构，且流道较窄，这样会使颗粒堵塞在旋风管进口处，如图 6.78 所示。另外，固体颗粒也会黏附在进气室的容器壁面，如图 6.79 所示，由于天然气的液体具有较强的腐蚀性，造成进气室器壁遭到腐蚀。

图 6.78　旋风管入口堵塞　　　　　　图 6.79　进气室器壁颗粒黏附

此外，如果旋风管为排尘底板结构，在天然气含液时会堵塞排尘底板，如图 6.80 所示，从而导致排尘不畅。因此，现在一般不推荐使用排尘底板结构。

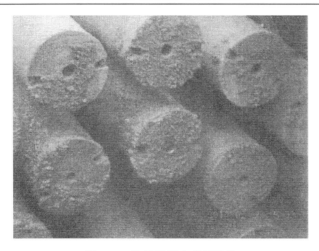

图 6.80　旋风管排尘底板堵塞

参 考 文 献

[1] 国家能源局. 输气管道工程过滤分离设备规范: SY/T 6883—2012. 北京: 石油工业出版社, 2012

[2] 时铭显. 压力下天然气干式除尘器的选型试验. 华东石油学院学报, 1980, (1): 66-78

[3] 干式除尘器研究组. 直筒型导叶式旋风子的结构型式与分离性能的试验研究. 华东石油学院学报, 1980, (2): 80-92

[4] 时铭显. 天然气集输管线用导叶式旋风子多管除尘器的工业试验及其设计. 华东石油学院学报, 1980, (3): 70-85

[5] 毛羽, 时铭显. 导叶式旋风子叶片的设计与计算. 华东石油学院学报, 1983, (3): 77-89

[6] 毛羽, 时铭显. 导叶式旋风子叶片参数的试验研究. 华东石油学院学报, 1985, (2): 48-56

[7] 刘爱林, 时铭显. 直筒型导叶式旋风管流场测定与分析. 石油学报(石油加工), 1987,3(1): 63-74

[8] 周世辉, 时铭显. EPVC-ⅠA 型旋风管流场分析. 化工学报, 1988, (6): 599-607

[9] Duan L, Wu X, Ji Z, et al. Entropy generation analysis on cyclone separators with different exit pipe diameters and inlet dimensions. Chemical Engineering Science, 2015, 138: 622-633

[10] 毛羽, 时铭显, 刘隽人, 等. 用于旋风分离器中的分流型芯管: ZL86100974. 1987

[11] Xiong Z, Ji Z, Wu X. Development of a cyclone separator with high efficiency and low pressure drop in axial inlet cyclones. Powder Technology, 2014, 253(2): 644-649

[12] 姬忠礼, 时铭显. 蜗壳式旋风分离器内流场的特点. 石油大学学报(自然科学), 1992, 16(1): 47-53

[13] 时铭显. 化学工程手册——第 23 篇气固分离. 第二版. 北京: 化学工业出版社, 1996

[14] 熊至宜, 吴小林, 姬忠礼. 高压天然气田用旋风分离器内流场的数值模拟. 机械工程学报, 2005, 41(10): 193-199

[15] Wegner B, Maltsev A, Schneider C, et al. Assessment of unsteady RANS in predicting swirl flow instability based on LES and experiments. International Journal of Heat and Fluid Flow, 2004, 25 (3): 528-536

[16] 段璐, 吴小林, 姬忠礼. 熵产方法在旋风分离器内部能耗分析中的应用. 化工学报, 2014, 65(2): 583-592

[17] 吴小林. 旋风分离器内旋进涡核的非稳态扭摆特性研究. 北京: 中国石油大学(北京)博士学位论文, 2007

[18] Yazdabadi P A, Griffiths A J, Syred N. Characterization of the PVC phenomena in the exhaust of a cyclone dust separator. Experiments in Fluids, 1994, 17(1-2): 84-95

[19] Belousov A N, Gupta A K. PVC and instability in swirl combustors. Chemical Engineering Communications, 1986, 47(4-6): 363-380

[20] Wu X, Shi M. Visualization of the processing vortex core in a cyclone separator by PIV. CIESC Journal, 2003, 11(6): 633-637

[21] 吴小林, 熊至宜, 姬忠礼, 等. 旋风分离器旋进涡核的数值模拟. 化工学报, 2007, 58(2): 383-390

[22] 吴小林, 严超宇, 时铭显. 双入口直切式旋风分离器流场内旋进涡核现象的研究. 化工机械, 2002, 29(1): 1-4

[23] 吴小林, 王红菊, 时铭显. 防返混锥对旋风分离器旋进涡核的抑制作用. 石油大学学报(自然科学版), 2001, 25(3): 71-72

[24] 吴小林, 王红菊, 严超宇, 等. 稳涡杆对旋风分离器旋进涡核的抑制作用. 石油大学学报(自然科学版), 2001, 25(3): 68-70

[25] Wang B, Xu D, Yu A B. Numerical study of gas-solid flow in a cyclone separator. Applied Mathematical Modelling, 2006, 30(11): 1326-1342

[26] 郭颖, 王建军, 金有海. 轴流导叶式旋风管内气固两相流的实验研究. 石油大学学报(自然科学版), 2005, 29(3): 96-100

[27] 段璐. 旋风分离器的熵产分析及局部分离能力研究. 北京: 中国石油大学(北京)博士学位论文, 2016

[28] Alexander R M. Fundamentals of cyclone design and operation. Proceedings of the Australian Institute of Mining Metals. Australian, 1949, 52-153: 203-228

[29] Barth W. Berechnung und Auslegung von Zyklonabscheidern auf Grund neuerer Untersuchungen. Brennst-Waerme-Kraft, 1956, 8: 1-9

[30] Muschelknautz E. Die Berechnung von Zyklonabscheidern für Gase. Chemie Ingenieur Technik, 1972, 44(1-2): 63-71

[31] Meissner P, Löffler F. Zur Berechnung des Stromungsfeldes im Zyklonabscheider. Chemie Ingenieur Technik, 1978, 50(6): 471-476

[32] Reydon R F, Gauvin W H. Theoretical and experimental studies of confined vortex flow. Canadian Journal of Chemical Engineering, 1981, 59(1): 14-23

[33] Ogawa A. Mechanical separation process and low patterns of cyclone dust collectors. Applied Mechanics Reviews, 1997, 50: 97-129

[34] 吴小林, 曹颖, 时铭显. PV 型旋风分离器流场的计算分析. 石油学报(石油加工), 1997, 13(4): 91-98

[35] Rosin V P, Rammler E, Intelman M. Grundlagen und Grenzen der Zyklonentsau-bung. Zeit Ver Deutscher Ingenieur, 1932, 76(18): 443-447

[36] Lapple C E. Gravity and centrifugal separation. American Industrial Hygiene Quarterly, 1950, 11(1): 40-48

[37] Leith D, Licht W. The collection efficiency of cyclone type particle collectors-a new theoretical approach. Air Pollution and Its Control, AICHE Symposium Series, 1972, 68(126): 196-206

[38] Shi M, Jin Y, Wu X, et al. Research on high efficiency cyclone separators and their optimum design. Acta Petroleum Sinica(Petroleum Processing Section), 1997, 9(S1): 17-25

[39] 金有海, 时铭显. 旋风分离器相似放大试验研究. 石油大学学报(自然科学版), 1990, 14(5): 46-54

[40] 罗晓兰, 陈建义, 金有海, 等. 入口含尘浓度对 PV 型旋风分离器分离效率的影响极其计算方法. 石油大学学报: 自然科学版, 1998, 22(3): 63-66

[41] Zenz F A. Cyclone separators. Manual on disposal of refinery wastes, Washington D C, 1977

[42] Shephered C B, Lapple C E. Flow pattern and pressure drop in cyclone dust collectors. Industrial & Engineering Chemistry, 1939, 31（8）: 972-984

[43] Shepherd C B, Lapple C E. Flow pattern and pressure drop in cyclone dust collectors cyclone without inlet vane. Industrial & Engineering Chemistry, 1940, 32（9）: 1246-1248

[44] Stairmand C J. Pressure drop in cyclone separators. Engineering, 1949, 16（B）: 409-411

[45] First M W. Cyclone dust collector design. American Society of Mechanical Engineers, Annual General Meeting, 1949, 49: 127-132

[46] Casal J, Martinez-Benet J M. A better way to calculate cyclone pressure drop. Chemical Engineering, 1983, 1:99-100

[47] Dirgo J, Leith D. Performance of theoretically optimized cyclones. Filtration and Separation, 1985, 3-4: 119-125

[48] Avci A, Karagoz I. Theoretical investigation of pressure losses in cyclone separators. International Communications in Heat and Mass Transfer, 2001, 28（1）: 107-117

[49] Chen J, Shi M. A universal model to calculate cyclone pressure drop. Powder Technology, 2007, 171（3）: 184-191

[50] Gimbun J, Chuah T G, Fakhru'l-Razi A, et al. The influence of temperature and inlet velocity on cyclone pressure drop-a CFD study. Chemical Engineering and Processing Process Intensification, 2005, 44（1）: 7-12

[51] Duan L, Wu X, Ji Z, et al. The flow pattern and entropy generation in an axial inlet cyclone with reflux cone and gaps in the vortex finder. Powder Technology, 2016, 303: 192-202

[52] 毛羽, 时铭显, 刘隽人, 等. 用于旋风分离器中的分流芯管: ZL 86100974. 1988

[53] Ji Z, Xiong Z, Wu X, et al. Experimental investigations on a cyclone separator performance at an extremely low particle concentration. Powder Technology, 2009, 191（3）: 254-259

[54] 熊至宜. 高压天然气集输用旋风分离器的分离性能研究. 北京: 中国石油大学（北京）博士学位论文, 2008

[55] Bejan A. Entropy Generation through Heat and Fluid Flow. New York: Wiley, 1982

[56] Kock F, Herwig H. Local entropy production in turbulent shear flows: A high-Reynolds number model with wall functions. International Journal of Heat and Mass Transfer, 2004, 47（10-11）: 2205-2215

[57] Kock F, Herwig H. Entropy production calculation for turbulent shear flows and their implementation in CFD codes. International Journal of Heat and Mass Transfer, 2005, 26（4）: 672-680

[58] Kock F, Herwig H. Direct and indirect methods of calculating entropy generation rates in turbulent convective heat transfer problems. International Journal of Heat and Mass Transfer, 2007, 43（3）: 207- 215

[59] Xiong Z, Ji Z, Wu X. Investigation on the separation performance of a multicyclone separator for natural gas purification. Aerosol and Air Quality Research. 2014, 14: 1055-1065

[60] Xiong Z, Ji Z, Wu X, et al. Experimental and numerical simulation investigation on particle sampling for high-pressure natural gas. Fuel, 2008, 87（13-14）: 3996-3104

[61] 张星, 姬忠礼, 陈鸿海, 等. 高压天然气管道内粉尘在线检测方法. 化工学报, 2010, 61（9）: 2334-2339

[62] 许乔奇, 姬忠礼, 张星, 等. 天然气管道内颗粒物采样分析装置设计与应用. 油气储运, 2013, 32（3）: 317-320

[63] 刘震, 姬忠礼, 吴小林, 等. 输气管道内颗粒物检测及分离器性能. 油气储运, 2016, 35（1）: 47-51

[64] 熊至宜, 吴小林, 杨云兰, 等. 高压下多管旋风分离器压降模型. 化工学报, 2010, 61（9）: 2424-2429

第7章　旋风分离器气液分离性能

7.1　旋风分离器的结构型式及应用场合

7.1.1　应用场合

天然气在输送过程中，除了固体杂质外，天然气中还含有少量的液体。这些液相杂质会导致压缩机、阀门等设备出现磨损、腐蚀及密封失效等现象。

在天然气净化应用上，重力沉降器、过滤分离器和旋风分离器是常见的气液、气固分离器。其中，重力沉降器适用于流量比较低的情况，过滤分离器和旋风分离器分离效率较高，但压力损失较大，并且过滤分离器只适用于高含气量、低含液量的情况。现在我国对天然气杂质的含量要求比较高，仅靠一种分离器很难达到国家规定的标准，因此天然气净化厂及输气管线上，除了过滤分离器和多管旋风分离器外，还常配有气液旋风分离器。

7.1.2　气液旋风分离器分离原理

与气固分离旋风分离器要分离的固体颗粒不同，气液旋风分离器内分离的液滴通常直径大，这个因素使气液分离相对容易些。在许多装置中，进入旋风分离器的气液混合物在经过上游管线时，在表面张力的作用下小液滴聚结成大液滴。此外，与气固分离器不同，一旦来流中的液滴在离心力作用下被甩上分离器壁面，就会与壁面的液膜聚结在一起，由于液膜质量变大，它们不太可能离开壁面被重新夹带进气体相中。同时，进入气液分离器的液滴也不太可能堵塞旋风分离器，而对气固分离器来说，带静电或黏附的颗粒有时会堵塞旋风分离器。

气液旋风分离器通常不会像气固旋风分离器那样易磨损，这是气液旋风分离器内经常选用稠密叶片、窄的开缝及底部排液口直径小的主要原因。与气固旋风分离器相比，由于壁面液膜的形成和抗堵塞、抗磨损的性能，反而给设计人员更多的构造和设计空间。因此，气液旋风分离器内可安装多种内构件，包括较薄的稠密叶片、窄的开缝、抗液体蠕动的裙边、隔离盘、聚结板、直径相对小的排液口、回流槽、附属管线和其他的内构件。

与气固旋风分离器相比,气液旋风分离器除了上述优点外,还存在几个特殊的问题。与气固旋风分离器不同,一部分液体易在分离器上部壁面形成液膜。该液膜不是静止固定不动的,而是在二次气流驱动下先沿壁面向上移动再沿顶板径向向内移动,最后沿排气管向下流动。如果不采用导流措施,这层液体就会形成短路流而随气体排出,这种特性称为液膜损失,显然它对总的分离性能是有害的,但可通过选用合适的顶部撇液板、抗液体蠕动裙边及入口通道来避免,如图 7.1 所示[1]。入口通道的作用与顶部撇液筒非常类似,但它在一开始就阻止液体进入分离器上部区域。抗液体蠕动裙边通常为开有槽形或锯齿形的底边,可以促使液体脱落。在来流含液量高时应安装顶部撇液板或入口通道及抗液体蠕动裙边。

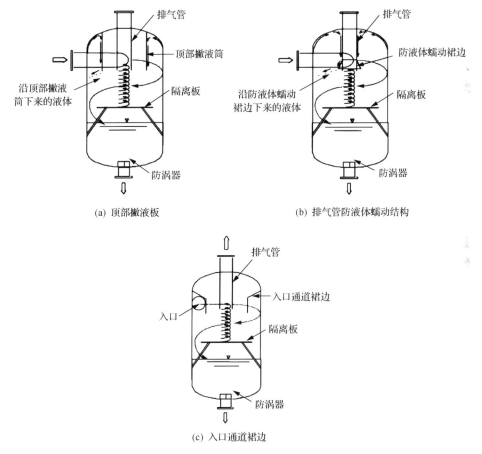

(a) 顶部撇液板　　　　　　　　　　　(b) 排气管防液体蠕动结构

(c) 入口通道裙边

图 7.1　气液旋风分离器内阻止因二次流引起液膜损失的三种部件

7.1.3　气液旋风分离器的结构型式

气液旋风分离器的种类较多,不同旋风分离器的气液分离原理并不完全一样。

图 7.2 为 Gasunie 型旋风分离器[2]，为逆流式结构，采用导向叶片使来流沿与水平方向成一个小倾角旋转，并在排气管和稳涡器上装有抗液体蠕动撒液裙。图 7.3 给出了另一种逆流式旋风分离器[2]，分离器的下部采用稳涡板将已收集的液体与运动旋涡隔开，这个板直接安装在容器壁面上，上面开有供液通过的槽形孔，稳涡板下部的容器高度可以按需增加，目的是保持一定的储液量及控制液面高度。

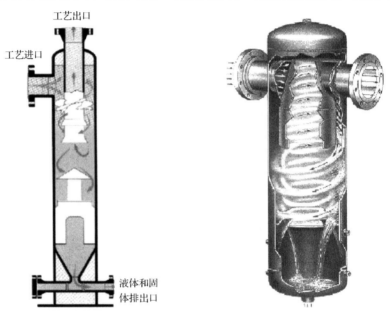

图 7.2　Gasunie 型旋风分离器　　　　图 7.3　Wright-Austin 型 TS 气液旋风分离器

图 7.4 是一种直流式旋风分离器[2]，它用导流叶片把来流中的气体混合物变成旋转运动。设计特征是来流在进入分离段前先经过聚结板，将来流中细雾滴聚结成大的液滴。这个板的作用不是收集和分离液滴，而是增加液滴群的粒径，排气管下端安装了一个较大的环形板，其作用是将旋转的气流与要排出的液体隔开，这样有利于液体的排出。

天然气净化常用的气液旋风分离器结构如图 7.5 所示[3-8]，气流自下而上流动，一般由三个分离阶段组成：第一分离阶段为进口分流器(或称为进口导向叶片)，主要作用是把含液气流均匀地分布到整个分离器中，并且对气液进行预分离；第二分离阶段为第 5 章中介绍的捕雾器；第三分离阶段多为直流式旋风管，如图 7.6 所示的 Shell 公司的三种直流式气液分离器。

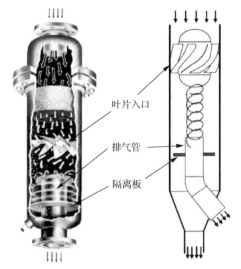

(a) Wright-Austin型直流气液分离器   (b) 导叶直流式分离器

图 7.4　直流式分离器

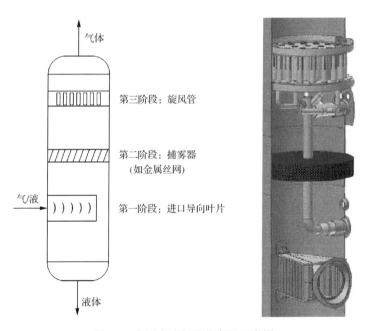

图 7.5　典型立式气液分离器示意图

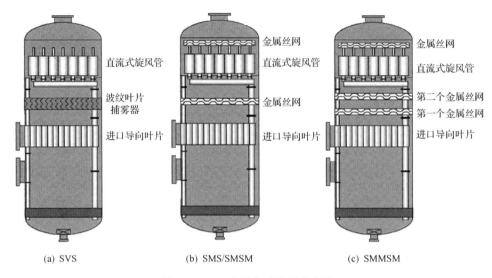

(a) SVS   (b) SMS/SMSM   (c) SMMSM

图 7.6　Shell 公司气液旋风分离器

除了图 7.5 所示的三段式气液旋风分离器外，还有一些单独使用多管旋风分离器的情况，如图 7.7 所示。它是由多根小直径的直筒型旋风分离器组成，这些分离管都安装在一个大的承压容器内，采用两层管板将进气室与上部净化气体及下面的储液段相互隔开，这种结构与第 6 章介绍的气固分离多管旋风分离器结构类似，其内部的分离元件也有多种结构，如图 7.7 所示。图 7.7(a)分离器采用双蜗壳入口结构使进入的气液混合物旋转。这种双蜗壳进口结构，可使进口流动具有比较好的对称性。这种结构可减小分离器筒体段总高度，因为在总体积流量相同的条件下，入口高度仅为单入口高度的一半。图 7.7(b)中分离器为导叶式入口结构，与前一章介绍的轴向入口分离器相似。图 7.7(c)中的分离器都为圆筒型直流式分离器，但其结构比较复杂。它采用导向叶片使来流旋转而将液体分离到边壁。已分离到壁面的液体在部分气流的携带作用下沿筒体上对称布置的垂直缝向外排出，这部分气体流量占总气量的15%~20%。排出的气体通过一根管线重新引回到分离器内。这是因为涡核内静压相对较低，循环气流在压差作用下流回分离器。从垂直缝中随气流带出的液体，则流到下部的储液池中。

除了多管气液旋风分离器外，也有用单个旋风管进行除液，如图 7.8 所示，外部一般用容器承压，内部是单个旋风管。

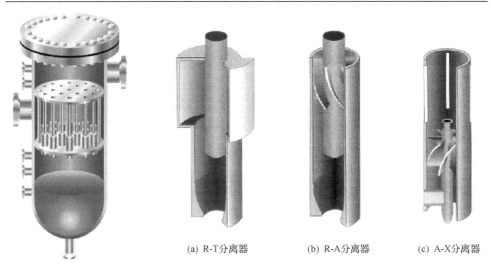

(a) R-T分离器　　　(b) R-A分离器　　　(c) A-X分离器

图 7.7　多管气液旋风分离器装置和三种不同结构的分离器元件

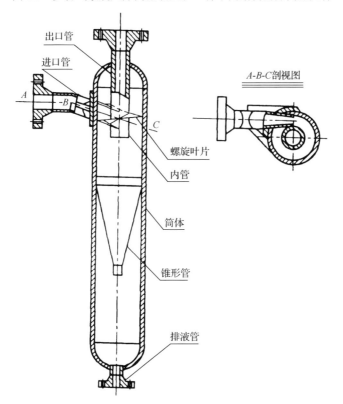

图 7.8　旋风管气液分离器

7.2 气液分离元件及其性能

7.2.1 直流式旋风管

1. 结构和工作原理

直流式旋风管一般用于气液分离,其筒体直径一般小于 100mm。图 7.9 为直流式旋风管典型结构的简图,旋风管结构比较简单,主要由导流锥体、导向叶片、旋风管本体及排气管组成,其独特的结构易于并列布管组成结构紧凑型的多管式分离器。该结构采用环隙排尘(或排液)方式,对于直流导叶式旋风管来说,气流的方向没有改变,进气口和排气口呈直线分布,只有外旋流,没有强内旋流,因此它的压力损失比较低,如图 7.10 所示。但由于排气的方向与排尘(或排液)的方向一致,其特点不利于颗粒及时排出,因此其分离效率稍低一些。此外,在相同分离效率的前提下,直流导叶式旋风管的压降比反转式分离器低得多[9,10]。为了更好地排液或排尘,常常设有二次气流(或灰斗抽气)辅助排液或排尘,但二次气流也需要净化后才能排出,这就增加了设备的复杂性和额外的能量损失。

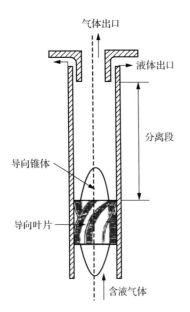

图 7.9　直流旋风管结构简图

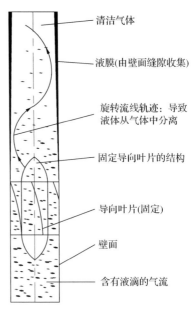

图 7.10　直流旋风管分离过程示意图

　　直流式旋风管的两个核心部件：一个是导向叶片，另外一个是排尘排液结构。直流式旋风管的导向叶片与轴流式旋风管导向叶片结构有所不同,如图7.11所示[8]。直流式旋风管叶片固定在一个导流锥上,导流锥的上部和下部一般都是封闭的锥体或其他封闭的形状,导流锥起着固定叶片和导流的作用。直流式旋风管的分离效率主要取决于导向叶片的类型(即叶片出口角和叶片的数量)。前后导流锥的存在比较重要,在叶片后的中心区域会产生气流的逆流区,会将颗粒或液滴带回到叶片区域,产生返混现象,后导流锥的作用是抵消了这些气流的负向轴向速度,防止产生叶片后的返混现象[11-14]。

　　由于在直流式旋风管出口处排出的是被净化的气体,一般在靠近排出口的壁面开有几条直缝用来排出固体颗粒或液体,如图 7.12 所示[8]。缝隙开口的方向可以是切向的,也可以是锐边的。

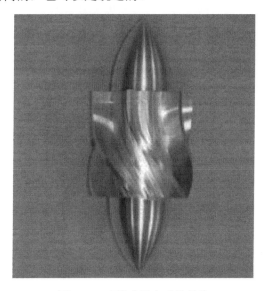

图 7.11　直流式导向叶片结构　　　　　图 7.12　排尘排液结构

　　直流式旋风管分离效率一般都不高,因此要添加其他结构提高分离效率,如图 7.13(a)所示的添加金属丝网以提高其气液分离效率,或如图 7.13(b)所示的具有二次流循环结构的直流导叶式旋风管。二次气流携带着液滴沿设置在旋风管边壁上的排液通道排出,液滴在重力作用下沉降收集下来,二次气流通过管道进入导向叶片后的低压区,汇入主气流,经再次分离后,净化后的气流由排气管排出。这种旋风管结构,既提高了分离效率,又不需要有专门的分离设备来净化二次气流,实现了无动力循环,简化了设备,但是叶片前面用于循环二次气流的管道,会对主气流起到阻碍作用,增加了一部分能量损失。

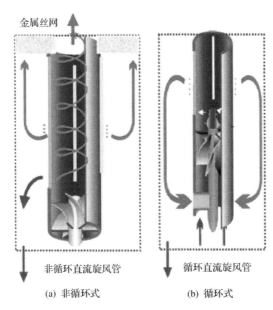

金属丝网

(a) 非循环式　　　非循环直流旋风管

(b) 循环式　　　循环直流旋风管

图 7.13　直流式旋风管二次流抑制示意图(文后附彩图)

除上述几种提高排液效率的结构外，还有其他的结构形式，如美国 Perry 公司将二次气流的回路设置在叶片上(图 7.14)，通过增加叶片的厚度，在叶片上开设与低压区相连的通道，二次气流通过叶片上的开孔直接进入低压区，同时避免了在叶片之前设置管路而干扰主气流。该结构将排液分为两部分：在叶片尾部的旋风管边壁上开设初级排液通道，能够及时将大液滴排出，防止液滴破碎发生夹带；在离心力的作用下，经过一段分离空间，小液滴运动到边壁处，在排气管之前设置一系列排液通道将液滴排出，发生二次排液，能够有效提高排液效率，降低液膜夹带程度。

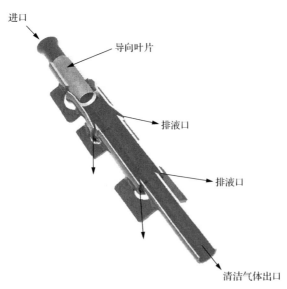

进口

导向叶片

排液口

排液口

清洁气体出口

图 7.14　Perry 公司二级排液结构

2. 流场分布

图 7.15 为直流式旋风管结构图,其旋转叶片周围的流型如图 7.16 所示[4],由于叶片反光,因此很难获得旋转叶片本身的流动迹线,但是图 7.16 清晰地显示出由叶片产生的旋转流型,以及中间的导流锥可使叶片出口壁面出现湍流。

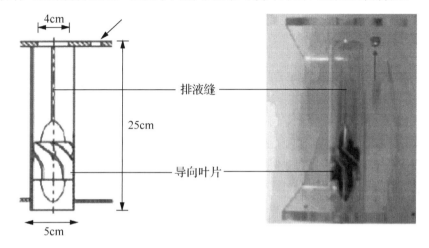

图 7.15　直流式旋风管结构图

图 7.16　叶片附近的流线(文后附彩图)

从叶片到旋风管的出口,涡核中心的流型几乎呈一条直线[4],如图 7.17 所示。在出口上方,涡核会消失,该现象和流体中内部涡核破裂没有关系,主要是由于涡核中心会碰到器壁,然后黏附在器壁上,这样在出口上方涡核就会消散[11]。

从图 7.16 和图 7.17 中很难发现直流式旋风管流场分布的规律,但用 CFD 方法可以详细描述其流场和压力的分布。尽管直流式旋风管在结构上和轴流式、切向式旋风管有区别,但切向速度的分布特征还是具有相似性。图 7.18 为图 7.15 所示旋风管的切向速度分布曲线,也可以清晰地看出切向速度分成内外两层旋流,外旋流是准自由涡,内旋流是准强制涡。因此,第 6 章介绍的内外旋进切向速度计算公式也可用来计算直流式旋风管的切向速度。

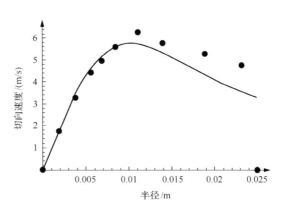

图 7.17　分离空间的流型　　　　　　图 7.18　直流式旋风管切向速度曲线

3. 分离性能

压降和分离效率也是直流式旋风管的两个重要的分离性能指标,由于其切向速度也满足 Rankine 涡的分布形式,因此压降计算模型可以参考第 6 章旋风管压降计算模型。

操作条件如进口液体浓度和物性、气体速度等都对气液分离效率有较大影响。一般随着气体速度增大,会使气液分离效率降低,如图 7.19 所示[8](气体为空气),这是因为气体速度增大会增加被分离液滴的重新夹带,从而降低气液分离效率。液体不同,其表面张力、密度和黏度都会不一样,在相同条件下,密度大的液体更容易分离(图 7.19)。气液分离效率随着液体浓度的增加反而下降,如图 7.20 所示,在用水和重石脑油做液体实验介质时都有这个结论,但 Verlaan 用空气-水测试液体浓度对分离效率的影响时,得到的结果相反,这可能是由于受到当时机械加工和实验条件限制造成的[8]。

4. 直流式旋风管的设计

从直流式旋风管的导向叶片可以看出,导向叶片焊接在一段圆柱段上,上下部分都是导流锥结构,因此,第 6 章介绍的导向叶片的设计方法在直流式旋风管中完全适用。

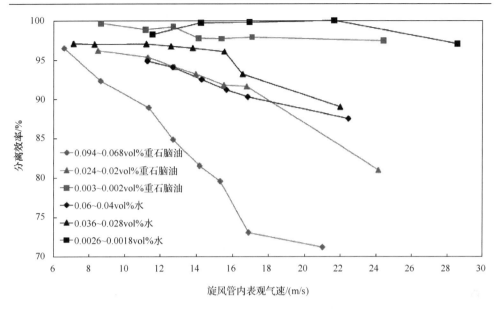

图 7.19　气速和液体对分离效率的影响[8]

vol%表示体积百分数，下同

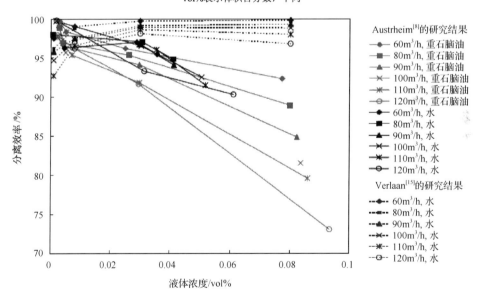

图 7.20　液滴浓度对分离效率的影响[8]（文后附彩图）

　　导向叶片的出口角、叶片厚度、叶片数等参数都会对分离性能带来影响。出口角的大小影响气流的切向速度，角度越小则气流的旋转强度越大，气流螺旋线的间距越小，相同分离段长度条件下，气流在旋风管内运动的距离越长，因此气流在旋风管内的能量损失就越大；气流的切向速度越大，颗粒所受到的离心力越大，易于液滴运动到边壁附近，有利于分离，但同时容易造成液滴的破碎，又不利于分离。

叶片宽度直接影响气流的截面积，在相同的入口流量条件下，叶片宽度越小，气流截面积越小，叶片对气流的加速效果越明显，因此气流各向的速度越大，尤其是切向速度明显增加，旋转强度明显增大，气流通过旋风管时造成的能量损失明显增加。因此，应根据实际情况确定导向叶片的具体尺寸。导向叶片前后的导流锥应使流体自然过渡，尽量降低流体的压力损失。直流式旋风管的长度应根据流量确定，由于直流式旋风管直径较小，所以旋风管长度不宜过长以避免振动。排液方式可根据分离效率要求来选择，可以直接选用图 7.15 所示的结构，也可以在出口安装芯管以提高排液效率[8]。

7.2.2　气固分离用旋风管的气液分离性能

除专用的除液分离元件外，输气站场配备的用于气固分离的多管旋风分离器也能分离液体，如第 6 章介绍的气固分离用旋风管都具有一定的气液分离效率。下面以直径为 150mm 轴向旋风管为例，说明气固分离用旋风管的气液分离性能。

1. 入口液体浓度对分离效率的影响

图 7.21 给出了入口气速一定的情况下，轴向旋风管气液分离效率随入口液体浓度的变化曲线图，可以看出当入口气速较低时，即 8m/s 时，气液分离效率随入口液体浓度的增加呈先增大后降低趋势。这是因为当入口液体浓度不太高时，增

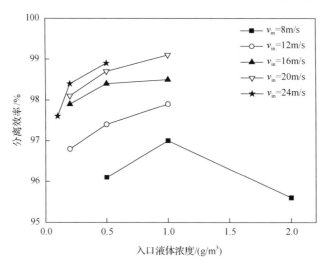

图 7.21　入口液体浓度对分离效率的影响[16]

加液体的浓度，可使液滴之间的碰撞和团聚作用更加频繁，大液滴就很容易被收集，所以当入口液体浓度为 0.5～1g/m³，分离效率随入口液体浓度的增加而增加。而当入口液体浓度进一步增加到 2g/m³ 时，由于入口气速较低，有部分液滴聚集在导流叶片上，这部分液体顺着降压口流入芯管内部，随着芯管内部向上的气流逃逸出旋风分离器，因而旋风分管的气液分离效率就会降低。当入口气速大于 12m/s 时，轴向旋风分管的气液分离效率随入口液体浓度的增大而迅速增大，这和气固分离的规律相同。

2. 入口气速对分离效率的影响

图 7.22 给出了在入口液体浓度一定的情况下，轴向旋风管气液分离效率随入口气速的变化曲线图，可以看出当入口液体浓度一定时，轴向旋风分离器的气液分离效率随入口气速的增大而增大。这个规律和旋风分离器的气固分离规律一致，其原因也是一样的，即入口气速增大会使得液滴受到的离心力增加，从而使液滴更容易被分离。

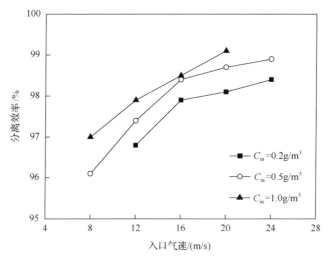

图 7.22　入口气速对分离效率的影响[16]

3. 粉尘含湿量对分离效率的影响

天然气在输送过程中，管道中一般同时含尘含液，且液体含量很少，一般会被粉尘颗粒吸附，因此多管旋风分离器在实际运行中需要同时除尘除液。

粉尘含湿量的增加会影响旋风管(结构如图 6.45 所示,入口气体速度为 14m/s)进口的粒径分布，如图 7.23 所示，可以看出随着进口粉尘含湿量的增加，进口粉尘的粒径分布向粒径增大的方向有明显的偏移，产生这一现象的主要原因是随着粉尘含湿量增加，粉尘内水分所占的质量比增加，使粉尘颗粒之间产生的液桥作用有所增加，液桥力更容易使粒径较小的粉尘颗粒聚结在一起，形成较大的固体颗粒群，这样，粒径较小的粉尘颗粒的比体积在减少，而粒径较大的粉尘颗粒的比体积在增加。

由于入口颗粒的粒径分布随着含湿量的增加而增大，同样也会导致分离效率随含湿量的增加而增大，如图 7.24 所示。

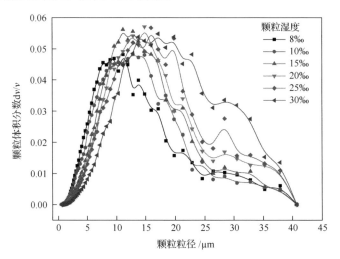

图 7.23　粉尘含湿量对进口粒径分布的影响[17]

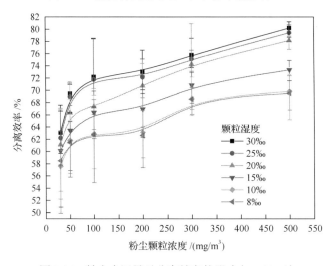

图 7.24　粉尘含湿量对分离效率的影响(v_{in}=18m/s)

图 7.25 反映了粉尘含湿量对分级效率的影响,可以看出当粉尘进口浓度相同、进口风速相同的情况下,在分级效率曲线的起始阶段,含湿量较大的粉尘颗粒的分级效率低于含湿量较小的粉尘的分级效率,随着粒径的增大,在相同粒径范围内,含湿量较大的粉尘的分级效率逐渐超过含湿量较小的粉尘的分级效率。

产生这种现象的原因是随着粉尘含湿量增加,进口的粉尘颗粒的团聚和携带能力增加。从微观上看,粉尘含湿量增加可以使进口的粉尘颗粒之间形成液桥,而在进口处,气流方向比较一致,液桥不容易断裂,使进口粉尘更容易形成较大的颗粒团,进口粉尘的粒径整体会有所增加;但在旋风分离器内的旋转气流中,各颗粒受力情况不同,当气流所给的切向力达到一定程度时,颗粒之间的液桥就变得比较脆弱,会有一些液桥产生断裂现象,这样,很多较大的颗粒团又会被分散成许多小颗粒,而在旋风分离器内小颗粒更容易逃逸出去。因此,出口处的大粒径粒子数相对有所减少,在较小粒径处,粉尘的分级效率会有所下降。从整体上看,这一现象对分离性能的影响较小,与含湿量较低的进口情况相比,旋风分离器出口处的较小粒径处的粒子在数目上变化不大。

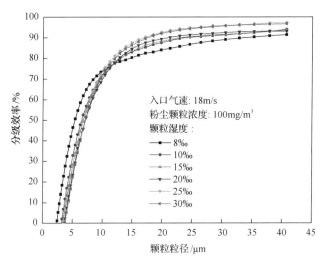

图 7.25   粉尘含湿量对分级效率的影响(文后附彩图)

7.3   直流式多管旋风分离器

在 7.1 节中已经介绍了直流式多管旋风分离器的基本结构,一般有两种结构型式:一种是由三个分离阶段组成(图 7.5),第一分离阶段为进口分流器,第二分离阶段为捕雾器,第三分离阶段为多个直流式旋风管并联;另一种直接由多个直流式旋风管并联而成(图 7.7)。

7.3.1　直流式多管旋风分离器分离理论

气液旋风分离器的设计主要是基于经验关系式,不同的供应商可能会有不同标准,这些标准都是基于低压条件下,以空气/水为实验介质的实验结果制定的。设计阶段一般需要提供流体的物性参数、最大和最小的气液比。在多相流科学里需要定义各种各样的参数来描述多相流的行为,但在这些参数中必须给出一些参数与提供的设计参数(与几何参数相关联)相联系的关系式。例如,液滴粒径经常被用于一些表达式,但如果这些表达式在设计气液分离器过程中使用,那么在提供的设计参数里面必须要有一个表达式能够计算出液滴的粒径。

1. 分离器直径

在气液旋风分离器设计过程中,K 值是最常用的设计参数,K 值是从桑得斯-布朗方程中提取的,为桑得斯-布朗系数,参考第 5 章式(5.14)。K 值的临界值是指气体速度和液滴终端沉降速度相等时所对应的 K 值,一般是由实验来决定的。K 值和表观气速($u_{s,g}$)呈正比,最大速度是基于 K 值的临界值进行计算:

$$u_{s,g} = K\sqrt{\frac{\rho_1 - \rho_g}{\rho_g}} \tag{7.1}$$

式中,ρ_1 和 ρ_g 分别为液体和气体的密度。

算出最大允许的表观气速后,根据实际流量(Q_g)就可以计算气液旋风分离器所需要的筒体直径 D。

2. 进口排布

NORSOK 标准[18]对允许的进口气体动压进行了设定,为 ρu^2。限制进口气体的动压是为了避免在进口处产生较高的剪切力,剪切力越高可能会产生较多的难以分离的小液滴。NORSOK 标准推荐在进口处安装叶片,基于表观气速在进口处形成的动压应该小于 6000Pa。

但是要注意的是,NORSOK 标准没有说明应该使用哪种密度。目前的研究一般都是使用气体密度,但是使用气液两相的混合密度应用得更多一些[8],如果含液率较小的话,那么混合密度和气体的密度是近似相等的。混合密度表达式如下:

$$\rho_{\text{mix}} = \frac{\dot{Q}_l \rho_l + \dot{Q}_g \rho_g}{\dot{Q}_l + \dot{Q}_g} \tag{7.2}$$

式中，$\dot{Q}_l$ 为液体体积流量；$\dot{Q}_g$ 为气体体积流量；ρ_l 为液体密度；ρ_g 为气体密度。

3. 丝网

在第 5 章也已简单介绍了金属丝网，在直流式多管旋风分离器中丝网安装在容器中既被用来捕捉小液滴，然后聚结成大液滴使其沉淀下来，也被看作一个预调节器用来在液滴进入最终的除雾分离阶段之前增加液滴的平均粒径。丝网的尺寸一般也是基于 K 值设计的，计算公式和上面描述的一样，NORSOK 标准[18]推荐在低压情况使用时 K 值要在 0.1m/s 以下，当压力为 2.0MPa、4.0MPa 和 8.0MPa 以上时，推荐 K 值分别降低 10%、20%和 25%。

7.3.2　小尺寸高压下直流式多管旋风分离器分离性能

Austrheim 等[7,8]针对直流式多管旋风分离器开展了一系列的实验室常压、高压和模拟现场天然气应用等试验，得到了很多有用的结论，常压下分别用空气-水、空气-重石脑油为实验介质，小尺寸高压用氮气-重石脑油、合成天然气-轻烃混合物为实验介质，模拟现场天然气应用使用真实天然气-轻烃混合物试验介质。图 7.26 为三种不同试验装置的示意尺寸图。

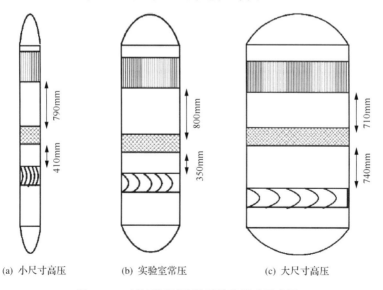

(a) 小尺寸高压　　　　　(b) 实验室常压　　　　　(c) 大尺寸高压

图 7.26　三种不同试验装置结构尺寸示意图

1. 进口叶片和金属丝网的分离性能

一般把进口叶片和金属丝网的分离效率统一在一起，称为初级分离效率。K 值对初级分离效率影响较大，当 K 值小于某一值时，初级分离效率较高且稳定，如图 7.27 所示[实验中液体浓度固定在 0.2%（体积分数）]，当 $K<0.14\text{m/s}$ 时初级分离效率都在 95%以上；而当 K 值大于某一值时（图 7.28 为 0.14m/s），初级分离效率会急剧下降，这是由丝网的溢流造成的，且 K 值越大，初级分离效率越低。如果固定 K 值，初级分离效率会随着液体浓度的增加而增大，如图 7.28 所示，而 Verlaan[15]的研究表明，进口叶片的分离效率会随着液体浓度的增加而降低，因此，初级分离效率随液体浓度的增加是由丝网造成的。

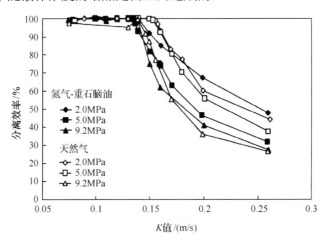

图 7.27　初级分离效率随 K 值的变化规律

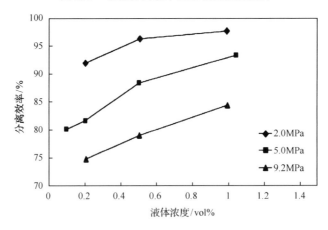

图 7.28　初级分离效率随液体浓度的变化规律

当入口液体浓度固定时，丝网的压降和 K 值也是密切相关(进口叶片的压降可不计)，如图 7.29 所示。在 K 值很小时，压降主要是由气速和气体密度决定，而当 K 值逐渐增大时，丝网的压降会突然上升，该值和图 7.27 分离效率突然下降的 K 值相等，即丝网产生了溢流现象，所以通过监测丝网的压降变化也可以判断其是否达到了溢流点。当丝网完全溢流后，压降值基本上达到一个稳定值。另外，从图 7.27 中也可以看出，用氮气–重石脑油为实验介质得到的压降要比合成天然气系统的高，这是因为后者的液体密度、黏度和表面张力都要低，气体在支撑低密度的液体时所需能量较低。

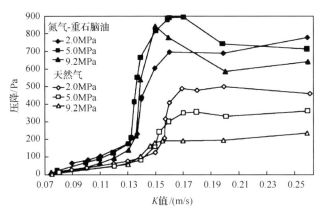

图 7.29　丝网压降随 K 值的变化规律

2. 旋风管组件的分离性能

如果固定液体浓度，旋风管组件的分离效率会随着表观气速的增加而下降，如图 7.30 所示，这是因为表观气速增大会增加被分离液体的二次夹带。另外，从

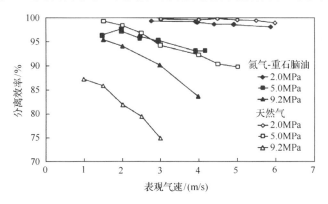

图 7.30　表观气速对旋风管组件分离效率的影响

图 7.30 中也可以看出,当压力为 2.0MPa 和 5.0MPa 时,两种不同介质系统得到的分离效率基本上相同,但当压力增加到 9.2MPa 时,分离效率下降快,且不同介质系统得到结果的区别也比较大,这主要是由液体的物性造成的,另外也和气体的密度有关。当表观气速固定时,除液体浓度比较低外,旋风管组件的分离效率都随着液体浓度的增加而减小,如图 7.31 所示。在液滴浓度较低时,细小颗粒会多一些,这是由于二次夹带而影响分离效率。

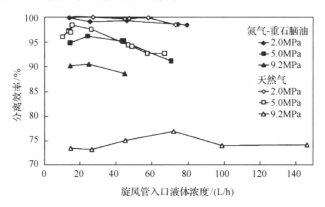

图 7.31　液体浓度对旋风管组件分离效率的影响

旋风管组件的压降用欧拉数 $Eu = \Delta p / \left(1/2\rho v^2\right)$ 表示,其中 v 为旋风管内轴向表观速度,如图 7.32 所示,用氮气-重石脑油比用合成天然气测量得到的欧拉数要稍微大一些,这是因为前者的密度大,另外也可以看出,旋风管组件的压降随着液体浓度的增加而增大。

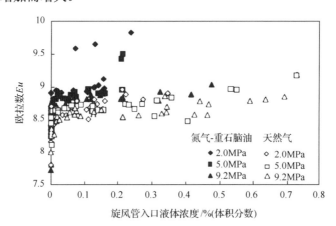

图 7.32　液体浓度对旋风管组件压降的影响

3. 直流式多管旋风分离器分离性能

当固定液体浓度时，直流式多管旋风分离器的分离效率会随着压力的升高而降低，例如，9.2MPa 时的分离效率就低于同条件 2.0MPa 时的分离效率，但整体的分离效率都比较高，如图 7.33 所示。对比图 7.27 和图 7.33 就可发现，在低 K 值时，多管旋风分离器的总效率和初级效率基本相等，说明低 K 值时小液滴既没有被旋风管组件分离，也没有被丝网垫捕集。在 K 值大于 0.14m/s 时，分离器的效率并没有像初级效率一样急剧下降，而是缓慢地降低，这是因为旋风管组件在 K 值较大时还能分离较多的液体。

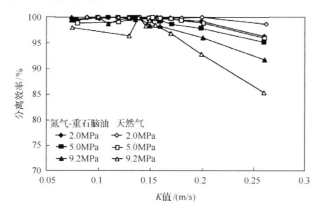

图 7.33　总分离效率的变化规律

7.3.3　大尺寸高压下直流式多管旋风分离器分离性能

大尺寸高压试验装置如图 7.26(c) 所示，由进口叶片、金属丝网垫和旋风管组件组成。直流式旋风管共有 31 根，其中内圈 13 根、外圈 18 根，内外圈用隔板分开，如图 7.34 所示。

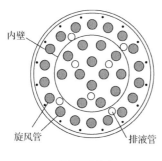

(a) 旋风管的排布

(b) 排液管的排布

图 7.34　大尺寸多管旋风分离器旋风管的排布方式

旋风管组件分离性能如图 7.35 所示。旋风管组件的分离效率在液体流量为 100～150L/h 时，随着液体流量的增加而升高，但是超过这个浓度范围时分离效率会下降；另外，对比图 7.31 和图 7.35 可以发现随着旋风管根数的增多，分离效率会下降较多，这可能是因为旋风管根数增加一是会导致进入各个旋风管的流量分布不均，二是被分离的液体更加容易夹带，从而导致了分离效率的下降。此外，随着压力的升高，分离效率下降。压降的变化规律和图 7.32 一致。

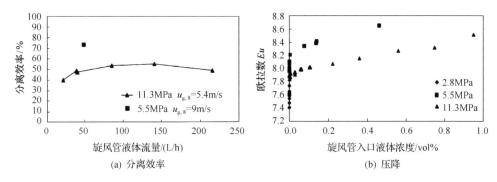

(a) 分离效率　　　　　　　　　　(b) 压降

图 7.35　大尺寸下旋风管组件的分离性能

进口叶片和金属丝网组件的分离性能如图 7.36 所示。大尺寸下叶片和金属丝网组件的初级分离效率与图 7.33 具有一致性，也存在一个 K 值使得分离效率的突变，但是其压降并没有突然升高。

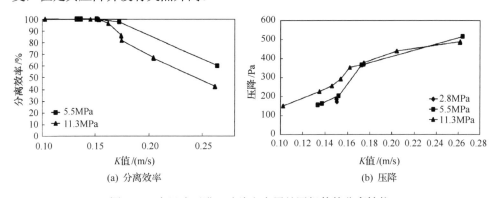

(a) 分离效率　　　　　　　　　　(b) 压降

图 7.36　大尺寸下进口叶片和金属丝网组件的分离性能

参 考 文 献

[1] Hoffmann A C, Stein L E. Gas Cyclones and Swirl Tubes-Principles, Design and Operation. 彭维明, 姬忠礼. 译. 北京: 化学工业出版社, 2004

[2] Hoffmann A C, Stein L E. Gas Cyclones and Swirl Tubes-Principles, Design and Operation. Berlin: Springer, 2002

[3] Austrheim T, Gjertsen L H, Hoffmann A C. An experimental investigation of scrubber internals at conditions of low pressure. Chemical Engineering Journal, 2008, 138(1): 95-102

[4] Jacobsson S, Austrheim T, Hoffmann A C. Experimental and computational fluid dynamics investigation of the flow in and around once-through swirl tubes. Industrial & Engineering Chemistry Research, 2006, 45(19): 6525-6530

[5] Austrheim T, Gjertsen L H, Hoffmann A C. Experimental investigation of the performance of a large-scale scrubber operation at elevated pressure on live natural gas. Fuel, 2008, 87(7): 1281-1288

[6] Austrheim T, Gjertsen L H, Hoffmann A C. Is the Souders-Brown equation sufficient for scrubber design? An experimental investigation at elevated pressure with hydrocarbon fluids. Chemical Engineering Science, 2007, 62(21): 5715-5727

[7] Austrheim T, Gjertsen L H, Hoffmann A C. Re-entrainment correlations for demisting cyclones acting at elevated pressures on a range of fluids. Energy & Fuels, 2007, 21(5): 2969-2976

[8] Austrheim T. Experimental characterization of high-pressure natural gas scrubbers. Bergen: University of Bergen, 2006

[9] 徐方成, 洪华生. 导叶直流式旋风管分离性能的研究. 厦门大学学报, 2002, 41(2): 222-224

[10] Nieuwstadt F T M, Dirkzwager M. A fluid mechanics model for an axial cyclone separator. Industrial & Engineering Chemistry Research, 1995, 34(10): 3399-3404

[11] Peng W, Hoffmann A C, Dries H W A, et al. Experimental study of the vortex end in centrifugal separators: The nature of the vortex end. Chemical Engineering Science, 2005, 60(24): 6919-6928

[12] Akiyama T, Marul T, Kono M. Experimental investigation on dust collection efficiency of straight-through cyclones with air suction by means of secondary rotational air charge. Industrial and Engineering Chemistry Process Design and Development, 1986, 25(4): 914-918

[13] Akiyama T, Marui T. Dust collection efficiency of a straight-through cyclone-effects of duct length, guide vanes and nozzle angle for secondary rotational air flow. Powder Technology, 1989, 58(3): 181-185

[14] Luis A C, Klujszo M R, Raj K, et al. Dust collection performance of a swirl air cleaner. Powder Technology, 1999, 103(2): 130-138

[15] Verlaan C. Performance of novel mist eliminators. Delft: Delft University of Technology, 1991

[16] 吴小林, 熊至宜, 姬忠礼. 天然气净化用旋风分离器气液分离性能. 化工学报, 2010, 61(9): 2430-2435

[17] 李智博. 粉尘含湿量对旋风分离器分离性能影响的实验研究. 北京: 中国石油大学(北京)硕士学位论文, 2013

[18] The Norwegian Oil Industry Association (OLF), The Federation of Norwegian. Norsok Standard: Process systems: P-100 (Edition 3), 2001

第8章　过滤分离器

8.1　过滤分离器的结构型式和主要性能参数

8.1.1　结构型式

在天然气集输和长输管道站场中，过滤分离器安装在多管旋风分离器之后，常用于除去 1μm 以上的固体颗粒和液滴。当天然气对直径小于 0.3μm 的液滴分离要求高时，过滤分离器出口尚需配置与之串联的聚结过滤器。图 8.1 为常用的卧式过滤分离器简图。过滤分离器内部的管板将腔体分为两段：左侧的含尘气体段与气体入口管相连，右侧的净化气体段与气体出口管相连，两段内分别安装过滤元件和气液分离元件。天然气首先由过滤分离器顶部入口垂直进入含尘气体段，含尘气体撞击到滤芯的金属支撑管上，以避免进口管中的高速含尘气流直接冲刷过滤元件，而后流动方向由垂直方向变为水平方向，含尘气体中直径较大的固体颗粒和液滴在重力作用下沉降到容器底部，使气体中的颗粒物得到初步分离。然后气体由滤芯外表面穿过过滤层进入滤芯内部，一定直径的固体颗粒被拦截在滤芯表面，同时气体中携带的液滴将聚结成直径较大的液滴，聚结后的大液滴在经过右侧空间的第二级分离元件后，在重力作用下沉降到容器下部的集液包，并定时由排污口排出。第二级分离元件一般为金属丝网捕雾器或叶片分离器。图 8.2 为卧式过滤分离器结构图，过滤分离器采用双鞍座支撑，进气侧端部为快开盲板，

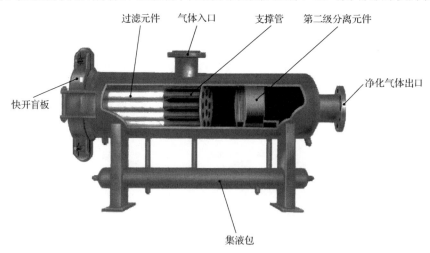

图 8.1　卧式过滤分离器简图

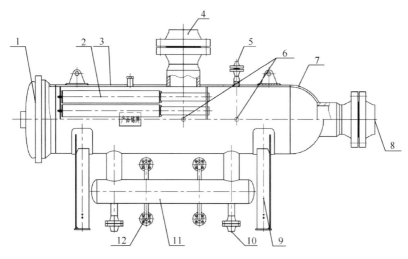

图 8.2　卧式过滤分离器结构图

1.快开盲板；2.滤芯；3.筒体；4.进气口；5.放空口；6.差压计口；7.封头；8.出气口；9.支座；
10.排污口；11.集液包；12.液位计口

便于更换滤芯。卧式过滤分离器内部管板两侧气体的阻力由差压计测定，当滤芯压差达到规定的极限值时，则需更换滤芯。过滤器下部的集液包由隔板分为左右两段，分别与含尘气体段和净化气体段相通，并各自安装有一个液位计，以确定排液时间。卧式过滤分离器具有处理气量大、快开盲板操作安全和滤芯更换方便等特点，在天然气集输和长输管道站场得到了广泛应用，但当气体中液滴含量大时，滤芯间气流分布不均匀，严重时会导致下部的滤芯失效。

　　图 8.3 为立式过滤分离器简图，图 8.3(a)安装了液滴捕集元件，图 8.3(b)则没有安装液滴捕集元件。立式过滤分离器内部滤芯采用垂直排布形式，含有固体颗粒和液滴的气体进入过滤器，经防冲挡板或滤芯金属支撑管后，由水平方向改为垂直方向，由滤芯外侧经过过滤层进入滤芯内部，过滤后气体向下流动，由净化气体出口管排出。立式过滤分离器的排尘排液口有两个，位于上部的排污口用于排出滤芯外侧分离出的固体粉尘和液体，下部的排污口用于排出滤芯内部的液体。图 8.4 为立式过滤分离器结构图，其中标示出了差压计和液位计的安装位置。立式过滤分离器具有滤芯间气流分布均匀、排尘排液顺畅和占地空间小等特点，一般用于处理气量小和过滤精度要求高的场合，其缺点是需要配置快开盲板操作平台。

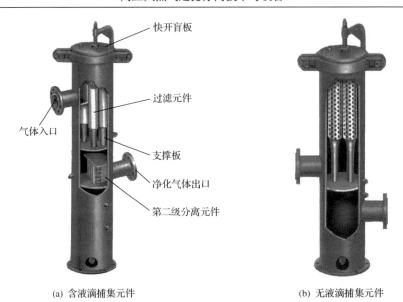

快开盲板

过滤元件

气体入口

支撑板

净化气体出口

第二级分离元件

(a) 含液滴捕集元件 　　　　　　　　　　　　(b) 无液滴捕集元件

图 8.3　立式过滤分离器简图

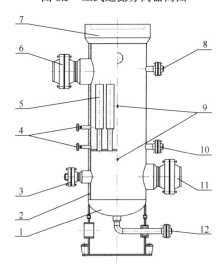

图 8.4　立式过滤分离器结构图

1.封头；2.筒体；3.手孔；4.液位计口；5.滤芯；6.进气口；7.快开盲板；8.放空阀；9.压差计口；
10.排污口；11.出气口；12.排污口

8.1.2　过滤分离原理

　　过滤过程按照颗粒物被捕集的位置可分为两大类：表面过滤和深层过滤。当气流沿垂直方向穿过过滤介质时，如果过滤介质的厚度与要过滤的最小颗粒直径相比较薄时，那么气体的过滤过程就会在过滤介质的迎风侧表面进行。任何直径小于过滤层孔径的颗粒都会随气流穿过过滤层，而直径大的颗粒则会被捕集在过滤层的外表面。小部分颗粒会沉降在过滤层孔隙内，且会堵塞该孔。过滤介质表面会逐渐被堵塞，进而导致气流阻力逐渐增加。这种过滤过程称之为表面过滤。随着过滤过程的进行，过滤介质表面的颗粒物不断增加，形成一个粉尘层，该粉尘层同时起到过滤介质的作用，此时过滤的性能为过滤介质自身的表面过滤作用与粉尘层的深层过滤作用的叠加结果。随着过滤压差的不断增加，可以通过连续反向气流或脉冲反向气流的方式清除掉过滤层表面的颗粒层，实现过滤介质的循环再生。表面过滤材料有金属滤网、多孔板和膜过滤材料等。如陶瓷膜或金属膜过滤元件等，而布袋过滤器也可以通过表面覆膜实现表面过滤。

大多数实际过滤介质的过滤层不仅沿气体流动方向具有一定的厚度，而且沿过滤层厚度方向的孔隙尺寸也是变化的，因此当颗粒在过滤层内流动遇到小的孔隙时，就会被捕集，且该孔隙可能被堵塞。此时过滤层的作用类似于颗粒床层，即使直径很小的颗粒，也有可能在孔隙内曲折流动时由直接拦截、惯性碰撞或扩散效应等过滤机理作用下被捕集，这种过滤过程称为深层过滤。深层过滤过程中过滤介质的孔隙结构会不断堵塞，阻力不断增加。当达到一定阻力限值时，需要更换过滤介质或通过化学等方法清洗过滤介质[1]。

8.1.3　主要性能参数

1. 过滤效率

过滤效率是指被过滤分离器过滤掉的颗粒物浓度与过滤前颗粒物浓度之比，用百分数(%)表示[2,3]。

2. 压降

在过滤气体操作压力和操作温度下，给定处理气量时过滤分离器前、后的压差。过滤分离器正常操作时，通常要求其压差低于某一极限压差，当达到极限压差时应更换过滤元件。

3. 更换压差

当过滤分离器前、后的压差达到某一极限值时，由于过滤器能耗过大或出口气体中颗粒或液滴含量超过允许值等原因，必须对内部的过滤元件进行更换，此时的压差称为更换压差。

4. 最大允许压降

最大允许压降是指过滤分离器内过滤元件在不发生破坏的情况下所能承受的最大内外压差，应大于过滤元件的更换压差。

8.2　过滤分离性能计算模型

8.2.1　纤维材料的过滤机理

　　由纤维材料制成的过滤介质利用多种过滤机理去除各种不同直径的固体颗粒，其过滤机理与含尘含液气体通过纤维介质的速度、纤维尺寸、纤维填充率、过滤的颗粒大小及颗粒是否带静电等多种因素有关。对于单根纤维过滤，其过滤机理至少包括以下五种：惯性碰撞、拦截效应、扩散效应、重力沉降和静电效应，其中惯性碰撞、拦截效应和扩散效应是最重要的三种过滤机理[1,4]，如图 8.5 所示。

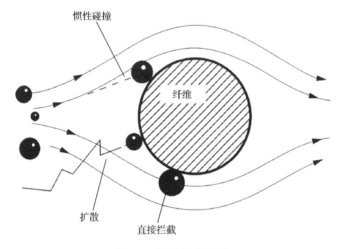

图 8.5　颗粒捕集机理

1. 惯性碰撞

　　由于纤维介质内部孔隙结构复杂，所以气流在纤维介质内穿过时，其流线要经过多次改变方向。对于质量较大或速度(可以看成气流的速度)较大的固体颗粒，当流线方向改变时，固体颗粒由于惯性作用不能沿气流方向绕过纤维捕集体，因而脱离流线向纤维靠近，并碰撞在纤维捕集体上沉积下来。惯性碰撞主要出现在颗粒直径大于 1μm 的分离情况下，且这种过滤机理在气体过滤速度高时效果更为明显。

2. 拦截效应

　　纤维材料内部纤维交错排列，形成不同尺寸和形状的孔隙通道。当某一尺寸的固体颗粒沿着流线刚好运动到纤维表面附近时，假设固体颗粒的中心到纤维表面的距离等于或小于固体颗粒半径时，固体颗粒就在纤维表面被拦截而沉积下来，这种作用称为拦截效应。当纤维间隙小于颗粒尺寸时，将出现筛分效应，如图 8.6 所示，其过滤机理也属于拦截效应。拦截效应主要发生在中等颗粒直径的过滤情况，既不会因为该类颗粒的直径较大使其由于惯性作用偏离气体流线运动，也不会因为其直径小而引起扩散效应。

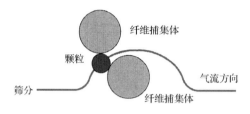

图 8.6　筛分效应过滤机理

直接拦截或筛分方法不是纤维过滤器中过滤固体颗粒的唯一或主要的方法，更不能把纤维过滤器像筛子一样看待。筛分作用只是除去尺寸大于其纤维间隙的固体颗粒，而在纤维过滤过程中，并不是所有小于纤维间间隙的固体颗粒都能穿透过去，最容易穿透的是某一定范围大小的固体颗粒。固体颗粒也并不都是在纤维层表面因筛分效应沉积下来，还存在其他捕集机理。

3. 扩散效应

由气体分子本身的布朗热运动对固体颗粒的碰撞，使气流中微小颗粒也会呈现与气体分子类似的布朗运动，颗粒直径越小，布朗运动越强烈。常温下 $0.1\mu m$ 的固体颗粒每秒钟扩散距离达 $17\mu m$，比纤维间距离大几倍至几十倍，这就使固体颗粒不受气流中黏性力的影响，而呈现随机运动过程，其运动轨迹主要受相邻颗粒和周围气体分子运动的影响，这些颗粒在气流中因扩散运动而在纤维表面被捕集，但直径 $0.3\mu m$ 以上的固体颗粒的布朗运动较弱，一般不足以凭借布朗运动使其离开流线碰撞到纤维表面上。因此扩散运动引起的过滤机理主要出现在直径小于 $0.3\mu m$ 的微小颗粒。颗粒直径越小和气体通过纤维层的速度越低，颗粒越容易被捕集下来。

4. 重力效应

固体颗粒通过纤维层时，在重力作用下发生脱离流线现象，也就是因重力被捕集在纤维上。由于气流通过纤维过滤层时间远小于 1s，因而对于直径小于 $0.5\mu m$ 的固体颗粒，当它还没有沉降到纤维上时已通过了纤维层，所以重力效应完全可以忽略[4]。

5. 静电效应

由于种种原因，纤维和固体颗粒都可能带上电荷，产生吸引固体颗粒的静电效应，除了有意使纤维或固体颗粒带电外，若是纤维间因摩擦带上电荷，或因固体颗粒感应而使纤维表面带电，则这种电荷不能长时间存在，电场强度也很弱，产生的吸引力很小，此时可以忽略静电效应的影响。静电效应主要发生在直径为 0.01～10μm 的颗粒。

在纤维过滤介质内，固体颗粒被捕集可能由于各种机理的共同作用，也可能由于一种或某几种主要机理的作用[5,6]。图 8.7 比较了不同颗粒大小时各种过滤机理所起的作用[7]。表 8.1 为扩散效应、直接拦截、惯性碰撞和重力沉降分别起主要作用时的颗粒粒径范围。

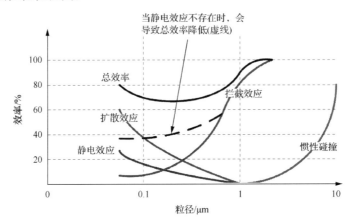

图 8.7　不同颗粒大小时各种过滤机理对过滤效率的影响[7]

表 8.1　单纤维过滤机理及其对应的颗粒直径范围

过滤机理	颗粒大小/μm
扩散效应	<0.3
直接拦截	0.3～10
惯性碰撞	1～20
重力沉降	≥20
静电效应	0.01～10

8.2.2　纤维滤材流场分析及阻力计算模型

1. 单根纤维周围气体速度场的分析

由前面的过滤分离机理可知，单根纤维捕集体周围的气体流场是影响分离性能的关键，因此对气体流场的研究至关重要。早在 1932 年，Lamb 分析了孤立圆柱体周围的气体流场，给出了简化的速度场近似计算方法[8]。1942 年，Langmuir 在考虑到实际滤材中相邻纤维间存在流场的相互影响，提出了采用胞壳思路简化纤维捕集体周围流场的方法，即假定滤材均由直径相同的圆柱体纤维组成，纤维轴线方向垂直于气流方向，且纤维间距较大，将纤维捕集体周围流场空间简化为圆形柱状区域，进而可以得到纤维捕集体周围速度场分布[9]。1959 年，Kuwabara[10] 和 Happel[11]在胞壳思路的基础上，分别得到了与气体流动方向垂直放置纤维圆柱体时周围的速度解析式。

1) 孤立圆柱体纤维周围流场的 Lamb 模型

Lamb 在忽略了周围临近纤维影响的前提下，得到图 8.8 所示的纤维捕集体周围流场[8]，该模型仅适用于滤材中纤维填充率 α 值很小的情况，此时的流函数为

$$\psi = \frac{u_0 r}{2\mathrm{La}}\left[2\ln\left(\frac{r}{a}\right) - 1 + \left(\frac{a}{r}\right)^2\right]\sin\theta \tag{8.1}$$

式中，ψ 为流函数；r 为流场中某一点相对于纤维捕集体中心的径向位置；θ 为流场中某一点相对于纤维捕集体中心的圆周方向位置；u_0 为 x 方向距纤维捕集体无限远处的气流速度，m/s；a 为纤维捕集体的半径，$a = d_\mathrm{f}/2$，m；La 为 Lamb 因子，$\mathrm{La} = 2 - \ln Re$，其中 Re 为以纤维捕集体直径为特征尺寸的雷诺数，用于反映纤维捕集体周围流动特性，定义为

$$Re = \frac{\rho_\mathrm{g} u_0 d_\mathrm{f}}{\mu} \tag{8.2}$$

式中，ρ_g 为气体密度，kg/m³；μ 为气体运动黏度，m²/s；d_f 为纤维捕集体直径，m。

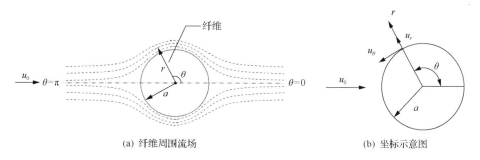

(a) 纤维周围流场　　　　　　　　　(b) 坐标示意图

图 8.8　绕纤维圆柱体区域的流动

由式 (8.1) 可以得到速度为

$$\begin{cases} u_r = \dfrac{\partial \psi}{r \partial \theta} = \dfrac{u_0}{2\mathrm{La}} \left[2\ln\left(\dfrac{r}{a}\right) - 1 + \left(\dfrac{a}{r}\right)^2 \right] \cos\theta \\[4mm] u_\theta = -\dfrac{\partial \psi}{\partial r} = \dfrac{u_0}{2\mathrm{La}} \left[2\ln\left(\dfrac{r}{a}\right) + 1 - \left(\dfrac{a}{r}\right)^2 \right] \sin\theta \end{cases} \tag{8.3}$$

式中，u_r 为速度径向分量；u_θ 为速度切向分量。

Lamb 流场分析结果在纤维捕集体表面附近与实际测定结果比较吻合，而在远离纤维区域的流场则误差较大，即 Lamb 流场分析方法适用于 $r < 2a = d_f$ 的流动区域和雷诺数较小的情况下，可用于拦截效率的计算，但不适用于具有一定惯性的颗粒运动轨迹计算。

2）高孔隙率滤材内流场的 Kuwabara 和 Happel 模型

由于实际滤材中纤维间距离较小，必须考虑邻近纤维间流场的相互影响，滤材中纤维间排列方式也影响了其流场特性。由于滤材内孔隙率 ε 与滤材内纤维填充率 α 之间存在 $\varepsilon + \alpha = 1$ 的关系，高孔隙率滤材意味着纤维填充率 $\alpha \ll 1$。

最简单的排列方式为纤维圆柱体在与过滤气体流动方向的垂直线上单列等间距排列，图 8.9 给出了圆柱体的矩形排列和交错排列两种形式。Happel 和 Brenner[12] 研究了纤维圆柱体呈矩形二阶排列时的流场，且假定纤维填充率 $\alpha \ll 1$，图 8.9(b) 将多根纤维交错排列式的流场简化为由图 8.10 所示的单根纤维流场叠加而成。每根纤维的流场范围由内圆为纤维半径 a、外圆半径为 b 的同轴圆筒体组成的圆形柱状空间。若假设滤材内每单位体积内有 n 根直径为 d_f 的平行纤维，则单位体积滤材中纤维填充率为 $\alpha = n\pi d_f^2 / 4$，由于 $n\pi b^2 = 1$，则得 $\alpha = d_f^2 / 4b^2$。

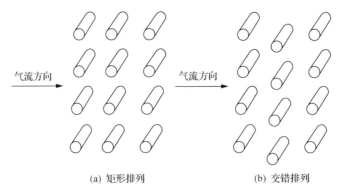

(a) 矩形排列   (b) 交错排列

图 8.9 纤维圆柱体二阶排列

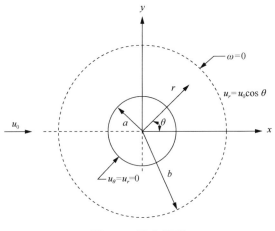

图 8.10　胞壳模型

Kuwabara[10]、Happel 和 Brenner[12]所应用的边界条件相同之处为：①气体在胞壳内外表面无滑移流动；②气体分子运动的平均自由程远小于纤维捕集体直径；③在纤维捕集体外表面 $r=a$ 处的速度等于零；④在胞壳外表面 $r=b$ 处的径向速度是 $u_0 \cos \theta$。Happel 模型与 Kuwabara 模型的区别在于 Happel 模型假设圆筒体外表面上流体的流体剪应力 $\sigma_{r\theta}=0$，Kuwabara 则假定在圆筒体外表面 $r=b$ 处的流场旋度 $\omega=0$。为此可将二者的流函数统一写为

$$\psi = \frac{u_0 r}{2H^*}\left[2\ln\left(\frac{r}{a}\right)-1+\alpha+\frac{a^2}{r^2}\left(1-\frac{\alpha}{2}\right)-\frac{\alpha}{2}\left(\frac{r}{a}\right)^2\right]\sin\theta \tag{8.4}$$

利用流函数，可以得到气体速度分布：

$$\begin{cases} u_r = \dfrac{\partial \psi}{r\partial \theta} = \dfrac{u_0}{2H^*}\left[2\ln\left(\dfrac{r}{a}\right)-1+\alpha+\left(\dfrac{a}{r}\right)^2\left(1-\dfrac{\alpha}{2}\right)-\dfrac{\alpha}{2}\left(\dfrac{r}{a}\right)^2\right]\cos\theta \\[3mm] u_\theta = -\dfrac{\partial \psi}{\partial r} = \dfrac{u_0}{2H^*}\left[2\ln\left(\dfrac{r}{a}\right)+1-\alpha-\left(\dfrac{a}{r}\right)^2\left(1-\dfrac{\alpha}{2}\right)-\dfrac{3\alpha}{2}\left(\dfrac{r}{a}\right)^2\right]\sin\theta \end{cases} \tag{8.5}$$

式中，ψ 为流函数，在 $r=b$ 圆柱表面上，存在如下关系式：

$$\begin{cases} u_r = u_0 \cos\theta \\[3mm] u_\theta = -u_0\left[1+\dfrac{(1-\alpha)^2}{2H^*}\right]\sin\theta \\[3mm] \psi = u_0 b \sin\theta = u_0 y \end{cases} \tag{8.6}$$

式中，H^* 为流体动力学因子，对于 Kuwabara 流场模型，$H^* = \text{Ku} = -\dfrac{1}{2}\ln\alpha +$ $\alpha - \dfrac{\alpha^2}{4} - \dfrac{3}{4}$。使用 Kuwabara 流场模型时，颗粒物轨迹计算的起点位置一般设在流场的前沿，因此可将其转化为直角坐标系下的无量纲速度分量：

$$\begin{cases} \dfrac{u_x}{u_0} = 1 + \dfrac{(1-\alpha)^2}{2\text{Ku}}\sin^2\theta \\[3mm] \dfrac{u_y}{u_0} = -\dfrac{(1-\alpha)^2}{2\text{Ku}}\sin\theta\cos\theta \end{cases} \tag{8.7}$$

当滤材填充隙率较小时，即 $\alpha \ll 1$，此时 Kuwabara 模型、Happel 模型和 Lamb 模型的流函数可统一简化为

$$\psi = \frac{u_0 a}{2H^*}\left[\frac{a}{r} - \frac{r}{a} + 2\frac{r}{a}\ln\left(\frac{r}{a}\right)\right]\sin\theta \tag{8.8}$$

式中，Lamb 模型的流体因子 $H^* = \text{La} = 2 - \ln Re$；Kuwabara 模型的流体因子 $H^* = \text{Ku} = -\dfrac{1}{2}\ln\alpha + \alpha - \dfrac{\alpha^2}{4} - \dfrac{3}{4}$；Happel 模型的流体因子 $H^* = \text{Ha} = -\dfrac{1}{2}\ln\alpha + \alpha^2/(1+\alpha^2) - \dfrac{1}{2}$。

由前面假设的前提条件可知，Kuwabara 流场模型和 Happel 流场模型适用于纤维填充率比较低的情况。除了 Kuwabara 流场模型和 Happel 流场模型外，还有常用的 Spielman 流场模型和 Goren[13]的流场模型。Kirsch 和 Fuchs[14]采用直径为 20μm 和 30μm 的球形颗粒进行流场示踪实验，结果表明 Kuwabara 流场计算结果与实测流场吻合得较好。

3) 纤维周围气体流动和颗粒运动轨迹的计算流体力学方法

由于前面分析出的纤维圆柱体周围速度解析式只适合滤材纤维填充率较低的情况，而实际的滤材内纤维流场必须考虑邻近纤维的影响，且纤维方向、排布方式及纤维粗细差别等多种多样，难以分析滤材内的气体流场。近十几年来，计算流体力学(CFD)在滤材内流场模拟方面得到了广泛应用，主要由以下几种：边界元方法、控制容积方法和格子-玻尔兹曼方法(Lattice-Boltzmann method，LBM)。当得到滤材内气体流场分布后，即可采用气固两相流动模型分析颗粒运动，进而计算出单根纤维的过滤效率。

20 世纪 80 年代发展起来的 LBM 方法是介于宏观和微观之间的一种介观分析方法，它具有边界处理简单、容易实现并行计算等特点，广泛应用于多孔介质流动、悬浮颗粒流动、多相流动、微尺度流动、化学反应及传热等领域中。LBM 方法将流体假设为大量的微观粒子，这些流体微团的宏观尺度无限小，微观尺度又比分子大，并且将这些流体微团根据一些简单的规则在离散的网格节点上进行碰撞和迁移，通过对流体微团的运动参量进行统计平均，便可得到流体的宏观运动特性。LBM 不受许多常规数值方法中诸如连续介质假设等条件限制，它是从介观尺度模拟多孔介质结构内的流动细节，同时采用了高性能并行计算方法[15]。LBM 方法不仅适用于单相流场的模拟计算，也适合多相流动中颗粒相的运动轨迹计算。Wang 等[16]利用 LBM 模拟分析了多根纤维平行排列和交错排列时的流场，利用拉格朗日方法计算了颗粒随机轨迹，进而可以得到不同直径颗粒的捕集效率，并与已有的经验关系式进行了比较。

2. 纤维过滤材料的阻力

根据曳力模型理论，可得到单纤维捕集体及滤材阻力情况。

1）单根纤维捕集体的阻力

单根纤维捕集体在气流中的阻力可表达为

$$F = C_D d_f \rho_g \frac{u_0^2}{2} \tag{8.9}$$

式中，C_D 为曳力系数；d_f 为纤维捕集体直径，m；ρ_g 为气体密度，kg/m^3；u_0 为气体流速，m/s。

通常定义无量纲阻力系数为

$$F^* = \frac{F}{\mu u_0} = \frac{C_D d_f \rho_g u_0^2}{2\mu u_0} = \frac{1}{2} C_D Re \tag{8.10}$$

依据前面给出的流场特性，可以得到无量纲阻力系数值。应用 Lamb 所提出的绕流圆柱体流动阻力计算公式，得到的相应阻力系数为

$$F^* = \frac{4\pi}{2 - \ln Re} \tag{8.11}$$

1959 年，Kuwabara[10]利用前述所求解的流场得到了绕流圆柱相互平行的二阶结构时阻力系数：

$$F^* = \frac{4\pi}{-\dfrac{1}{2}\ln\alpha + \alpha - \dfrac{1}{4}\alpha^2 - \dfrac{3}{4}} \tag{8.12}$$

1959 年，Happel[11]利用其流场模型得到了绕流圆柱群时的阻力系数：

$$F^* = \frac{4\pi}{-\dfrac{1}{2}\ln\alpha - \dfrac{1}{2}\left(\dfrac{1-\alpha^2}{1+\alpha^2}\right)} \tag{8.13}$$

2）滤材阻力

（1）单根纤维阻力之和方法。当纤维层孔隙率高时，若忽略相邻纤维之间的影响，纤维层的阻力表示为单根纤维阻力之和，纤维填充层的阻力可以表示为

$$\Delta p A = F L_{\mathrm{f}} A h \tag{8.14}$$

式中，F 表示单位纤维长度的流体阻力，N；L_{f} 为单位体积滤材内的纤维长度，$L_{\mathrm{f}} = \dfrac{4\alpha}{\pi d_{\mathrm{f}}^2}$，m；$\Delta p$ 为介质两端的差压，Pa；A 为过滤介质的面积，m^2；h 为沿气体流动方向的滤材厚度，m。

因此，可改写滤材阻力系数的形式为

$$\Delta p A = F L_{\mathrm{f}} A h = C_{\mathrm{D}} d_{\mathrm{f}} \frac{\rho_{\mathrm{g}} u_0^2}{2} \frac{4\alpha}{\pi d_{\mathrm{f}}^2} A h \tag{8.15}$$

$$\frac{\Delta p d_{\mathrm{f}}^2}{4\mu u_0 h} = \frac{\alpha C_{\mathrm{D}} Re}{2\pi} = \frac{\alpha F^*}{\pi} = f \tag{8.16}$$

式中，μ 为流体的动力黏度，Pa·s。

（2）基于 Darcy 定律的经验公式。在低流速、小雷诺数情况下，多孔介质滤材进排气侧的阻力满足达西定律：

$$\Delta p = \frac{1}{k^*} \mu u_0 h \tag{8.17}$$

$$\frac{\Delta p d_{\mathrm{f}}^2}{4\mu u_0 h} = \frac{d_{\mathrm{f}}^2}{4k^*} = f \tag{8.18}$$

式中，$k^* = \dfrac{\mu u_0 h}{\Delta p}$ 为滤材透气率，m^2。

Davies 通过整理图 8.11 所示的有关不同纤维滤材的实验数据，总结出了适用于纤维填充率 α =0.006~0.40 时阻力系数与纤维填充率 α 之间的经验公式[9,17]：

$$\frac{\Delta p d_{\mathrm{f}}^2}{4\mu u_0 h} = f = 16\alpha^{\frac{3}{2}}\left(1 + 56\alpha^3\right) \tag{8.19}$$

1983 年，Henry 和 Ariman[18]采用流场计算方法分析了三种纤维交错排列方式时的流场，总结出了式(8.20)的阻力关系，该式计算值与 Kuwabara 模型值比较接近，但高于 Davies 经验公式值：

$$f = 2.446\alpha + 38.16\alpha^2 + 138.9\alpha^3 \tag{8.20}$$

1984 年，Drummond 和 Tahir[19]通过计算平行圆柱体在各种不同规则排列方式下的圆柱体周围的层流黏性流动，总结出了式(8.21)：

$$f = \frac{4\pi}{\ln\left(\dfrac{1}{\alpha}\right) - K + 2\alpha - \dfrac{\alpha^2}{2}} \tag{8.21}$$

式中，K 为取决于滤材内纤维排布形式的常数，可由实验确定。

1986 年，Jackson 和 James[20]分析了纤维非规则排列时的三维流动特点，给出了与滤材实际测定数据吻合较好的经验公式，可以适用于纤维填充率 α <0.25 的情况。

$$f = \frac{20\alpha}{3(-\ln\alpha - 0.941)} \tag{8.22}$$

1988 年，Rao 和 Faghri[21]采用计算流体力学模拟了矩形排列时的纤维圆柱体周围流场，通过调整纤维圆柱横向和纵向的间距，计算出了填充率为 0.029~0.136 时的阻力系数，并拟合出了以下阻力系数公式：

$$f = 2.635\alpha + 39.34\alpha^2 + 144.5\alpha^3 \tag{8.23}$$

1993 年，Brown[22]基于 Kuwabara 流场，滑移流动区域 $0.01 < \mathrm{Ku} < 0.25$，得到了阻力计算公式：

$$f = \frac{4\alpha\left(1 + 1.996\mathrm{Ku}\right)}{-\dfrac{1}{2}\ln\alpha + \alpha - \dfrac{3}{4} - \dfrac{\alpha^2}{4} + 1.996\mathrm{Ku}\left(-\dfrac{1}{2}\ln\alpha + \dfrac{\alpha^2}{4} - \dfrac{1}{4}\right)} \tag{8.24}$$

常见阻力系数及其表达式列于表 8.2。当计算得到 f 后，将其代入式(8.18)即可求得过滤器两侧的阻力。类似纤维非均匀分布对效率的修正，滤材阻力亦应进行修正。将滤材分成 m 层，每层的阻力相加即可得到总阻力。

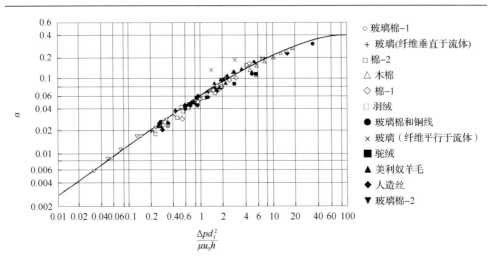

图 8.11　不同纤维滤材阻力系数[17]

表 8.2　常见阻力系数及其表达式

文献	阻力系数	说明
Lamb[8]	$$f = \frac{4\alpha}{2 - \ln Re}$$	孤立圆柱体
Happel[11]	$$f = \frac{4\alpha}{-\frac{1}{2}\ln \alpha - \frac{1}{2}\left(\frac{1-\alpha^2}{1+\alpha^2}\right)}$$	平行圆柱体交错排列
Kuwabara[10]	$$f = \frac{4\alpha}{-\frac{1}{2}\ln \alpha + \alpha - \frac{\alpha^2}{4} - \frac{3}{4}}$$	平行圆柱交错排列
Davies[9]	$$f = 16\alpha^{\frac{3}{2}}\left(1 + 56\alpha^3\right)$$	实际滤材测试数据
Heny 和 Ariman [18]	$$f = 2.446\alpha + 38.16\alpha^2 + 138.9\alpha^3$$	平行圆柱体交错排列
Drummond 和 Tahir[19]	$$f = \frac{4\pi}{\ln\left(\frac{1}{\alpha}\right) - K + 2\alpha - \frac{\alpha^2}{2}}$$	圆柱体不同排列
Jackson 和 James[20]	$$f = \frac{20\alpha}{3 \times (-\ln \alpha - 0.941)}$$	平行圆柱体多种排列和实测数据
Rao 和 Faghri[21]	$$f = 2.635\alpha + 39.34\alpha^2 + 144.5\alpha^3$$	平行圆柱矩形排列
Brown[22]	$$f = \frac{4\alpha(1 + 1.996\mathrm{Ku})}{-\frac{1}{2}\ln \alpha + \alpha - \frac{3}{4} - \frac{\alpha^2}{4} + 1.996\mathrm{Ku}\left(-\frac{1}{2}\ln \alpha + \frac{\alpha^2}{4} - \frac{1}{4}\right)}$$	平行圆柱交错排列

Bergman 等[23]考虑了两种纤维对收集效率和压降的作用：一是开始的洁净纤维；二是沉积在纤维通道的颗粒可以作为第二种纤维，并修正了 Davies 模型，从而得到

$$\frac{\Delta p d_{\mathrm{f}}^2}{4\mu u_0 h} = 16\left(\alpha + \frac{\alpha_{\mathrm{p}}}{R^2}\right)^{\frac{1}{2}}\left(\alpha + \frac{\alpha_{\mathrm{p}}}{R}\right) \tag{8.25}$$

式中，α_{p} 表示颗粒层的孔隙率；R 为直接拦截比，定义为 $R = d_{\mathrm{p}}/d_{\mathrm{f}}$。

2010 年，Fotovati 等[24]采用两种纤维模式中的面积加权等效直径$\left(d_{\mathrm{eq}}^{(2)}\right)$、体积加权等效直径$\left(d_{\mathrm{eq}}^{\mathrm{vwr}}\right)$和立方根等效直径$\left(d_{\mathrm{eq}}^{\mathrm{cr}}\right)$进行对比计算，其表达式分别为式（8.26）、式（8.27）及式（8.28），计算条件为：质量分数 $0 \leqslant n_{\mathrm{c}} \leqslant 1$（$n_{\mathrm{c}}$ 为粗纤维所占的质量分数），粗纤维直径（d_{c}）与细纤维直径（d_{f}）的比值范围为 1~7，填充率 $\alpha = 0.1$。结果表明选取立方根等效直径时，对过滤器压降及效率预测计算结果较好：

$$d_{\mathrm{eq}}^{(2)} = 2\frac{n_{\mathrm{c}}r_{\mathrm{c}}^2 + n_{\mathrm{f}}r_{\mathrm{f}}^2}{n_{\mathrm{c}}r_{\mathrm{c}} + n_{\mathrm{f}}r_{\mathrm{f}}} \tag{8.26}$$

$$d_{\mathrm{eq}}^{\mathrm{vwr}} = 2\sqrt{n_{\mathrm{c}}r_{\mathrm{c}}^2 + n_{\mathrm{f}}r_{\mathrm{f}}^2} \tag{8.27}$$

$$d_{\mathrm{eq}}^{\mathrm{cr}} = 2\sqrt[3]{n_{\mathrm{c}}r_{\mathrm{c}}^3 + n_{\mathrm{f}}r_{\mathrm{f}}^3} \tag{8.28}$$

2012 年，Gervais[25]针对实际滤材由两种尺寸的纤维情况，总结出了两种计算压降的方法：特定纤维长度当量模型和特定纤维比表面积模型。

特定长度模型计算公式为

$$\frac{\Delta p}{h} = \frac{L_{\mathrm{v}}}{1-\alpha}\sum_{i=1}^{n}\left(Y_i F_i\right) \tag{8.29}$$

式中，L_{v} 为纤维滤材所占体积中的纤维总长度；F_i 为直径为 $d_{\mathrm{f},i}$ 的纤维所产生的初始阻力；Y_i 为其对应的体积分数。依据 Davies 阻力公式（8.19）得

$$\frac{\Delta p}{4\mu u_0 h} = 16\frac{\alpha^{\frac{3}{2}}}{(1-\alpha)}\sum_{i=1}^{n}\left(\frac{Y_i}{d_{\mathrm{f},i}^2}\right)\sum_{i=1}^{n}\left[Y_i^{\frac{3}{2}}\left(1 + 56\alpha^3 Y_i^3\right)\right] \tag{8.30}$$

特定比表面积模型为

$$\frac{\Delta p}{4\mu u_0 h} = 16\alpha^{\frac{3}{2}}\left(\sum_{i=1}^{n}\frac{Y_i}{d_{\mathrm{f},i}^2}\right)^2\left(1 + 56\alpha^3\right) \tag{8.31}$$

8.2.3　单根纤维捕集体的效率模型

前面简要说明了纤维过滤材料的各种过滤机理，实际的过滤过程涉及颗粒特性、气体特性及滤材结构等各种因素的影响，过滤机理更加复杂：一是实际的滤材结构多种多样，影响颗粒过滤的因素众多；二是在纤维材料过滤过程中，随着过滤时间增加，纤维滤材表面及内部的颗粒不断沉积导致滤材结构不断改变，因此滤材的过滤效率和阻力是动态变化的。通常认为在气流含尘浓度低时的初期过滤阶段，可以假设为稳态过滤过程，此后则是动态变化过程。因此应首先分析单根纤维作为捕集体时颗粒的捕集效率，然后再考虑实际的多根纤维群时的情况，以便对过滤效率进行修正。在分析单根纤维捕集体时，通常采用如下基本假设。

(1)滤材内部由许多根圆柱形纤维组成，纤维材料相同。

(2)纤维轴线与气流方向垂直，且纤维间距足够远。

(3)不同直径的球形颗粒碰到纤维捕集体就被捕集下来，此后不会发生颗粒的二次夹带现象。

单根纤维的分离效率定义为单位时间内纤维捕集到的颗粒与滤材上游某处纤维投影面积区域内气体所含的全部颗粒的比值。

1. 惯性碰撞效率

图 8.12 为单根纤维作为捕集体时惯性捕集示意图。当滤材内纤维填充率较低时，可将实际滤材内纤维间的流场简化为单根纤维；而当纤维填充率高时，单根纤维周围的流场必定受到邻近纤维的影响[26,27]。因此实际滤材内单根纤维周围的流场既可采用前面的经典解析式，也可以采用计算流体动力学方法。

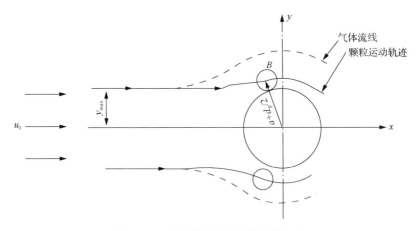

图 8.12　单根纤维捕集体的惯性效应

在假设单根纤维捕集体流场已知的前提下，列出颗粒在气体流场中的运动方程。颗粒在 x 和 y 方向上的运动方程：

$$\begin{cases} \dfrac{\pi d_p^3}{6}\rho_p \dfrac{\mathrm{d}v_x}{\mathrm{d}t} = -F_{Dx} + F_x \\[2mm] \dfrac{\pi d_p^3}{6}\rho_p \dfrac{\mathrm{d}v_y}{\mathrm{d}t} = -F_{Dy} + F_y \end{cases} \tag{8.32}$$

式中，F_{Dx}、F_{Dy} 分别为 x 和 y 方向上的阻力；F_x、F_y 分别为 x 和 y 方向上的体积力。

由于惯性碰撞效率主要取决于以下两个因素：①纤维捕集体周围的气流速度分布，选用气体雷诺数表述其流态；②颗粒运动轨迹，取决于颗粒的质量、气流阻力、纤维捕集体的尺寸和形状，以及气流速度等因素。选用无量纲准数 Stokes 数作为描述颗粒运动特征的参数：

$$St = \frac{\rho_p d_p^2 C_c u}{18\mu\, d_f}$$

式中，ρ_p 为颗粒密度，$\mathrm{kg/m^3}$；μ 为气体的动力黏度，$\mathrm{Pa\cdot s}$；d_p 为颗粒直径，m；u 为气流速度，$\mathrm{m/s}$；$C_c = 1 + \dfrac{2.52\lambda}{d_p}$，其中 λ 为气体分子的平均自由程。

Stokes 数反映了颗粒的自由沉降距离与纤维捕集体直径的比值。当颗粒在气体中的阻力 $\bar{F}_D$ 满足 Stokes 区时，有 $\bar{F}_D = -3\pi\mu d_p(\bar{u}-\bar{v})$，且当忽略颗粒所受的其他外力 F_x 和 F_y 时，此时式(8.32)改写为

$$\begin{cases} St\dfrac{\mathrm{d}^2 x}{\mathrm{d}t^2} + \dfrac{\mathrm{d}x}{\mathrm{d}t} = u_x \\[2mm] St\dfrac{\mathrm{d}^2 y}{\mathrm{d}t^2} + \dfrac{\mathrm{d}y}{\mathrm{d}t} = u_y \end{cases} \tag{8.33}$$

在给定了气体流场和颗粒特性参数的前提下，就可以计算不同位置的颗粒轨迹曲线。根据过滤理论常用的假设，颗粒物撞击纤维时，因颗粒物与纤维表面间的范德瓦耳斯力作用而被黏在纤维上。

1) 颗粒轨迹方法计算的单根纤维惯性捕集效率

若颗粒物中心的轨迹同以与纤维捕集体中心为圆心、半径为 $r_c = \dfrac{d_f}{2} + \dfrac{d_p}{2}$ 的圆相交，颗粒物就会碰撞到纤维捕集体；否则，颗粒逃逸。计算的目的是要找出一

条与该圆接触的最靠外的轨迹线，并记录那条轨迹线起点处的 y 坐标（记为 $y_{\max}$），有了这个坐标，就可以得到惯性效应下的单纤维惯性碰撞效率为

$$E_\mathrm{I} = \frac{\text{撞击纤维的颗粒浓度}}{\text{流经纤维在上游投影面的颗粒浓度}} = \frac{2c_\mathrm{in}u_0y_{\max}}{c_\mathrm{in}u_0d_\mathrm{f}} = \frac{2y_{\max}}{d_\mathrm{f}} \qquad (8.34)$$

式中，c_in 为气体中的颗粒浓度；u_0 为远离纤维捕集体处的平均气流速度。

2) 解析法

由于颗粒在流场中的运动方程求解较为困难，一般采用近似方法或半经验方法得到惯性捕集效率。由式 (8.30) 和式 (8.31) 可知，颗粒在流场中的运动特性取决于 Stokes 数和气体流动准数 Re，因此惯性捕集效率可表示为

$$E_\mathrm{I} = f(St, Re) \qquad (8.35)$$

1969 年，Stechkina 等[28]针对纤维平行放置且 Stokes 数较小的情况，得到了计算惯性碰撞效率的解析公式：

$$E_\mathrm{I} = \frac{JSt}{4\mathrm{Ku}^2} \qquad (8.36)$$

式中，J 是一个复杂积分，当拦截参数 $R = d_\mathrm{p}/d_\mathrm{f}$ 和纤维填充率 α 分别满足 $0.01 < R < 0.4$ 和 $0.0035 < \alpha < 0.111$ 时，$J = (29.6 - 28\alpha^{0.62})R^2 - 27.5R^{2.8}$。

1993 年，Brown[22]总结出了不同 Stokes 数时的碰撞捕集效率公式：

当中等 Stokes 数时，

$$E_\mathrm{I} = \frac{St^3}{St^3 + 0.775St^2 + 0.22} \qquad (8.37)$$

当高 Stokes 数时，

$$E_\mathrm{I} = 1 - \frac{\gamma}{St} \qquad (8.38)$$

对于 Kuwabara 流场，且纤维填充率为 5% 时，$\gamma = 0.805$。

2. 拦截效应

图 8.13 为单根纤维作为捕集体时颗粒拦截效应示意图。假设颗粒有大小而无质量，即 $St = 0$ 时，颗粒没有惯性，此时颗粒的运动轨迹与气体流线重合。如果在某一流线上运动的颗粒中心正好使其颗粒表面能接触到纤维捕集体表面，则认为该颗粒被拦截。由图 8.13 可以看出，在无限远处运动的颗粒在接近单根纤维捕集体时，其运动轨迹要改变方向，此时随气体运动的颗粒运动到纤维捕集体表面

的距离等于或小于颗粒的半径，颗粒就在纤维捕集体表面沉积下来；纤维捕集体上游宽度为 d_f 的气体中所携带的颗粒在到达纤维前一定距离即开始绕流，因此实际可能被捕集的颗粒仅是在 $y = d_f/2$ 到 $y = d_f/2 + d_p/2$ 之间的气流所包含的颗粒。在分析拦截效应时，应忽略颗粒的惯性效应，假定颗粒的运动与气体运动相同。由于假定气流中颗粒浓度均匀，拦截捕集效率就是二者的流量之比。

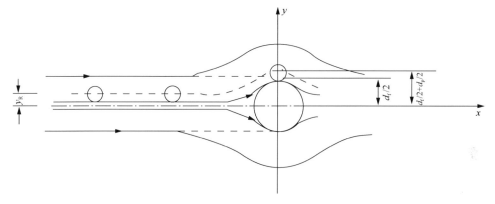

图 8.13　颗粒的拦截效应[4]

$$E_R = \frac{\int_{\frac{d_f}{2}}^{\frac{d_f + d_p}{2}} u_{\theta = \frac{\pi}{2}} \mathrm{d}y}{u_0 d_f/2} = \frac{2}{u_0 d_f} \psi\left(r = \frac{d_f + d_p}{2}, \theta = \frac{\pi}{2}\right) = \frac{2u_0 y_R}{u_0 d_f} = \frac{2y_R}{d_f} \qquad (8.39)$$

式 (8.39) 中只要知道流函数 ψ，就可以得出 E_R。

Langmuir[29]应用 Lamp 流场模型得到了单根纤维的拦截效率：

$$E_R = \frac{1}{2La}\left[2(1+R)\ln(1+R) - (1+R) + \frac{1}{(1+R)}\right] \qquad (8.40)$$

式中，R 为直接拦截比，定义为 $R = d_p/d_f$。

1966 年，Pich[30]针对纤维 Knudsen 数 ($Kn_f = 2\lambda/d_f$) 较小时，在拦截效率公式的基础上得

$$E_R = \frac{(1+R)^{-1} - (1+R) + 2\left[(1 + 1.996Kn_f(1+R)\ln(1+R)\right]}{2\left[-\frac{3}{4} - \frac{1}{2}\ln\alpha + 1.996Kn_f\left(-\frac{1}{2} - \ln\alpha\right)\right]} \qquad (8.41)$$

1966 年，Stechkina 和 Fuchs[31]依据 Kuwabara 流场模型，得到了拦截效率：

$$E_R = \frac{1}{2\mathrm{Ku}} \left[2(1+R)\ln(1+R) - (1+R)(1-\alpha) + \frac{1}{1+R}\left(1-\frac{\alpha}{2}\right) - \frac{\alpha}{2}(1+R)^3 \right] \quad (8.42)$$

若采用 Happel 流场模型时，则其对应的纤维拦截效率为

$$E_R = \frac{1}{2\mathrm{Ha}} \left[2(1+R)\ln(1+R) - (1+R) + \frac{1}{1+R} \right] \quad (8.43)$$

1980 年，Lee 和 Gieseke[32]通过对式(8.42)的对数按级数展开，忽略高次项，得到

$$E_R = \frac{1-\alpha}{\mathrm{Ku}} \frac{R^2}{(1+R)^m} \quad (8.44)$$

式中，$m = \dfrac{2}{3(1-\alpha)}$。

1982 年，Lee 和 Liu[33]借助于 Kuwabara 流场模型，对式(8.44)进行了简化，得到了拦截效率公式：

$$E_R = \left(\frac{1-\alpha}{\mathrm{Ku}}\right) \frac{R^2}{(1+R)} \quad (8.45)$$

1982 年，Lee 和 liu[34]将扩散效率与拦截效率相加得到的总效率与实验数据比较，得到了如下拦截效率计算公式：

$$E_R = 0.6 \left(\frac{1-\alpha}{\mathrm{Ku}}\right)^{\frac{1}{3}} \frac{R^2}{(1+R)} \quad (8.46)$$

1990 年，Liu 和 Rubow[35]在考虑了颗粒直径小时，纤维表面存在滑移情况时，通过引入 Kn_f 准数，得到了纤维拦截效率为

$$E_R = 0.6 \left(\frac{1-\alpha}{\mathrm{Ku}}\right) \left(\frac{R^2}{1+R}\right) \left(1 + \frac{1.996 Kn_f}{R}\right) \quad (8.47)$$

3. 扩散效应

由前面分析可知，扩散效应主要是针对直径较小的颗粒。颗粒直径越小，布朗运动越剧烈，扩散沉降作用越显著。当颗粒直径小于 0.1μm 时，扩散效应引起的捕集效率达到 80%以上。由于直径小的颗粒受到处于无规则运动状态的气体分

子的碰撞，使它们像气体分子一样做无规则运动，因此，会发生颗粒从浓度高的区域向浓度较低的区域扩散。颗粒相的扩散过程类似于气体分子的扩散过程，可用以下方程来描述：

$$\frac{\partial n}{\partial t} = D\left(\frac{\partial^2 n}{\partial x^2} + \frac{\partial^2 n}{\partial y^2} + \frac{\partial^2 n}{\partial z^2}\right) \tag{8.48}$$

式中，n 为颗粒相的个数(或质量)浓度；D 为颗粒的扩散系数，m^2/s。

颗粒扩散系数 D 取决于气体的种类、气体温度和颗粒直径等因素，其数值比气体扩散系数小几个数量级，可依据颗粒 Knudsen 数 $Kn_f = 2\lambda/d_p$ 计算。

当 $Kn_f \leqslant 0.5$，即颗粒的直径等于或大于气体分子平均自由程时，可用 Einstein 式计算：

$$D = \frac{k_B T C_c}{3\pi\mu d_p} \tag{8.49}$$

式中，k_B 为 Boltzmann 常数；T 为气体的绝对温度，K；C_c 为 Cuningham 滑移系数，$C_c = 1 + \frac{\lambda}{d_p}\left(2.492 + 0.84e^{-\frac{0.435d_p}{\lambda}}\right)$，其中 $\lambda = \frac{2.15\times10^{-4}\mu T^{0.5}}{p}$，气体的压力 $p = 0.1MPa$。

当 $Kn_f > 0.5$，即颗粒的直径小于气体分子平均自由程时，可由 Langmuir 公式计算：

$$D = \frac{k_B T C_c}{3\pi\mu d_p}\sqrt{\frac{8R_g T}{\pi M}} \tag{8.50}$$

式中，R_g 为通用气体常数，其值为 $8.314J/(mol\cdot K)$；M 为气体的摩尔质量，kg/mol。

颗粒的扩散效率取决于气体绕纤维捕集体流动的雷诺数 Re 和佩克莱数 Pe 的函数，Pe 是由惯性力产生的颗粒迁移量与布朗扩散产生的颗粒迁移量的比值，其定义为

$$Pe = \frac{u_0 d_f}{D} \tag{8.51}$$

由式(8.51)可知，Pe 数越大，相对惯性作用而言，扩散效应引起的颗粒迁移作用越小。

1965 年，Pich[36]利用 Kuwabara 流场模型，得到了扩散效率公式：

$$E_D = 2.27 \text{Ku}^{-\frac{1}{3}} Pe^{-\frac{2}{3}} \tag{8.52}$$

当颗粒直径小时，必须考虑空气动力学滑移，Brown[22]引入 Knudsen 数，得到了扩散效率公式为

$$E_D = 2.27 \text{Ku}^{-\frac{1}{3}} Pe^{-\frac{2}{3}} \left(1 + 0.62 K n_f Pe^{\frac{1}{3}} \text{Ku}^{-\frac{1}{3}} \right) \tag{8.53}$$

1966 年，Stechkina 和 Fuchs[31]相继提出了以下扩散效率计算公式：

$$E_D = 2.9 \text{Ku}^{-\frac{1}{3}} Pe^{-\frac{2}{3}} + 0.624 Pe^{-1} \tag{8.54}$$

1982 年，Lee 和 liu[33]借助于 Kuwabara 流场和边界层理论得到了扩散效率公式：

$$E_D = 2.6 \left(\frac{1-\alpha}{\text{Ku}} \right)^{\frac{1}{3}} Pe^{-\frac{2}{3}} \tag{8.55}$$

基于实验结果得到的扩散效率：

$$E_D = 1.6 \left(\frac{1-\alpha}{\text{Ku}} \right)^{\frac{1}{3}} Pe^{-\frac{2}{3}} \tag{8.56}$$

1988 年，Rao 和 Fagrhi[21]采用计算流体方法模拟了纤维圆柱体呈矩形排列时的黏性层流流场，并通过求解颗粒相扩散方程，得到了纤维填充率为 0.029～0.10 时的扩散效率，总结出了式(8.57)和式(8.58)：

$$E_D = 4.89 \left(\frac{1-\alpha}{\text{Ku}} \right)^{0.54} Pe^{-0.92}, \quad Pe < 50 \tag{8.57}$$

$$E_D = 1.8 \left(\frac{1-\alpha}{\text{Ku}} \right)^{\frac{1}{3}} Pe^{-\frac{2}{3}}, \quad 100 < Pe < 300 \tag{8.58}$$

1990 年，Liu 和 Rubow[35]考虑了颗粒直径小时，颗粒与纤维捕集体表面存在流动滑移情况，通过引入了一个修正系数 C_{d1}，将式(8.56)改为

$$E_D = 1.6 \left(\frac{1-\alpha}{\text{Ku}} \right)^{\frac{1}{3}} Pe^{-\frac{2}{3}} C_{d1} \tag{8.59}$$

式中，$C_{d1} = 1 + 0.388 Kn_f \left[\dfrac{(1-\alpha)Pe}{Ku} \right]^{\frac{1}{3}}$。

1992 年，Payet[37]在以上研究基础上，引入了一个新的修正系数 C_{d2}，得到如下公式

$$E_D = 1.6 \left(\frac{1-\alpha}{Ku} \right)^{\frac{1}{3}} Pe^{-\frac{2}{3}} C_{d1} C_{d2} \tag{8.60}$$

式中，$C_{d2} = \dfrac{1}{1 + 1.6 \left(\dfrac{1-\alpha}{Ku} \right)^{\frac{1}{3}} Pe^{-\frac{2}{3}} C_{d1}}$。

4. 颗粒总捕集效率

1) 颗粒捕集效率的叠加方法

前面有关单根纤维的效率公式都是针对单一过滤机理而建立的，当实际纤维的过滤机理主要由拦截效应和布朗运动扩散效应引起时，可以直接采用两种效率之和得到单根纤维的总效率。当气流中存在大颗粒时，此时对应的惯性碰撞机理不能忽略，可以采用颗粒轨道模型模拟计算纤维的总效率，但颗粒轨道模型应用的前提是必须首先确定出颗粒所受到的各种作用力，尤其在不能忽略布朗运动扩散的情况。

单根纤维理论在实际运用中的主要问题是如何确定多种机理同时作用时的总效率计算，此时最简单的方法就是扩散、拦截和惯性等各种效率的直接叠加，即

$$E = E_R + E_D + E_I \tag{8.61}$$

另外一个计算总效率的方法就是独立原则，即假定各种过滤机理单独作用，因此含尘气体经过纤维滤材后的颗粒总透过率应等于对应各种过滤机理产生的透过率乘积[22]，即

$$E = 1 - (1-E_R)(1-E_D)(1-E_I) \tag{8.62}$$

实际上独立原则得到的计算出的总效率常略低于叠加原则得到的效率，二者的差别并不大。由于有时发现扩散效率和拦截效率的之和会高于这两个机理单独作用时的效率，有些研究者建议在式(8.61)右侧引入一个相互作用项。

当只有纯惯性和纯扩散的计算公式可用,而又必须另外考虑颗粒尺寸的影响,研究者们就将"理想拦截"看成与惯性和扩散各自独立过滤过程。很多研究者经常将纯惯性、纯扩散和理想拦截三者相加来计算合并的单纤维总效率,有的研究者在三者之外又加入或减去某些修正项。Davies[9]给出了单根纤维总效率的表达式:

$$E = E_D + E_{DR} + E_R + E_I \tag{8.63}$$

式中,E 为单根纤维总效率;E_D 为纯扩散时的单根纤维效率;E_R 为理想拦截时的单根纤维效率;E_I 为纯惯性时的单根纤维效率;E_{DR} 为扩散效应和拦截效应相互作用时引起的捕集效率。其中,

$$E_{DR} = 1.24 \mathrm{Ku}^{-\frac{1}{2}} Pe^{-\frac{1}{2}} \left(\frac{d_p}{d_f} \right)^{\frac{2}{3}} \tag{8.64}$$

2) 颗粒捕集总效率的数值计算方法

由于纤维滤材内的颗粒捕集过程中滤材纤维孔隙内为气固两相流动,可以采用气固两相流动模型分析不同直径颗粒在流场中的运动特性,得到颗粒过滤效率。有关气固两相流动数值计算的方法主要有:欧拉-欧拉方法和欧拉-拉格朗日方法。欧拉-欧拉方法主要应用于稠密颗粒相的气固流动体系,也称为颗粒相拟流体模型,其把颗粒相处理为具有连续介质特性、与连续相气体相互渗透的拟流体,流体连续相和颗粒相都在欧拉坐标系下求解。欧拉-拉格朗日方法则将流体相处理为连续相,在欧拉坐标系下建立 N-S 方法求解其流动特性,而在拉格朗日坐标下应用牛顿第二定律跟踪求解流场中每个固体颗粒的运动轨迹来反映整个颗粒相流动特性,又称为颗粒轨道方法。目前纤维滤材内颗粒捕集效率的数值计算方法可分为以下三个过程。

(1) 采用计算流体力学方法模拟流场,利用颗粒轨道模型计算颗粒运动轨迹,进而得到惯性碰撞效率。

(2) 气体流场和颗粒都作为连续相,分别采用流动方程和对流扩散传质方程,得到颗粒沉积速率,可称为欧拉方法。

(3) 采用布朗动力学方法模拟颗粒的实际运动,计算颗粒总效率,该方法可以同时考虑各种机理引起的效率,称之为拉格朗日方法。

Ramarao 等[38]运用布朗动力学(Brownian dynamics,BD)模型估算纤维的总效率,在该模型中同时考虑了确定性和随机性的作用力,该方法的优点是假设少,适用范围宽。Balazy 和 Podgórski[39]提出了运用 Brownian 动力学方法,同时考虑了多种机理的作用,即采用颗粒运动的随机轨道方法确定颗粒在纤维捕集体表面的沉降,采用计算流体力学方法可以分析颗粒在扩散作用下的运动和捕集效

率[40-45]。将式(8.33)中的外力用布朗运动的随机作用力代替，式(8.33)可改写为

$$\begin{cases} \dfrac{\mathrm{d}v_x}{\mathrm{d}t} = \dfrac{18\mu}{\rho_\mathrm{p}d_\mathrm{p}^2 C_\mathrm{c}}(v_x - u_x) + \zeta_x\sqrt{\dfrac{216\mu k_\mathrm{B}T}{\pi\rho_\mathrm{p}^2 d_\mathrm{p}^5 \Delta t}} \\[4mm] \dfrac{\mathrm{d}v_y}{\mathrm{d}t} = \dfrac{18\mu}{\rho_\mathrm{p}d_\mathrm{p}^2 C_\mathrm{c}}(v_y - u_y) + \zeta_y\sqrt{\dfrac{216\mu k_\mathrm{B}T}{\pi\rho_\mathrm{p}^2 d_\mathrm{p}^5 \Delta t}} \end{cases} \tag{8.65}$$

式中，等号右侧第一项、第二项分别为颗粒所受到的阻力、气体分子与颗粒碰撞引起的 Brownian 运动随机作用力；ζ_x 和 ζ_y 分别为 x 和 y 方向的介于 0 和 1 之间所取的随机数；$C_\mathrm{c} = 1 + Kn_\mathrm{f}\left(1.257 + 0.4\mathrm{e}^{-\frac{1.1}{Kn_\mathrm{f}}}\right)$；$\rho_\mathrm{p}$ 为颗粒密度，kg/m³；v 是颗粒运动速度，m/s；u_x 和 u_y 分别为流体在 x 和 y 方向上的速度。

Balazy 和 Podgórski[39]在过滤速度为 1m/s、颗粒密度为 1g/cm³，滤材纤维直径为 10μm 情况下计算出的效率，如图 8.14 所示，可以看出扩散效应主要对直径小于 0.4μm 的颗粒起作用，而颗粒轨迹中的拦截效应和惯性效应则主要用于大于 0.3μm 以上的颗粒，两种叠加原则得到的总效率基本相同。

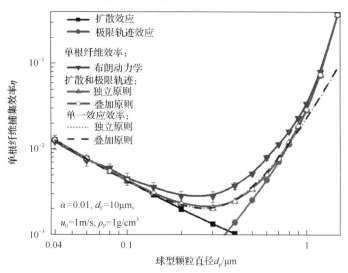

图 8.14　各种过滤机理对应的分离效率计算结果[39](文后附彩图)

Hosseini 和 Tafreshi[46-48]采用随机颗粒轨道模型分析了纤维随机排列时的二维流动，得到颗粒捕集效率，并与纳米纤维三维流场下的颗粒效率进行了比较。

以上这些分析仍然针对的是纤维介质过滤过程中的稳态阶段，在计算过程中假设当颗粒碰到纤维表面时即被认为颗粒捕集，且该颗粒随即消失，而不影响随

后的纤维介质本身的结构和气固两相流场特性。

Fotovati 和 Tafreshi[49]首先将纤维滤材内的流动假定为稳态层流流动，通过求解连续方程和动量方程得到速度场。然后将颗粒分为两类：①直径小的颗粒，采用欧拉方法处理；②直径大的颗粒，采用拉格朗日方法得到颗粒运动轨迹。

针对小颗粒，采用欧拉方法，即滤材内的颗粒数浓度满足对流扩散方程：

$$u\frac{\partial n}{\partial x}+v\frac{\partial n}{\partial y}+w\frac{\partial n}{\partial z}=D\left(\frac{\partial^2 n}{\partial x^2}+\frac{\partial^2 n}{\partial y^2}+\frac{\partial^2 n}{\partial z^2}\right) \tag{8.66}$$

计算区域上下游边界条件定义在远离滤材的位置，可以假定滤材上下游边界处颗粒浓度均匀分布，且下游出口浓度沿流动方向没有变化，纤维表面边界条件：$n=0$。假定颗粒一旦与纤维捕集体接触，就认为已被捕集，该颗粒即刻从计算区域消失。Fotovati 等[24,50]利用上述模型分析了纤维截面形状和纤维排布方向等因素对分离效率的影响。

8.2.4　纤维滤材的过滤效率

实际的滤材是由具有一定厚度的纤维材料组成，其中纤维的直径和排布方向与前面单根纤维捕集体假设具有较大的差别。因此可以先在一定的假设条件下，得到理想情况下滤材效率，然后再依据实际数据进行修正。

Brown[22]在假定滤材内纤维直径相同且规则排布的前提下，得到了滤材过滤效率 η 和单根纤维捕集体的效率 E 关系式，即著名的"对数穿透理论"。通过一定变换，给出了滤材总过滤效率 η 为

$$\eta=1-\exp\left[-\frac{4\alpha Eh}{\pi(1-\alpha)d_f}\right] \tag{8.67}$$

式中，h 为滤材厚度，m；E 为滤材内单根纤维的捕集效率，%。

实际的滤材由两种以上不同平均直径的纤维组成，需要对以上过滤效率公式进行修正。Sakano 等[51]假定滤材由平均直径分别为 $d_{f,1}$ 和 $d_{f,2}$ 的两种纤维均匀混合而成，且认为两种纤维间没有相互影响作用，推导出了计算滤材在某一直径颗粒的初始效率公式：

$$\eta(d_{p,j})=1-\exp\left\{-\frac{4\alpha\delta}{\pi(1-\alpha)}\left[\frac{f_{m,1}E_1(d_{p,j})}{d_{f,1}}+\frac{f_{m,2}E_2(d_{p,j})}{d_{f,2}}\right]\right\} \tag{8.68}$$

式中，$E_1(d_{p,j})$ 和 $E_2(d_{p,j})$ 分别为单一纤维直径时所对应的分级效率；$f_{m,1}$ 和 $f_{m,2}$ 分别为直径 $d_{f,1}$ 和 $d_{f,2}$ 的纤维在滤材中所占质量比。

Frising[52]针对滤材由多层不同直径纤维组合形成的结构特性，将其简化为由 $n_{\rm L}$ 层串联叠加而成，每层的纤维直径 $d_{{\rm f},i}$ 相同，得到滤材的总效率为

$$1-\eta(d_{{\rm p},j}) = 1-\prod_{i=1}^{n_{\rm L}} y(i,j) = \prod_{i=1}^{n_{\rm L}} \exp\left[-4E(i,j)\frac{\alpha_{{\rm fib},i}}{(1-\alpha)}\frac{h}{\pi d_{{\rm f},i}}\right] \quad (8.69)$$

式中，$\alpha_{{\rm fib},i}$ 为直径 $d_{{\rm f},i}$ 的纤维在滤材中的填充率，$\alpha_{{\rm fib},i} = \alpha f_{{\rm m},i}$。由于式(8.68)中需要用到各种直径的纤维质量分数，可假定各种不同直径的纤维长度相同，某一直径纤维的质量分数可表示为 $f_{{\rm m},i} = \dfrac{f_{{\rm n},i} d_{{\rm f},i}^2}{\sum\limits_{i=1}^{n_{\rm L}} \left(f_{{\rm n},i} d_{{\rm f},i}^2\right)}$，利用式(8.67)计算出 $E(i,j)$，进而可得到 $\eta\left(d_{{\rm p},j}\right)$。

8.3　纤维过滤材料

8.3.1　纤维滤材的结构表征和主要过滤性能参数

1. 纤维结构的表征

纤维是指直径数微米到数十微米，长度比直径大许多倍，富有柔曲性，具有一定强度的物体。纤维可以通过纺纱、织造或毡化、黏合及物理堆砌等方式制成各种过滤材料。纤维的结构是指构成纤维不同层次的结构单元，以及这些结构单元处于平衡态时所具有的空间排列特征。纤维因其本身的结构特征不同而呈现出不同的物理、化学性质。

纤维的结构特征既包括微观的分子组成与形式，又包括宏观的形态结构和特征。可按尺度特点分为三个层次[53]。

(1)纤维的分子结构：指构成纤维的高分子化合物长链分子的原子或原子团组成及其在空间的排列位置。这是纤维的一次结构特征，也称为纤维的链结构。纤维的分子结构是决定纤维各种物理、化学性能最主要、最基本的因素，不仅直接决定纤维的某些性能，还影响纤维可能具有的聚集态结构。

纤维大分子主链是由某个结构单元以化学键的方式重复连接而成的线型长链分子。构成纤维大分子主链的结构单元称为单基，表 8.3 列出了常用纤维的单基结构式[54,55]。链结构主要由碳和氢两元素构成，还可以有氧、氮、磷、硫、铝、硅、硼等元素。按主链构成的化学组成，纤维大分子可分为均链大分子、杂链高分子和元素有机高分子。

表 8.3 部分纤维的单基结构式[54,55]

纤维品种		英文缩写	中文简称	单体	结构式
纤维素纤维	棉纤维			天然高分子化合物	
	麻纤维				
	再生纤维素纤维				
蛋白质纤维	毛纤维				
	丝纤维				
聚酯纤维	聚对苯二甲酸乙二酯纤维	PET	涤纶	对苯二甲酸或对苯二甲酸二甲酯、乙二醇或环氧乙烷	
	聚对苯二甲酸丙二酯纤维	PTT		对苯二甲酸、丙二醇	
	聚对苯二甲酸丁二酯纤维	PBT		对苯二甲酸或对苯二甲酸二甲酯、1,4-丁二醇	
聚酰胺纤维	聚酰胺6	PA6	锦纶6	己内酰胺	$\left[HN(CH_2)_5CO \right]_n$
	聚酰胺66	PA66	锦纶66	乙二酸、乙二胺	$\left[HN(CH_2)_6NHCO(CH_2)_4CO \right]_n$
	聚间苯二甲酰间苯二胺纤维	PMIA	芳纶1313	芳香族二元胺和芳香族二元羧酸或芳香族氨基苯甲酸	
	聚对苯二甲酰对苯二胺纤维	PPTA	芳纶1414	芳香族二元胺和芳香族二元羧酸或芳香族氨基苯甲酸	
聚烯烃类纤维	聚丙烯腈纤维	PAN	腈纶	除丙烯腈外，第二、第三单体有丙烯酸甲酯、醋酸乙烯、苯乙烯硫酸钠、甲基丙烯磺酸钠、衣康酸	
	聚丙烯纤维	PP	丙纶	丙烯	
	聚乙烯纤维	PE	乙纶	乙烯	$\left[CH_2-CH_2 \right]_n$
	聚乙烯醇缩甲醛纤维	PVAL	维纶	乙二醇或醋酸乙烯酯	
	聚氯乙烯纤维	PVC	氯纶	氯乙烯	$\left[CH_2-CHCl \right]_n$
	聚四氟乙烯纤维	PTFE	氟纶	四氟乙烯	$\left[CF_2-CF_2 \right]_n$

(2)纤维的凝聚态结构：是指处于平衡态时组成该纤维的高聚物长链分子相互间的几何排列特征，又称为纤维的二次结构或超分子结构。从宏观上讲，纤维是由大分子按一定方式和规律堆砌而成。纤维的性能除受到纤维大分子结构的影响外，分子间作用力下纤维内大分子间的排列和堆砌结构也是影响其性能的重要因素。

纤维凝聚态结构的形式取决于其组成大分子的结构、纤维形成过程及其后续的加工工艺。纤维是由成千上万根线性长链大分子组成，这些大分子有些部分排列整齐，有些部分排列紊乱，整齐排列部分为结晶区，紊乱排列部分为非晶区。在两个结晶区间，有缚结分子进行连接，并由缚结分子进行无规则地排列形成紊乱的非晶区。纺织纤维是由结晶区和非晶区构成的混合体。

(3)纤维的形态结构：是指纤维中尺度比凝聚态结构更大一些单元的特征，包括纤维中多重原纤的排列、纤维断面的形状、结构和组成，以及存在于纤维中的各种孔隙和空洞等，又称为纤维的三次结构。

纤维的结构特征相应决定了纤维所具有的某些性能。纤维的性质受一次至三次结构的影响。化学性质只与分子结构有关，物理性能则由二次和三次结构决定。

2. 纤维材料主要性能

1)纤维细度

纤维直径是滤材的一个基本结构参数，纤维滤材可以简化为多个截面为圆柱形纤维的结构排布。滤材中的纤维尺寸可能是单一截面尺寸，也可能是多种截面尺寸的组合。当纤维的直径在一定范围变化时，可以用分布函数表示其直径分布特性。

在多数情况下，常因纤维截面形状不规则及中腔、缝隙、孔洞的存在而无法用直径、截面积等指标准确表达，习惯上使用单位长度的质量(线密度)或单位质量的长度来表示纤维细度。我国规定的线密度单位为特克斯(tex)，简称特，表示1000m 长的纤维材料在公定回潮率时的重量(g)，由于纤维细度较细，用特数表示时数值过小，常采用分特(dtex)或毫特(mtex)。非织造纤维材料的线密度一般为1.2~33dtex，过滤材料则要求具有从细到粗多种线密度规格的纤维混合或梯度分布，以提高其过滤性能。

当采用单位质量的长度来表示纤维细度时，常用旦尼尔(denier)，简称旦，又称纤度 N_d，表示 9000m 长的纤维材料在公定回潮率时的重量(g)。

2)纤维长度

长丝是指化学纤维加工后得到的连续丝条，而不再经过切断等工序。长丝分为单丝和复丝，单丝纤维中只有一根纤维，复丝中包括多根单丝。

短纤维则是指化学纤维在纺丝后加工中可以切断成各种长度规格的短丝，长度基本相同的短纤维称为等长纤维，长度分布不同的称为不等长纤维。

3) 纤维形状

纤维的截面形状随纤维种类而异，天然纤维具有各自不同的形态，化学纤维则可以根据需要加工成各种异形截面的纤维，包括中空纤维、哑铃形纤维和 U 形截面纤维等。纤维截面形状虽不同，但多数情况下可简化为圆柱形。截面形状可分为椭圆、片状等。截面尺寸分布特性随材料组成和加工工艺变化。

4) 纤维的拉伸断裂性能指标

纤维是长径比较大的柔性物体，轴向拉伸是其主要的受力形式，纤维的弯曲性能也与其拉伸性能有关，因此纤维的拉伸性能是衡量其力学性能的主要指标。纤维的拉伸性能主要有以下指标。

(1) 拉伸断裂强力：即纤维受外力直接拉伸到断裂时所需的力，又称绝对强力或断裂强力，其单位为牛顿 (N)。

(2) 相对强度：由于纤维粗细不同，强力也不同，为了便于比较，可以将强力折合成规定粗细时的力，即采用相对强度表示。有两种方法表示相对强度：一是断裂应力 σ，指纤维单位截面积上能承受的最大拉伸力，单位为 N/m^2；二是断裂比强度，指纤维 1tex 粗细时能承受的拉伸力，单位为 N/tex。

(3) 断裂伸长率：纤维拉伸到断裂时的伸长率，即拉伸应变率。

(4) 纤维拉伸的初始模量：纤维材料应力-应变曲线起始段直线部分的斜率，反映了纤维试样在小应力下变形的难易程度，即纤维的弹性或刚性。纤维的初始模量为拉伸伸长率为 1% 时应力的 100 倍，单位与断裂比强度相同，为 cN/dtex。

5) 纤维的吸湿性

吸湿性是指纤维材料在大气中吸收或放出气态水的能力，是影响纤维性能、加工工艺及其他物理力学性能的一项重要指标。纤维的吸湿性可用回潮率或含水率表示。

回潮率是指试样所含水分的质量与干燥纤维试样质量的比值，含水率则是试样所含水分的质量与含水试样总质量的比值。

由于纤维吸湿性随环境温度和湿度而变化，为了比较不同纤维的吸湿能力，要求将所测纤维样品放在统一的标准状态下，经过一定时间后，使其回潮率达到稳定，此时的回潮率称为标准状态下的回潮率。我国规定的标准状态是温度为 20℃，相对湿度为 65%。

6) 纤维的耐热性

表示纤维在高温下保持其性能的能力,可以根据纤维受热时力学性能的变化评价耐热性，可采用熔点和玻璃化温度表示。

7) 纤维的燃烧性能

燃烧性是指纤维在空气中燃烧时的难易程度，可依据极限氧指数，将纤维材料划分为易燃、可燃、难燃和不燃。对于纤维滤材，一是依据使用环境和处理的介质，要求不易燃；二是从过滤原件废弃后处理来说，应尽量少用不燃纤维材料，例如，玻璃纤维为不燃材料，就不能采用焚烧方式处理，只能采用深埋等其他方式处理或回收利用[56,57]。

8) 滤材厚度和单位面积质量

滤材的厚度是指在承受规定压力下，滤材两侧表面间的距离，具体测量方法应参照相关规范和标准。

滤材单位面积质量，简称定量，是衡量滤材孔隙率和厚度等参数的综合特征指标，单位为 g/m^2。轻的滤材低于 $2g/m^2$，重的滤材可高达 $1000g/m^2$ 以上。

9) 滤材纤维排布

纤维排布包括纤维与气流的相对方向、纤维间距离和纤维间排布规则(方形、三角形和不规则结构等)。

10) 滤材比表面积

单位质量滤材的外表面和纤维孔隙内壁的面积之和，单位为 m^2/g。

11) 滤材的透气性

透气性是指在滤材试样两侧在一定压差的情况下，单位时间内流过滤材单位迎风面积的气体体积，单位为 $m^3/(m^2 \cdot s)$，应参照相关标准和规范测定。

12) 滤材孔隙率

当滤材的体积为 V 时，V_s 为纤维的体积，V_p 为孔隙体积。因此存在 $V = V_s + V_p$，α 为滤材的填充率，则滤材的孔隙率 ε 定义为

$$\varepsilon = \frac{V_p}{V} = 1 - \frac{V_s}{V} = 1 - \alpha \tag{8.70}$$

3. 纤维滤材加工工艺

1) 纤维的成形工艺

目前普遍采用两种方法：熔体纺丝和溶液纺丝，此外还有静电纺丝等新方法。

(1) 熔体纺丝：将高聚物通过加热使其成为熔融状态而进行纺丝的方法。在工业生产中有两种途径：一种是直接将聚合或缩聚所得到的高聚物熔体直接纺丝，称为直接纺丝；另一种是将聚合或缩聚得到的高聚物熔体制成切片后，再在纺丝

机上重新熔融进行纺丝，称为切片纺丝。

(2)溶液纺丝：将高聚物溶解在特定的溶剂中制成纺丝溶液，然后进行纺丝的方法。包括湿法纺丝和干法纺丝两种。湿法纺丝指纺丝溶液经混合、过滤和脱泡等纺前准备后送入纺丝机，然后进入喷丝头，从喷丝头毛细孔中压出的原液细流进入凝固浴，原液细流中的溶剂向凝固浴扩散，凝固浴中的沉淀剂向原液细流内部扩散，于是高聚物在凝固浴中析出，形成纤维。而干法纺丝从喷丝头毛细孔压出的原液细流进入纺丝甬道中，在甬道中由于吹入的热空气流作用，使原液细流中的溶剂快速挥发，挥发出的溶剂被热气流带走，在溶剂挥发的同时，原液细流凝固并伸长变细而形成纤维。

(3)静电纺丝：高聚物熔体或其在挥发性溶剂中的溶液，可在静电场中形成超细纤维。静电纺丝不同于常规的纺丝加工技术，其原理如图8.15所示。首先将聚合物溶液或熔体注入毛细喷头中，在纺丝液中接上高压正极，使其与接地的接收器之间形成高压电场。高压静电场(一般在几千到几万伏)在毛细喷丝头和接收器间瞬时产生一个电位差，使毛细管内纺丝液克服自身的表面张力和黏弹性力，在喷丝头末端形成半球状的液滴。随着电场强度的增加，液滴被拉成圆锥状，即Taylor 圆锥。当电场强度超过临界值后，液滴所受的电场力克服液滴的表面张力而形成喷射流。喷射流在电场中进一步加速运动，射流直径减小，被拉伸成直线到一定距离后发生不稳定扰动。伴随溶剂挥发或熔体冷却固化，最终沉积在接收极板上，形成聚合物纤维[58,59]。

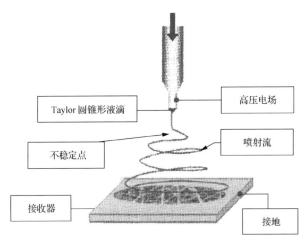

图 8.15　静电纺丝原理[58]

2)滤材制造工艺

由纤维材料制成非制造滤布工艺按照加工方法可分为干法、湿法和聚合物挤压三类。干法是指纤维在干态下利用机械梳理成网，然后用机械、气流、静电或它们的结合方式形成。湿法是指纤维利用水流形成纤维网,再用机械、化学或加热的方法等进行二次加固。聚合物挤压法是指将聚合物高分子切片通过熔融挤出而直接加工成纤维网,然后再把纤维网加工成非织造布。加工非织造布的一个重要工序就是纤维网的固结或加固,按加固方法可分为机械加固、化学黏合加固和热黏合加固等几种。

8.3.2　天然气净化用常用过滤材料

天然气行业常用的过滤材料可分为纤维素纤维、无机纤维和合成纤维三类。其中合成纤维又可分为聚酯纤维、聚丙烯纤维、聚酰胺纤维和芳香族聚酰胺等,以下分别予以简要说明[54,58]。

1. 纤维素纤维

纤维素纤维是天然纤维素纤维和人造纤维素纤维的总称。这类纤维的长链分子的化学结构都相同。

(1)天然纤维素纤维:最常用的天然纤维素纤维有棉和麻。

(2)人造纤维素纤维:包括黏胶纤维、铜氨纤维和纤维素酯(包括醋酸酯、皂化醋酸酯和硝酸酯)纤维。人造纤维素的分子及组成与天然纤维素纤维完全一致,且纯度更高,只按所用纺丝溶液不同可分为黏胶与铜氨纤维,以及 Lyocell(新型溶剂法)纤维。

黏胶纤维是以天然纤维素为基本原料,经纤维素黄酸酯溶液纺制而成的可再生纤维素纤维,其特点是断裂强度低、断裂伸长率高和吸湿性强等。

醋酸纤维即纤维素醋酸酯纤维,是一种半合成纤维。它是由纤维素和醋酸酐作用,羟基被乙酰置换,生产纤维素醋酸酯,然后将纤维素醋酸酯溶解在二氯甲烷溶剂中制成纺丝液,经干法纺丝得到。醋酸纤维的断裂比强度低,其干态断裂比强度仅为 1.1~1.2cN/dtex。断裂伸长率为 25%左右。醋酸纤维耐热性较差,195~205℃开始软化,其玻璃化温度为 186℃。

Lyocell 纤维则具有高强度、高湿模量、吸湿性好、伸长较小及可生物降解等特点,且具有优良的亲水性,其干态强度超过其他纤维素纤维,与聚酯纤维接近,在过滤材料中得到广泛应用。

2. 无机纤维

1)玻璃纤维

玻璃纤维是以二氧化硅、硼酸和氧化铝等为主要成分的材料,经熔体纺丝而制成的纤维,属于无机非晶态物质。玻璃纤维的结构与玻璃基本相同,其主要化学成分是 SiO_2(含量通常在 50%以上),同时含钠、钾等元素的一价氧化物。玻璃纤维的原料是铝硼硅酸盐玻璃,根据 Na_2O 含量,可分为无碱、中碱及高碱纤维,性能对比见表 8.4。其中，无碱玻璃纤维是指化学组成中碱金属氧化物含量为 0～2%的铝硼硅酸盐成分的玻璃纤维，其特点是具有良好的电绝缘性能，耐水性、机械强度都比较好，简称 E-玻纤（electrical glass fiber）。

表 8.4　三种玻璃纤维的性能对比

种　类	Na_2O 含量/%	耐水性	耐酸性	耐碱性
无碱玻璃纤维	<0.6	好	较好	差
中碱玻璃纤维	0.6～1.4	较好	较好	较好
高碱玻璃纤维	>1.4	差	较好	好

玻璃纤维的细度为 1.2～2.8dtex，表面光滑，断裂伸长率为 3%～5%。玻璃纤维的抗拉强度远超过多数天然纤维及合成纤维。玻璃纤维的弹性模量高、伸长量小且没有塑性伸长。玻璃纤维的吸水性比天然纤维和人造纤维小很多，因为单根玻璃纤维截面近似圆形，吸水性差，适用于气固和气液过滤过程中含水的情况。超细玻璃纤维的直径为 1～3μm，经过湿法成网可制成高效过滤材料。此外，玻璃纤维可与聚酯、环氧、酚醛等树脂复合。

玻璃纤维的主要特点是耐热性好，使用温度为 230～280℃，其耐热性远高于有机纤维，且在高温条件下，玻璃纤维只会软化和熔化，不会燃烧或冒烟，但作为滤材，也给废弃玻璃纤维滤材的后续处理带来了问题，某些国外标准已明确提出应尽量少用或不用玻璃纤维滤材。

玻璃纤维具有较好的化学稳定性，但不同的玻璃成分对不同的侵蚀介质的抵抗能力不一样，玻璃纤维的化学稳定性主要取决于纤维中的 SiO_2 和碱金属氧化物的含量，若纤维中增加 SiO_2、Al_2O_3、ZrO_2 或 TiO_2 的含量，便可提高纤维的耐酸能力；若纤维中加入 CaO、ZrO_2、ZnO_2，可提高纤维的耐碱性。在加入 Al_2O_3、ZrO_2 或 TiO_2 提高耐酸能力的同时，纤维的耐水性也相应提高。

2）金属纤维

利用各种金属材料加工成的纤维称为金属纤维。一般金属纤维的原料有铁、铜、镍铬、铝、镍合金等，在过滤领域常用的有不锈钢纤维和镍纤维。不锈钢纤维的直径范围为 4～25μm，长度为 40～80mm，具有一定的柔软性，耐高温。不锈钢纤维的挠性与有机纤维接近，且强度高，具有良好的弯曲加工性和耐磨性。此外，不锈钢纤维完全耐硝酸、碱及有机溶剂的腐蚀，适用于氧化性氛围中，可耐 600℃以上的高温。由不锈钢纤维制成的过滤元件可采用脉冲反吹等方法实现循环再生，运行寿命长。不锈钢纤维和高镍纤维在天然气和煤层气过滤中应用较少，且在易燃易爆的高压环境下难以实现循环再生。

3. 聚酯纤维

聚酯通常是指以二元酸和二元醇缩聚得到的高分子化合物，其基本链节之间以酯键连接。聚酯纤维的品种主要有聚对苯二甲酸乙二酯(PET)纤维、聚对苯二甲酸丁二酯(PBT)纤维和聚对苯二甲酸丁二酯(PTT)纤维。我国将含聚对苯二甲酸乙二酯组分大于 85%的合成纤维称为聚酯纤维，商品名为涤纶。通常采用熔融纺丝工艺制得。聚酯纤维大分子的聚集态结构与生产过程的拉伸及热处理工艺有密切关系。

1) 涤纶(PET)纤维

采用熔体纺丝制成的聚酯纤维具有圆形实心的截面，其涤纶纤维密度约为 $1.38g/cm^3$。常规涤纶表面光滑，可加工成三角形、五角形、Y 形、中空等异形截面形状。涤纶纤维在标准状态下的回潮率为 0.4%，低于腈纶(1%~2%)和棉纶(4%)。涤纶纤维耐热性好，熔点为 255~265℃，玻璃化温度在 80℃左右。涤纶的导电性差，在–100~160℃，其介电常数为 3.0~3.8，是一种优良的绝缘体。涤纶纤维的耐磨性仅次于棉纶而超过其他合成纤维，干态、湿态下耐磨性几乎相同。

涤纶纤维的化学稳定性主要取决于分子链结构。涤纶除耐碱性差以外，耐其他试剂的性能均较优良。涤纶对酸(尤其是有机酸)很稳定，但在室温下不能抵抗浓硝酸或浓硫酸的长时间作用。由于涤纶大分子上的酯基受碱作用易水解，在常温下与浓碱、在高温下与稀碱作用，会使纤维受到破坏，只有在低温下对稀碱或弱碱才比较稳定。涤纶对一般非极性有机溶剂有极强的抵抗力，在室温下对极性有机溶剂也有相当强的抵抗力。

2) 聚对苯二甲酸丁二酯(PBT)纤维

PBT 纤维是由涤纶的主要原料对苯二甲酸二甲酯(DMT)或对苯二甲酸与 1, 4-丁二醇缩聚后，再经熔体纺丝而成。PBT 纤维具有强度好、尺寸稳定、断裂拉伸长、弹性好等特点，此外还具有较好的抗老化性、耐化学反应性和耐热性。

4. 聚烯烃类纤维

聚烯烃类纤维以密度小、表面能低著称，其断裂比强度高、耐磨性能良好。该类纤维有很好的亲油性和疏水性，可以水洗。该类纤维的软化点很低，一般不适合温度 65℃以上的场合。聚烯烃类纤维一般用熔体纺丝成形，在过滤领域得到广泛应用。

1) 聚丙烯(PP)纤维

聚丙烯纤维是以丙烯聚合得到的等规聚丙烯为原料纺制而成的合成纤维，在我国的商品名为丙纶。丙纶是由熔体纺丝得到，一般情况下，其截面呈圆形，其密度为 0.90～0.92g/cm³，在所有化学纤维中密度最小，它比锦纶密度小 20%，比涤纶密度小 30%，比胶黏纤维密度小 40%，有较好的覆盖性。丙纶电阻率很高 ($7\times10^{19}\Omega\cdot cm$)，导热系数小，与其他化学纤维相比，其电绝缘性最好。此外，丙纶耐化学药品性优于一般纤维。

2) 聚丙烯腈(PAN)纤维

聚丙烯腈纤维，通常是指含丙烯腈 85%以上的丙烯腈共聚物或均聚物纤维，简称腈纶。腈纶具有较好的热稳定性，一般成纤用聚丙烯加热到 170～180℃时不发生变化，吸湿性比较差。丙烯腈对酸碱稳定性较好，但易水解。

3) 聚四氟乙烯(Teflon)纤维

聚四氟乙烯纤维，我国简称氟纶，是耐腐性最好的纤维，不吸水。其拉伸比强度不高，约为 1.3cN/dtex，断裂伸长率为 13%～15%。氟纶具有非常优异的化学稳定性，其稳定性超过其他的天然纤维和化学纤维，耐酸性和耐碱性强。

5. 聚酰胺纤维

聚酰胺纤维是指其分子主链由酰胺键连接的一类合成纤维，我国称之为锦纶，脂肪族聚酰胺主要包括锦纶 6、锦纶 66、锦纶 610 等。锦纶的耐热性差，在 150℃下受热 5h，断裂比强度和断裂伸长率会明显下降，收缩率增加。锦纶 66 和锦纶 6 的安全使用温度分别为 130℃和 93℃。锦纶的初始模量比涤纶低得多，在同样条件下，锦纶 66 的初始模量略高于锦纶 6。锦纶短纤维的断裂比强度为 3.35～4.85cN/dtex，且其强度高和弹性回复率高，所以锦纶具有优异的耐磨性。锦纶具有中等的吸湿性。锦纶对酸不稳定，对碱的稳定性较高。

6. 芳香族聚酰胺纤维

芳香族聚酰胺包括聚对苯二甲酰对苯二胺即对位芳纶(美国杜邦公司商品名为 Kevlar，简称芳纶 1414)和聚间苯二甲酰间苯二胺即间位芳纶(美国杜邦公司商品名为 Nomax，简称芳纶 1313)等；混合型的聚酰胺包括聚己二酰间苯二胺(MXD6)和聚对苯二甲酰乙二胺(聚酰胺 6T)等。

对位芳纶(芳纶 1414)具有较高的断裂比强度和比模量，其拉伸性能对于温度不敏感。对位芳纶的耐磨性较低，具有较好的散热和绝热性能；间位芳纶(芳纶 1313)是一种耐高温纤维，具有优异的耐热性、阻燃性和高温下的尺寸稳定性、电绝缘性。

7. 其他新型高性能纤维

1) 超细纤维

超细纤维是指纤维细度小于 0.3dtex 的纤维,具有线密度小和比表面积大等特点。复合超细纤维在分离后,纤维的直径很小,仅为 0.4~4μm,线密度为普通纤维的 1/40~1/8,故其手感特别柔软。相同质量的高聚物制成超细纤维,其根数远超于普通纤维,故复合超细纤维的比表面积比普通纤维大数倍至数十倍。

由于复合超细纤维是由两种高聚物构成,两组分间有一定的相界面,即使两组分剥离了,其间隙也极小,故该类纤维具有良好的保水性及导湿性。此外,该类纤维的公定回潮率可达 3%,约为普通涤纶长丝的 6 倍。在过滤领域,一般将直径小于 0.5μm 的纤维称之为纳米纤维。

2) 复合纤维

复合纤维是由两种或两种以上组分纺织而成的纤维,每根纤维中的两组分有明显的界面。复合纤维是采用物理改性方法使化学纤维模拟和超过天然纤维的重要手段之一。例如,聚酯复合纤维是将聚酯与其他种类的成纤高聚物熔体混合,利用其组分、配比、黏度不同的特点,使其分别通过各自的熔体管道,输送到多块分配板组合而成的复合纺丝组件,在组件中的适当部位汇合,从同一喷丝孔喷出成为一根纤维。例如,玻璃纤维与聚酯等材料复合,可制成复合纤维[59]。

8. 纤维滤材的复合结构

滤材可以由多层不同规格和不同材料的无纺布材料组成,包括支撑层、表面覆膜层等。复合结构材料包括以下类型[17]:①孔隙梯度结构复合,由不同纤维直径和材料的多层组成孔径梯度结构,每一层具有不同的孔隙率和过滤效率;②功能特性复合,不同的过滤技术组合成为一个完整的过滤结构,例如,分离大直径颗粒和液滴的预过滤和除去小液滴的聚结过滤形成一个整体过滤元件。

8.4　过滤元件的性能测试方法

8.4.1　过滤元件的主要性能参数

1. 过滤效率

过滤效率定义为被过滤元件捕集下来的颗粒物浓度(重量、体积、表面积或颗粒个数)与过滤元件前颗粒物浓度(重量、体积、表面积或颗粒个数)之比,可分为计重效率、计数效率和透过率等。为了区分两种不同的效率:用 A 表示计重效率,用 E 表示计数效率。

1)计重效率

当气体中的含尘浓度以计重浓度来表示时,则所得到的过滤效率为计重效率。可以用过滤元件进、出口气体中的含尘浓度来表示为

$$A = \frac{m_{in} - m_{out}}{m_{in}} = \frac{Q(C_{in} - C_{out})}{C_{in}Q} = 1 - \frac{C_{out}}{C_{in}} \tag{8.71}$$

式中, m_{in} 、 m_{out} 分别为过滤元件进、出口气流中颗粒物质量流量,mg/h; C_{in} 、 C_{out} 分别为过滤器进出、口气体中的颗粒物浓度,mg/m³; Q 为通过过滤元件的气体体积流量,m³/h。

2)计数效率

当过滤元件前后的浓度以颗粒个数来表示时,则过滤效率为计数效率:

$$E = \frac{N_{in} - N_{out}}{N_{in}} \tag{8.72}$$

式中, N_{in} 、 N_{out} 分别为过滤器进出、口气体中的颗粒物个数,个/ m³。

在天然气用过滤分离器中,通常分别对固体颗粒物和液滴的效率提出要求,例如,长输管道压气站离心压缩机前工艺气滤芯的过滤性能指标要求为[62]:粒径 1μm 以上的固体粉尘的过滤效率不小于 99.9%,粒径 5μm 以上的过滤效率为 100%;对于粒径 1μm 以上的液滴而言,过滤效率为不小于 98%,此处效率皆为由重量浓度得到的计重效率。

3)透过率

在多数情况下,人们关心的不只是过滤元件捕集到多少颗粒,而是经过过滤后气体仍然携带的颗粒量,这时用透过率这一概念更能直观地表示出口气体的净化程度。透过率指对过滤元件进行试验时,过滤元件过滤后的颗粒物浓度与过滤前的颗粒物浓度之比,单位用%表示。透过率习惯用 P 来表示,即

$$P = (1 - E) \times 100\% \tag{8.73}$$

当过滤效率分别为 E_1 =99.99%, E_2 =99.98%时,不易看出两个效率的实际差别。若换算成透过率则有 P_1 =0.01%, P_2 =0.02%,说明后者穿透携带的颗粒量要比前者多一倍。

4) β 值

β 是过滤器制造厂家和用户常用的一种比较各种不同过滤元件性能的方法,其定义是指过滤元件入口流体中大于或等于某一尺寸(x 微米)的颗粒数量与出口流体中大于或等于同一尺寸的颗粒数量之比:

$$\beta_x = \frac{N_{\mathrm{in},x}}{N_{\mathrm{out},x}} \tag{8.74}$$

式中，β_x 为粒径大于 x 微米颗粒的过滤比；$N_{\mathrm{in},x}$ 为入口流体单位体积内粒径大于 x 微米颗粒的数量；$N_{\mathrm{out},x}$ 为出口流体单位体积内粒径大于 x 微米颗粒的数量。

可以根据过滤比 β_x 计算出过滤元件的计数效率，该效率为直径大于 x 微米颗粒的效率：

$$E_x = \frac{(\beta_x - 1)}{\beta_x} \times 100\% \tag{8.75}$$

表 8.5 给出了过滤比 β_x 与过滤效率对应关系。由表中可知，对于直径大于 x 微米的颗粒，当其 $\beta_x = 75$ 时，则对应的计数效率为 98.7%。

表 8.5　β 值与过滤效率对应关系

β 值	1.0	1.5	2.0	10	20	50	75	100	200	1000	10000
过滤效率/%	0	33	50	90	95	98	98.7	99	99.5	99.9	99.99

5) 绝对过滤精度

绝对过滤精度是指采用 $\beta_x = 5000$ 时所对应的粒径 x 来衡量过滤元件的过滤性能的方法，可以认为对于粒径大于 x 微米颗粒全部过滤下来，此时绝对过滤精度所对应的计数效率为 99.98%。目前滤芯制造厂家和用户常用绝对过滤精度来表示，如干气密封气滤芯的绝对过滤精度为 3μm。

此外，各个厂家还常用名义过滤精度来表示。名义过滤精度用于比较过滤元件的过滤性能，但不同厂家的过滤元件不能用名义过滤精度进行对比。因为每个过滤元件厂家的名义过滤精度定义不同。关于过滤比 β 与名义过滤精度之间的对应关系，目前尚无统一的标准或规定。美国 Pall 公司选用过滤比 β 为 200 作为名义过滤精度的标准。日本和比利时的产品则选用过滤比 β 为 75 作为过滤精度划分标准。法国 Poral 公司则采用同时给出 98% 和 99.9% 两种过滤效率下的颗粒粒径值作为其产品 Poral 滤芯的过滤精度。

6) 最易透过粒径

最易透过粒径是指在以颗粒直径为横坐标、以过滤效率为纵坐标的粒径效率曲线上，过滤效率最低点对应的粒径(most penetrating particle size，MPPS)。最低点对应的效率即为最低过滤效率，简称 MPPS 效率。

2. 压降

在过滤气体操作压力和操作温度下，给定处理气量时过滤元件前、后的压差。过滤元件为新元件时的压差称为初始压降。

3. 容尘量

在采用额定过滤速度和规定的标准粉尘试验时，被检测的滤料达到所预定的终阻力(最大允许压降)时所捕集到的试验粉尘质量即为过滤元件的容尘量。容尘量是和使用期限有直接关系的指标。通常将运行中过滤元件的终阻力达到其初阻力的 2 倍(若 2 倍值太低，或定为其他倍数)，或者效率下降到初始效率的 85%以下时过滤元件上的积尘量，作为该过滤元件的标准容尘量。

随着过滤元件上积尘量的增加，过滤元件的阻力也随之增加，但目前还难以较准确地计算容尘量和阻力增值的关系。中效过滤器的阻力增值和积尘量的关系一般为直线关系。过滤元件在达到容尘量的积尘过程中，效率低的过滤元件更易显示出效率先增加后下降的特点，这是因为效率低的过滤元件当沉积的颗粒直径大时，随着阻力的增加，会导致颗粒穿透、粉尘层反弹剥落和颗粒的二次携带等现象。在使用过程中的高效过滤器，随着积尘的增加，效率一般呈上升趋势。

4. 骨架强度

由过滤材料加工成圆柱形滤芯时，一般需要配置金属骨架，以保证滤芯的刚度和强度。当过滤气体由内向外流动时，滤芯内部的压力高于滤芯外侧的压力，此时须保证滤芯两侧压降小于其骨架被压破时的最大压差。当过滤气体由滤芯外侧向内流动时，此时保证滤芯两侧压差须小于骨架被压溃时的最大压差。骨架强度应远高于最大允许压降。例如，某滤芯的初始压降为 13.8kPa，更换压差为 69.0~137.9kPa，骨架强度约为 689.5kPa。

5. 使用寿命

过滤元件在保证压差小于更换要求值，且保证过滤后气体中颗粒物含量和粒径大小满足过滤效率要求时，过滤元件的使用周期，定义为使用寿命。

8.4.2 过滤元件性能测试方法

1. ASHRAE52.2 测试方法

标准 ASHRAE52.2[61]是由美国采暖、制冷与空调工程师学会(American Society

of Heating, Refrigerating and Air-Conditioning Engineers)创建，主要针对高效过滤器，测定过滤介质为 0.3～1.0μm、1.0～3.0μm 和 3.0～10μm 三个颗粒直径范围内的颗粒过滤效率，测试流程如图 8.16 所示。所评价的过滤效率为最低过滤效率报告值。标准采用的试验气溶胶为固相 KCl 颗粒，负荷尘为 ASHRAE 规定的试验粉尘，其组成为 72% Arizon 粉尘(细灰)、23%炭黑和 5%棉绒，对于 3.0～10μm粒径范围过滤效率小于 20%的空气过滤器，利用该粉尘称重得到过滤元件的计重效率 $A_{52.2}$，其计算公式为

$$A_{52.2} = 1 - \frac{W_{\text{out}}}{W_{\text{in}}} \tag{8.76}$$

式中，W_{in} 为加到过滤元件上游气体中的试验粉尘重量，g；W_{out} 为过滤元件捕集到的粉尘重量与试验段底部沉降累积的粉尘重量，g。

固相 KCl 试验粉尘的粒径范围为 0.3～10μm，利用过滤元件上下游的颗粒计数器得到过滤元件在不同颗粒范围对应的效率。颗粒计数器的颗粒粒径范围分为12 个。在规定的流量下需要测定不同阶段的计重和计数效率，从而得到过滤元件的过滤效率。过滤过程中效率检测节点分别为：初始时刻，尚未接受负荷尘；第一次加 30g 粉尘或阻力增加 10Pa 后；阻力分别达到终阻力的 1/4、1/2 和 3/4 时；阻力达到预定终阻力时，依据上述数据，可以得到最低过滤效率值。

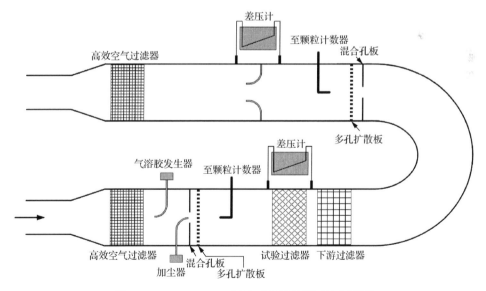

图 8.16　ASHRAE52.2 过滤元件性能测试流程图[61]

2. EN779 测试方法

EN779—2012[62]为欧洲标准,测试流程如图 8.17 所示,采用的试验粉尘有两种:一是 DEHS 颗粒,其粒径范围为 0.2~3.0μm,可选用光学粒子计数器(OPC)测定过滤元件上下游的颗粒分布,要求计数器为 0.2~3.0μm 时至少有五档粒径范围;二是选用固体标准粉尘,主要用于测定过滤元件的容尘量和计重效率,当需粗颗粒时,可选用 ASHRAE 规定的粉尘;若需细颗粒粉尘,则选用 ISO-12103-1—2016[63]规定的粉尘。其测量步骤与 ASHRAE 类似,但两个标准在计算效率时存在差异。美国标准采用的是最低效率法,而欧洲标准则采用平均效率法:在每个效率测量点,需上、下游交替进行 13 次气溶胶测量,得到 6 组子效率,其平均值作为该测量点的平均子效率。根据容尘过程中得到的各个平均子效率及加尘量,可得到终阻力时 0.4μm 粒径处所对应的平均效率,从而对过滤器进行等级划分。

由于世界卫生组织及权威环境机构一直使用颗粒物粒径评估空气质量,工业界也开始采用此方法对空气过滤器进行检测评价。从 2018 年 7 月开始,EN779将完全被新标准 ISO 16890-1[64]所替代。新标准将根据过滤器对 PM1、PM2.5 和PM10 的过滤效率情况,对过滤器进行分级。新标准可以更有效地反映其在真实使用条件下的过滤性能。

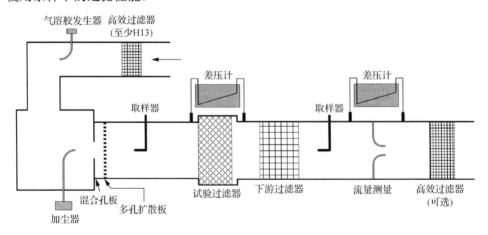

图 8.17　EN779—2012 过滤元件性能测试流程图[64]

3. EN1822 测试方法

EN1822-5:2009[65]是针对高效空气过滤器,采用颗粒计数方法测定其最易透过粒径,颗粒的粒径范围为 0.12~0.25μm,其测试流程如图 8.18 所示。所推荐的试验颗粒为 DEHS 和 DOP 等液体气溶胶,既可以单分散气溶胶也可以多分散气溶胶分布。以单分散气溶胶为试验颗粒时,可选用凝结核计数器(CNC);以多分散气溶胶时，可选用光学粒子计数器，要求在其粒径检测范围应覆盖 MPPS/1.5～MPPS×1.5。根据上下游浓度值计算出对某个粒径大小的颗粒计数效率，最后求出过滤元件的最低过滤效率。

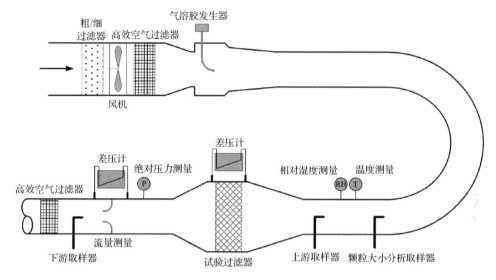

图 8.18　EN1822 过滤元件性能测试流程图[67]

4. VDI 3926 方法

德国工程师协会标准 VDI 3926—1994[66]是针对可反吹再生过滤元件的气固过滤性能建立的测试方法，测试流程如图 8.19 所示。该标准包括两个部分内容：第一部分介绍了过滤材料的特性；第二部分给出了操作工况下过滤介质的性能测定方法。试验过滤元件样品是直径为 150mm、有效面积约为 154cm^2 的圆盘，试验颗粒可选用氧化铝粉、石灰石粉或二氧化钛粉。采用过滤和反吹清灰多次循环试验方法确定滤材的过滤效率和压降特性。

5. JIS B 9927 方法

日本工业标准 JIS B 9927[67]为空气过滤器性能试验方法，采用颗粒计数法对高效过滤器进行检测，试验气溶胶选用邻苯二甲酸二辛酯(Dioctyl phthalate，DOP)或类似物质，其计数中径为 0.21～0.32μm，几何标准差 $\sigma_g = 1.43\sim1.83$，测定仪器为光散射式粒子计数器，其流程如图 8.20 所示。

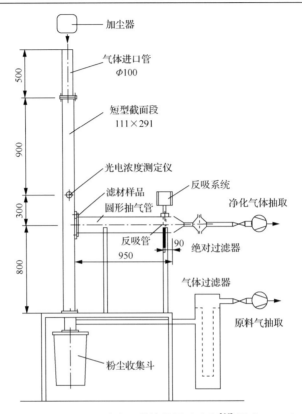

图 8.19　VDI 3926 过滤元件性能测试流程[66]（单位：mm）

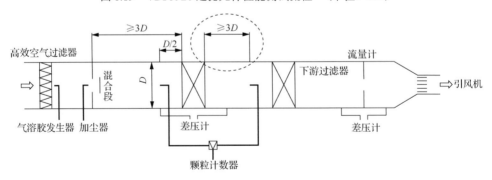

图 8.20　JIS B 9927 过滤元件测试装置图[67]

6. 我国过滤器相关标准

我国现行空气过滤器标准为 GB/T 14295—2008[68]，按过滤器的效率和阻力情况，将一般空气过滤器划分为粗效过滤器、中效过滤器、高中效过滤器和亚高效过滤器四类。

我国有关高效空气过滤器制定了 GB/T 13554—2008[3]和 GB/T 6165—2008[2]
两个标准，前者规定了空气过滤器的结构、性能要求和分级，后者给出了高效空
气过滤器效率和阻力试验方法。性能试验方法中包含钠焰、油雾和颗粒计数三种
方法，对于超高效空气过滤器及滤料，计数法为效率检测的基准试验方法。欧美
国家现行检测过滤器的方法均为颗粒计数法，以美国暖通空调工程师协会组织标
准 ASHRAE52.2 和欧洲标准 EN779 最具代表性。表 8.6 给出了国家标准 GB/T
6165、美国标准 ASHRAE52.2 和欧洲标准 EN779 之间的差别。

表 8.6　国标 GB/T 6165、美国标准 ASHRAE52.2 和欧洲标准 EN779 的比较

项目名称	国家标准 GB/T 6165	美国标准 ASHRAE 52.2	欧洲标准 EN 779
适用范围	钠焰法测试时,过滤效率不小于99.9%的空气过滤器	能够过滤 0.3～10μm 粒径范围的过滤器	对 0.4μm 粒子初始过滤效率不大于98%的空气过滤器
气溶胶类型	氯化钠(NaCl)、癸二酸二辛酯(DEHS)等	氯化钾(KCl)	癸二酸二辛酯(DEHS)
气溶胶特点	多分散固体粒子或雾化液滴	多分散固体粒子	多分散雾化液滴
粒径范围	中值粒径 0.1～0.3μm	0.3～10.0μm	0.2～3.0μm
光学粒子计数器	在 0.1～0.3μm 范围内应至少包括 0.1μm、0.2μm、0.3μm 在内的三挡	能对 0.3～10.0μm 范围内颗粒进行测量,对 0.3μm 的聚苯乙烯粒子的计数效率应不小于50%	粒径测量范围至少为 0.2～3.0μm,对 0.2μm 粒子的计数效率应不小于50%
效率标识	0.1～0.3μm 范围内最低效率	在 0.3～1.0μm、1.0～3.0μm、3.0～10μm 三个粒径范围内,最低效率曲线上各效率点的平均值	终阻力下 0.4μm 颗粒的平均效率
人工负荷尘成分		72%ISO 12013-A2 粉尘、23%炭黑粉末和5%棉绒	72%ISO 12013-A2 粉尘、23%炭黑粉末和5%棉绒

目前，国内外过滤器检测主要以空气滤芯或滤材为检测对象，缺乏用于高压
天然气滤芯的性能检测方法及标准，使国内管道站场内各种滤芯的选型、采购和
使用带来了困难，无法保证其性能达到要求。基于此情况，2016 年国家能源局发
布了石油天然气行业标准 SY/T 7034—2016《管道站场用天然气过滤器滤芯性能
试验方法》[60]，其中规定了天然气管道站场内天然气过滤器滤芯的过滤效率、压
溃特性、容尘量和阻力的试验方法，并给出了各过滤器滤芯过滤性能合格参考指
标。该标准适用于天然气管道站场用工艺气过滤器、离心压缩机干气密封过滤器
和燃料气过滤器的滤芯性能检测。该标准有助于规范管道站场用天然气过滤器滤
芯的性能检测工作，可对天然气过滤器滤芯的过滤性能进行检测评价，保障管道
站场压缩机组和计量设备的长周期安全可靠运行，并规范行业内部天然气过滤器
滤芯的采购和选用。

在上述各标准中，过滤器检测时所用的粉尘一般需采用标准粉尘。例如，ISO

19438—2003[71]和 ISO TS 13353—2002[72]标准中规定了检测内燃机用柴油和汽油滤油器时选用的颗粒粒径应符合"ISO A3 中等颗粒",可供气体过滤元件测定时参考。

ISO 12103-1 对粉尘的尺寸分布和化学成分进行了界定。试验粉尘用亚利桑那沙漠沙粒制造,包括 4 个等级[63]。亚利桑那沙粒是一种天然物质,主要由二氧化硅及少量其他化合物组成,从亚利桑那沙漠选定的地区采集,经过分级处理至规定颗粒尺寸。亚利桑那试验粉尘以 4 种标准类型供应,标记如下:①超细,ISO 12013-A1;②细粒,ISO 12013-A2;③中等,ISO 12013-A3;④粗粒,ISO 12013-A4。

ISO 5011—2000 标准规定内燃机和空气压缩机用过滤器的检测应选用"ISO A2 细粒"或"ISO A4 粗粒"作为实验粉尘[73]。该标准采用称重法进行过滤效率实验,测量三种过滤效率:原始过滤效率、递增效率(过滤器的压降减去初始压降的差值达到终止压降减去初始压降差值的 10%、25%和 50%时测得的效率)和全寿命效率(实验终止时的过滤效率)。

8.4.3 实际过滤过程特征

纤维滤材内的实际过滤过程为非稳态过滤过程,图 8.21 为采用聚苯乙烯球形颗粒在过滤速度为 0.36m/s 时测得的滤材阻力增加值随单位面积颗粒质量累积值的变化[74]。由图 8.21 可以看出,整个过滤过程可分为三个阶段:深层过滤阶段、过渡阶段和粉尘层过滤阶段。深层过滤主要是纤维的过滤作用,此时压降增加缓慢,可以采用前面的滤材过滤模型分析过滤效率和压降。随着过滤时间的延长,沉积在纤维滤材内的颗粒和纤维共同参与过滤过程。当纤维滤材内达到一定的容尘量后,后续的颗粒逐渐沉降在纤维滤材外表面,此时粉尘层将起过滤作用。由图中可以看出,在整个过滤过程中,稳定过滤时间很短,此后滤材压降和效率随过滤时间变化,属于非稳态过滤过程。图 8.22 是与图 8.21 对应的过滤效率随时间的变化。在滤材压降增加的同时,过滤效率也随之增加。

由图 8.22 中可知,过滤过程初始阶段,当气体中颗粒浓度低时,滤材压降增加缓慢,接近稳定过滤过程。在 8.2.3 和 8.2.4 节中建立的过滤性能模型,都忽略了过滤过程中沉积到单根纤维捕集体表面的颗粒对流场的影响,因此所建立的效率和压降模型只适用于过滤过程的初始阶段,即图 8.21 和图 8.22 中深层过滤阶段的开始部分。随着过滤时间的增加,颗粒不断沉积在滤材内纤维表面,导致滤材内颗粒填充率不断增加,因此滤材阻力和效率均呈增加趋势。图 8.23 为以单一直径的聚苯乙烯小球进行实验时测得的滤材内部结构的扫描电镜照片。由图 8.23(a)、图 8.23(b)可以看出,随着过滤时间的增加,颗粒在纤维表面的沉积量不断增加,此时对应深层过滤阶段。而从图 8.23(c)、图 8.23(d)可以看出滤材内部颗粒沉积情况变化不大,此时逐渐过渡到表面过滤阶段。

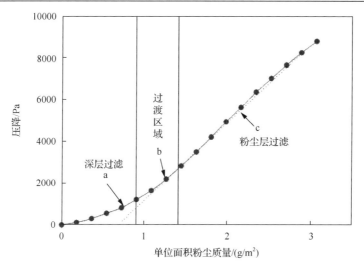

图 8.21　滤材阻力的增加值随滤材单位面积颗粒质量累积值的变化[72]

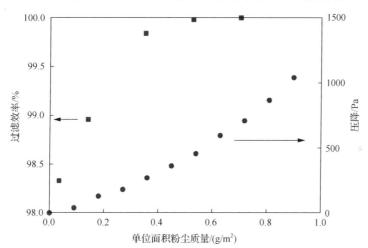

图 8.22　滤材阻力增加值和滤材过滤效率随单位面积颗粒质量密度的变化[72]

(a) 沉降时间 $t = 5\text{min}$

(b) 沉降时间 $t = 15\text{min}$

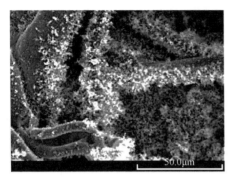 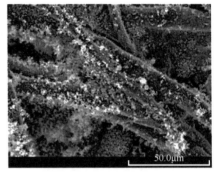

(c) 沉降时间 $t = 30min$ (d) 沉降时间 $t = 50min$

图 8.23 滤材内的颗粒沉积扫描电镜照片[74]

实际过滤过程中，过滤效率和阻力增加的主要原因是沉积到捕集体表面的颗粒也会改变纤维捕集体自身的形状，进而引起滤材的结构变化。已经沉积到纤维捕集体上的颗粒，也可能由于受到各种作用力导致重新离开捕集体表面，而被气流夹带到下游气体中。此外，滤材结构还受到内部颗粒沉积结构、毛细现象、电荷变化和过滤操作参数等多种因素的影响。非稳态过程主要影响因素如下。

1) 颗粒间的黏附和夹带

颗粒与颗粒及颗粒与捕集体表面的键强度称为黏附力。影响黏附力的主要因素是范德瓦耳斯力、液桥力和静电力等。已沉积在滤材内的颗粒是否被气流重新夹带取决于颗粒物与捕集体间的黏附力及所受到的气流速度。气体速度低时，气体阻力则不足以克服黏附力。黏附力取决于颗粒大小、形状、化学组成、电荷、颗粒表面和捕集体表面的微观形貌、湿度、接触时间等多种因素[73]。

范德瓦耳斯力是宏观物体间相互作用时最重要的一种力，它总是存在的。当颗粒表面吸附环境气体时，由于吸附气体与颗粒间的作用，将增加颗粒间的范德瓦耳斯力。

当颗粒存在于含有一定湿度的气体环境中时，颗粒将吸收气体中的水蒸气等组分。当空气的湿度接近饱和状态时，不仅颗粒本身吸水，颗粒间的孔隙也将有水分的凝结，在颗粒接触点形成液桥，此时存在表面张力和毛细压差的作用，颗粒间的这种相互作用称为液桥力。

气体中的大多数颗粒存在自然荷电，其带电途径可能是在颗粒产生、加工过程及颗粒间与荷电表面的接触等过程。即使颗粒自身不带电，当与其他带电颗粒接触时，因感应作用可使颗粒表面出现剩余电荷，从而产生接触电位差，由此使颗粒间产生静电力。除具有强电性的高分子颗粒外，颗粒间的静电力远小于颗粒间的范德瓦耳斯力和液桥力。

2) 滤材的堵塞

不同大小、形状和相态的颗粒对滤材的堵塞也会影响非稳态过程。已经被捕集到的颗粒会在滤材表面形成颗粒层，进而引起效率和压降的变化。滤材阻力主要取决于颗粒物相态、颗粒大小、滤材内颗粒沉积位置和颗粒物沉积量等因素。沉积到捕集体表面的颗粒呈现树状结构，会提高过滤效率，但压降也增加显著。

3) 毛细现象

毛细现象在液体过滤过程中起重要作用，包括液滴冲击纤维捕集体、纤维捕集体间形成液膜、气体中的蒸汽会在颗粒接触点出现凝析现象。毛细现象会导致液滴透过率增加，过滤效率下降。

以上这些分析仍然针对的是纤维滤材过滤过程中的稳态阶段，在各种效率计算模型中假设当颗粒碰到纤维表面时即被捕集之后随即消失，不影响随后的纤维介质本身的结构和气固两相流场特性。而实际上颗粒碰撞到纤维上以后，会不断改变纤维滤材自身的特性，随着过滤时间的延长，新来的颗粒会碰撞到已经沉降到纤维表面的颗粒。Kasper 等[76]分析了惯性、拦截和反弹特性，当拦截系数 R 增加时，主要是由颗粒反弹起作用，而不是由拦截作用引起。颗粒表面形成的树枝状结构如图 8.24 所示，其结构特性与操作参数有关，可表示为 Pe、St 及拦截比 R 等无量纲准数的关系。St 反映了颗粒沉降距离与纤维直径的比值。由图 8.24 中可以看出，当颗粒直径较小时，对应的 Pe 相应变小，此时扩散效应为主，颗粒在纤维圆柱体圆周方向沉降比较均匀，且粉尘层空隙率较大。当流动参数 Pe 和 St 保持不变，拦截系数 R 增加时，即颗粒直径增加时，颗粒沿纤维圆周方向的均匀性不变，但沉积层的空隙率增加。当 St 增加时，意味着颗粒直径变大，此时惯性碰撞为主要的过滤机理，大颗粒由于惯性作用沉积在纤维的迎风面，即接近纤维的

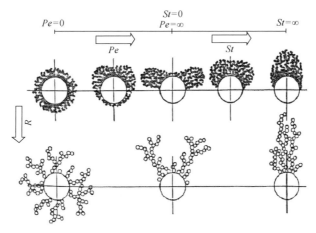

图 8.24　纤维表面沉积结构与 Pe、St 和 R 之间的关系[74]

前驻点位置。Dunnett 和 Clement[40]模拟分析结果表明，颗粒在纤维表面沉积的区域和粉尘层形状取决于颗粒捕集机理。

Kasper 等[76]采用共聚焦显微镜拍摄了单根金属纤维表面的粉尘层结构，分析了当金属纤维直径 d_f 为 30μm，气体速度 v 为 0.7～5m/s，实验颗粒直径 d_p 为 1.3μm、2.0μm、2.6μm 和 5.2μm 的聚苯乙烯颗粒时的粉尘层结构特性，此时颗粒沉降机理以惯性、拦截和颗粒弹跳为主。图 8.25 给出了金属纤维直径为 30μm 时，粉尘直径改变和气体速度改变时的粉尘层结构。其中，K_β 为弹跳系数，$K_\beta = d_p v$。

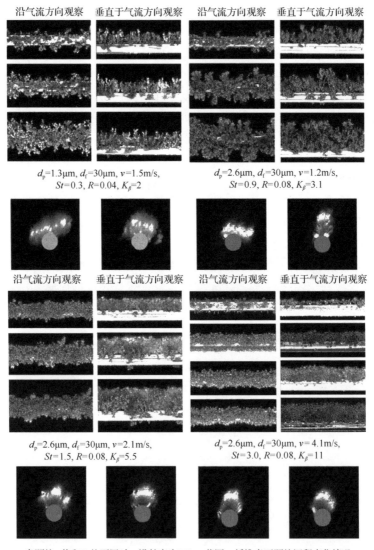

沿气流方向观察　垂直于气流方向观察　沿气流方向观察　垂直于气流方向观察

$d_p=1.3$μm, $d_f=30$μm, $v=1.5$m/s,
$St=0.3$, $R=0.04$, $K_\beta=2$　　　$d_p=2.6$μm, $d_f=30$μm, $v=1.2$m/s,
$St=0.9$, $R=0.08$, $K_\beta=3.1$

沿气流方向观察　垂直于气流方向观察　沿气流方向观察　垂直于气流方向观察

$d_p=2.6$μm, $d_f=30$μm, $v=2.1$m/s,
$St=1.5$, $R=0.08$, $K_\beta=5.5$　　　$d_p=2.6$μm, $d_f=30$μm, $v=4.1$m/s,
$St=3.0$, $R=0.08$, $K_\beta=11$

当颗粒 ρ 值和 St 均不同时，沿长度为200μm范围，纤维表面颗粒沉积变化情况

图 8.25　单根金属纤维表面的粉尘层结构[76]

Hosseini 和 Tafreshi[75]采用 Fluent 流动分析软件模拟了纤维表面粉尘沉积时的三维树枝状粉尘层结构，如图 8.26 所示，可以看出当滤材纤维直径与颗粒直径不同时颗粒捕集机理不同，图 8.27 和图 8.28 给出了单位滤材体积内的颗粒含量(M_v)变化时的分离效率 η 与初始分离效率 η_0 比值，以及纤维阻力 f 与初始阻力比值 f_0的变化。同时，Hosseini 和 Tafreshi[75]根据模拟结果得到了在颗粒物载荷情况下单个纤维效率函数：

$$\frac{E}{E_0}=1+a+bM_v \tag{8.77}$$

式中，M_v 为单位滤材体积内沉积的颗粒物含量；a 和 b 均为经验参数。

Kasper 等[76]分析了多根纤维并列排布时纤维效率变化，并基于实验结果总结出了单根纤维效率函数：

$$\frac{E}{E_0}=1+bM_L^c \tag{8.78}$$

式中，M_L 为单位纤维长度上的粉尘颗粒物质量；b 和 c 均为经验参数，与 St、拦截系数和流体 Re 有关。

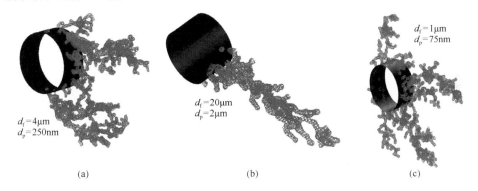

图 8.26　颗粒直径和纤维直径不同时颗粒沉积形成的树枝状结构[75]

(a)当纤维直径和颗粒直径分别为 4μm 和 250nm 时，捕集机理主要是拦截，此时统计出的颗粒填充率为 5%；
(b)当纤维直径和颗粒直径分别为 20μm 和 2μm 时，捕集机理主要为惯性碰撞，颗粒填充率为 3%；(c)当纤维直径和颗粒直径分别为 1μm 和 75nm 时，捕集机理为扩散效应，此时颗粒填充率为 5%

8.4.4　过滤性能影响因素分析

影响压降和效率的参数分为三类：颗粒物性参数(颗粒密度、颗粒大小和分布)、滤材结构参数(纤维填充率、纤维直径、滤材厚度)和操作参数(过滤速度、气体温度、颗粒物浓度)。

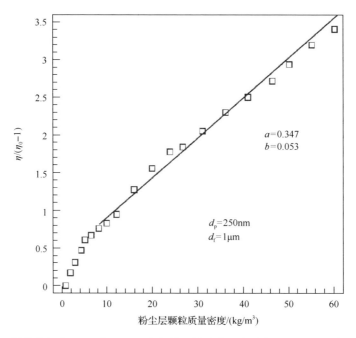

图 8.27　纤维直径为 1μm 时 250nm 直径的颗粒分离效率随粉尘层颗粒密度的变化[77]

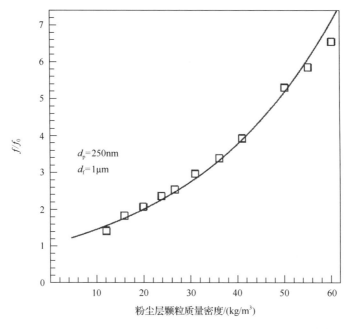

图 8.28　纤维阻力与初始阻力比值随过滤过程的变化特性[77]

1. 颗粒大小的影响

图 8.29 给出了颗粒直径对滤材压降的影响[79]，由图中可以看出，颗粒直径越小，在相同气体过滤速度下的压降上升越快。

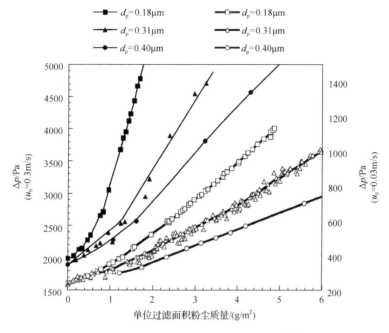

图 8.29　颗粒直径对滤材压降的影响[77]

图 8.30 为双层滤纸组成的滤材在过滤过程中的颗粒计数效率变化[78]，由图中可以看出，随着单位面积粉尘质量的增加，不同直径的过滤效率也发生变化。

2. 颗粒形状的影响

计算过滤效率时和进行滤材性能测定时常用球形颗粒，球形颗粒与纤维接触时，接触表面较不规则形状的颗粒小，因而不规则颗粒与纤维接触的概率就大，沉积的概率也随之增大。实际过滤气体中的颗粒形状是不规则的，所以实际过滤效率将高于计算和实验值，即球形颗粒具有最大穿透性，故测定的效率值偏安全。

3. 纤维直径和断面形状的影响

对于前面讲到的各种过滤机理，在纤维填充率 α 一定时，所选的纤维直径减小，捕集效率会增加。因此，在设计高效过滤器时，应选择纤维直径小的滤材，但对应的滤材阻力也会增加。

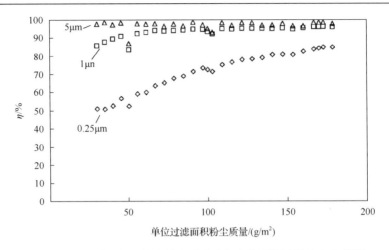

图 8.30　双层滤纸组成的滤材在过滤过程中的颗粒计数效率变化[78]

　　由于传统纤维滤材的最易穿透直径为 0.1~0.5μm，采用静电纺丝和熔喷方法制成的纳米纤维与微米纤维滤材组成的复合滤材，可以显著提高过滤效率。图 8.31 比较了传统纤维滤材与五种不同直径的纳米纤维滤材复合材料的分级效率[79]，纳米纤维滤材参数见表 8.7。由图 8.31 和图 8.32 可知，纳米纤维滤材在压降增加不多的情况下，可以显著提高过滤效率，且最易穿透颗粒直径变小。此外，多层纳米纤维滤材与传统微米滤材复合后对过滤效率提高更为显著。

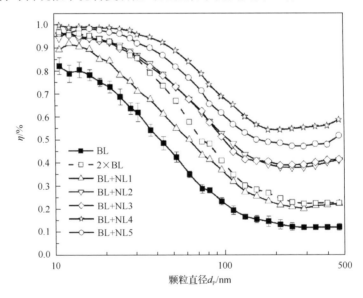

图 8.31　纳米纤维滤材与基础层滤材复合后的分级效率[79]

表 8.7　纳米滤材纤维参数[81]

滤材类型	平均纤维直径/μm	厚度/mm	孔隙率	克重/(g/m²)
基础层滤材 (BL)	16.0	2.1	0.851	284.9
纳米纤维层 1 (NL1)	0.68	1.4	0.965	44.4
纳米纤维层 2 (NL2)	0.60	2.5	0.967	75.1
纳米纤维层 3 (NL3)	1.10	3.1	0.971	79.4
纳米纤维层 4 (NL4)	1.08	5.5	0.980	100.5
纳米纤维层 5 (NL5)	1.10	4.3	0.986	53.0

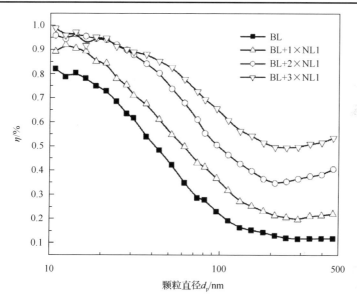

图 8.32　多层纳米纤维滤材与传统滤材复合后分级效率比较[81]

　　实际纤维的横截面形状有圆形和非圆形两大类。采用圆形喷丝孔，通过熔体纺丝方法所得化学纤维的横截面通常为圆形。采用圆形喷丝孔，通过干法纺丝或湿法纺丝所得纤维的横截面则可能为锯齿形和哑铃形等。异形纤维为经过一定几何形状的喷丝孔纺织的具有特殊截面形状的纤维，截面形状有三角形、三叶形、五叶形、十字形和哑铃形等。沿纤维轴向具有空腔的纤维称为中空纤维，也被称为异形纤维。Hosseini 和 Tafreshi[80]模拟分析了截面分别为圆形、正方形、椭圆形和三叶形四种结构的阻力系数 f，如图 8.33 所示，可以看出当纤维尺寸为微米量级时，不同截面形状的纤维，其阻力系数变化不大，而当纤维尺寸接近分子平均自由程时(常温常压下的气体分子平均自由程约为 65nm)，即当纤维表面流动属于滑移区时，纤维截面形状显著影响滤材压降。此外，计算表面、纤维截面对分级效率影响相对较小，因此纤维截面应设计成流线型结构。

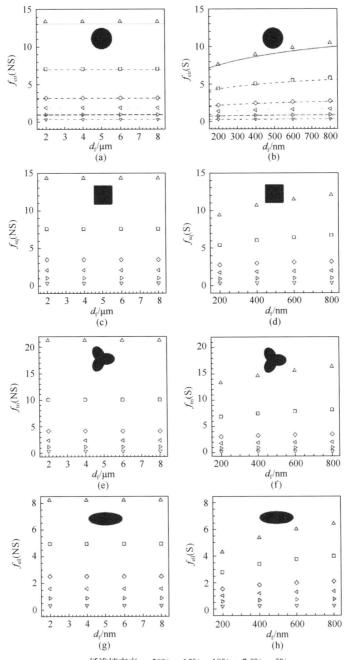

纤维填充率: △ 20%; □ 15%; ◁ 10%; ▷ 7.5%; ▽ 5%

图 8.33　纤维截面形状对纤维阻力系数[82]

下标 cir, sq, tri, ell 分别表示圆形、正方形、三叶形和椭圆形; NS 表示纤维表面流动属于非滑动区, S 表示纤维表面流动属于滑移区

4. 固体颗粒浓度的影响

图 8.34 给出了气体含尘浓度对过滤过程中滤材阻力的影响，可知气体含尘浓度不影响滤材压降随滤材单位面积粉尘质量的变化，但会加快压降随过滤时间的变化趋势[79]。

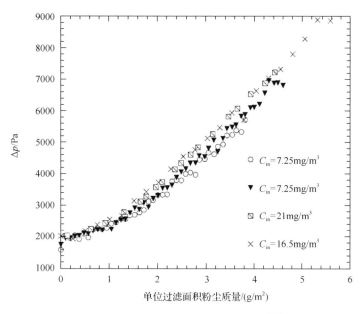

图 8.34　气体含尘浓度对压降的影响[77]

5. 过滤速度的影响

由前面的过滤机理分析模型可知，随着滤速增加，扩散效率下降，而惯性效率和拦截效率均上升，使总效率呈先下降后上升的趋势。图 8.35 为采用颗粒直径 0.31μm 和过滤速度为 0.01～0.5m/s 条件下的压降随滤材表面粉尘质量浓度的变化[77]。由图中可以看出，过滤速度增加，滤材压降快速上升，因此实际选择滤速时需要考虑滤材能耗因素的影响。

6. 滤材性能综合分析

滤材过滤性能多数通过实验测定进行确定，目前虽然建立了各种过滤机理和过滤性能分析模型，但其准确性有限。1993 年，Brown[22]提出了选用质量因子 Q_F(quality factor 或 filtration index)作为综合评价滤材性能的参数，其定义为

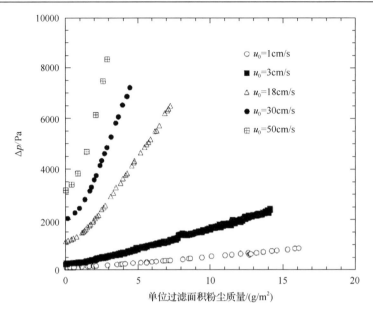

图 8.35　不同过滤速度时压降变化[79]

$$Q_F = \frac{-\ln\left(C_{out} / C_{in}\right)}{\Delta p} = \frac{-\ln P}{\Delta p} \tag{8.79}$$

由于式(8.79)中$-\ln P$衡量过滤效率的大小，Q_F为效率与压降的比值。性能优异的过滤材料表示其具有高效率与低阻力，能反映滤材的质量，因此可用于过滤材料的比较，但在某些场合，效率作为最重要指标时，可以通过滤材折叠方式提高效率，此时就不应利用 Q_F 为指标进行评价。Wang 等[83,84]、Dharmanolla 和 Chase[85]依据颗粒在滤材内的质量传递方程和过滤效率模型得到滤材出口的气体含尘浓度，再依据滤材压降计算模型得到了计算 Q_F 的成套计算方法，可以用于滤材的优选。

8.5　天然气滤芯的性能测定与分析

8.5.1　滤芯结构和组成

当滤芯以表面过滤为主时，多采用折叠结构，在同样滤芯结构尺寸的情况下可以显著增加过滤面积；当滤芯以深层过滤为主时则多采用滤材多层缠绕结构。以表面过滤为主的折叠滤芯主要有内部的骨架支撑层、起过滤作用的折叠层、靠近滤芯外表面的保护套层。当含尘气体由滤芯外部向内部流动，粉尘在折叠过滤层表面被拦截下来，净化气体进入滤芯内部，而深层过滤则会使颗粒穿嵌在多层滤材内部，净化后气体进入滤芯内部。两种滤芯结构组成如图 8.36 所示。

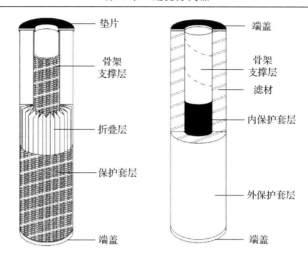

图 8.36　折叠型滤芯和缠绕型滤芯结构组成

8.5.2　滤芯性能测定装置及方法

1. 气固过滤性能测定

滤芯气固性能测定装置采用负压吸气方式，便于入口气体管路处的加尘。测试装置主要由单根滤芯过滤器、颗粒粉料加入器、流量计和颗粒分析仪等组成，测试流程如图 8.37 所示。过滤器整体固定在平板上，平板通过滑动轴承安装在立式支架上，可模拟滤芯水平放置和垂直放置两种实际工况。该过滤器内安装单根滤芯，可测试的滤芯直径范围为 60～120mm，长度为 500～1800mm，满足目前不同规格的天然气过滤滤芯的测试要求。参考德国工程师协会 VDI 3926 标准，测试装置加入了可用于滤芯反吹清灰再生的辅助系统，利用经过电磁阀后的脉冲空气可清除滤芯外表面的粉尘，实现滤芯的循环再生。颗粒粉料加入器选用德国 Palas 公司的 BEG-1000 型加料器，颗粒粉尘加入量可在 100～6000g/h 调节。实验粉尘选用标准 ISO 12103-1—2006[63]规定的 A1～A4 粉或滤芯实际工况过滤的粉尘。

大气中的空气经过恒温、恒湿和预过滤后，进入过滤器入口管路，并与颗粒粉料加入器排入到管路内的粉尘均匀混合后从过滤器下部入口进入过滤器内，含尘气体经过滤芯过滤后的净化气体由集气室排出。在过滤器进口和出口管路各选用一个含尘气体取样口，将所取出的气体引入到光学颗粒计数器，分析得到气体中颗粒浓度和粒径分布。过滤器筒体内安装有压力、温度和湿度传感器，以保证气体满足测试标准和规范要求，过滤器出口管路上安装有气体流量计和调节阀。所用的光学颗粒计数器为德国 Palas 公司的 Welas 2000 型，其测定的粒径范围为 0.25～40μm，单位立方厘米的颗粒个数小于 10^5 个。当入口气体中的颗粒浓度较高时，需利用安装在取样口和颗粒计数器管路间的稀释器对取样气体进行多倍稀释，以满足颗粒计数仪测试范围要求。

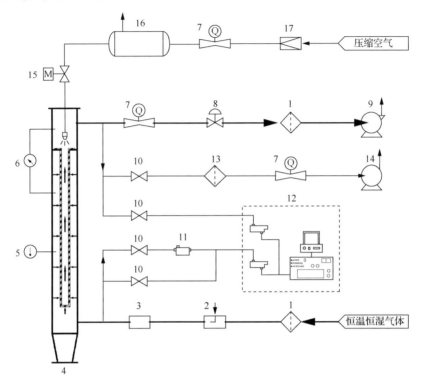

图 8.37 天然气滤芯气固过滤性能测试流程图

1.高效空气过滤器；2.加料器；3.静电中和器；4.过滤器；5.温湿度计；6.差压计；7.流量计；8.控制阀；9.引风机；
10.截止阀；11.稀释器；12.PALAS 控制系统；13.滤膜；14.真空泵；15.电磁阀；16.缓冲罐；17.减压阀

2. 气液过滤性能测定

滤芯气液过滤性能实验装置由液滴发生器、过滤器本体和液滴粒径分析仪三个部分组成。实验测试流程参考了美国标准 ASHRAE52.2—2012[63]、欧洲标准 EN779—2012[64]和国际标准 ISO 12500-1：2007[86]，测试流程如图 8.38 所示。实验流程与滤芯气固过滤性能测试流程相似，采用负压吸气方式进行。液滴发生器产生的雾化液滴与恒温恒湿的净化空气在空气过滤器内部混合，部分直径较大的液滴在滤芯外侧空间沉降下来，多数液滴在滤芯外表面或沿滤材厚度聚结后被分离下来，少数直径小的液滴由滤芯内侧被气体携带到出口管路。过滤器内部被分离下来的液体排入集液瓶中。

常用的液滴发生器分为两类：一类是采用雾化喷嘴和压缩空气产生液滴的装置，另一类是采用标准的单分散或多分散液滴发生器。过滤器进口和出口管路内气体中的液滴浓度和粒径分布可选用光学颗粒计数器，测试原理和方法与固体颗粒浓度和粒径分布类似，但需要考虑液滴表面的折射率修正。实验中选用癸二酸二辛酯(DEHS，也称为 DOS)作为实验液体。表 8.8 给出了厂家提供的 DEHS 在 25℃下的性能指标。

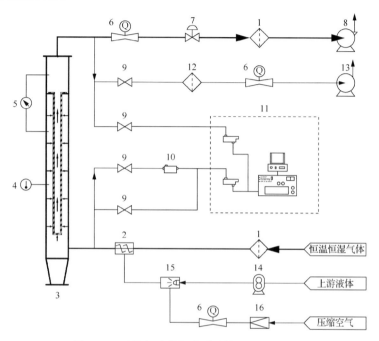

图 8.38 天然气滤芯气液过滤性能测试流程图

1.高效空气过滤器；2.混合室；3.过滤器；4.温湿度计；5.差压计；6.流量计；7.控制阀；8.引风机；9.截止阀；10.稀释器；11.PALAS 控制系统；12.滤膜；13.真空泵；14.计量泵；15.雾化喷嘴；16.减压阀

表 8.8 DEHS 性能指标

分子式	密度/(kg/m³)	酯含量/%	折射率	动力黏度/(mPa·s)	表面张力/(mN/m)	毒性	闪点(开口杯法)/℃
$C_{26}H_{50}O_4$	912	≥99.0	1.45	20.2	27.9	无	210

3. 耐冲击性能和压溃特性测试

1) 耐冲击性能实验装置

在现场过滤器内安装滤芯后或工况压力突然升高时，高压气体会对滤芯滤材形成短暂的冲击，如果滤材材质较差，气流冲击将造成滤材破裂，导致滤芯失效。实验时，将洁净的压缩空气通入储气罐形成稳定实验气源，利用调压阀调节气体压力，而后通过电磁阀快速启闭，使一定压力下的压缩空气对滤芯形成瞬时冲击。实验过程中，可通过电磁阀控制系统对电磁阀的开启时间、开启次数等参数进行调节。实验前将滤芯放置于过滤性能实验装置内，测定不同过滤气量下滤芯压降情况，而后利于不同压力压缩空气对滤芯进行冲击，对比滤芯冲击前、后压降与气量关系曲线，如果滤材受冲击而发生破裂，在相同过滤气体流量时，冲击后滤芯压降将明显低于冲击前压降，从而可判定滤芯在此冲击压力下发生破损。如果相同气量下，冲击前、后滤芯压降保持稳定，则说明滤芯可承受此冲击压力。

2)压溃特性实验装置

滤芯内部均设有金属或塑料骨架用以固定及支撑滤材。在滤芯使用过程中，如果其骨架强度不满足要求，将导致滤芯发生变形及破损等现象。实验采用水或油等液体作为实验介质，实验前需对滤芯表面进行密封处理，以确保测试液体不会旁通待测滤芯。实验介质由加液杯内注入，待装置内部充满实验介质后，关闭进液阀。缓慢旋转摇柄，使实验装置内压力缓慢上升，利用压力表测定压力变化情况，量程为 0~1MPa，精度为 0.4 级。当滤芯发生压溃时，压力会瞬间降低，在记录中读取压力峰值即为滤芯的压溃压力，从而确定滤芯骨架压溃强度。

8.5.3 滤芯性能测试结果分析

利用滤芯性能测试装置，对天然气压气站内常用几种工艺气滤芯的性能进行了测试和比较。

1. 植物纤维滤芯性能测定

天然气现场用 E100 植物纤维滤芯规格为：$\Phi114\times1000$，一端封闭，采用折叠状结构，增加了单位体积的过滤面积，降低了过滤阻力。植物纤维滤芯出口粉尘质量浓度如图 8.39 所示，在过滤速度为 0.02m/s 和入口粉尘浓度为 2g/m³ 条件

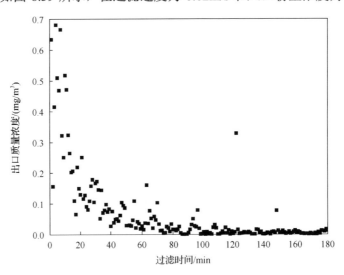

图 8.39 E100 型滤芯出口粉尘质量浓度(滤速 0.02m/s)

下, 出口气体中颗粒质量浓度低于 1mg/m³, 达到稳定状态后出口气体含尘浓度为
0.1mg/m³ 以下, 分级效率曲线如图 8.40 所示, 对 0.3μm 和 0.5μm 的粒子的分级
效率分别为 99.30%和 99.65%。

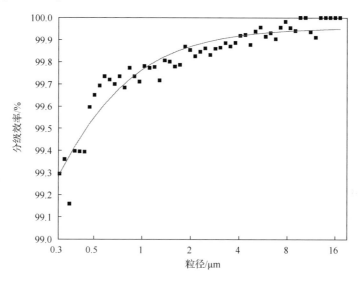

图 8.40 E100 型滤芯的分级效率曲线

2. 复合滤芯性能测定

天然气中通常含有凝析水和凝析油, 该种植物纤维滤芯除湿性能较差, 而且
粉尘容易沉积在褶皱中, 使过滤面积降低, 并且在冬季时, 沉积在褶皱中的液体
结冰导致滤芯失效。因此研制适用于天然气实际工况, 除尘、除湿性能均较好的
新型滤芯对于天然气净化十分必要。实验选用 3 种不同型号的国产玻璃纤维筒状
滤芯进行测定, 其规格如表 8.9 所示。

表 8.9 实验用玻璃纤维滤芯规格

编号	外径/mm	内径/mm	名义过滤精度/μm	长度/mm
G2	82	57	15	1000
G3	78	57	30	1000
G4	72	57	40	1000

图 8.41 分别是 G2、G3 和 G4 号玻璃纤维滤芯的过滤器出口粉尘质量浓度同
目前在用的植物纤维滤芯的对比曲线, 过滤速度为 0.02m/s, 入口粉尘质量浓度为
2g/m³。从图中可知, 随着滤材厚度的增加, 过滤性能变好, 但是单层玻璃纤维滤
芯的性能与在用植物纤维滤芯尚有一定差距, 且浓度波动较大。玻璃纤维滤芯过

滤主要以深层过滤为主，滤材的厚度是影响过滤精度性能的主要因素，大的颗粒易穿过滤材，导致出口浓度波动。过滤一段时间后，粉尘层形成，过滤性能趋于稳定。

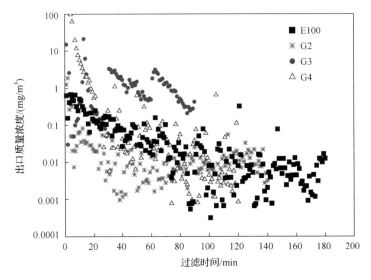

图 8.41　玻璃纤维滤芯同现场用植物纤维滤芯 E100 出口粉尘质量浓度分布对比

金属纤维滤芯具有刚度好和易密封的优点，经清洗反吹可重复使用，且有一定的过滤精度。实验中选用的 304 不锈钢金属滤芯型号如表 8.10 所示。

表 8.10　选用的金属纤维滤芯编号和结构参数

编号	外径/mm	长度/m	厂家标定精度/μm	等效厚度/mm
M10	51	1	10	3
M20	51	1	20	2
M30	51	1	30	1

图 8.42 给出了 3 种金属纤维滤芯和现场用植物滤芯的初始压降特性曲线，随着标定精度的增加，压降也随之减小，其初始压降均小于现场用滤芯。

对选用的 3 种内层金属纤维滤芯，分别与 3 种不同的外层玻璃纤维滤芯进行搭配组合，研究在内层金属纤维滤芯不变，更换不同的外层玻璃纤维滤芯时，复合滤芯的各种性能变化规律。组合实验证明，当内层的金属纤维滤芯固定时，复合滤芯的初始压降主要取决于外层的玻璃纤维厚度，因此当内层的金属纤维滤芯满足一定过滤效率时，合理选择合适的外层玻璃纤维滤芯可以降低复合滤芯初始压降。

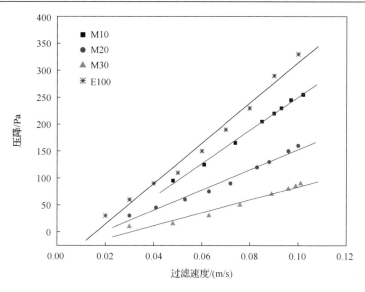

图 8.42　金属纤维滤芯初始压降随表观速度的变化

图 8.43 和图 8.44 分别给出了现场用植物纤维滤芯、单根金属滤芯及复合滤芯的出口含尘浓度和初始压降的对比结果。从图中可以看出，单根金属滤芯 M20 的过滤性能要比植物纤维滤芯 E100 的性能差一些，出口粉尘浓度存在较大波动，这主要是因为金属纤维滤芯以表面过滤为主，直径大的颗粒易穿透过去引起出口浓度的波动。由图 8.44 可知，M20 金属纤维滤芯组成的复合滤芯的性能与植物纤维滤芯性能接近，在初始阶段性能优于植物纤维滤芯，若考虑到滤芯的阻力作用，推荐使用 G4M20 型复合滤芯。

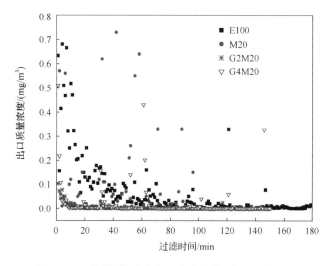

图 8.43　不同结构滤芯出口浓度变化（文后附彩图）

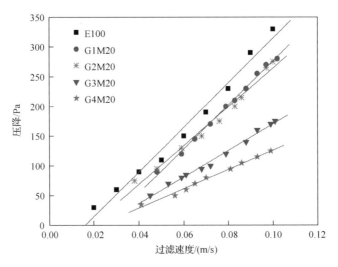

图 8.44　内层为 M20 金属滤芯时各复合滤芯初始压降

实验复合滤芯的综合性能对比结果如表 8.11 所示，从中可以看到，复合滤芯的过滤效率均高于 E100 型植物纤维滤芯，按照过滤比 β 为 200 计算，复合滤芯的过滤精度都高于 0.3μm。因此采用复合结构滤芯是实现高效除尘的有效手段。

表 8.11　复合滤芯同 E100 滤芯的综合性能对比

参数		现场用 E100	G2M10	G4M10	G2M20	G4M20
分级效率/%	0.3μm	99.30	99.90	99.50	99.90	99.80
	1μm	99.78	99.98	99.91	99.93	99.90
	2μm	99.85	100	99.95	99.95	99.93
出口粉尘浓度/(mg/m³)		0.0220	0.0012	0.0109	0.0026	0.0159

为检验 G2M20 复合滤芯的除液性能，采用 DEHS 测量了不同过滤速度时的过滤效率和压降情况。入口气体中液滴平均粒径 20μm，浓度为 18.5g/m³。图 8.45 给出了不同滤速时复合滤芯的压降随单位面积液体累积量的变化曲线。在所选滤速范围内，压降的变化趋势同单层滤芯的变化趋势一致，也可以清晰地分出压降变化的 4 个阶段，在出液前滤芯的压降随着时间的增加而增加，滤芯的压降增大较快，而当滤芯达到稳定状态时滤芯压降基本不再增加。

利用 Welas2000 型光学颗粒计数器所测定的出口气体中液滴质量浓度如图 8.46 所示，可以看到随着过滤速度的增加，出口气体含液量明显降低。

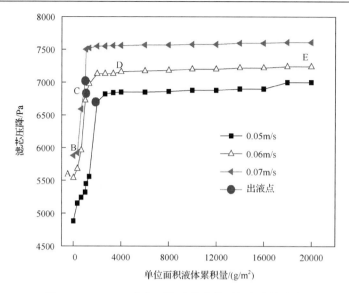

图 8.45　G2M20 滤芯压降随着液体面积密度的变化

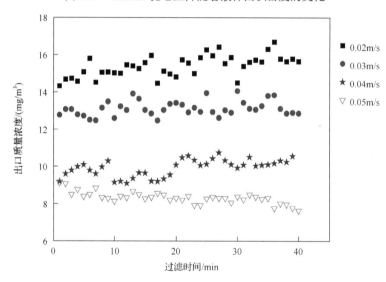

图 8.46　不同滤速下达到稳定过滤状态时的出口液滴浓度

3. 国内外滤芯性能测定

为了解目前长输管道现场常用天然气工艺气滤芯的性能现状，分别选取了国内外六个厂家的标称精度为 1μm 的工艺气滤芯做测试。其中，气固过滤性能测试使用 ISO 12103-1—2006[63]所规定的 A2 级标准试验粉尘，气液过滤性能测试使用的实验液体为 DEHS 液滴。依据天然气滤芯在过滤器内的安装形式，测试均采用卧式过滤、气体由滤芯外进内出的方式。分别考察初始阻力、气固过滤过程压降、气固过滤效率和气液过滤效率等性能指标。

所测试的滤芯在洁净状态下随表观气速变化的初始阻力如图 8.47 所示，表观气速的范围为 0.04~0.09m/s，结果发现六组滤芯的初始压降均在 1kPa 以内，初始压降最低的是国外厂家三，初始压降最高的是国内厂家二，这两组滤芯的初始压降相差约 34%。继续考察气固过滤测试中滤芯压降随粉尘加载的变化情况，六组滤芯的压降变化曲线如图 8.48 所示，发现滤芯的曲线差异较大，国外厂家一和国内厂家三的滤芯均设置有侧向开孔的金属外骨架，可有效减少过滤材料表面的粉尘量，而未采用过滤材料打褶处理的国外厂家二滤芯的压降上升幅度最高。通过气固过滤过程压降曲线可以对比评价出滤芯的纳污能力和实际使用寿命。

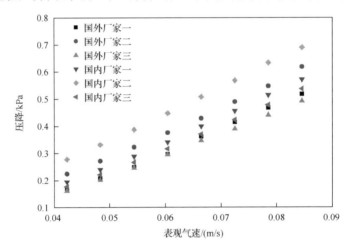

图 8.47 不同厂家工艺气过滤滤芯的初始压降对比

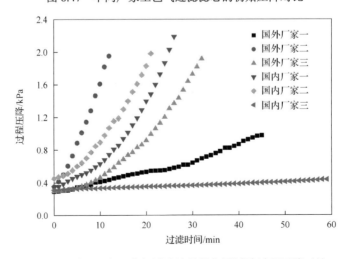

图 8.48 不同厂家工艺气过滤滤芯的气固过滤过程压降对比

　　由于粉尘嵌入过滤材料内部或沉积在过滤材料表面会相对增大滤芯的过滤面积，对过滤效率的测试有所影响，气固过滤效率一般在气固过滤的起始状态下测得。本次测试的六组滤芯的气固过滤效率如图 8.49 所示，测试发现除了国外厂家三，其余厂家对于粒径为 1μm 及以上的粉尘过滤效率均达到 99%以上。

　　工艺气滤芯在气液过滤过程达到稳定过滤状态之前，由于液滴在过滤材料内部的形态和分布规律变动较大，进而对气液过滤效率有显著影响，难以对所测数据进行对比，而当达到稳定状态时，在上游工况稳定的情况下，滤芯的出口浓度、粒径分布也较为稳定，因此所测天然气滤芯的气液过滤效率为气液过滤过程达到稳定阶段测得，测试结果如图 8.50 所示。初始阻力相对较高的国内厂家二的滤芯

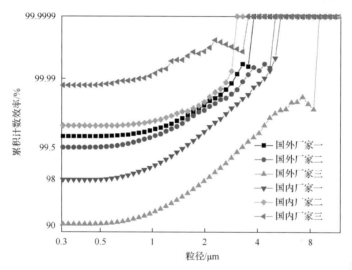

图 8.49　不同厂家工艺气过滤滤芯的气固过滤效率对比

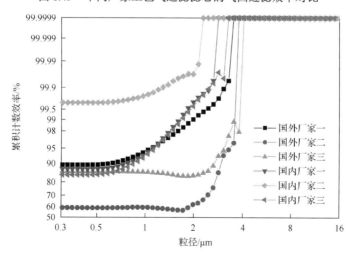

图 8.50　不同厂家工艺气过滤滤芯的气液过滤效率对比

对粒径为 0.3μm 的滤芯能够达到 99%以上，而国外厂家二的滤芯则难以有效过滤粒径为 2μm 以下的液滴。通过与气固过滤效率对比发现，滤芯的气液过滤效率整体上明显下降，且对于气固过滤效率相对较高的滤芯，其气液过滤效率未必也相对较高。因此，在应用于湿气输送或含液量较高的天然气输送场合时，应着重考察天然气滤芯的气液过滤性能。

8.6 过滤分离器设计及工程应用

8.6.1 过滤分离器设计

过滤分离器是将气体中的微小液滴和固体颗粒有效分离的设备总称，通常由过滤聚结室、捕雾室、离心分离室和集液室中的一个或多个组成。过滤聚结室采用滤芯分离气体中的颗粒和液滴，当滤芯达到设定的更换压差时需要按要求进行更换，为便于更换滤芯，一般在过滤聚结室端部设有快开盲板；捕雾室采用叶片分离含有雾态水的气体；集液室主要用于分离液体的收集；离心分离室采用旋风管分离气体中的固体和少量液体。

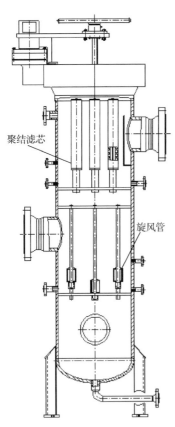

聚结滤芯

旋风管

图 8.51 组合式过滤分离器

过滤分离器属于压力容器，其设计制造首先应遵循压力容器相关规范和标准。对于过滤分离器而言，目前国内外均没有对应的国家标准，国外也没有行业标准发布。我国石油天然气行业标准 SY/T 6883《输气管道工程过滤分离设备规范》[85]于 2012 年首次发布，其中规定了过滤分离器和聚结器的设计、制造和检验验收的基本要求。

实际工程现场中使用的过滤分离器，除了之前所述的卧式过滤分离器之外，还包括组合式过滤分离器。组合式过滤分离器是将离心分离、过滤、聚结、捕雾等两种或多种功能集成于一台设备，通过选用不同规格和结构形式的旋风管、不同性能的滤芯和高效分离叶片进行优化匹配来适应多种工况，其典型结构为旋风管、聚结滤芯和过滤滤芯集成的立式结构，如图 8.51 所示，设备下部装有旋风管、上部装有聚结滤芯，气体通过旋风管分离掉不小于 10μm 的固体颗粒和液体微粒后，由内向外通过聚结滤芯分离掉不小于 0.3μm 的固体微粒和雾气，该结构可以设计成旋风组件、聚结过滤组件与筒体之间为可拆卸的连接方式，当工程运行一段时间后气体比较干净时，可取出旋风组件，将聚结滤芯更换为过滤滤芯，从而降低设备运行能耗和耗材成本。

8.6.2　过滤分离器关键部件

快开盲板是用于压力管道或压力容器的圆形开口位置，并能实现快速开启或关闭的一种机械装置[86]，是过滤分离器的关键部件，在工作状态时是一种静设备，在打开和关闭时又是一种动设备，其结构形式先后采用了牙嵌型、卡箍型、叉扣型和环锁型等几种结构型式，其技术水平随着机械、密封、计算机、材料和加工等技术的发展而提高。

近年来，以环锁型为基本结构的快开盲板因其结构紧凑、安全可靠、操作维护便捷等优点而成为过滤分离器的主要选择。在国外，以环锁型为基本结构的快开盲板厂家有英国 GD、法国 PT 和美国 PECO，见图 8.52，在国内，以中油管道机械制造有限责任公司为代表的快开盲板技术取得了长足的发展[89,90]，见图 8.53，其组合式过滤分离器的高压大型立式快开盲板自动化开启技术，解决了国际上大型立式快开盲板必须借助外部设备才能开启的难题。

(a) 法国PT盲板　　　　　　(b) 美国PECO盲板　　　　　　(c) 英国GD盲板

图 8.52　国外盲板

(a) 中油管道机械卧式快开盲板　　　　　　　　(b) 中油管道机械立式快开盲板

图 8.53　国内快开盲板

安全是对快开盲板的本质要求，国内外压力容器规范均对快开盲板的安全性能提出了强制规定。如美国机械工程师协会出版的压力容器建造规程 ASME Ⅷ-1

和 ASME Ⅷ-2。我国现行压力容器规范 TSG 21—2016《固定式压力容器安全技术监察规程》中第 3.2.16 条规定：快开门式压力容器的设计应当考虑疲劳载荷的影响，设计快开门式压力容器时，设计者应当设置安全联锁装置，安全联锁装置应当满足以下要求：①当快开门达到预定关闭部位，方能升压运行；②当压力容器的内部压力完全释放，方能打开快开门。

8.6.3　实际滤芯结构特点及规格

通常情况下，滤芯具有一端敞开、一端封闭的结构。两端均安装有端盖，敞开端的端盖上须安装有密封垫圈，封闭端则为密封端盖。端盖和滤材之间需要密封胶进行密封。滤芯主要由以下几个部分组成：骨架、过滤层、密封胶及密封垫圈等辅助材料。密封垫圈常采用丁腈橡胶或氟橡胶；骨架则用于支撑滤材，主要带百叶窗的结构、冲孔板结构；所选用的骨架和端盖材料应依据处理气体性质，如腐蚀性，以及气体中所含的固体颗粒和液滴成分确定，常用碳钢、镀锌板、不锈钢和高分子材料等。

为保证滤芯性能，滤芯选择时应满足以下条件：①符合工程安装匹配要求；②达到所预测的性能指标；③从开始就能保证的其性能可靠性；④无卸载现象；⑤高纳污量；⑥不存在介质移动引起的失效现象。

表 8.12 为天然气长输管道压气站内常用过滤聚结滤芯尺寸及单台设备内滤芯典型安装数量。由于国内管线多且输气量各异，从而使滤芯尺寸及单台安装数量存在较大差别。

表 8.12　典型滤芯尺寸及单台设备安装数量

设备名称	滤芯类型	滤芯尺寸(直径×长度)	单台滤芯数量/根
气液聚结器	聚结滤芯	Φ114×914	98
卧式过滤器	过滤滤芯	Φ95×984	65
		Φ114×914	22
		Φ114×1220	44
		Φ114×1372	63
		Φ114×1830	54
组合式过滤分离器	聚结滤芯	Φ114×1372	63
	过滤滤芯	Φ152×1830	24

现场有时候会采用同时具有过滤和聚结功能的组合滤芯，如图 8.54 所示，其可实现两级过滤：进入过滤器内的气流首先与滤芯的金属支撑管的外表面进行惯性冲击，气体中直径为 100～1000μm 的液滴由于惯性大而被捕集下来；经过第一

级滤芯的由外到内的径向流动，除去直径为 1～100μm 的液滴，主要是利用过滤作用。进入到第一级滤芯内部的气体则含有小于 1μm 的液滴，需要通过滤芯的第二段聚结过滤，在由内到外的径向流动过程中聚结成较大的液滴，并被分离下来。最后将分离下来的液滴排出，净化后的气体汇合后排出。

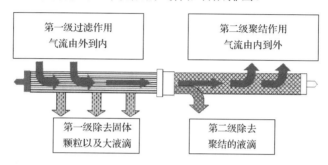

图 8.54　组合滤芯过滤原理

8.6.4　过滤分离器选型

1) 选型原则

过滤分离器的选型应根据气质条件(气体中含液滴和颗粒的浓度和粒径)和特定目的要求的效率进行选择，表 8.13 给出了常用过滤分离器的性能特点对比。

2) 安装形式

立式过滤分离器适合于占地面积有限制和对液体的分离精度要求高的情况，卧式过滤分离器适合于上部空间有限制的情况。

3) 选型策略

根据已知的应用要求选择一种合理形式的过滤分离器，过滤分离器性能主要从如下几点进行比较：①气体处理能力：最大处理能力(气体负载因子)和调节比(最大和最小流量之比)；②液体分离效率：设备整体分离效率、对液雾的分离效率及可能出现的高于最大处理量下的峰值(峰值将导致分离效率的急剧下降)；③对水流和水滴的处理能力；④对砂和黏性材料等的除污能力；⑤压降。

首先过滤分离器应当满足强制性要求，根据要求排除不符合条件的类型，然后检查是否存在对立式或者卧式有限制的要求，最后根据需要的内构件选定过滤分离器的型号。在实际设计过程中，由于目前难以明确给出气体中含固体和液体的类型、含量和大小，需要设计人员依据工程经验，根据过滤分离器在工艺流程中所处的位置和所要保护的设备或仪器的类型等进行选型，从而满足工程的需要。

表 8.13 常用过滤分离器性能对比

过滤分离性能	卧式过滤分离器	组合式过滤分离器
气体处理能力	大	大
气体流量范围	0～100%	50%～100%
液体分离效率	对于大于 1μm 的液滴，分离效率应大于 99.98%	对于大于 0.3μm 的液滴，分离效率应大于 99.98%
液体处理能力	中	大
除污能力	大	大
压降	与滤芯堵塞程度有关	与工作压力和滤芯堵塞程度有关

参 考 文 献

[1] Ken S. Filters and filtration handbook. 5th. Oxford: Elsevier, 2008

[2] 中华人民共和国国家质量监督检验检疫总局, 中国国家标准化管理委员会. 高效空气过滤器性能试验方法: 效率和阻力: GB/T 6165—2008. 北京: 中国标准出版社, 2009

[3] 中华人民共和国国家质量监督检验检疫总局, 中国国家标准化管理委员会. 高效空气过滤器: GB/T 13554—2008. 北京: 中国标准出版社, 2009

[4] 许钟麟. 空气洁净技术原理. 第三版. 北京：科学出版社，2003

[5] Michael M, Clyde O. Filtration: Principles and Practices. 2nd. NewYork and Basel: Marcel Dekker Inc., 1986

[6] Colbeck I, Lazaridis M. Aerosol Science: Technology and Applications. Wiley: John Wiley & Sons Ltd., 2013

[7] Guideline for Gas Turbine Inlet Air Filtration systems, Release 1.0. 2010

[8] Lamb H. Hydrodynamics. 6th Edition. London: Cambridge University Press, 1932

[9] Davies C N. Air Filtration. London: Academic Press, 1973

[10] Kuwabara S. The forces experienced by randomly distributed parallel circular cylinders or spheres in viscous flow at small Reynolds numbers. Journal of the Physical Society of Japan, 1959, 14(4): 527-532

[11] Happel J. Viscous flow relative to arrays of cylinders. AIChE Journal, 1959, 5(2): 174-177

[12] Happel J, Brenner H. Low Reynolds Number Hydrodynamics. Prentice-Hall, 1965

[13] Spielman L, Goren S L. Model for predicting pressure drop and filtration efficiency in fibrous media. Environmental Science & Technology, 1968, 2(4): 279-287

[14] Kirsch A A, Fuchs N A. The fluid flow in a system of parallel cylinders perpendicular to the flow direction at small Reynolds numbers. Journal of the Physical Society of Japan, 1967, 22(5): 1251-1255

[15] Chopard B, Droz M. 物理系统的元胞自动机模拟. 祝玉学，赵学龙 译. 北京：清华大学出版社，2003

[16] Wang H M, Zhao H B, Wang K, et al. Simulation of filtration process for multi-fiber filter using the Lattice-Boltzmann two-phase flow model. Journal of Aerosol Science, 2013, 66:(6) 164-178

[17] Hutten I M. Handbook of Non-Woven Filter Media. Oxford: Elsevier, 2007

[18] Henry F S, Ariman T. An Evaluation of the Kuwabara Model. Particulate Science and Technology, 1983, 1(1): 1-20

[19] Drummond J E, Tahir M I. Laminar viscous flow through regular arrays of parallel solid cylinders. International Journal of Multiphase Flow, 1984, 10(5): 515-540

[20] Jackson W G, James F D. The permeability of fibrous porous media. Canadian Journal of Chemical Engineering, 1986, 64(3): 364-374

[21] Rao N, Faghri M. Computer modeling of aerosol filtration by fibrous filters. Aerosol Science and Technology, 1988, 8(2): 133-156

[22] Brown R C. Air Filtration: An Integrated Approach to the Theory and Applications of Fibrous Filters. Oxford: Pergamon Press, 1993

[23] Bergman W, Taylor R D, Miller H H. CONF-780819. 15th DOE nuclear air cleaning conference, Boston, 1978

[24] Fotovati S, Tafreshi H V, Ashari A, et al. Analytical expressions for predicting capture efficiency of bimodal fibrous filters. Journal of Aerosol Science, 2010, 41: 295-305

[25] Gervais P C, Bardin-Monnier N, Thomas D. Permeability modeling of fibrous media with bimodal fiber size distribution. Chemical Engineering Science, 2012, 73: 239-248

[26] 郝吉明，马广大. 大气污染控制工程. 北京: 高等教育出版社, 2002

[27] 袁竹林，朱立平，耿凡，等. 气固两相流动与数值模拟. 南京: 东南大学出版社, 2013

[28] Stechkina I B, Kirsch A A, Fuchs N A. Studies on fibrous aerosol filters-IV. Calculation of aerosol deposition in model filters in the range of maximum penetration. The Annals of Occupational Hygiene, 1969, 12(1): 1-8

[29] Langmuir I. "Report on Smokes and Filters", Section I. U.S. Office of Scientific Research and Development, 1942, No. 865, part IV.

[30] Pich J. The effectiveness of the barrier effect in fibre filters at small Knudsen numbers. Staub Reinhaltung der Luft, 1966, 26: 1-4

[31] Stechkina I B, Fuchs N A. Studies on fibrous aerosol filters-I. Calculation of diffusional deposition of aerosols in fibrous filters. The Annals of Occupational Hygiene, 1966, 9(2): 59-64

[32] Lee K W, Gieseke J A. Note on the approximation of interceptional collection efficiencies. Journal of Aerosol Science, 1980, 11(4): 335-341

[33] Lee K W, Liu B Y H. Experimental study of aerosol filtration by fibrous filters. Aerosol Science and Technology, 1982, 1(1): 35-46

[34] Lee K W, Liu B Y H. Theoretical study of aerosol filtration by fibrous filters. Aerosol Science and Technology, 1982, 1(2): 147-161

[35] Liu B Y H, Rubow K L. Efficiency, pressure drop and figure of merit of high efficiency fibrous and membrane filter media. Proceedings of the Fifth World Filtration Congress, Nice, 1990

[36] Pich J. The filtration theory of highly dispersed aerosols. Staub Reinhaltung der Luft, 1965, 5: 16-23

[37] Payet S, Boulaud D, Madelaine G, et al. Penetration and pressure drop of a HEPA filter during loading with submicron liquid particles. Journal of Aerosol Science, 1992, 23(7): 723-735

[38] Ramarao B V, Tien C, Mohan S. Calculation of single fiber efficiencies for interception and impaction with superposed Brownian motion. Journal of Aerosol Science, 1994, 25(2): 295-313

[39] Bałazy A, Podgórski A. Deposition efficiency of fractal-like aggregates in fibrous filters calculated using Brownian dynamics method. Journal of Colloid and Interface Science, 2007, 311: 323-337

[40] Dunnett S J, Clement C F. Numerical investigation into the loading behaviour of filters operating in the diffusional and interception deposition regimes. Journal of Aerosol Science, 2012, 53(7): 85-99

[41] Filippova O, Hänel D. Lattice-Boltzmann simulation of gas-particle flow in filters. Computers and Fluids, 1997, 26(7): 697-712

[42] Przekop R, Moskal A, Gradoń L. Lattice-Boltzmann approach for description of the structure of deposited particulate matter in fibrous filters. Journal of Aerosol Science, 2003, 34(2): 133-147

[43] Maze B, Tafreshi H V, Wang Q, et al. A simulation of unsteady-state filtration via nanofiber media at reduced operating pressures, Journal of Aerosol Science, 2007, 38(5): 550-571

[44] Wang Q, Maze B, Tafreshi H V, et al. A case study of simulating submicron aerosol filtration via lightweight spun-bonded filter media. Chemical Engineering Science, 2006, 61(5): 4871-4883

[45] Qian F, Zhang J, Huang Z. Effects of the operating conditions and geometry parameter on the filtration performance of the fibrous filter. Chemical Engineering and Technology, 2009, 32(5): 789-797

[46] Hosseini S A, Tafreshi H V. Modeling particle filtration in disordered 2-D domains: A comparison with cell models. Separation and Purification Technology, 2010, 74(2): 160-169

[47] Hosseini S A, Tafreshi H V. Modeling permeability of 3-D nanofiber media in slip flow regime. Chemical Engineering Science, 2010, 65(6): 2249-2254

[48] Hosseini S A, Tafreshi H V. 3-D simulation of particle filtration in electrospun nanofibrous filters. Powder Technology, 2010, 201(2): 153-160

[49] Fotovati S, Tafreshi V H, Pourdeyhimi B. Influence of fiber orientation distribution on performance of aerosol filtration media. Chemical Engineering Science, 2010, 65(18): 5285-5293

[50] Fotovati S, Tafreshi V H, Pourdeyhimi B. Analytical expressions for predicting performance of aerosol filtration media made up of trilobal fibers. Journal of Hazardous Materials, 2011, 186(2-3): 1503-1512

[51] Sakano T, Otani Y, Namiki N, et al. Particle collection of medium performance air filters consisting of binary fibers under dust loaded conditions. Separation and Purification Technology, 2000, 19(1-2): 145-152

[52] Frising T. Etude de la filtration des aé rosols liquides et des mé langes d'aérosols liquides et solides. Nancy: Vandoeuvre-les-Nancy, INPL, 2004

[53] 詹怀宇，李志强，蔡再生. 纤维化学与物理. 北京：科学出版社，2010

[54] 姚穆. 纺织材料学. 第3版. 北京：中国纺织出版社，2009

[55] 郭秉臣. 非织造材料与工程学. 北京：中国纺织出版社，2010

[56] 马建伟，郭秉臣. 非织造布技术概论. 第2版. 北京：中国纺织出版社，2008

[57] 何志贵，陈庆东. 非织造材料标准手册. 北京：中国纺织出版社，2009

[58] 柯勤飞，靳向煜. 非织造学. 南京：东华大学出版社，2004

[59] 丁彬，俞建勇. 静电纺丝与纳米纤维. 北京：中国纺织出版社，2011

[60] 西鹏，高晶，李文刚，等. 高技术纤维. 北京：化学工业出版社，2004

[61] 陈衍夏，兰建武. 纤维材料改性. 北京：中国纺织出版社，2009

[62] 国家能源局，管道站场用天然气过滤器滤芯性能试验方法: SY/T 7034—2016. 北京: 石油工业出版社, 2016

[63] American Society of Heating Refrigerating, Air-Conditioning Engineers. Method of Testing General ventilation air-Cleaning Devices for Removal Efficiency by Particle Size: ASHRAE 52.2—2012. Atlanta: American Society of Heating Refrigerating and Airconditioning Engineers, 2007

[64] European Committee for Standardization.Particulate Air Filter for General Ventilation-determination of the Filtration Performance: EN779—2012. Brussels: European Committee for Standardization, 2012

[65] International Organization for Standardization.Road Vehicles-test Contaminants for Filter Evaluation-part 1: Arizona Test Dust:ISO 12103-1—2016. Geneva: International Standardization Organization, 2016

[66] International Organization for Standardization.Air Filters for General Ventilation- Part 1: Technical Specifications, Requirements and Classification System Based upon Particulate Matter Efficiency(ePM): ISO/FDIS 16890-1. Geneva: International Standardization Organization, 2016

[67] Comité Européen de Normalisation.High Efficiency Air Filters (EPA, HEPA and ULPA) Part 5: Determining the Efficiency of Filter Elements: EN1822-5: 2009. Brussels: European Committee for Standardization, 2009

[68] Kommission Reinhaltung der Luft im VDI und DIN – Normenausschuss KRdL, Testing of Filter Media for Cleanable Filters: VDI 3926-1994. Germany: Verein Deutscher Ingenieure, Düsseldorf, 1994

[69] Japanese Standards Association.Clean room Air filters-Test methods:JIS B 9927. Japan: JIS Japanese Standards Association, 1999

[70] 中华人民共和国国家质量监督检验检疫总局, 中国国家标准化管理委员会, 空气过滤器: GB/T 14295—2008. 北京: 中国标准出版社, 2009

[71] International Standardization Organization. Diesel Fuel and petrol Filters for Internal Combustion Engines-filtration Efficiency Using Particle Counting and Contaminant Retention Capacity: ISO 19438—2003. Geneva: International Standardization Organization, 2003

[72] International Standardization Organization. Diesel Fuel and Petrol Filters for Internal Combustion Engines-Initial Efficiency by Particle Counting: ISO TS 13353—2002. Geneva: International Standardization Organization, 2002

[73] International Standardization Organization.Inlet Air Cleaning Equipment for Internal Combustion Engines and Compressors -Performance Testing: ISO 5011—2000. Geneva: International Standardization Organization, 2000

[74] Song C B, Park H S, Lee K W. Experimental study of filter clogging with monodisperse PSL particles. Powder Technology, 2006, 163 (3): 152-159

[75] 任俊, 沈健, 卢寿慈. 颗粒分散科学与技术. 北京: 化学工业出版社, 2005

[76] Kasper G, Schollmeier S, Meyer J. Structure and density of deposits formed on filter fibers by inertial particle deposition and bounce. Journal of Aerosol Science, 2010, 41 (12): 1167-1182

[77] Hosseini S A, Tafreshi H V. Modeling particle-loaded single fiber efficiency and fiber drag using ANSYS-Fluent CFD code. Computers & Fluids, 2012, 66 (66): 157-166

[78] Kasper G, Schollmeier S, Meyer J, et al. The collection efficiency of a particle-loaded single filter fiber. Journal of Aerosol Science, 2009, 40 (12): 993-1009

[79] Thomas D, Penicot P, Contal P, et al. Clogging of fibrous filters by solid aerosol particles: Experimental and modelling study. Chemical Engineering Science, 2001, 56 (11): 3549-3561

[80] Bénesse M, Le Coq L, Solliec C. Collection efficiency of a woven filter made of multifiber yarn: Experimental characterization during loading and clean filter modeling based on a two-tier single fiber approach. Journal of Aerosol Science, 2006, 37 (8): 974-989

[81] Podgórski A, Bałazy A, Gradoń L. Application of nanofibers to improve the filtration efficiency of the most penetrating aerosol particles in fibrous filters. Chemical Engineering Science, 2006, 61: 6804-6815

[82] Hosseini S A, Tafreshi H V. On the importance of fibers' cross-sectional shape for air filters operating in the slip flow regime. Powder Technology, 2011, 212 (3): 425-431

[83] Wang J, Kim S C, Pui D Y H. Investigation of the figure of merit for filters with a single nanofiber layer on a substrate. Journal of Aerosol Science, 2008, 39 (4): 323-334

[84] Wang J, Kim S C, Pui D Y H. Figure of merit of composite filters with micrometer and nanometer fibers. Aerosol Science and Technology, 2008, 42 (9): 722-728

[85] Dharmanolla S, Chase G G. Computer program for filter media design optimization. Journal of the Chinese Institute of Chemical Engineering, 2008, 39 (2): 161-167

[86] International Standardization Organization.Filters for Compressed Air-test Methods-part1: Oil aerosols:ISO 12500-1: 2007. Geneve: International Standardization Organization, 2007

[87] 国家能源局. 输气管道过滤分离设备规范: SY/T 6883—2012. 北京: 石油工业出版社, 2013

[88] 杨云兰, 邹峰, 李猛, 等. 安全自锁型快开盲板. 石油科技论坛, 2012, (6): 64-66

[89] 杨云兰, 邹峰, 黄冬, 等. 12.6MPa、DN1550 快开盲板的研制与应用. 油气储运, 2016, 35 (8): 843-848

[90] 李文勇, 杨云支, 李猛, 等. DN 1 422 管道快开盲板用清管器缓冲装置的研制. 油气储运, 2017, 36 (2): 231-235

第9章 气液聚结过滤器

聚结过滤器主要用于分离粒径为 0.1～1μm 的液滴，常用于叶片分离器、捕雾器和过滤分离器的下游位置。当需要除去 1μm 以下的液滴时，只能选取聚结过滤器。聚结过滤器与过滤分离器的主要区别在于聚结过滤器既要过滤很小的固体颗粒，又要通过聚结层将小液滴聚结成大液滴而分离下来。一般采用立式结构，便于液滴聚结后排出。

9.1 聚结过滤器的结构和主要性能参数

9.1.1 聚结过滤器的结构型式

聚结过滤器常用的结构型式如图 9.1 和图 9.2 所示。含尘、含液气体由聚结过滤器下部进入，首先进入滤芯下部的金属连接管，然后进入聚结滤芯内侧，由滤芯内部沿径向由内向外流动，部分大液滴和少量固体颗粒在滤芯内表面过滤下来落入容器底部的储液段。气体中含有的小液滴经过滤芯聚结层变为大液滴后，在

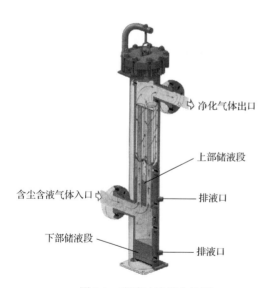

图 9.1 聚结过滤器立体图

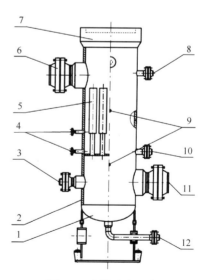

图 9.2 聚结过滤器结构图

1.过滤器封头；2.过滤器筒体；3.检修孔；4.液位计口；5.滤芯；6.排气口；7.快开盲板；8.放空口；9.差压计口；10.排污口；11.进气口；12.排污口

滤芯外侧表面区域利用重力作用排到金属连接管外侧的储液段。净化气体则在聚结滤芯外面的环形空间向上轴向流动，汇集到上部的集气室后，由净化气体出口排出。

由于进入聚结过滤器的气体中不仅含有液滴，还含有少量的固体小颗粒，会造成聚结滤芯堵塞，其压降达到一定上限值后，需要更换滤芯。聚结过滤器上部安装有快开盲板，便于快速更换聚结滤芯。聚结过滤器内的上、下储液段分别安装有液位计和排液口，依据其液量大小定期排液。

9.1.2 聚结过滤原理

当含液气体由滤芯内部径向流经多层滤材时，其孔隙尺寸逐渐增加，气体中的小液滴碰撞到纤维时，在惯性、扩散和拦截效应作用下，逐渐聚结成大液滴。聚结后的大液滴在滤芯外侧排液层内借助重力作用分离下来。聚结过滤器的结构和尺寸则取决于以下几个因素：气体物性参数、气体流量、工艺条件及滤材与含液气体组成的匹配等。为保证聚结后的大液滴在重力作用下沉降下来，须控制各滤芯外侧横截面区域内气体向上的轴向速度，该速度过高会导致液滴重新被气流夹带现象的发生，从而致使净化气体内大液滴的数量增加。图 9.3 为聚结纤维滤芯内的液滴聚结过程示意图，可划分为过滤、聚结和分离三个阶段[1]。过滤阶段，滤芯首先将气体中的固体颗粒除去；聚结阶段，气体经过多层滤材时，小液滴聚结成大液滴；进入分离阶段后，聚结后的大液滴在重力作用下沉降到滤芯底部并排出。

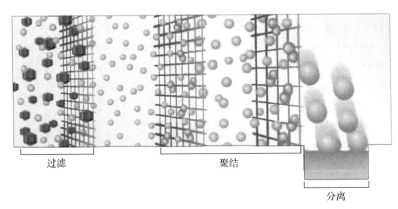

过滤　　　　　　　　聚结

分离

图 9.3　液滴聚结过程[1]

9.1.3 主要性能参数

聚结过滤器主要性能参数与过滤分离器基本相同，包括过滤效率、压降、更换压差、出口气体液滴浓度等。图 9.4 为滤芯的运行寿命与压降的关系曲线图。由于实际过滤气体中同时含有液滴和固体颗粒，微小的固体颗粒会不断沉积在滤芯的聚结层中，随着纳污量的增加，滤芯的压降呈缓慢增加趋势。当运行时间或气体的累积处理量达到其设计值的80%附近时，滤芯压降会快速增加，同时伴随着液滴夹带现象。一般聚结滤芯的压降达到更换压差设定值（一般为55~150kPa）时，应更换滤芯。若滤芯更换压差过大，不但会增加能耗，而且会影响过滤后的净化气体质量。

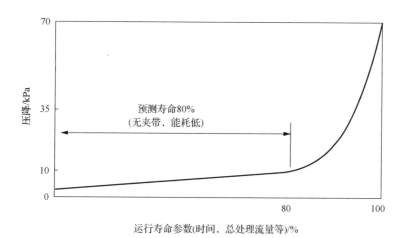

图9.4　滤芯的运行寿命与压降的关系曲线图

9.2　聚结过滤材料及表面改性

聚结滤芯采用孔径呈梯度分布的结构，气体由滤芯内部沿径向向外流动。滤芯内部的纤维直径细，而内外两侧表面附近则为粗纤维。典型聚结滤芯的内表面孔径为 8~10μm，外表面孔径为 40~80μm。聚结滤芯一般由预过滤层、聚结层和排液层组成。图 9.5 为由单根聚结滤芯组成的过滤器结构。聚结滤芯的内侧表面主要起预过滤作用，用于去除直径大的液滴和固体颗粒。聚结层滤材孔径较小，主要用于分离直径为亚微米大小的液滴和固体颗粒。在气体向外流动通过聚结层时，由于小液滴间相互聚结成大液滴，应将滤芯内的孔隙通道尺寸设计为由小到大的梯度结构。当气体接近滤芯外侧时，聚结后的大液滴在重力作用下向下流动，外侧粗孔结构保证气流以较小的阻力进入外侧的排液层。排液层的作用是引导聚结后的液体在其内部向下流动到滤芯底部的储液段。排液层的粗孔结构主要可以降低气流速度，避免发生液滴夹带现象。

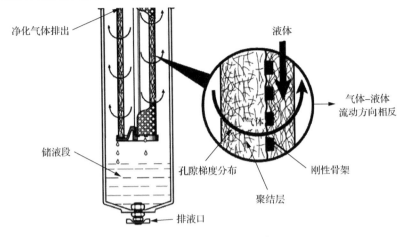

图 9.5　聚结滤芯的结构示意图

9.2.1　聚结滤芯材料特性

1. 预过滤层材料

通常将纤维素纤维作为聚结滤芯的预过滤材料，可以采用折叠方式，增加过滤面积，具有成本低和压降小等特点。纤维素纤维滤材分为纤维素滤纸、再生纤维素纤维和醋酸纤维滤材等。纤维素滤纸由于材质不均匀、纤维直径和孔径偏大，与玻璃微纤维滤材相比，纤维素滤材的纳污量和过滤精度均较低。

2. 聚结层材料

与纤维素滤材相比，玻璃纤维滤材具有直径均匀和孔隙率高的特点，可以增加纳污量，提高过滤精度，降低过滤阻力，因此，目前聚结层基本上均采用玻璃纤维滤材制成，而玻璃纤维又可分为常规纤维和微纤维两种。玻璃微纤维的平均直径为 $0.25 \sim 5.0 \mu m$，具有拉伸强度高、纤维长径比大和纯度高等特点，其比表面积可达 $6.2 m^2/g$。硼硅酸盐玻璃纤维滤材既可以利用专有的真空工艺和环氧树脂黏合剂加工成孔径呈梯度分布，也可不用黏合剂而在高温工况下加工成孔径呈梯度分布，这种聚结层结构综合了表面过滤和深层过滤的优点，对 $0.3 \sim 0.6 \mu m$ 的液滴，其聚结分离效率可达 99.97%以上。此外，利用硼硅酸盐玻璃微纤维滤材，对其表面进行碳氟化合物浸润处理后，可采用折叠方式作为滤芯的聚结层。该类聚结滤芯的过滤精度一般低于上述梯度分布的结构，但由于过滤面积大，使压降大大降低。

3. 排液层材料

排液层的作用是为液体提供排液通道，使聚结后的液体可以顺利排出滤芯，同时减少液滴二次夹带现象发生，因此就要求排液层滤材的孔径及纤维直径等参数与聚结层相比应有较大差别。在天然气长输管道各压气站中，离心压缩机干气密封用过滤器内滤芯采用芳纶针刺毡作为排液层，而立式聚结器内滤芯的排液层则一般为涤纶针刺毡或丙纶针刺毡。通常排液层滤材的平均纤维直径为 15～25μm，克重为 450～600g/m²，厚度约为 2mm。

9.2.2　纤维过滤材料的表面特性

纤维与液体的相互作用是指单根纤维或纤维滤材与液体的相互作用。液滴在纤维表面的润湿示意图如图 9.6 所示[2]。

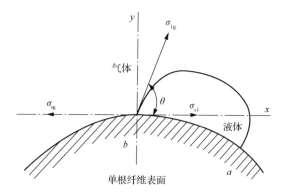

图 9.6　液滴在纤维表面的平衡润湿示意图[2]

当图 9.6 中的单根纤维与液体接触时，两者在相互作用过程中会达到平衡状态，此时液滴的形状、液滴与纤维间的截面均保持稳定不变，其受力达到平衡，得到 Young 方程：

$$\sigma_{sg} - \sigma_{sl} = \sigma_{lg} \cos\theta \tag{9.1}$$

式中，σ_{sg}、σ_{sl}、σ_{lg} 分别为固体与气体、固体与液体、液体与气体之间的表面张力；θ 为液体与固体表面间接触角。接触角可以定义为将液滴放在理想固体平面上，如果有一相是气体，则接触角为气液接触面的切线方向与液固接触界面切线方向间的夹角。接触角可以定量描述液体在固体表面的铺展情况。当液体形成均一薄层时，接触角为零，固体被完全润湿。当接触角小于 90°时，定义为亲液表面；接触角大于 90°时，则称为疏液表面。

通常情况下，将液体与空气间的表面张力称为液体的表面张力，其单位为 N/m，也称为液体单位面积的表面能，其单位为 J/m²，而对于固体则常称为比表面能。表面张力可以理解为恒温恒压条件下，增加单位表面积时体系自由能的改变量，即比表面能。表面张力和比表面能两者的单位量纲相同。表面张力是由于分子间相互作用不平衡导致,而分子间作用力包括色散力、诱导力、偶极力和氢键等,其中色散力是由于分子间的非极性作用引起,而诱导力、偶极力都与分子间的极性相互作用有关。例如,液体有机化合物(非极性液体)分子间相互作用力仅有色散力,则表面张力较低,一般为 15~30mN/m,如果液体分子存在偶极力和氢键等作用力,则表面张力就高些,一般为 30~72mN/m[3]。

可以采用 Zisman 法和涂覆法测定临界表面张力[3]。所测定的临界表面张力,不是固体的真正表面张力,而是恰好可以完全润湿固体表面时的液体表面张力,但其与固体表面的表面张力相近。聚合物的表面张力值,低的大约为 20mN/m,如聚二甲基硅烷及多氟烃类等高疏水的材料。表面张力值高的可达到 45mN/m,如聚酯和聚酰胺等极性材料[4]。

9.2.3 表面处理和改性

聚结滤芯的排液层需要进行疏油、疏水处理,其目的是降低表面能和促进聚结后的液滴快速排出,这样可以增加单位面积滤材的液滴处理量,降低液体浸润饱和后的滤材压降,进而降低能耗。

纤维表面进行疏油、疏水处理的物理基础就是使被处理的纤维具有较低的表面张力。由表 9.1 可以看出,由−CF$_3$基团组成的表面具有极低的表面张力[5]。采用碳氟化合物整理剂的作用机理就是在纤维滤材的纤维表面涂覆一层薄膜,引入表面能很低的−CF$_3$,使纤维材料表面的表面张力显著降低,当液体的表面张力大于纤维材料表面的临界表面张力时,就不会润湿该表面。

表 9.1 碳氟表面层的临界表面张力[5]

表面基团	临界表面张力/(mN/m)	表面基团	临界表面张力/(mN/m)
−CF$_3$	6	−CH$_2$−CHF−	20
−CF$_2$H	15	−CF$_2$−CHF−	22
−CF$_3$ 和−CF$_2$−	17	−CF$_2$−CH$_2$−	25
−CF$_2$−	18	−CFH−CH$_2$−	28

Patel 等[6,7]通过分析聚结滤材外侧的排液层特性,测定了表 9.2 所示的纤维作为排液层时的接触角。表 9.3 列出了纤维材料与水和油的接触角,Sullube 32 为陶氏化学公司的一种油品型号。表 9.3 中的光滑平整表面是将纤维材料融化后在玻璃板上形成一层光滑的平整表面膜,然后测定其与不同液体的接触角,而纤维的多孔表面则是指纤维滤材。在多孔表面测量大液滴的接触角时,由于液滴接触纤维和气孔的不规则性,使多孔表面测量结果重复性不好。由表 9.3 中可以看出,纤维多孔滤材的接触角大于光滑平板材料的接触角,而液滴沿多孔表面铺展时的表面张力减小的原因在于液滴的部分表面与空气接触。纤维滤材的孔隙结构简化

为具有一定粗糙度的表面，Wenzel[8]、Cassie 和 Baxter[9]通过引入粗糙度概念，分别提出了粗糙度能够增强表面疏液性能的机理模型。Wenzel 模型认为粗糙度使固体表面面积增大，从而提高了疏液特性。Cassie 模型认为被沟槽截获的气体导致了疏液性能的提高，图 9.7 为超疏液表面的状态[3]。

表 9.2　过滤介质的性质[6,7]

纤维材料	纤维尺寸/μm	平均孔径/μm	厚度/μm	透气性/m²
玻璃	2～5	15	14,000	2.05×10^{-10}
尼龙	610	500	610	3.39×10^{-9}
聚丙烯	610	500	610	5.67×10^{-9}
聚四氟乙烯®	610	500	610	8.67×10^{-9}
尼龙+聚四氟乙烯	0.5	2.75	610*	4.81×10^{-10}

*表示尼龙纳米纤维在聚四氟乙烯网状排液通道上是一层很薄的静电纺丝，不会对排液通道的厚度产生影响。

表 9.3　过滤介质与水和油的接触角[6,7]

材料	水接触角/(°)		Sullube 32®接触角/(°)	
	光滑的平整表面	纤维状的多孔表面	光滑的平整表面	纤维状的多孔表面
玻璃纤维	～0	2	～0	2
尼龙	52	60	4	6
聚丙烯	85	95	46	76
聚四氟乙烯®	120	135	95	125
尼龙+聚四氟乙烯®	52	64	4	16

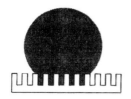
(a) Wenzel状态

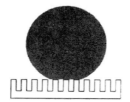
(b) Cassie状态

(c) 荷叶状态(特殊的 Cassie超疏水状态)

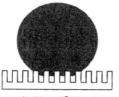
(d) Wenzel和Cassie 之间的转变状态

(e) 壁虎状态

图 9.7　超疏液表面的状态[3]

9.3 聚结过滤材料性能测试方法

9.3.1 滤材常用测定方法

由于液滴具有易变形和可挥发等特点，相对固体颗粒而言，对于液滴的测量要复杂得多，一般应采用在线检测的方法对液滴进行测量。目前能够进行检测液滴的仪器，大多基于光学原理和空气动力学方法。

Charvet 等[10]建立的实验装置流程如图 9.8 所示，压缩空气首先经过空气过滤器后进入流量计，然后进入立式管路，部分压缩空气用于多分散气溶胶发生器。试验段位于立式管路，首先在立式管路内加入气溶胶，经均匀混合后进入滤材实验段。通过调节流量计和气溶胶发生器的粒子数量，达到实验所设定的过滤速度和液滴浓度值。实验中采用差压计测定滤材压降随过滤时间的变化。在滤材上下游位置采用等动取样方法引出的气体进入光学颗粒计数器(OPC)或凝结核粒子计数器(CPC)测定气体不同直径范围内的液滴个数。光学颗粒计数器的测量粒子范围为 0.3~20μm，而凝结核粒子计数器的粒径范围则为 0.01~1.0μm。依据滤材上下游液滴计数浓度可得到滤材计数效率。

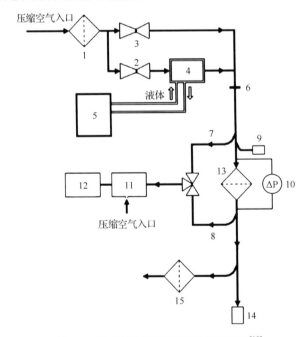

图 9.8　聚结滤材性能测试装置流程图[10]

1. 空气过滤器；2. 流量控制；3. 流量计；4. Topas 多分散粒子发生器；5. 制冷/加热循环系统；6. 湍流混合器；7. 液滴取样管；8. 液滴取样管；9. 积液瓶；10. 差压计；11. 稀释器；12. 光学粒子计数器；13. 待测滤材；14. 积液收集器；15. 空气过滤器

Contal 等[11]深入研究了过滤过程中液滴在滤材内的分布变化情况，其实验滤材由 5 层相同的滤纸组成，在实验过程中通过称重每层滤纸的质量，即可确定出液体沿滤材厚度方向的质量分布。实验装置由气溶胶发生器、两个串联的过滤器、空气干燥器及实验滤材上下游的取样系统，其流程如图 9.9 所示。滤材试样垂直放置，以便于被捕集的液体及时排出。滤材下游气体中颗粒分布和浓度采用 ELPI 低压冲击仪测定。在实验滤材下游放置校准用过滤器，是为了确定未被实验滤材捕集到的或由于二次夹带而进入气体中的液滴质量，其中 FRC 为可记录流量的模块。

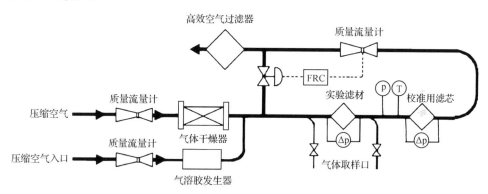

图 9.9　聚结滤材性能测试流程图[11]

p 为压力表，T 为温度表，Δp 为差压变送器

9.3.2　聚结过滤材料性能测定装置

中国石油大学(北京)过滤与分离技术实验室开发的实验装置由恒温恒湿器、液滴发生器、气液过滤器和测量仪器等部分组成。实验装置如图 9.10 所示。由液滴发生器产生的液滴与来自恒温恒湿器来的气流混合后进入滤材性能实验段，一部分液滴被实验滤材过滤下来，其余未被滤材过滤下来的液滴随着气流进入下游。滤材上下游气体中的液滴浓度和粒径分布等可利用颗粒在线分析仪测定。在过滤装置的主体支架上设置角度调节装置，可以调节滤材与重力方向的夹角，可用来考察不同角度时滤材的气液过滤性能变化情况。

实验中所用的液滴发生器采用 Laskin 液滴发生器，该发生器利用空气动力学的方法，能产生非常细小的气溶胶颗粒，最大液滴数量浓度可达每立方厘米气体 10^8 个颗粒，即 $10^8 particle/cm^3$。出口液滴采用德国 Palas 公司生产的光学粒子计数器 Welas 2000 进行测量。Welas 2000 是一种基于米氏散射原理的光学测量仪器，具有较高的分辨能力和较好的测量精度，粒径范围为 0.3～40μm，计数浓度最大可达 $10^5 particle/cm^3$。

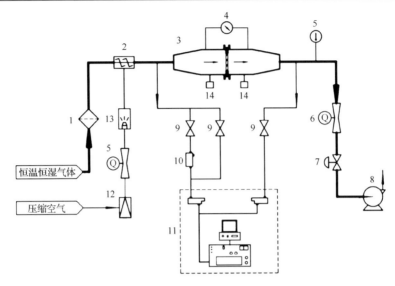

图 9.10　实验装置示意图

1. 高效空气过滤器；2. 混合室；3. 过滤器；4. 温湿度计；5. 差压计；6. 流量计；7. 控制阀；8. 引风机；9. 截止阀；10. 稀释器；11. PALAS 控制系统；12. 减压阀；13. 气溶胶发生器；14. 液体收集瓶

　　滤材的气液过滤性能检测有两个关键问题：液滴的发生和液滴的检测。由于液滴具有挥发性，而且较易发生团聚现象，如何产生符合实验要求的液滴具有一定难度。目前，国内外学者多选用较难挥发的液体来进行气液性能测试，如选用癸二酸二辛酯等液体，且多选用碰撞型喷嘴来产生多分散液滴。Raynor 和 Leith[12] 提出了一种新的方法来测量有挥发性液滴的过滤效率，该方法通过气相色谱仪来测量液体的挥发性，配合 Andersen 级联采样器来测量气液过滤性能。表 9.4 比较了几种常见的滤材气液过滤性能测试方法的比较。

表 9.4　气液过滤性能测试方法比较

研究者	实验液体	液滴发生装置	过滤介质	液滴检测所用仪器
Letts 等[13]	癸二酸二异辛酯（BEHS）	BGI 液滴发生器	玻璃纤维；聚酯纤维；芳纶纤维	Andersen 级联采样器
Frising 等[14]	癸二酸二辛酯(DEHS)	Laskin 液滴发生器	玻璃纤维	DEKATI 电子低压冲击仪（ELPI）
Raynor 和 Leith[12]	癸二酸二异辛酯（BEHS）；十六烷	BGI 液滴发生器	玻璃纤维	API 空气动力学粒子计数器
Hajra 等[15]	丙二醇	Laskin 液滴发生器	玻璃纤维	TDA-2G 光度计
Mullins 等[16]	蒸馏水	Nebulizer 液滴发生器	玻璃纤维	TSI 激光粒子计数器（PAM）
Charvet 等[17]	癸二酸二辛酯(DEHS)	TOPAS 液滴发生器	植物纤维	Grimm 激光粒子计数器

9.3.3 滤材参数及液滴物性对聚结过滤性能的影响

李柏松[18]利用图9.10所示的滤材气液过滤性能测试装置研究了滤材参数对滤材聚结过滤效率、压降和气体出口含液浓度的影响。

1. 滤材厚度

实验滤材选取聚酯纤维，填充密度为 0.11，纤维平均直径为 12.1μm，采用多层滤材叠加形成不同厚度的滤材样品进行实验。滤材压降随单位滤材面积液体累积量的变化趋势如图 9.11 所示，实验选用 DOS 液体，单分散液滴发生器产生的液滴平均粒径为 3.70μm，入口液滴浓度为 1.67g/m³，过滤速度为 0.11m/s。由图 9.11 可以看出，液体在滤材内的累积量达到一定程度后，压降急剧增加至稳态压降，之后基本保持稳定。稳态压降虽然随厚度的增加而增加，但增加幅度较小。

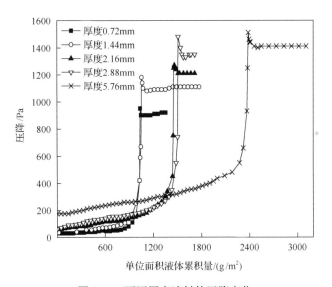

图 9.11 不同厚度滤材的压降变化

不同厚度滤材达到稳定状态后出口气体中的液滴浓度如图 9.12 所示，可以看出达到稳定过滤阶段后，出口液滴浓度基本保持稳定；随着滤材厚度增大，出口浓度显著减小。滤材厚度为 0.72mm 时出口浓度为 22mg/m³，当厚度增加到 2.16mm以上时，出口浓度就可以达到 2mg/m³ 以下。

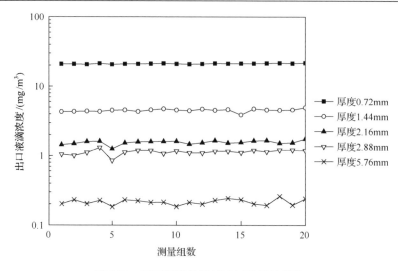

图 9.12   不同厚度的滤材出口浓度的变化

2. 滤材填充密度

实验滤材选取玻璃纤维，单层玻璃纤维的初始厚度为 30mm，玻璃纤维名义密度参数为 30kg/m³，玻璃纤维滤材的扫描电镜照片如图 9.13 所示。有些纤维分散较好[图 9.13 (a)]，分散较好的单根纤维直径约为 10μm。但也有部分纤维黏结在一起[图 9.13 (b)]，导致实际纤维等效直径要大于 10μm。

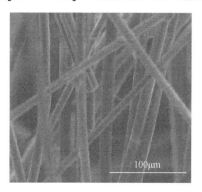

(a) 分散较好的纤维   (b) 部分纤维黏结在一起

图 9.13   玻璃纤维滤材的扫描电镜照片

表 9.5 给出了不同填充密度时滤材的初始压降及纤维直径，表中滤材的初始压降为实验值。

表9.5 不同填充密度滤材的平均纤维直径

滤材填充密度%	初始压降/Pa	纤维直径/μm
3.44	25	15.0
5.08	45	15.0
6.76	60	16.2
9.20	90	16.9
12.06	135	17.3

通过将相同批次、不同物性的滤材压缩到相同的厚度7mm，以获得不同的填充密度。实验中所用液滴体积平均直径约为2.28μm，液滴浓度为784.5mg/m^3，过滤速度为0.11m/s。图9.14为不同填充密度的玻璃纤维试样的过滤压降变化趋势。当填充密度较小时，气液过滤过程中压降没有急剧增加的阶段，且稳态压降较小。填充密度小，纤维之间的相互作用小，液滴较难以在纤维之间架桥形成液膜，因此压降缓慢变化，不会出现压降急剧增加阶段，且稳态压降小。

当填充密度较大时压降会出现急剧增加阶段，这主要是因为填充密度较大时，小液滴不断地附着在纤维表面并发生聚结，使纤维附着的液滴不断增大，液滴在纤维之间架桥甚至形成液膜，滤材孔隙率也越来越小，达到一定程度后压降会出现急剧增加，直到有液体从滤材中排出，当被捕集的液体与排出的液体达到平衡时，此时达到稳定过滤阶段，压降也基本稳定不变。

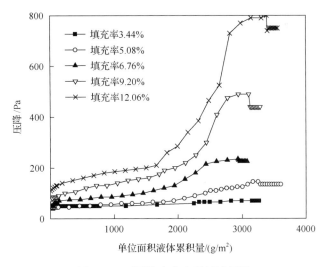

图9.14 不同填充密度的过滤压降

当达到稳定状态后，不同填充密度滤材的出口液滴浓度变化情况如图9.15所示，可以看出出口液滴浓度变化很小，基本上稳定不变。

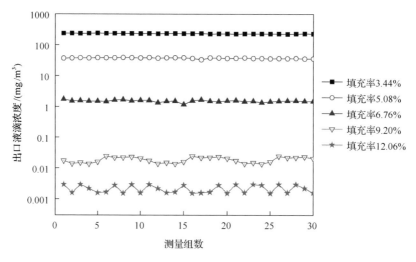

图 9.15 不同填充密度下出口浓度的稳定性

3. 滤材倾斜角度对过滤性能的影响

将滤材倾角定义为气体流出方向与重力方向之间的夹角，如图 9.16 所示。

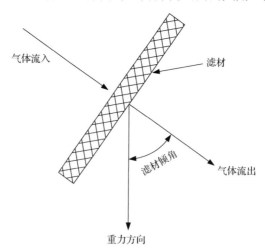

图 9.16 滤材倾角示意图

实验滤材为玻璃纤维滤材，填充率为 7.8%，纤维直径约为 2μm。液体选用 DOS，利用单分散液滴发生器产生液滴，液滴体积平均直径为 3.70μm。首先将滤材置于水平位置且含液气体从上而下的通过滤材，此时滤材倾角为 0°。然后开始进行滤材性能实验，当滤材压降达到稳态后，此时继续进行实验，然后改变滤材倾角，滤材在每个角度持续过滤 1h。图 9.17 给出了过滤速度保持 0.07m/s 不变时，滤材压降随着滤材倾角的变化特性,可以看出滤材倾角的变化对压降的影响很小,滤材的压降一直保持稳定状态。

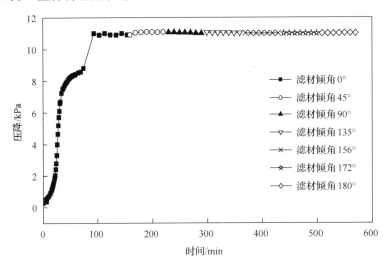

图 9.17　滤材倾角对压降的影响

图 9.18 给出了过滤速度 0.07m/s 时,滤材出口气体中的液滴浓度随着滤材倾角的变化。滤材倾角为 0°～90°时,含液气体由滤材上方进入,液体由滤材下方排出,此时重力起到促进液体从滤材中排出的作用,滤材表面累积的液体较少,出口浓度较低。当滤材倾角大于 90°时,由滤材下方进气,液体由滤材上方排出,此时重力起到阻碍液体从滤材排出的作用,滤材上方累积了较多的液体,随着滤材倾角越大,累积的液体越多,气体夹带出较多的大液滴,所以出口浓度大。当滤材倾角为 180°时,滤材出口液滴的平均浓度最大。

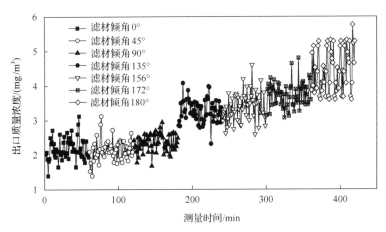

图 9.18　滤材倾角对出口液滴浓度的影响

综上所述，滤材倾角对气液过滤的稳态压降影响较小，滤材倾角变化时，压降基本保持稳定，但是出口液滴浓度有较大的变化，滤材倾角为180°时，滤材的出口液滴浓度达到最大值。因此，气液过滤器适宜选择立式结构。

4. 液滴物性对过滤性能的影响

李柏松[19]在过滤速度为0.05m/s，测定了液体黏度和表面张力对玻璃纤维滤材过滤性能的影响。实验所选的滤材厚度为1mm，平均填充密度为5.2%，纤维直径约为2μm。液体的动力黏度采用旋转黏度计(NDJ-8S)测定，黏度测量范围为10～$2×10^6$mPa·s，误差范围为±5%，测量转速为60r/min。液体的表面张力利用旋转界面张力仪(JJ2000B)进行测定，测定范围为$1×10^{-3}$～1N/m，偏差为±$1×10^{-6}$N/m。

1) 液体黏度对过滤性能的影响

实验选用的液体为白油，其物性参数见表9.6，可以看出四种白油表面张力基本接近，而黏度则为15～70mPa·s。

图9.19为不同黏度液体时滤材压降的变化趋势，随着单位面积液体累积量的增加，滤材压降开始缓慢上升，达到一定数值后开始出现急剧增加阶段，最后滤材压降基本稳定不变。液体黏度由15mPa·s增加到70mPa·s时，滤材的稳定过滤压降增加幅度仅有5%，表明液体的黏度对压降的影响较小。

表 9.6　实验液滴的物性参数

油品编号	黏度/(mPa·s)	表面张力/(mN/m)	体积平均直径/μm	入口液滴浓度/(mg/m³)
1	15	43.8	1.43	2871.5
2	30	43.8	1.59	2167.1
3	40	46.6	1.50	1724.7
4	70	43.8	1.43	1370.0

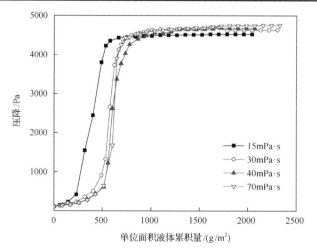

图 9.19　液体黏度对过滤过程中的压降的影响

图 9.20 为选用不同黏度液体时滤材出口液滴浓度的变化趋势。随着单位滤材面积液体累积量的增加，出口液滴浓度也随之增加，达到一定峰值后又迅速下降，然后出口液滴浓度又有一定程度的增加，其中液体黏度为 15mPa·s 时增加的幅度较大，由 1.2mg/m³ 上升到 7mg/m³，而黏度较大时增加的幅度较小。滤材出口液滴浓度的变化趋势与 Contal 等[11]和 Frising 等[14]实验结果吻合，出口液滴浓度出现峰值对应于此时滤材内部液体分布状态的改变。

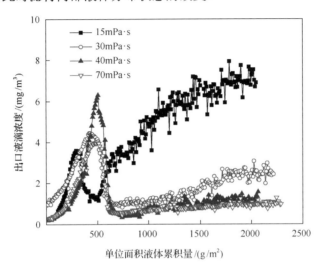

图 9.20　滤材出口气体中的液滴浓度变化

2）液体表面张力

为了研究液体表面张力对过滤性能的影响，选用了黏度相似，但表面张力相差较大的三种油品进行了实验。表 9.7 给出了实验用油品的物性参数。

表 9.7　液滴物性参数

油品编号	表面张力/(mN/m)	密度/(kg/m³)	黏度/(mPa·s)	体积平均直径/μm	入口液滴浓度/(mg/m³)
5	39.8	834	18.0	1.43	2479.4
6	27.9	907	20.2	1.59	2143.8
7	21.2	928	22.0	1.43	6257.0

图 9.21 给出了不同液体表面张力对滤材压降的影响，表明液体表面张力对滤材压降有较大影响。由于滤材压降主要取决于毛细管力的大小，而毛细管力主要受液体表面张力、接触角和液体饱和度等因素影响，滤材压降是这几个因素相互作用的结果，较为复杂。根据毛细管力与饱和度关系，液体表面张力越大、接触角越小和液体饱和度越小时，毛细管力越大，但实际情况是，较大的液体表面张力常会导致较大的接触角，因此表面张力与滤材压降之间并非线性关系。

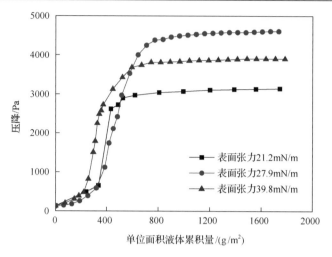

图 9.21　过滤过程中压降变化情况

图 9.22 为液体表面张力不同时出口液滴浓度的变化。当表面张力为 39.8mN/m 时，在接近稳定状态后的出口液滴浓度最高，而且在压降基本达到稳定状态后，随着单位面积液体累积量的增加，出口液滴浓度仍有较大幅度的增加，出口液滴浓度由 1.2mg/m^3 上升到 2.5mg/m^3；而当表面张力较小时，出口液滴浓度较低，且出口液滴浓度较为稳定，基本保持不变。表面张力越大，越容易出现二次夹带现象，导致滤材出口液滴浓度也会越大。

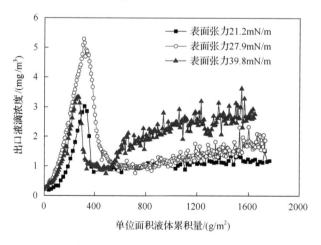

图 9.22　出口液滴浓度变化情况

Contal 等[11]分别选用 DOP、甘油(glcerol)和十甲基环五硅氧烷(DMP)为液滴介质，其物性参数如表 9.8 所示，所测定的过滤过程压降随单位面积液体质量密度的变化如图 9.23 所示，由于甘油的表面张力大，导致滤材内的液体先达到饱和状态。分析认为，液体的表面张力主要影响液滴在纤维上的分布特性，液体的黏度主要影响液体在滤材内的分布。

表 9.8 液滴物性参数

液体介质	表面张力/(mN/m)	密度/(kg/m³)	黏度/(mPa·s)	体积平均直径/μm
DOP	35	983	77	0.6
甘油	92	1250	1047	0.4
DMP	19	960	3	0.7

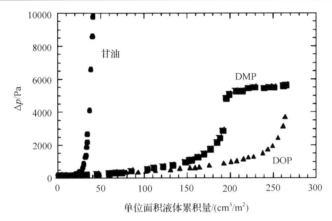

图 9.23 液滴物性对过滤过滤过程压降特性的影响[11]

9.4 聚结滤芯的过滤性能测试装置及方法

9.4.1 聚结滤芯的结构

图 9.24 为聚结滤芯结构图，与前述过滤滤芯的不同之处在于含液气体从滤芯内侧沿径向流向外侧，聚结的液体沿滤芯外侧排出。聚结滤芯一般为一端封闭，另一端采用法兰密封形式固定在过滤器内的管板上，且采用开口向下的布置方式，这样使滤芯内侧和外侧的液体都可以及时排出。滤芯主要由以下几个部分组成。

（1）密封端：采用法兰密封和橡胶垫片形式实现滤芯的固定和密封，应避免污染物短路逃逸。所选密封材料应与处理的液体物性和气体物性匹配，应避免垫片和端面的腐蚀等。

（2）支撑层：用于保持滤芯的强度和刚度要求，避免过滤材料变形和皱褶现象发生。可选用不锈钢或高分子材料等，应尽量减少气体阻力。

（3）聚结层：使气体中的微小液滴经过与聚结层的纤维材料间发生聚结，产生大的液滴。通常设计为折叠结构，较大的接触面积使聚结效率高、流量范围宽和

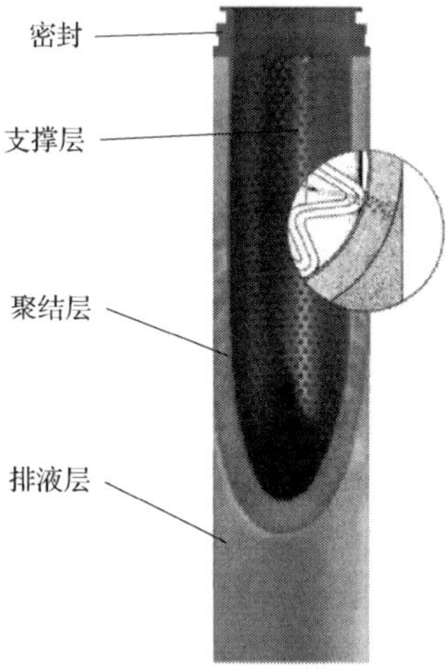

图 9.24　聚结滤芯结构组成

压降小。

(4) 排液层：聚结后的大液滴在重力作用下及时排出，应减少大液滴随气流的夹带现象。聚结层和排液层材料常经过表面改性处理。例如，通过对滤芯外侧的排液层进行疏油疏水处理，可降低其表面能，增加了接触角，有效降低过滤后气体中的液滴含量。

图 9.25 为四种常用的聚结滤芯截面结构，其中聚结层可选用折叠或多层缠绕型式。多层缠绕结构有利于增加微小液滴在聚结层内的停留时间，提高聚结效果。折叠型式可降低气体经过聚结层的速度，进而减少聚结层的阻力。骨架与聚结层间或滤芯外侧面可增加一层保护层，避免高精度的聚结层材料和排液层材料损伤。由于气体不但含有液滴，还可能含有固体颗粒，图 9.25(d) 结构则在滤芯内侧增加了预过滤层，以保证首先过滤掉气体中的固体颗粒，从而延长聚结滤芯的运行寿命。

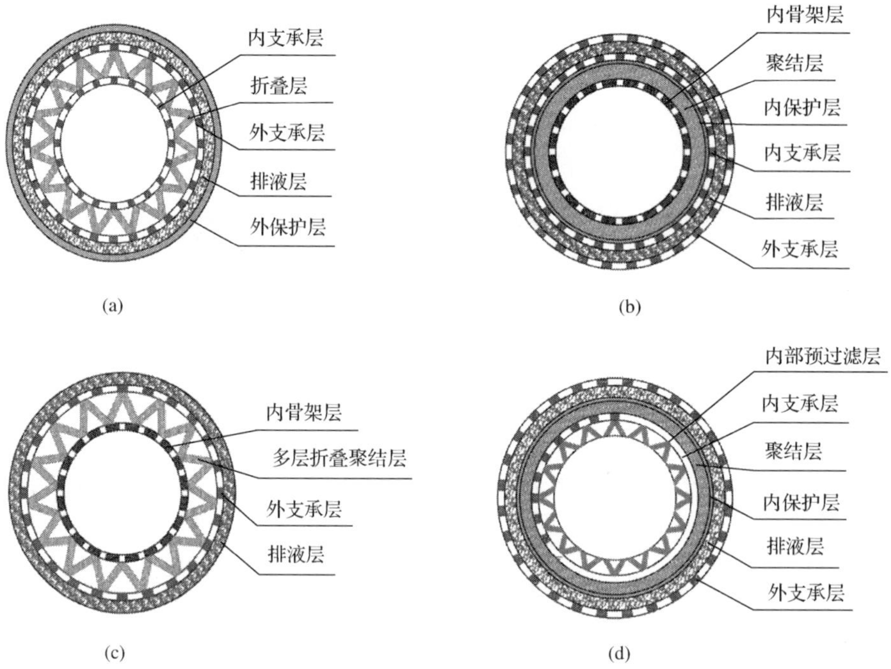

图 9.25　聚结滤芯截面结构示意图

此外，滤芯材料的胶黏剂作为能把各种材料紧密地黏合在一起的物质，多半是以聚合物为基料的多组分体系。纤维过滤材料常用的有机合成胶黏剂有以下三类。

(1)环氧树脂:以环氧树脂为基料的胶黏剂称为环氧树脂胶黏剂,另加有固化剂和其他添加剂,适用于金属、玻璃、橡胶、纤维和塑料等。

(2)酚醛树脂:酚醛树脂的黏结力强、耐高温。

(3)丙烯酸类树脂:丙烯酸类胶黏剂可以分为两类:一类是以聚合物本身作胶黏剂,如溶液性胶黏剂、热熔胶、乳液胶黏剂等;另一类是以单体或预聚体作胶黏剂,通过聚合固化。

9.4.2 聚结滤芯的性能检测标准

目前,关于聚结滤芯性能测试的标准较少,仅在国际标准 ISO 12500 中有所涉及。ISO 12500 详细规定了压缩空气过滤器的性能测定方法,该标准共包括 4 个部分,分别为油滴、油蒸汽、固体颗粒及水的过滤性能测定方法[20-23]。聚结过滤元件对油滴和固体颗粒的过滤性能测定主要参考 ISO 12500-1 和 ISO 12500-3 两个部分。

压缩空气聚结过滤元件的气液性能测定方法中,以油为实验液体介质,利用压缩空气在绝对压力 0.8MPa 和温度为 20℃条件下进行试验,过滤性能测定流程如图 9.26 所示[20]。主要测定参数、精度要求和试验油品如表 9.9 所示。ISO 12500-1 规定测定在气体中液滴浓度为 10mg/m³ 或 40mg/m³ 时聚结过滤元件的过滤效率和压降。试验时可以选择一种浓度进行。试验液滴选用气溶胶发生器产生平均粒径分布在 0.15~0.4μm 范围的液滴。该标准对气溶胶浓度测定方法的要求较为宽泛,可依据 ISO 14644-3 附录 C[24]选取适合的白光散射气溶胶光度计,或按照 ISO 8573-2 的方法[25]进行采样分析。当过滤元件达到稳定平衡状态,即进出过滤元件液滴含量、过滤元件内的液体含量及过滤元件排出的液体量之间达到平衡,此时过滤元件过滤效率、压降和下游的液滴浓度代表过滤元件的性能参数。应取同规格的 3 根过滤元件的性能参数的平均值作为该规格的性能参数。

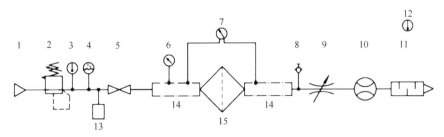

图 9.26　试验测试流程[20]

1. 压缩空气源;2. 压力调节阀;3. 温度传感器;4. 露点测定仪;5. 直通式球阀;6. 压力传感器;7. 差压计;8. 取样位置;9. 多向流量控制阀;10. 流量传感器;11. 消音器;12. 环境温度传感器;13. 气溶胶发生器;14. 测压管;15. 待测过滤元件

表 9.9　过滤元件性能测试参数[20]

报表参数	评级环境③	保持在实际测量值以内	测试条件下仪器精度
入口温度/℃	20	±5	±2℃
入口压力/kPa	700	±10(0.1)	±10kPa
环境温度/℃	20	±5	±2℃
要求的空气纯度①		ISO 8573-1: 2001,class 2 6 1④[26]	
测试气流/(m³/h)	100%额定流量	±2%	测量读数的4%
入口油雾浓度/(mg/m³)②、③	10　　40	±10%	测量读数的10%
压降/Pa(mbar)	不适用	不适用	测量读数的10%

注：①油气溶胶发生器入口处所需最低的空气纯度，以保证过滤测试入口处无液态水；②需要达到标准 ISO 3448[27]要求的矿物润滑油，黏度等级为 46，或可用典型的压缩机油；③基于实际使用中的压缩机典型的型号和性能做选择；④第一个数字代表固体颗粒等级，第二个代表湿度等级，第三个代表总的油含量等级。

　　压缩空气聚结过滤元件气固过滤性能测试方法中，明确了表 9.10 所示的各种颗粒粒径检测仪器的适用范围。图 9.27 为精细过滤元件气固过滤性能测试流程图。

表 9.10　颗粒粒径和浓度检测仪器适用范围[22,24]

方法	适用浓度范围/(颗粒个数/m³)	适用固体颗粒直径/μm				
		≤0.1	0.1	0.5	1	≤5
激光颗粒计数器(LPC)	0~10⁵					
凝结核计数器(CNC)	10²~10⁸					
差动迁移率分析仪(DMA)	不适用					
扫描式电移动微粒分析仪(SMPS)	10²~10⁸					
采用显微镜的膜表面取样	0~10³					
光学气溶胶谱仪(OAS)	—					

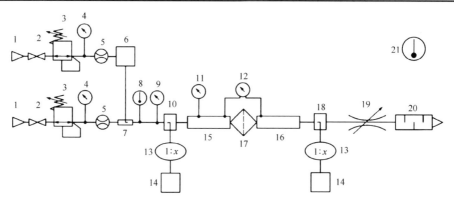

图 9.27　聚结过滤元件测试流程图[22]

　1. 压缩空气源；2. 直通式球阀；3. 减压阀；4. 压力传感器；5. 流量传感器；6. 颗粒发生器；7. 颗粒混合器；8. 温度传感器；9. 压力传感器；10. 上游等动取样；11. 压力传感器；12. 差压计；13. 稀释/扩散系统(1:x 为采样气与空气比例)；14. 颗粒传感器；15. 上游测压管；16. 下游测压管；17. 过滤测试；18. 下游等动取样；19. 多向流量控制阀；20. 消音器；21. 环境温度传感器

试验所用粉尘为盐类溶液雾化后干燥产生的固体颗粒，粒径范围为 0.01～5.0μm。此外，该规范还确定了全流量取样和部分流量取样方法。

9.4.3　国外常用聚结滤芯的性能检测装置与方法

国外常用聚结滤芯检测方法包括 DOP 方法、KCl 方法和 LASE(liquid aerosol separation efficiency)方法。ASTM D2986 标准要求测定聚结滤材的方法为 DOP 方法[28]，即采用大约 0.3μm 的 DOP 液滴作为试验介质，此时浓度约为 100mg/m^3± 20mg/m^3，约为 77mg/kg。所采用的圆形试样有效面积为 100cm^2，空气流量约为 32L/min，此时对应的过滤速度约为 0.0533m/s。聚结滤材的进出口颗粒浓度由光散射颗粒计数器测定。该试验限于在滤材样品处于低压、气体出口为大气压的工况下进行，测定的颗粒透过率精度可以达到 0.001%或 0.0001%。该方法的特点是采用与高效空气过滤器类似的标准测定，测试装置和仪器通用，但只能测试滤材初始工况下的性能。

KCl 方法采用多分散的氯化钾固体颗粒，流量可依据实际工况下的过滤速度设定。上下游采用等动取样方法，选用激光颗粒计数器测定颗粒浓度和粒径分布。其优点是多分散的颗粒粒径分布与实际工况较吻合，激光颗粒计数器精度高于光散射方法。其缺点是试验用的氯化钾固体颗粒与实际液体的物性不同，圆形滤材试样与实际滤芯差别大，该方法与 DOP 一样，不能反映滤材内液体达到饱和状态的过滤性能。

美国 Pall 公司研制出了 LASE 测定方法[29]，采用可以测定实际滤芯尺寸的过滤器试验装置，其流程如图 9.28 所示。由超声波雾化喷嘴产生液滴，滤芯流量可以根据实际工况确定，同时可以按照设计的滤芯外侧环形空间的平均轴向速度进行试验，聚结效率可以由上下游全流量取样方法估算出。使用全流量取样方法可以消除下游液滴夹带、壁面液滴沉积等引起的误差。试验液体选用 Mobil 公司的 DTE-24 润滑油，所加入的液滴浓度和粒径可以通过喷嘴的尺寸和液体介质物性调节，粒径变化范围为 0.1～1.0μm。可将取样滤膜放入一定体积的己烷溶剂内混合一定时间后，取出部分混合物，采用红外分光光度计或气相色谱质谱联用仪分析样品组分。该测量方法可检测出的聚结过滤后气体中的油滴含量达到 0.001mg/kg，当滤芯含液量达到稳定状态后，入口气体中的液滴含量采用天平称重方法得到。该方法的特点是选用的多分散液滴与实际工况比较符合，全流量大小可以按照实际工况的过滤速度确定，上游液滴浓度可以达到 1112mg/kg，该方法可以准确测定滤芯内液体达到饱和状态时的过滤性能。

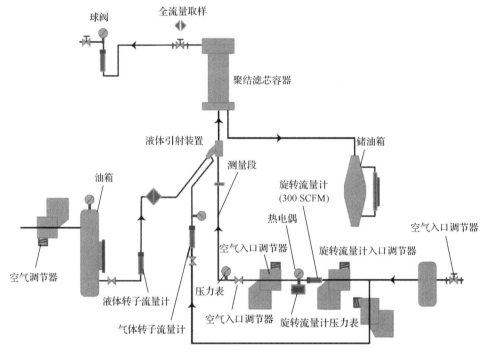

图 9.28　聚结滤芯过滤效率测试流程图[29]

　　规范 ANSI/CAGI ADF 400—1999 的方法与美国 Pall 公司的 LASE 方法基本一致，但其规定的液滴浓度仅为 40mg/kg，且在实验过程中无法调节过滤器滤芯外侧环形空间的轴向速度大小。下游取样方法为部分气体抽样，且该规范要求在聚结滤芯内含液量达到稳定状态后测定滤芯的性能。

　　由于以上各种方法对测试过程的要求不同，必然导致测定结果不同，表 9.11 和表 9.12 对几种测定方法的特点进行了对比。表 9.13 给出了同种型号的聚结滤芯在采用不同测定方法时得到的测定结果，由此可知，ANSI/CAGI 测定的气体出口含液浓度为 0.001mg/kg，而 LASE 方法测定的相应值为 0.01mg/kg，两者差别达到 10 倍，因此必须采用同种方法才可对不同类型聚结滤芯进行比较对比，美国 Pall 公司提出的 LASE 方法与滤芯的实际使用工况最为接近。

表 9.11　两种测定方法的特点比较[29]

技术指标	LASE	DOP	LASE 特点
效率等级	滤芯下游液滴浓度的计重值	只测定直径为 0.3μm 的单分散 DOP 液滴的计数效率	测定的总液体去除率，出口气体中的液体含量更能反映下游设备的危害程度
试验液滴	直径范围为 0.1～1.0μm 的多分散压缩机润滑油液滴	直径为 0.3μm 的单分散 DOP 液滴	与实际工况中的液滴接近

续表

技术指标	LASE	DOP	LASE 特点
下游液滴测定	全流量下滤膜可以捕集到各种直径的液滴	0.3μm 的间接散射光测定方法	直接测定下游气流中的所有液体
操作压力	高于大气压条件	低于标准大气压条件	更能反映实际压力工况
滤芯条件	液滴含量达到渗透饱和工况	接近干式工况	反映实际工况
压降测定	液体含量达到渗透饱和工况下的压降	接近干式工况下的压降	更真实

表 9.12　四种测定方法的比较[29]

试验方法	液滴类型	入口液滴浓度	性能测定工况是否饱和状态	试验是否达到最大负荷	最大环形速度测定	出口液滴取样方法
DOP	DOP 液体	100μg/L±20μg/L	否	否	否	全流量取样
NaCl		直径 0.003μm 以上的颗粒个数大于 $3.5×10^7$ 个/m^3	否	否	否	等动取样
CAGI		40mg/kg	是	否	否	等动取样
LASE		1112mg/kg	是	是	是	全流量取样

表 9.13　同种型号聚结滤芯的测定结果[29]

试验方法	测定的精度
DOP	粒径为 0.3μm 时的效率为 99.999%
NaCl	大于 0.3μm 时的效率 99.7%
ANSI/CAGI	滤芯下游的液滴含量 0.001mg/kg
LASE	滤芯下游的液滴含量 0.01mg/kg

　　由于聚结过滤器的过滤性能与实际运行工况下的气体中液滴含量、液体聚结能力及实际气体中固体颗粒含量密切相关，因此在现场实际运行工况下对气体进行准确取样分析尤为关键。美国 Pall 公司设计了一套实际管路侧线聚结过滤器性能测试装置，其组成如图 9.29 所示[30]。聚结过滤器内安装一根滤芯，管路上配有流量计、压力传感器、差压传感器及流量调节阀，聚结过滤器上、下游管路上各开了一个气体取样口。在进行现场试验测定前，应首先了解清楚主管路中气体组分、气体流量、操作压力和温度等参数，然后确定出侧线的气体流量范围，同时应选择阻力小的孔板流量计，以避免后面液体凝析和水合物的产生。测试装置安装调试完成后，应在所设定的流量下运行一段时间，待聚结滤芯内液体达到饱和状态后，在其上下游气体取样口连接上试验滤膜，并同时清空聚结过滤器下部积液段内的液体后就可以进行正式测定了。利用滤膜方法得到气体液体含量、固体颗粒物含量及其组成，加上称重得到过滤器下部的积液量，就可计算出聚结滤芯

的性能。该方法适合天然气、氢气和燃料气等工业过程中聚结过滤器的性能评价。

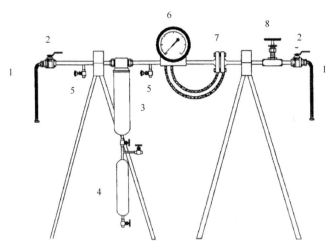

图 9.29　现场用滤芯性能测试装置[30]

1. 柔性接口；2. 球阀；3. 聚结滤材壳体；4. 聚结器积液段；5. 取样口；6. 差压计；7. 孔板流量计；8. 针形调节阀

　　该现场用滤芯性能测试装置的参数为：内置长度 125mm 的滤芯，压力可以达到 10.34MPa，可在现场侧线进行试验[31]。精度为 0.01μm 的滤膜经过 4～8h 的过滤过程后取出，干燥除油或水后称重可以得到入口气体中的固体粉尘浓度，由下部收集下来的液体重量可以计算出净化气体中的液滴浓度。

　　美国派克公司(Peco 公司)研制出的高压现场工况下过滤分离器和聚结过滤器性能中颗粒物和液滴含量和粒径分布特性检测装置主要分为三部分，分别为激光液滴粒径测定系统、固体颗粒物含量测试系统和液体含量测试系统。激光液滴粒径测定系统包含两个部分，首先利用等动取样方法采集管道中含液气体，然后利用激光颗粒分析仪直接测定高压取样气体中的液滴粒径分布，进而得到气体中液滴含量等参数。固体颗粒物含量测试系统，采用高精度等级的滤膜收集来自管道中等动取样气体中的颗粒物，然后再利用称重和室内颗粒粒径分析仪得到固体颗粒含量和粒径分布。液体含量测试系统则利用高精度的滤膜称重方法得到等动取样气体中的液体含量。此外，Peco 公司考虑到现场取样然后再到室内分析颗粒粒径的方法可能存在试样变化等因素，专门研制出了移动式分析实验室，可在现场直接进行颗粒物称重和粒径分析。

9.4.4　全尺寸聚结滤芯的性能检测装置与方法

　　中国石油大学(北京)过滤与分离技术实验室开发的检测装置主要由气溶胶发生系统、采样系统和检测系统三部分组成，试验流程如图 9.30 所示。气溶胶发生系统应保证所发生气溶胶的中值直径及粒径分布的几何标准偏差符合要求。采样系统应保证气溶胶计数浓度测量具有代表性。应根据等动取样原理，确定出取样嘴内径尺寸，由于试验气溶胶粒子直径小，粒子对气流的跟踪性能好，测试误差较小。采样点与粒子计数器的接管应尽可能短，以避免管道中阀门、缩放管和弯头管等管件结构的干扰。颗粒检测系统可选用凝结核粒子计数器或光学粒子计数器，如果上游的数量浓度超过了计数器的测量范围，应在取样管与粒子计数器之间安装稀释系统。

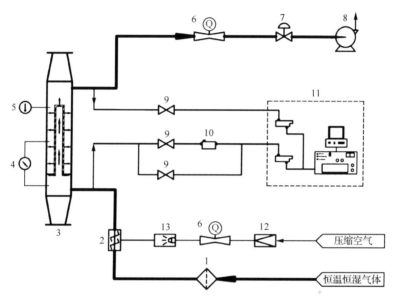

图 9.30　实验装置流程图

1. 高效空气过滤器；2. 混合室；3. 过滤器；4. 温、湿度计；5. 差压计；6. 流量计；7. 控制阀；8. 风机；9. 截止阀；10. 稀释器；11. Palas 控制系统；12. 减压阀；13. 气溶胶发生器

9.5　聚结过滤动态特性及其影响因素

9.5.1　聚结过程

由第 8 章可知，过滤过程可分为两个阶段：稳定过滤阶段和动态过滤阶段。有关气固两个过滤阶段的过滤机理和性能计算模型已经进行了大量的研究工作，形成了较系统的过滤效率和压降计算模型。

气液过滤过程与气固过滤过程存在重要区别。在实际过滤过程中，沉积到滤材内部的液滴不但改变了滤材的内部结构，经过最初的堵塞阶段后都会达到稳态过滤阶段，此时滤材内的液体可以连续排出，使滤材的压降和效率保持不变[32]。图 9.31 给出了液滴在进、出滤材时的分布情况[14]。在滤材上游，液滴与各种易挥发性的气体进入滤材内。当液滴穿过滤材时，也会有少部分液滴挥发变为蒸汽组分。液滴在滤材内部运动时，大部分液滴从气体中分离下来，还有部分液滴和蒸汽穿过滤材到达下游。沉积在滤材内的液体从滤材外侧向下部排出。排出液体量、挥发成蒸汽量、重新夹带量及滤材内的截留量之间的比例会随时间改变。高效滤材结构应是在滤材阻力满足要求的前提下，使从气体中分离出的液滴量达到最大值。

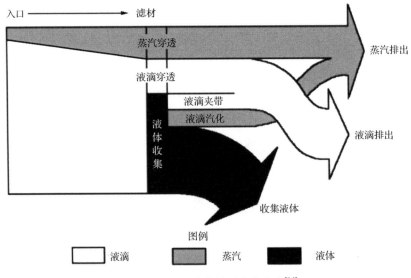

图 9.31　进出滤芯前后液体分布[14]

图 9.32 给出了聚结过程中单位滤材面积上液体累积量与滤材压降之间的变化关系[11]，并将滤材压降和液滴透过率随时间的变化划分为四个阶段。

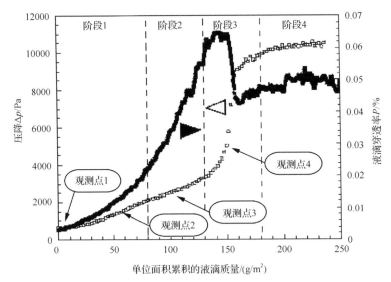

图 9.32　滤材阻力和液滴透过率随单位面积滤材累积的液体质量的关系[11]

阶段 1：在开始阶段，随着液滴在滤材内的沉积，压降缓慢增加，液滴主要沉积在纤维表面。沉积的液滴对通过滤材的气流影响较小，液滴透过率缓慢增加，过滤效率则下降。

阶段 2：随着液滴在滤材内沉积量的增加，压降继续呈缓慢增加趋势。液滴透过率呈指数形式快速增加，并且在该阶段接近最大值。

阶段 3：压降呈指数增加趋势，直至最后达到稳定阶段，此时进入滤材的液滴量、由滤材带出的液滴量和滤材内排出的液体量达到平衡，压降趋于稳定，且效率明显提高。

阶段 4：最后达到稳定阶段，压降和效率都达到准平衡阶段。

与上述过程对应的滤芯内液体沉积过程如图 9.33 所示。图中的观测点 1 对应的点为洁净滤材，观测点 2 为阶段 1 后期，少量液滴沉积在纤维周围。阶段 2 对应的观测点 3，表示滤芯沉积的液滴逐渐变大，并在纤维交叉处形成液桥。阶段 3 对应的观测点 4 则表示纤维交叉处的液桥已经连接在一起，并在滤材表面出现成片液膜。

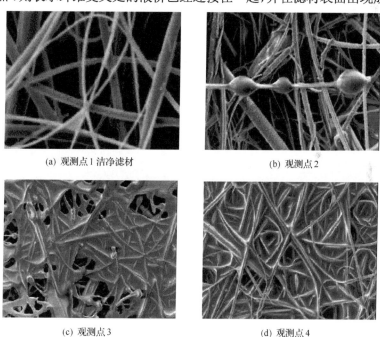

(a) 观测点 1 洁净滤材　　　　　　　　　(b) 观测点 2

(c) 观测点 3　　　　　　　　　　　　(d) 观测点 4

图 9.33　不同阶段对应的滤材内液体沉积图像[11]

Contal 等[11]还详细分析了滤材过滤过程各阶段对应的液体分布特性，图 9.34 为过滤过程中滤材压强变化情况，图 9.35 则给出了图 9.34 所示的不同液体累积量时由 5 层滤纸组成的滤材结构内液体分布比例，可以看出：在初始阶段 1，液体主要沉积在滤材进气侧附近，随着过滤时间的增加，液体逐渐沿滤材厚度方向分布，达到稳定状态时液体沿整个滤材厚度方向的分布接近均匀，此时对应的排气侧液体排出量与进气侧的液滴进入量相等。

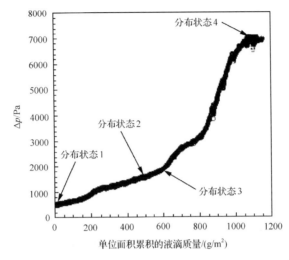

图 9.34　滤材压降随单位滤材面积累积的液滴质量的变化[11]

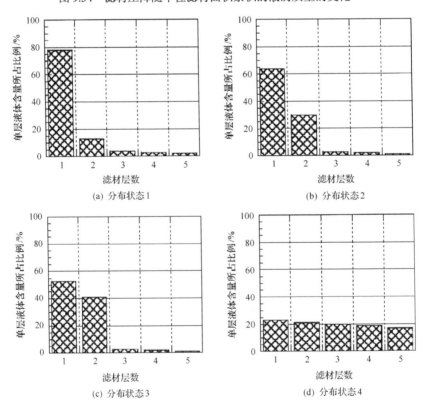

图 9.35　不同过滤状态内液体含量变化[11]

$$u_0 = 2.5\text{cm/s};\ c_u = 5\text{g/m}^3$$

美国阿克伦大学 Vasudevan 等[33-35]依据过滤介质压降随时间的变化而将气液过滤过程划分为起始、润湿、非稳态聚结和稳态聚结四个阶段。

(1)起始阶段：液滴在介质内部没有沉积，此时过滤层孔隙率基本不变。

(2)润湿阶段：液体逐渐浸入过滤介质内部，但聚结后的液体还没有从介质内部排出。

(3)非稳态聚结阶段：压降急剧增加，开始有聚结后的液体从介质内部排出。

(4)稳态聚结阶段：过滤介质内部的含液量为定值，滤材排气侧形成液膜。

此外，也有学者指出聚结过程以三个阶段划分，图 9.36 为 Charvet 等[10]测定出的滤材压降随过滤时间的变化过程，认为在初始阶段 1 可近似为静态过滤过程，此时液滴主要沉积在纤维表面，沉积的液体量不足以影响气体流动，压降缓慢增加的原因是液体所占比例的增加，但液体在滤材内没有运移。阶段 2 对应的动态过滤过程则为滤材内单位体积的液体沉积量达到一个临界值，已经沉积的液体与新来的液滴聚结在纤维间并形成连续的液体界面，且液体开始在气流作用下会向排气侧运移，因此该阶段滤材压降快速增加，直至达到稳定值。阶段 3 则为进入滤材内的液体量与液体排出量和液体穿透量达到平衡，此时滤材内的液体量、滤材的填充率和滤材内的气体速度保持不变，此时滤材压降也为恒定值。

气液过滤过程中，由于液体会在过滤介质内部流动，很难测定液体在过滤介质内部的分布情况，从而对气液过滤的内部机理研究难度较大。部分学者从液滴在纤维上的分布状态和液滴的捕集机制等方面进行了初步的探索。

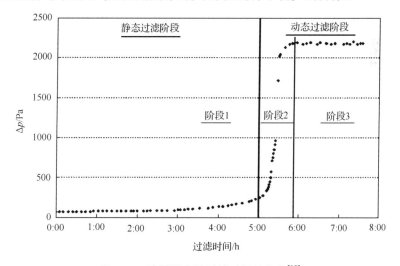

图 9.36　滤材阻力随过滤时间的变化[10]

一般来说，当液体与固体表面接触时，如果接触角很小甚至为零时，液体会润湿固体表面，然而这一规律在气液过滤过程中却不适用，由于气流的作用，即使液体与纤维表面接触角很小甚至为零时，液体仍然会以液滴的形式存在。图 9.37

给出了水滴在单根玻璃纤维上的分布状态[36]。实验条件为：纤维直径约 7μm，过滤速度约 0.5m/s。水和玻璃纤维之间的接触角可以近似认为 0°，当液体完全润湿玻璃纤维时，就会在纤维表面形成液滴[图 9.37(a)]，液滴的直径可以达到纤维直径的 10 倍以上[图 9.37(b)]。

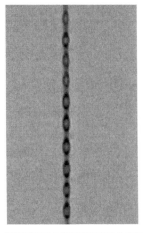 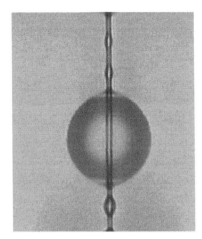

(a) 液滴刚好完全润湿纤维时的分布状态　　　　(b) 液滴直径远大于纤维的直径

图 9.37　液滴在玻璃纤维上的分布状态[36]

　　实际使用的过滤材料一般为多根纤维按不同排列组合而成，纤维之间必然存在相互影响，液滴在过滤材料上的分布情况与单根纤维相比会有一定差别。当过滤材料的填充密度较小时，液滴在滤材和单纤维上分布情况相似，但在纤维相交的部位会出现较大的液滴；过滤材料的填充密度较大时，纤维之间的相互影响较为突出，液体在纤维上主要以液膜、液桥或小液池等形式存在，而不会以单个液滴的形式存在。图 9.38 给出了气液过滤过程中两种典型的液体分布形式。Hung和 Yao[37]研究了水滴在不同孔径筛网上的分布情况，也得到了类似的实验结果。

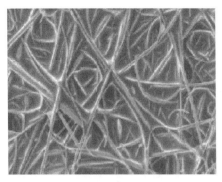 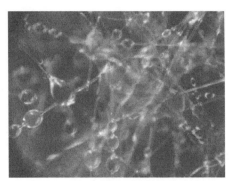

(a) 填充密度较大　　　　　　　　　　　　(b) 填充密度较小

图 9.38　气液过滤过程的两种情形[37]

由于受到液滴物性、纤维结构和物性参数等因素的影响，液滴在纤维上主要有三种分布状态，如图 9.39 所示[38]。McHale 等[39]从能量的角度研究了液滴在纤维上的分布状态。当液滴体积较大而接触角较小时，以对称形式的分布状态时能量较小且较为稳定；当液滴体积减小而接触角增加，非对称形式的分布状态的能量较小。Mullins 等[40,41]采用显微照相的方法对气液过滤过程中不同分布状态的液滴在纤维单元上的动力学特性进行了测定和分析，发现对称形式分布的液滴稳定性较好，液滴一般不会从纤维上脱落，而非对称形式分布的液滴稳定性相对较差，液滴易于脱落。

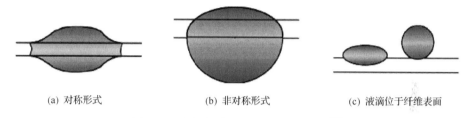

(a) 对称形式　　　　　　　　(b) 非对称形式　　　　　(c) 液滴位于纤维表面

图 9.39　液滴在纤维上的三种分布状态[38]

9.5.2　主要操作参数对聚结过滤性能的影响

1. 过滤速度的影响

与气固过滤过程不同，过滤速度增加可以提高气液过滤效率，而过滤过程的压降也与气固过滤时压降变化规律不同[11,17]。图 9.40 和图 9.41 分别给出了不同过滤速度时采用 DOP 为试验液体时，所测得的滤芯压降和液滴透过率随过滤时间的变化特性[11]。由图 9.40 可知，当过滤速度从 0.025m/s 增加到 0.19m/s 时，达到稳定状态后的压降从 8000Pa 增加到 13800Pa，而且随着过滤速度的增加，滤材内液体达到饱和状态的过程加快。随着过滤速度的增加，液滴透过率明显降低，对应的过滤效率显著提高。

由图 9.41 可知，无论在哪个过滤阶段，过滤速度都影响过滤效率，随着过滤时间的增加，液滴会逐渐堵塞滤材的孔隙，进而导致气体流动孔隙减少，因此引起滤材孔隙通道内气流速度增加。此外，效率测定结果表明，当气体速度增加，直径大于 0.3μm 的液滴效率增加，小于 0.1μm 的效率减少。

图 9.42 为 Charvet 等[17]在过滤速度分别为 0.05m/s、0.11m/s、0.21m/s、0.32m/s、0.42m/s 和含液浓度为 61mg/m³ 时的测得结果。对于小于 0.1μm 的液滴，其主要过滤机理为扩散效应，由第 8 章可知，扩散效率为 Peclet 数的单调函数。由表 9.14 可以看出，Peclet 数随着纤维直径、颗粒直径和过滤速度的增加而增加[10]。由于随着液滴在纤维中的沉积，导致滤材中纤维间的气体流动空间变小，使纤维滤材内的

气体速度增加，扩散效应的效率降低。对于 0.2μm 以上的液滴，其主要过滤机理为拦截效应和惯性碰撞。表 9.15 给出了影响碰撞效应的各种因素[10]，可知随着过滤速度的增加和液滴直径的增加，气体中液滴的惯性力增加，进而使过滤效率随着时间增加，拦截效率只是与纤维结构有关，与速度无关。因此过滤效率的增加主要是由于填充率和颗粒直径的增加引起。

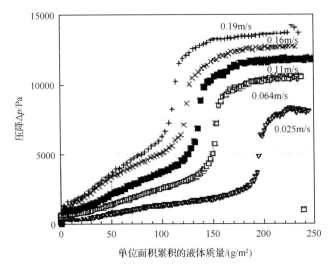

图 9.40　过滤速度对滤材压降的影响[11]

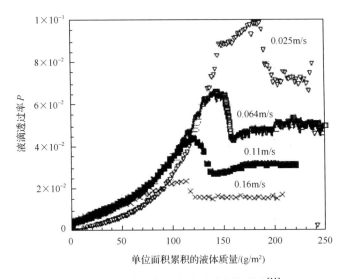

图 9.41　过滤速度对液滴透过率的影响[11]

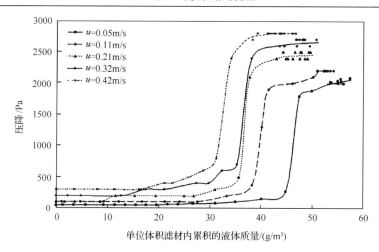

图 9.42　过滤速度对滤材过滤过程的影响[17]

表 9.14　性能参数对扩散效率的影响[10]

性能参数	颗粒扩散系数	液体纤维填充率	纤维内部气体速度	Peclet 数	扩散效率
随着过滤时间的增加	无变化	上升	上升	上升	下降
颗粒直径增大	下降	无变化	无变化	上升	下降

表 9.15　性能参数对惯性效率和拦截效率的影响[10]

性能参数	液体纤维填充率	纤维内部气体速度	Stroke 准数	惯性效率	拦截效率
随着过滤时间的增加	上升	上升	上升	上升	上升
颗粒直径增大	无变化	无变化	上升	上升	上升

2. 气体中液滴浓度对聚结过滤性能的影响

Contal 等[11]以 DOP 为试验液体，当过滤速度为 0.059m/s 时，分别测定了五种液滴浓度（0.6g/Nm³、1.4g/Nm³、1.9g/Nm³、2.8g/Nm³、5.7g/Nm³）下的滤材压降随单位滤材面积上液体累积量的关系曲线，测定结果如图 9.43 所示，可以看出，液滴浓度对压降随单位面积液滴质量累积量影响很小[11]。Charvet 等[17]以滤材水平放置和过滤速度为 0.21m/s 条件，分别测定了 18mg/m³、61mg/m³、145mg/m³、202mg/m³ 四种液滴浓度下的滤材阻力特性随过滤过程的变化规律，测定结果如图 9.44 所示，其中纵坐标的阻力系数 $F = \dfrac{\Delta p}{u\mu\delta}$，式中，$u$ 为过滤速度（m/s）；δ 为滤材厚度（m）；μ 为气体的动力黏度（Pa·s）。横坐标为滤材单位体积累积的液体通过量（g/m³）。由图 9.44 可以看出，液滴浓度对滤材的阻力特性即压降的变化特性没有影响。此外，还可以看出对应每种浓度，压降呈指数上升时所对应的滤材单位体积累积的液体量值基本相同，说明压降变化仅取决于滤材内沉积的液体质量。

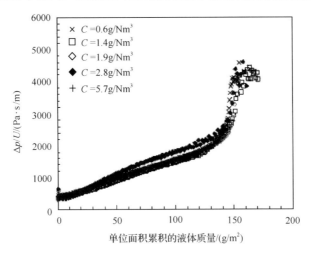

图 9.43　滤材阻力随单位面积累积的液体质量的变化[11]

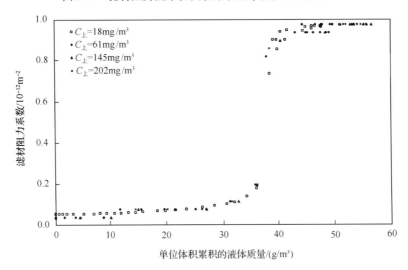

图 9.44　液滴浓度对滤材阻力特性的影响[17]

9.6　聚结过滤材料的性能计算模型

9.6.1　聚结过滤材料的压降计算模型

滤材压降主要取决于两个方面：滤材自身压降和由于液滴沉积所引起的附加压降，下面将对几个典型的气液过滤压降模型进行介绍。

1. 达西公式改进型

经典的达西公式在描述滤材的初始压降时因具有简洁和准确等特点而得到较为广泛的应用。1973 年，Davies[42]将适用于气固过滤时的压降公式中的纤维填充率和纤维直径进行修正得

$$\Delta p = \mu_g h u_0 \frac{64 \alpha_{wet}^{1.5} (1 + 56 \alpha_{wet}^3)}{d_{wet}^2} \tag{9.2}$$

式中，Δp 为滤材稳态压降，Pa；α_{wet} 为等效填充密度；d_{wet} 为等效纤维直径，m；h 为滤材厚度，m；μ_g 为气体黏度，Pa·s；u_0 为表面滤速，m/s。α_{wet} 和 d_{wet} 由式(9.3)和式(9.4)确定：

$$\alpha_{wet} = \alpha_f + \frac{m_L}{A \rho_L h} \tag{9.3}$$

$$d_{wet} = d_f \sqrt{1 + \frac{m_L}{A \rho_L h \alpha_f}} \tag{9.4}$$

式中，α_f 为滤材的填充率；d_f 为滤材的纤维直径，m；A 为过滤面积，m²；m_L 为滤材内部累积液体的质量，kg；ρ_L 为液体的密度，kg/m³。

2. 经验公式型

滤材压降主要受滤材的结构参数、过滤速度等操作参数和表面张力等液滴物性参数的影响，因此可以采用正交实验的方法，得出大量的实验数据，进而可以建立滤材压降与各影响参数之间的关联模型。

Liew 和 Conder[43]综合考虑了滤材的结构参数、操作参数和液滴物性参数对压降的影响，给出了气液过滤过程稳态压降的经验公式：

$$\Delta p = \Delta p_0 \left[1.09 \left(\alpha_f \frac{h}{d_f} \right)^{-0.561} \left(\frac{u_0 \mu_g}{\sigma \cos \theta} \right)^{-0.477} \right] \tag{9.5}$$

式中，Δp_0 为滤材初始压强，Pa；σ 为液体的表面张力，N/m；θ 为接触角，(°)。

3. 稳态饱和度关联型

滤材的持液量对滤材压降影响较大，持液量高时对应的滤材压降较大。因此可以通过研究滤材压降和持液量的关系，而得出压降计算模型。一般持液量的大小采用饱和度来衡量。滤材的含液饱和度定义为滤材内部液体的体积占滤材孔隙

体积的百分比。Raynor 等[12]以滤材达到稳态时的饱和度作为切入点，考虑稳态压降和饱和度之间的关联关系，采用统计的方法给出了滤材稳态压降的计算式：

$$\ln\frac{\Delta p}{\Delta p_0}=\frac{S_{\mathrm{e}}^{0.91\pm0.06}}{\alpha_{\mathrm{f}}^{0.69\pm0.06}}\exp(-1.21\pm0.24) \tag{9.6}$$

式中，S_{e} 为滤材的稳态饱和度。

表 9.16 给出了以上三个压降模型的局限性。

表 9.16　三个压降模型的局限性

压降模型	局限性
Davies 模型[42]	模型的建立基于液滴在纤维上均匀分布的假设，当液滴的表面张力较大或纤维的表面能较小时，液滴在纤维上并非均匀分布，采用该模型时误差较大
Liew 模型[43]	模型只适用于计算稳态时的压降，模型为经验公式，普适性较差
Raynor 模型[12]	模型只适用于计算稳态时的压降，模型适合计算填充密度较小滤材的压降，当滤材的填充密度较大时，采用该模型时误差较大

9.6.2　聚结过滤材料的效率计算模型

多位学者对气液过滤效率进行了研究，大多通过计算单根纤维的过滤效率，然后对经典的滤材效率模型进行修正，最终得到过滤器的过滤效率。各个模型主要是针对影响气液过滤效率的某一个因素进行分析，导致其使用范围有一定局限性，主要有以下几类。

1. 填充密度修正型

液滴在纤维交接的部分形成架桥从而使有效过滤面积减小，滤材的等效填充密度也会变大，可以对滤材的填充密度进行修正进而得出过滤效率。Payet 等[44]将初始的填充密度 α_{f} 替换为 $\alpha_{\mathrm{f}}\left[1-S(1-\alpha_{\mathrm{f}})\right]$，气液过滤效率的计算式可以表示为

$$\eta_{\mathrm{T}}=1-\exp\left\{\frac{-4\alpha_{\mathrm{f}}\left[1-S_{\mathrm{L}}(1-\alpha_{\mathrm{f}})\right]E_{\mathrm{f}}h}{\pi d_{\mathrm{f}}(1-\alpha_{\mathrm{f}})(1+\alpha_{\mathrm{f}}S_{\mathrm{L}})}\right\} \tag{9.7}$$

式中，E_{f} 为单根纤维的过滤效率；η_{T} 为滤材的过滤效率；S_{L} 为滤材的含液饱和度，即液体在滤材孔隙中所占的比例。

2. 纤维直径修正型

当有液滴被纤维捕集后，纤维的等效直径会增大，从而导致过滤效率的下降。Gougeon[45]等据此给出了过滤效率的计算式：

$$\eta_T = 1 - \exp\left[\frac{-4\alpha_f d_{wet} E_f}{\pi d_f^2 (1-\alpha_f)}\right] \qquad (9.8)$$

式中，d_{wet} 为等效纤维直径，m。

3. 纤维有效长度修正型

由于直径较大的纤维过滤作用较差，当有液滴分布在纤维上时，液滴所在部分区域的过滤作用会减弱，导致起主要过滤作用的纤维有效长度减少，可以对纤维有效长度进行修正而得到气液过滤效率。Raynor 和 Leith[12]将气液过滤效率的变化归因于纤维有效长度的变化，得出气液过滤过程中过滤效率的计算式：

$$\eta_T = 1 - \exp\left[\frac{-4\alpha_f f E_f h}{\pi d_f (1-\alpha_f)(1-S_L)}\right] \qquad (9.9)$$

式中，

$$f = 1 - \frac{\left[15 S_L (1-\alpha_f)\sqrt{1+S_L(1-\alpha_f)/\alpha_f} \, / \, 2\alpha_f\right]^{1/3}}{5\sqrt{1+S_L(1-\alpha_f)/\alpha_f}} \qquad (9.10)$$

4. 基于多层串联结构的动态性能模型

Frising 等[14]依据实验过程中滤材压降和过滤效率随单位滤材面积上液体累积量测定结果，认为在过滤过程中滤材内的液体分布特性是影响其动态性能的关键，将滤材分为多层串联结构，如图 9.45 所示，且假定每层内的液体分布不同，提出了基于多层串联结构的动态性能模型。该模型的假设条件如下。

滤材划分为n_p时的示意图

图 9.45　滤材分层示意图[14]

(1)沿过滤层厚度方向滤材的纤维填充密度和纤维直径分布均匀。

(2)假定滤材是由单一直径的纤维组成。

(3)液体可以完全润湿纤维。

在以上假设的基础上,将滤材厚度 h 分成 n_p 层,每层的厚度为 dh。同时将滤材由开始过滤直至最后达到准稳定状态分为 4 个阶段。

(1)第 1 阶段如图 9.46 所示,该阶段的液体在滤材内填充率 α_1 小于液体填充率的极限值 $\alpha_{液管}$,该极限值的大小取决于纤维直径、液滴黏度、表面张力和操作参数。在该阶段,液滴仅沉降在纤维表面,层与层间不存在液体的运移。

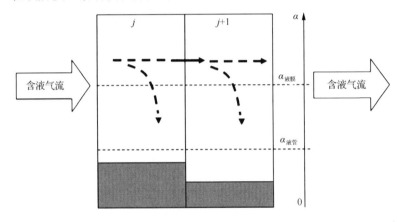

图 9.46　第 1 阶段时滤材前后两层间的液体特性[14]

(2)第 2 阶段如图 9.47 所示,当第 j 层的滤材内纤维间毛细管中的液体达到其最大极限值时,此时对应第 2 阶段开始。

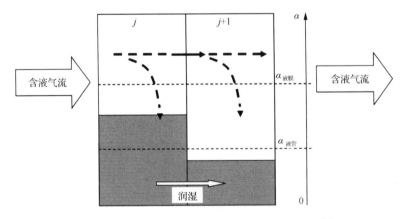

图 9.47　第 2 阶段时滤材前后两层间的液体特性[14]

(3)第 3 阶段如图 9.48 所示,此时该阶段第 j 层的液体填充率 α_1 达到极限值 $\alpha_{液膜}$。该层所收集的液体被认为全部运移到下一层,此时对应的效率和压降保持不变。

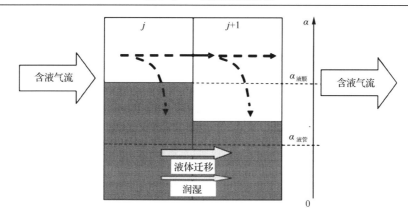

图 9.48　第 3 阶段时滤材前后两层间的液体特性[13]

(4) 第 4 阶段，一旦所有的 n_p 层的液体填充率都达到极限值，则整个过滤过程达到准稳定状态，此时的极限值可以通过实验测得到。

针对以上四个阶段，依据纤维直径修正型效率模型和 Davies 压降计算公式可以分别得到第 j 层的过滤效率和压降结果。

Frising 等[14]利用实验数据得到液体填充率极限值，并分别采用 Liu-Rubow-Gougen 模型分别计算扩散效率、拦截效率和碰撞效率，得到单根纤维总效率 E_f，利用上述模型分析了滤材的效率和压降随时间变化的动态过程，与实际测得结果吻合较好。

Charvet 等[10]也提出了类似的模型，该模型也是将整个滤材沿厚度方向分为若干层，同时依据从过滤过程开始到准稳定状态的时间划分为 z 个时间步长。图 9.49 中给出了当滤材分为 10 层时，每层在各个时间区间上的液滴流动、液体运移示意图。

该模型的特点在于考虑了滤材由不同直径纤维组成的情况，并提出了初始分级效率计算方法。此外该模型参考了 Mullins 和 Kasper[36]有关液滴在纤维表面的沉积形态后，没有采用纤维直径的当量增加值假设，而是直接依据滤材纤维和液体的综合填充率来分析滤材总效率，其中每层在不同时间的填充率 α_{wet} 及达到饱和状态时的最大液体填充率 α_{max}：

$$\alpha_{wet} = \alpha_0 + \frac{m_l}{A\rho_l h} \tag{9.11}$$

$$\alpha_{max} = \alpha_0 + \frac{m_{f,tr}}{A\rho_l h} \tag{9.12}$$

式中，α_{max} 可根实验测定的滤材含液量或压降值确定；A 为滤材迎风侧的面积，m^2；m_l 为滤材内收集到的液体质量，kg；$m_{f,tr}$ 为滤材内收集到的最大液体质量，可由实验测定结果确定。

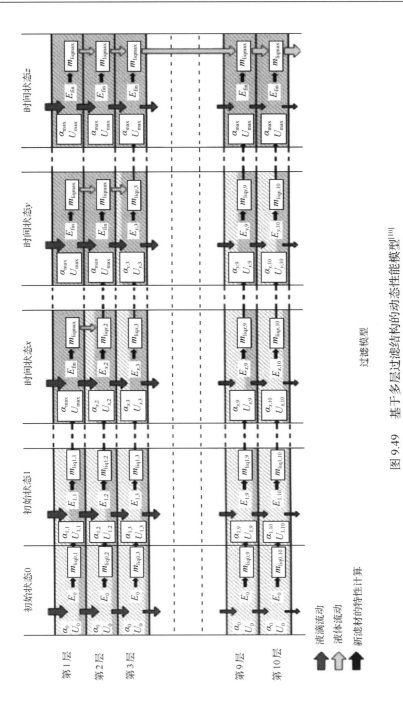

图 9.49　基于多层过滤结构的动态性能模型[10]

9.7　聚结滤芯的气液过滤性能特性及其影响因素

9.7.1　聚结滤芯的过滤性能

在天然气长输管道站场，需要在卧式过滤分离器之后设置聚结过滤器，除去所输送天然气中 0.3μm 以上的液滴和颗粒，以避免后续的离心压缩机、计量仪器和管道内出现颗粒沉积、冰堵和水合物生成等现象，保证输气管道的安全可靠运行。由于管道站场输气流量大，常选用多台立式聚结过滤器并联方式，每台聚结过滤器安装几十根滤芯。李柏松[18]选用天然气站场用聚结过滤器内常用的四种滤芯，利用图 9.30 所示的聚结滤芯气液过滤性能实验装置，测定了聚结滤芯的动态过滤特性。实验所选用滤芯的规格及滤材组成等见表 9.17。其中 B 型和 C 型滤芯采用了疏水和疏油处理，B 型滤芯的滤材采用了丙烯酸酯与苯乙烯共聚物浸渍工艺，而 C 型滤芯只是对外侧纤维进行了疏水和疏油处理。

表 9.17　天然气聚结滤芯的主要参数

滤芯编号	外径/mm	长度/mm	是否折叠	滤材材质	滤材填充密度	滤材厚度/mm
A	92.3	980	是	纤维素	0.27	0.58
B	93.9	980	是	纤维素	0.22	0.44
C	90.8	980	否	玻璃纤维	0.04	11.3
D	114.0	1000	否	聚酯纤维	0.11	16.0

图 9.50 给出了四种滤芯清洁状态时内部结构的扫描电镜(SEM)照片。由图中可知，A 型和 B 型滤芯的最小纤维呈现条带状，纤维的等效直径较大，滤材的填充密度较大，使得其孔隙率较小。C 型和 D 型滤芯的纤维呈圆柱状，C 型滤芯内纤维直径不均匀，较细的纤维直径可达 5μm。D 型滤芯内的纤维直径相差较小，纤维直径约为 10μm。

(a) A型滤芯SEM照片

(b) B型滤芯SEM照片

(c) C型滤芯SEM照片　　　　　　　　(d) D型滤芯SEM照片

图 9.50　四种滤芯内纤维结构照片

1. 滤芯过滤过程的动态特性

图 9.51 给出了四种滤芯的初始压降与过滤速度曲线，当过滤速度为 0.03～0.1m/s 时，四种滤芯的压降与过滤速度近似呈线性关系。A、B 和 C 型滤芯的初始压降较为接近，D 型滤芯的初始压降高于其他三种滤芯。

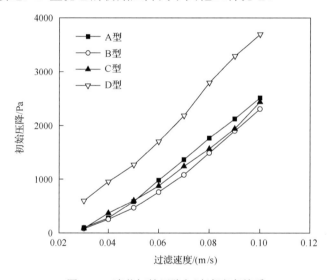

图 9.51　滤芯初始压降与过滤速度关系

图 9.52 和图 9.53 分别为滤芯的压降和出口气体中的液滴浓度随滤芯单位面积液体累积量的变化，实验开始时滤芯处于清洁状态，过滤速度为 0.06m/s，入口气体中液滴浓度为 15g/m³，入口液滴体积平均直径约为 20μm。实验过程一直进行到滤芯内液体量达到饱和状态，滤芯的压降和出口气体中液滴浓度基本不变为止。由图 9.53 可知，四种滤芯的压降最终都达到了稳定状态。A、B 和 D 型滤芯的压降变化过程基本一致，都存在压增增加较为剧烈的阶段，而 C 型滤芯的压降的变

化较为缓慢。A 型滤芯的排液效果较差，纤维孔隙通道内液体堵塞严重，稳态压降达到了初始压降的 8 倍。C 型滤芯孔隙较大，排液效果较好，压降增加缓慢，稳态压降仅为初始压降的 1.5 倍。由图 9.53 可知，A、B 和 D 型滤芯的出口液滴浓度变化趋势类似，初始阶段出口液滴浓度变化缓慢，一定阶段后出口液滴浓度显著降低，其中 B 型滤芯出口液滴浓度下降幅度最大，由 120mg/m³ 急剧降低到 2.4mg/m³，之后出口液滴浓度基本保持稳定。C 型滤芯与其他三种滤芯相比有很大不同，出口液滴浓度则始终保持在一个比较稳定的状态，变化幅度较小。

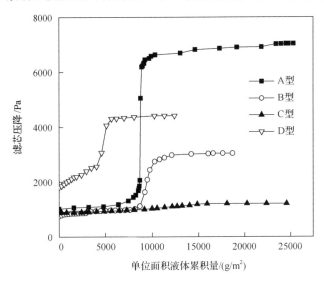

图 9.52　清洁滤芯压降随单位面积液体累积量的变化

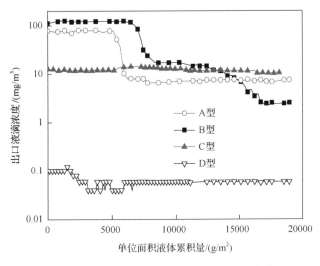

图 9.53　过滤过程中滤芯出口的液滴浓度变化

　　为了对比过滤前后滤芯内部结构变化特性，从清洁滤芯和过滤过程达到稳定状态的滤芯内三个不同位置分别取下 1cm×1cm 的滤材样品，然后利用扫描电镜对样品进行分析。操作过程中因扫描电镜需要抽真空操作，可能导致滤材样品内的液体存在位置改变和挥发损失，但分析结果仍能较好地反映其结构变化特征。由图 9.54 为过滤前后四种滤芯的扫描电镜照片可知，A 型滤芯过滤后含有较多液体，表面堵塞较为严重，导致滤芯稳态压降相对初始压降明显增加；C 型滤芯过滤后滤材内液体含量少，堵塞较轻，滤芯稳态压降相对初始压降增加的幅度较小。滤芯的含液量对滤芯最终压降有显著影响，含液量较多，滤芯堵塞较严重，导致滤芯最终压降较大，反之，滤芯的最终压降则较小。

　　由以上测定结果可知，滤芯内液体达到饱和状态时的过滤性能与初始状态的过滤性能存在较大差别，有的滤芯稳态过滤效率相对初始效率来说有较大幅度的提高，而有些滤芯则变化不大，如果仅采用滤芯清洁状态时的过滤精度来表征滤芯的过滤性能，就不能全面反映滤芯的实际过滤性能。气液过滤过程中，经过一段时间后滤芯中液体将达到饱和，滤芯压降和过滤效率更多的时间处于一个相对稳定的状态，因此采用气液过滤稳态过程的性能参数来评价滤芯气液过滤性能更能反映滤芯的实际运行情况。

(a) A型滤芯SEM照片(清洁)

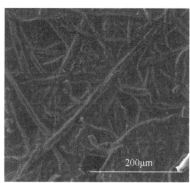

(b) A型滤芯SEM照片(过滤后)

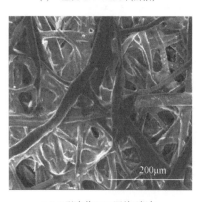

(c) B型滤芯SEM照片(清洁)

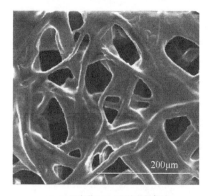

(d) B型滤芯SEM照片(过滤后)

(e) C型滤芯SEM照片(清洁)　　　　　　　(f) C型滤芯SEM照片(过滤后)

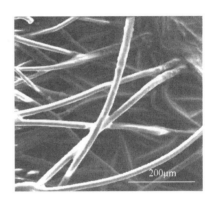

(g) D型滤芯SEM照片(清洁)　　　　　　　(h) D型滤芯SEM照片(过滤后)

图 9.54　四种滤芯过滤前后 SEM 照片

2. 气体过滤速度对滤芯性能的影响

选用 A 型含液滤芯为测试对象，当滤芯入口气体中液滴浓度为 15g/m³ 和液滴的体积平均直径为 20μm 时，得到了如图 9.55 所示的过滤速度对压降特性的影响曲线。当过滤速度为 0.03～0.06m/s 时，过滤过程的压降变化趋势基本相同，过滤速度越大，滤芯所能达到的稳态压降也越大。由图中可知，不同过滤速度下压降的变化幅度要小于过滤速度本身的变化幅度，这与图 9.51 所示的清洁滤芯压降随过滤速度的线性趋势明显不同，原因是气液过滤过程中，气体占据滤材内部较大的孔道，而液体则占据较小的孔道。当过滤速度增加时，气体会将滤材内部较小孔道中的液体排出，减少了滤材内的液体含量，因此过滤速度增加时，滤材内的液体填充率降低，导致压降增加幅度变小。

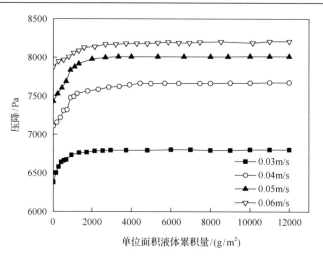

图 9.55　滤芯的压降变化情况

当有部分液滴进入滤材后，滤材的透气性会发生变化。可用过滤阻力系数 $R_f = \Delta p / (u_0 \mu_g)$ 描述滤材对气流的阻力情况，图 9.56 给出了不同过滤速度下滤芯的过滤阻力系数。可以看出，滤速越高，过滤阻力系数越小，这与 Charvet 等[17] 的研究结果相似。

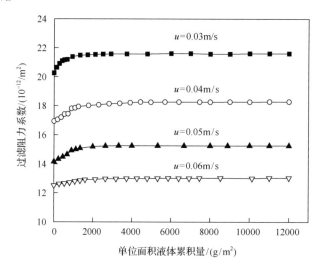

图 9.56　过滤阻力系数随过滤速度的变化

图 9.57 为滤芯出口气体中的液滴浓度与过滤速度的关系。随着过滤速度的增大，滤芯出口气体中的液滴浓度显著减小。当过滤速度增加时，对于直径较大的液滴，其惯性碰撞效率提高，滤芯出口液滴浓度就会较低。

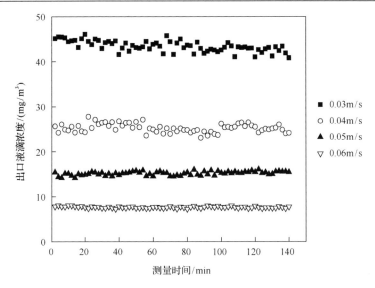

图 9.57　滤芯的出口液滴浓度变化情况

3. 入口液滴浓度对气液过滤性能的影响

选取 A 型和 C 型滤芯作为研究对象,在滤芯入口液滴的体积平均直径为 20μm和过滤速度为 0.06m/s 时,测定了入口液滴浓度为 5~15g/m³ 时的滤芯性能特性。图 9.58 和图 9.59 分别给出了 A 型和 C 型滤芯的压降变化情况。当滤芯入口液滴浓度发生变化时,滤芯的压降在整个过滤过程中的变化趋势基本相同,滤芯的稳态压降也基本相同。在气液过滤过程中,滤芯入口的液滴浓度对滤芯压降基本没有影响。

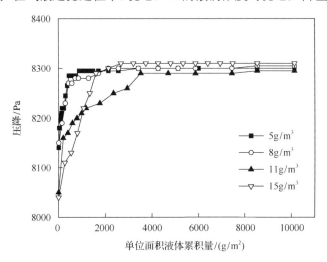

图 9.58　A 型滤芯入口液滴浓度对滤芯压降的影响

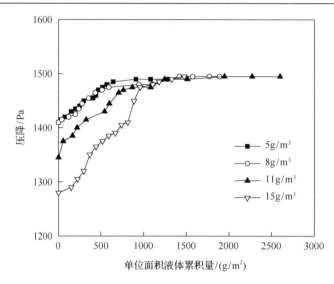

图 9.59　C 型滤芯入口液滴浓度对滤芯压降的影响

9.7.2　滤芯结构参数对过滤性能的影响

影响滤芯聚结滤芯气液过滤性能的因素，可以分为以下几类：过滤方式、过滤速度、操作压力和温度等操作参数；聚结滤芯滤层厚度、滤层结构组成、滤芯材料等结构参数；液滴浓度、液滴粒径分布、液体表面张力和黏度等参数。李柏松[18]及熊至宜等[46]分析了滤芯放置方式、滤芯厚度和滤芯填充密度等参数对聚结性能的影响。

1）滤芯放置方式

过滤分离器按照外形可以分为卧式分离器和立式分离器两类，前者滤芯水平放置，过滤方式为卧式过滤；后者垂直放置，过滤方式为立式过滤。在工程用聚结过滤器的设计和应用中，当气体杂质以液滴为主时，一般选用立式聚结过滤方式，含液气体由滤芯内部穿过滤层向外部流动以实现聚结过滤过程。

实验选择了如表 9.18 所示的三种聚结滤芯，在过滤速度 0.10m/s、入口液滴浓度 15g/m³ 和液滴体积平均直径为 20μm 时，实验的液体介质为 DOS，气体由滤芯内向外流动，测定了滤芯立式放置和水平放置时的过滤性能。实验过程中首先测量各滤芯在清洁状态下的初始压降，然后再进行立式放置方式下的气液性能实验，之后用离心风机以较大风速将滤芯中的液体尽可能地抽尽，使滤芯的压降恢复到近似初始状态的压降，再以在相同的实验参数对水平放置的滤芯进行气液过滤性能实验。

表 9.18　滤芯型号规格

类型		外形尺寸/mm			材质	过滤层结构
		有效长度	内径	外径		
聚结滤芯	FA	960	60	93	聚酯无纺布	缠绕型
	FB	960	60	94	玻璃纤维毡	缠绕型
	FC	1000	34	60	熔喷聚丙烯	非折波型

图 9.60 为三种滤芯在两种放置方式下的压降随单位面积液体累积量的变化曲线，图 9.61 为三根滤芯达到稳定状态后 60min 内出口液滴浓度的变化。由图中可以看出，滤芯立式放置时的压降与滤芯出口液体浓度均比水平放置时低。说明含液气体由垂直放置的滤芯内侧穿过滤层向外流动时，滤层外侧聚结后的液体借助于重力作用能及时向下排出。滤芯水平放置时，由于穿过过滤介质时气流方向与重力方向平行，聚结后的液体容易沉积在滤芯表面，使滤芯的下半圆部分含液量大，减少了滤芯的实际有效过滤面积；气体通过滤芯的上半圆部分时的方向与液滴下落方向相反，导致聚结后液体不能及时排出，甚至存在大液滴的二次夹带现象发生，导致气体出口液滴浓度偏大。

综上所述，聚结滤芯的放置方式对滤芯气液过滤性能的影响大，聚结过滤器应尽量选择立式结构，此时滤芯外表面聚结的液体容易排出，滤芯压降及出口液滴浓度低，过滤性能稳定。

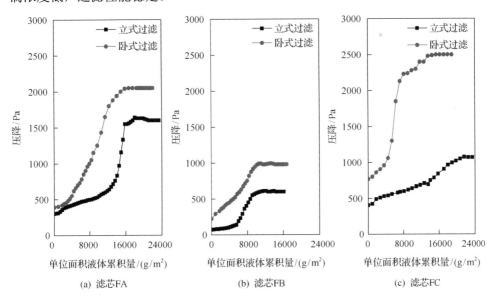

(a) 滤芯FA　　　　(b) 滤芯FB　　　　(c) 滤芯FC

图 9.60　两种放置方式时的滤芯压降变化

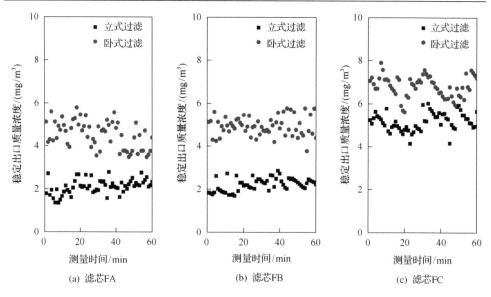

图 9.61　不同过滤方式下过滤器出口液体浓度对比图

2）聚结滤芯滤层厚度的影响

实验选择聚酯纤维和玻璃纤维两种过滤材料制成的滤芯为测试对象，测定了不同滤层厚度时的气液过滤性能。聚酯纤维滤芯所用的无纺滤布克重 20g/m²，按相关规范测定出的单层材料厚度为 0.15mm，其纤维平均直径为 15.2μm。玻璃纤维滤芯所用的纤维毡克重为 50g/m²，其单层材料厚度为 0.30mm，纤维平均直径为 9.5μm。两种纤维的显微结构如图 9.62 所示。分别将上述两种滤材缠绕在同一尺寸的不锈钢筒型骨架上，制成内径为 60mm 和长度均为 960mm 的滤芯。聚酯无纺布制成的滤芯有效过滤厚度分别为 6mm、8mm、12mm、16mm，滤芯分别标记为 PA、PB、PC、PD，玻璃纤维毡制成的滤芯有效过滤厚度分别为 16mm、24mm、32mm，滤芯分别标记为 GA、GB、GC。

图 9.63 为具有不同厚度的滤芯压降随单位面积液体累积量的变化曲线，实验在过滤速度为 0.10m/s、入口液滴浓度为 15g/m³ 和液滴体积平均直径为 20μm 条件下进行，实验的液体介质为 DOS，气体由滤芯内向外流动。图 9.64 为相同的实验条件下不同厚度滤芯达到稳定过滤状态后 60min 内出口液滴浓度结果。由图 9.63 和图 9.64 可知，不同材质滤芯的初始压降和稳态压降均随滤芯有效过滤厚度的增加而增加，对应的滤芯出口液体质量浓度均显著减小。这是因为随着滤层厚度的增加，含液气体流过滤层时的时间增加，液滴与纤维间的惯性碰撞和直接拦截效率提高，导致过滤效率提高，压降也同时增加。聚结滤芯提高效率的关键还应以滤层结构内的不同滤材组合和孔隙结构梯度分布等工艺为主。

 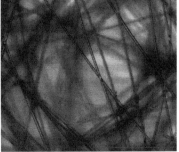

(a) 聚酯无纺布 (b) 玻璃纤维毡

图 9.62 过滤材料的微观结构图

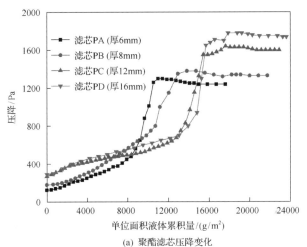

(a) 聚酯滤芯压降变化

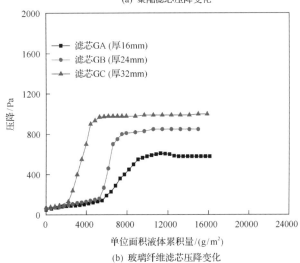

(b) 玻璃纤维滤芯压降变化

图 9.63 不同厚度滤芯的压降变化

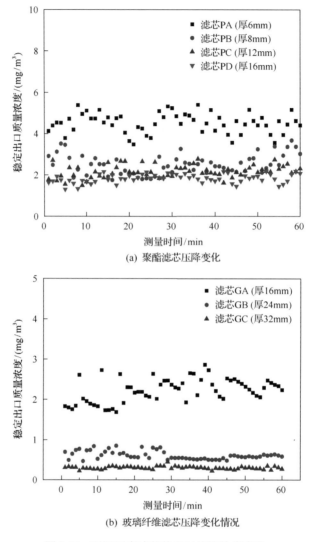

(a) 聚酯滤芯压降变化

(b) 玻璃纤维滤芯压降变化情况

图 9.64　不同厚度滤芯的出口液滴浓度变化

3) 滤芯纤维填充密度的影响

影响滤芯过滤性能的另一个重要因素是滤材填充密度，是指纤维体积占过滤材料表观体积的百分比。实验选取表 9.18 所示的不同填充密度的无纺聚酯滤布，以同样的缠绕方式在同一尺寸的不锈钢筒型骨架上加工成内径 60mm、有效过滤厚度 24mm 和长 960mm 的滤芯，滤芯参数见表 9.19。图 9.65 为三种填充密度的聚酯纤维无纺布的微观结构。

表 9.19　滤材物性参数表

滤材编号	单层厚度/mm	材料克重/(g/m²)	真实密度/(g/m³)	测量纤维直径/μm	纤维填充密度
DA	0.08	10	1.37	15.0	0.0912
DB	0.14	20	1.37	15.2	0.1043
DC	0.16	30	1.37	15.4	0.1369

(a) 填充密度为0.0912的聚酯DA　　　(b) 填充密度为0.1043的聚酯DB　　　(c) 填充密度为0.1369的聚酯DC

图 9.65　不同填充密度聚酯滤布的微观结构

　　采用滤芯垂直放置方式,气体由滤芯内部流向外部,实验的液体介质为 DOS,在过滤速度 0.10m/s、入口液滴浓度 15g/m³ 和液滴体积平均直径为 20μm 时,测定了三种填充密度的滤芯气液过滤性能。图 9.66 为滤芯压降随滤材单位面积液体累积量的变化曲线,滤芯的初始压降随填充密度的增大而稍有增加。当滤芯纤维填充密度为 0.0912 时,滤芯整个聚结过滤过程压降变化极为平缓,且稳定过滤状态下压降不到 1000Pa,阻力很小。这是因为当过滤介质的填充密度较小时,滤材孔隙率较大,气流携带的小液滴通过直接拦截作用附着在纤维上,由于孔隙率太大,小液滴很难在纤维之间架桥形成液膜,过滤过程中孔隙率变化很小,故压降变化过程平缓。当过滤介质填充密度大于 0.1 时,滤芯在聚结过滤过程中存在压降急剧增加的阶段,且稳定过滤状态下的压降远大于初始压降。这是因为当过滤介质的填充密度较大时,滤芯整个聚结过滤过程的压降变化可以分为初始润湿、碰撞聚结和稳态聚结几个阶段。在含液气体穿过滤层时,小液滴不断在纤维表面附着、碰撞和聚结,随着液滴变大,纤维之间逐渐形成架桥甚至液膜,此时滤芯的孔隙率越来越小,导致压降急剧增加,之后进入滤芯的液滴质量、聚结后液体的排出量及滤芯内部的液体含量达到平衡的状态,此时对应的稳定状态压降也基本稳定不变。

　　图 9.67 为相同实验条件下不同填充密度滤芯达到稳定过滤状态后 60min 内测得出口液体浓度的对比图,可以看出填充密度对滤芯气液过滤性能有一定影响,在一定的变化范围内,滤材填充密度越大,滤芯出口液滴浓度越小。

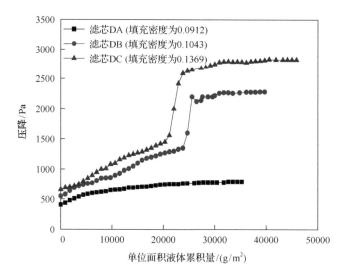

图 9.66　不同填充密度滤芯的压降变化

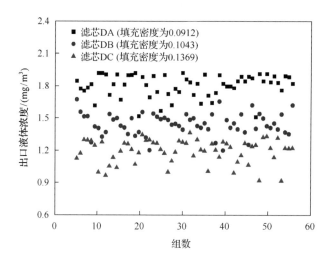

图 9.67　不同填充率滤芯的出口液体质量浓度变化

9.7.3　滤芯过滤性能沿长度方向不均匀特性的分析

聚结过滤器内滤芯本身的性能和布置方式直接影响到过滤器的过滤性能和运行寿命。在聚结过滤器内多根滤芯的总过滤面积一定的条件下，滤芯间排布距离小会导致聚结滤芯外侧表面的大液滴出现二次重新夹带现象，使出口气体中液滴浓度增加和过滤效率降低。当过滤器内总的过滤面积和滤芯间距离保持不变时，随着过滤器的处理气量增加，含液气体穿过滤层时的速度增加，同时滤芯外侧空间沿水平截面的轴向速度也随处理气量增加，导致大液滴二次夹带量显著增加。由于滤芯外侧空间横截面的轴向速度大小由滤芯底部向上线性增加，即底部位置的轴向速度为零，在滤芯的上部封闭端位置达到最大值，气流速度分布如图 9.68 所示。滤芯外侧聚结后的大液滴在重力作用下向下运动过程中，需要克服向上气流的阻力，因此可以计算出液滴在环形空间发生夹带现象时的气体临界速度。此时，当选用的滤芯排液层介质具有低的表面能时，可以减少液体对排液层的润湿性，使滤芯内的液体及时向下排出，降低滤芯内液体的含量。当滤芯外侧的排液层材料经过表面处理后，多数液滴存在于滤芯下部的 1/3，上部存在的液滴很少，如图 9.68(a)所示。

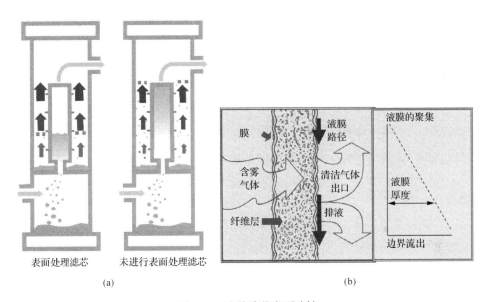

图 9.68　聚结滤芯表面改性

图 9.69 为两种滤芯在发生液滴夹带现象时的临界处理流量比较，经过表面处理的滤芯外侧空间允许的气流速度高，因此可以提高允许的气体处理量。聚结滤芯的最内层为刚性的不锈钢支撑架，骨架外层为折叠的玻璃纤维滤材。聚结滤材为多层结构，孔径由内到外逐渐增加。气流首先进入小孔径，随着流动距离的增加，聚结的液滴也在变大，折叠滤材外面则为网状结构的支撑层，支撑层的外面则为起排液作用的粗孔外罩。当用水性的碳氟溶液渗透玻璃纤维层和排液层时，可以显著降低其表面能。处理后的聚结滤材层既具有疏水，又具有疏油特性；未经过处理的纤维层容易被湿润，导致纤维间孔隙通道面积变小，气流速度增加。当孔隙通道被堵塞时，气体压力增加会使大液滴雾化为小液滴。

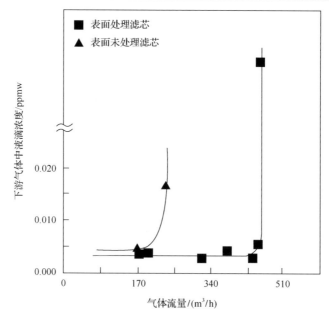

图 9.69　滤芯表面改性处理对性能的影响(测试条件为 379kPa, 21℃)

Liu 等[47]研究了滤芯在过滤液态气溶胶时的性能和液滴分布特性,实验选取的滤芯具体参数见表 9.20,该滤芯因其性能稳定和成本较低的特点,已广泛应用于我国境内的天然气净化厂和长输管道。该滤芯是无内外金属骨架的圆筒形过滤元件,由带状聚酯纤维过滤材料螺旋缠绕,层与层之间是通过材料在高温熔融状态下黏结而成。滤芯长度为 914mm,两端为该纤维材料热成型的端盖,有效过滤长度约 910mm。

表 9.20　滤芯参数

尺寸(外径/内径/长度)/mm	材料	纤维直径/μm	层数	填充密度	θ /(°)
114/80/914	聚脂纤维	25±10	10	0.18	≤15

为了得到滤芯不同高度处的含液数据,选择在滤芯的过滤层上开孔,植入与所开孔相同尺寸的圆柱体塞子状的过滤元件(以下简称滤塞),滤塞内部为与大尺寸滤芯同样材料和结构参数的过滤材料.滤芯纵向取样和滤塞设置如图 9.70 所示。该方法的实施难点在于滤塞的设置应不影响原滤芯的整体性能参数,同时滤塞内的液体分布与其附近的大尺寸滤芯的液体分布近似,可反映其所在位置的液体饱和度。滤塞骨架使用不锈钢材料,骨架上布满细孔,骨架外径与滤芯的孔使用过盈密封,保证了拆装滤塞的过程不会破坏内部滤材结构和造成液体流失。在滤芯纵向上均布 9 个滤塞,每个高度的环形截面上均布三个滤塞,以便得到所在高度液体增重的平均值,可避免偶然误差。滤塞骨架的外径为 14mm、内径为 10mm,

滤塞截面积占滤芯内表面积的 1.81%，滤塞骨架的截面积占滤芯内表面积的 0.89%。通过对比实验证明，在保证滤塞位置密封性的前提下，滤塞的设置对滤芯整体的压降和过滤效率影响较有限。

　　由于天然气过滤用滤芯的筒状结构和气体由下至上、由内而外的过滤方式，可能会使不同高度的进气侧浓度分布不均，并进一步导致滤芯排气侧不同高度的液滴浓度分布不均。为考察滤芯进气侧和排气侧近表面在纵向的液滴浓度分布，就需对不同高度的进气侧和排气侧的含液气体抽样。在过滤器筒体上设计了可以插入含液气体导管的采样探头。对滤芯排气侧抽样时将导管探入距滤芯表面 2～4 mm 处即可，当实验达到稳定阶段时，依次将不同取样探头对应的滤芯表面处的气溶胶引入光学粒子计数器 (OPC)。对于滤芯内侧空间，选择将采样探头穿过滤芯 A 上所开的 27 个孔，使用密封圈保证采样导管与孔之间密封。为避免单点测试存在的误差，在同一高度位置选取 3 个采样点，编号分别为 a、b 和 c，分别测试后计算其平均值。在滤芯筒体上共设置了 9 行 3 列，共 27 个采样探头。

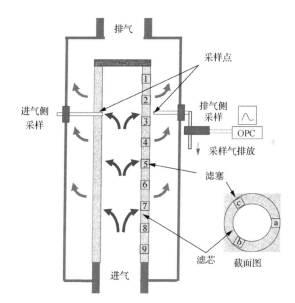

图 9.70　滤芯纵向取样和滤塞设置示意图

数字 1～9 表示滤塞设置位置，图 9.73 与此同

1. 过滤材料内液滴纵向分布不均匀性

　　滤塞置于滤芯时引起的滤塞与滤材的气密性改变会对过滤性能产生影响。数次中断实验并对滤塞称重，也可能对压降的连续性和液体分布产生影响。首先确定所用实验方法是否对滤芯的过滤性能、过滤过程压降和滤塞称重结果产生影响，

以保证实验结果可靠。

　　图 9.71 为实验过程中的压降监测，发现在达到稳定过滤状态前，每次暂停测试前后的压降曲线未因实验的暂停而出现较大波动。第五次暂停时，压降已达到稳定状态，实验再次开始后，压降有一个明显的降低，但迅速达到之前的稳定状态，压降上升速率与压降达到稳定前的上升速率相近。在稳态过滤阶段暂停实验，滤芯没有捕集到新的液滴，而在仅有重力的作用下排液继续进行，此时聚结和排液的动态平衡状态被打破。过滤材料内的含液量减少，空隙率增大，进而使得再次开始实验时，压降有所降低。说明在滤芯上开孔并设置滤塞的方法，并不会对滤芯本身的过滤性能、气液过滤过程压降等参数造成显著影响，能够保证后续研究的准确性。

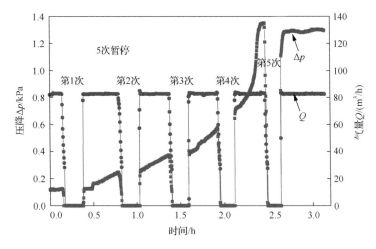

图 9.71　实验过程中流量和压降记录

　　分别在实际实验时间为 20min、40min、80min、100min 和 120min 时对所有滤塞称重，然后计算得到滤塞的饱和度。首先是不同时间下，不同高度液体饱和度之间的对比，如图 9.72 所示，发现不同高度处的滤材，在气液过滤达到稳定阶段之前，其含液量一直在增加，整体上是初期阶段增长快，之后增长速率逐渐降低，并在稳态过滤阶段中含液量基本持平。不同高度处的含液量随着滤芯由上至下递增。因为液滴流动性，在气流和重力的综合作用下，即使是最下端的滤材，液体也难以将孔隙完全填充。气流若要穿过滤材，需克服纤维层和液体的重重阻碍，因而消耗了动能，产生压力损失，即压降，过滤材料中的含液量越多，压降越大。由液体在过滤层横向分布分析可知，越往过滤层的外表面，含液量越多。

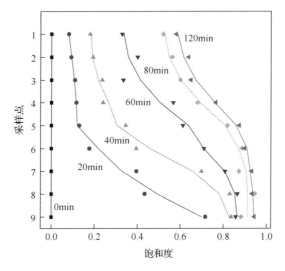

图 9.72　不同高度的液体饱和度随过滤时间的变化

对比不同高度处的滤塞饱和度随时间的变化曲线,如图 9.73 所示。上端的滤塞的增重比曲线与压降变化曲线近似,呈 S 形;下端的滤塞则近似抛物线;中间滤塞的增重比曲线则介于上下两组滤塞的曲线之间。

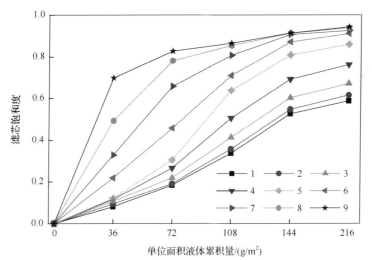

图 9.73　不同高度位置的液体饱和度随表面液体累积量的变化

通常根据压降曲线的变化将气液过滤分为数个阶段,而该实验发现通过滤芯中最上端位置滤芯的增重曲线,同样可以分出气液过滤的数个阶段,其特性由滤材含液率与压降的内在关系决定。通过在滤芯内部不同高度设置滤塞的实验,发现滤芯在气液过滤过程中的液滴浓度沿纵向的分布特性,尤其在滤芯的长径比较大时，液体在滤芯上部被捕集后需要较长的距离才能从滤芯排出，液体在滤芯的下部沉积而造成滤芯下端的液体拥堵。

2. 滤芯进气侧液滴浓度的轴向分布不均匀性

利用两台光学粒子计数器分别进行等动抽气取样，分析滤芯排气侧和下游管路处的液滴浓度，测定结果如图 9.74 所示。通过对比滤芯进气侧沿轴向的液滴浓度分布，发现在滤芯进气侧的入口浓度由上至下依次增高，其原因在于含液气体从滤芯底部进入内部空腔，由于气流在向上运动的同时会夹带着液滴向四周扩散，且竖直向上方向的速度显著降低，使一些液滴，尤其是大粒径的液滴难以继续随气流向上运动，因此相比滤芯下部，滤芯上部的气体含液浓度较低。

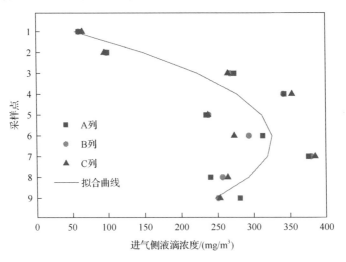

图 9.74　滤芯进气侧液滴浓度分布

3. 滤芯排气侧液滴浓度沿轴向分布不均匀性

图 9.75 为滤芯排气侧液滴浓度分布，可发现排气侧表面位置处的液滴浓度与滤芯下游管路所测得的液滴浓度处在相同的水平，而滤芯下部的液滴浓度相对上部较低。根据测得的滤芯进气侧和排气侧的液滴浓度计算得到不同位置的过滤效率，发现在稳定过滤状态，过滤效率沿滤芯由上至下依次升高，这与图 9.73 所示的饱和度测定结果一致，即在液体饱和度为 0.2~0.8 时，过滤效率随液体饱和度的增大而升高，说明因滤芯不同高度的进气侧液滴浓度和液体饱和度不均匀造成了过滤效率沿滤芯轴向的差异。

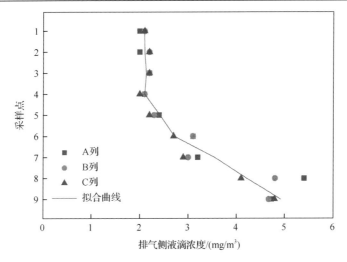

图 9.75　滤芯排气侧液滴浓度分布

9.7.4　滤芯材料对过滤性能的影响

1. 滤材润湿性对过滤性能的影响

为考察滤材润湿性对于滤芯过滤性能的影响，常程等[48]对由亲油型滤材和疏油型滤材分别缠绕形成的滤芯 A 和滤芯 B 进行测试。

滤芯 A、B 的内层玻璃纤维化学组成及纤维直径有所差别，导致两种滤材对于实验液滴的浸润性不同。为测定两种滤材润湿性，当环境温度为 25℃时，利用瑞典 Biolin Scientific 公司 Attension 接触角测量仪，让癸二酸二辛酯(DHES，又称为 DOS)液滴自由下落分别与两种滤材表面相接触，可测得液滴与滤材 A 表面接触瞬间的接触角为 85°，之后液滴迅速在其表面铺展、消失；液滴与滤材 B 表面接触瞬间及接触一段时间后，接触角始终保持为 110°，由此可知，滤材 A 为亲油型玻璃纤维滤材，滤材 B 为疏油型玻璃纤维滤材。

在上游液滴浓度相同的条件下，两种滤芯过滤过程中液滴透过率变化对比情况如图 9.76 所示。由图可知，在稳态阶段滤芯 A 透过率较滤芯 B 相比高出一个数量级。

Mullins 等[49]对液滴与单根纤维之间相互作用进行了研究，结果表明纤维表面能越大，液滴与纤维的接触角越小，液滴越容易浸润纤维。由于滤芯 A 内部为亲油型滤材，与疏油型滤材相比，其表面能更大，增强了液滴与纤维间相互作用力，导致液滴被纤维捕获后更易润湿滤材，进而增大了滤材内部液膜区域，因此，当气流通过滤材表面时，更易出现因液膜破裂发生液滴二次夹带现象。

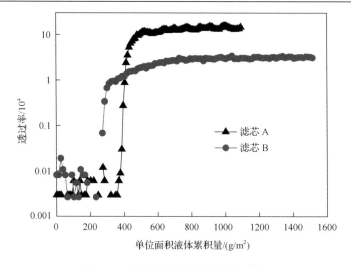

图 9.76　过滤过程中滤芯透过率变化

　　图 9.77 为稳定阶段两种滤芯过滤效率曲线对比情况。在稳态阶段，滤芯 A 的最低累积效率为 95%，滤芯 B 最低累积效率为 99.76%。可见，此实验条件下，疏油型滤芯过滤效果优于亲油型滤芯，表明滤材润湿性不同对于液滴二次夹带的影响也有所不同。

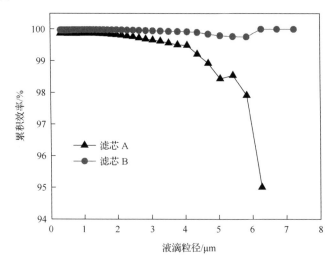

图 9.77　稳态阶段滤芯累积效率对比情况

　　在 0.10m/s、0.15m/s、0.20m/s、0.25m/s 和 0.30m/s 五种过滤速度下，分别对两种型号滤芯进行测试分析[48]。在所测试的各种过滤速度范围内，上游液滴浓度均维持在 260～300mg/m³。图 9.78(a)、图 9.78(b) 分别为滤芯 A 和滤芯 B 透过率随单位面积液体累积量的变化情况，可知随着过滤速度的升高，滤芯的液滴透过率逐渐降低，其中，滤芯 A 的效果尤为明显，而在同一过滤气速下，滤芯 A 的透过率均高于滤芯 B，说明液滴二次夹带对于由亲油型滤材缠绕成的滤芯影响较大。

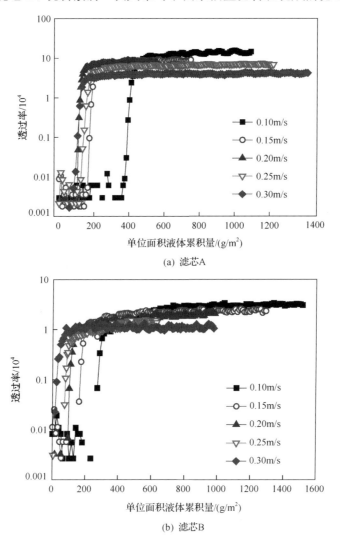

(a) 滤芯A

(b) 滤芯B

图 9.78　不同过滤速度下滤芯透过率变化情况

图 9.79 为过滤速度对滤芯累积效率的影响情况，可见两种滤芯在实验气速下累积效率均在大粒径处出现下降，而由于较高的过滤速度可减弱液滴二次夹带现象，降低透过率，在此实验过滤速度范围内，过滤速度越高，滤芯的过滤效果越好。

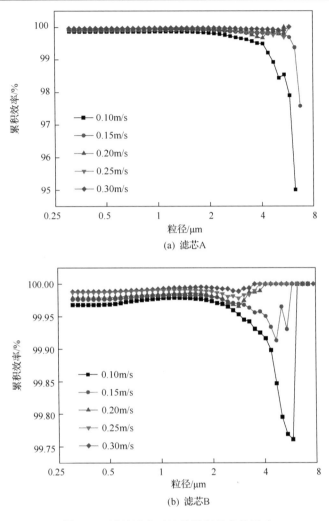

图 9.79　过滤速度对滤芯累积效率的影响

2. 排液层对过滤性能的影响

Chang 等[50]在表观过滤速度为 0.1m/s，液体载荷率为 400mg/h±40mg/h 条件下，考察不同排液层材料对滤芯过滤性能的影响。实验采用亲油型玻璃纤维(GF)作为聚结层的材料。排液层则选用非纺织纤维材料，包括疏油型聚酯(PE)、疏油型聚丙烯(PP)、疏油型芳纶(PA)和亲油型芳纶(WPA)，所有滤材参数见表 9.21。实验滤芯采用金属丝网作为支撑骨架，所有滤芯含有相同结构的聚结层，聚结层由 4 层玻璃纤维缠绕而成。其中 1 种滤芯无排液层，其他滤芯则在聚结层外侧缠绕 1 层非纺织纤维作为排液层。表 9.21 中每种滤芯以其排液层所采用的过滤材料命名，无排液层的滤芯则命名为 GF。

表 9.21　滤材物性参数

滤芯	过滤材料	厚度/mm	克重/(g/m²)	平均孔径/μm	液滴与滤材接触角/(°)
GF	亲油型玻璃纤维	0.58±0.01	100±2	12.0±0.5	73±2
PP	疏油型聚酯	2.20±0.10	550±10	43.6±2.1	107±2
PE	疏油型聚丙烯	1.60±0.17	550±10	39.2±2.7	104±1
PA	疏油型芳纶	2.16±0.07	550±10	40.3±2.1	110±1
WPA	亲油型芳纶	2.14±0.12	550±10	38.8±2.0	31±1

图 9.80 为无排液层滤芯 GF 的压降和透过率随时间变化曲线。根据压降或液滴透过率曲线的变化情况，可将整个过滤过程分为三个阶段：在第一阶段滤芯压降缓慢增加，滤材内部形成许多分散的液体通道[51,52]，液体凭借这些液体通道在各层滤材之间运移；在第二阶段，液体不断填充滤材表面，纤维之间开始形成液桥或液池[10,11]，气体自由流通面积大大减少，由于液体排出亲油型玻纤滤材时需要克服毛细作用力，从而导致压降急剧上升；最后过滤过程达到稳态阶段，此阶段滤芯压降和液滴透过率保持恒定，进入液滴的液体量、分离收集的液体量与排出气体的液体量达到平衡。Kampa 等[51]在稳态阶段利用液体冻结技术，证明了在气体流动状态下亲油型玻璃纤维滤材外表面形成了一层薄液膜，此液膜基本将滤材表面全部覆盖，仅留下少数孔洞作为气体通道。

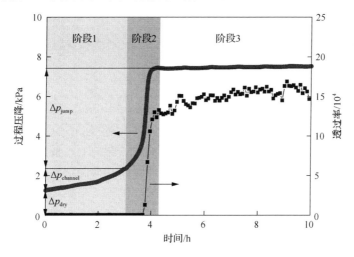

图 9.80　滤芯 GF 过滤过程中滤芯压降及透过率变化

根据 Kampa 等[51,52]提出的"跳跃和通道"模型，过滤过程中滤芯压降可分为洁净滤芯压降 Δp_{dry}、通道压降 $\Delta p_{channel}$ 和跳跃压降 Δp_{jump}，各压降值可通过压降曲线计算得到。由图 9.80 中透过率曲线可知，在第二阶段透过率也出现快速上升，这是由于液膜在该阶段形成，并将滤材外表面覆盖，气体通过液膜时将液滴夹带进入下游，从而造成液滴浓度升高。

当聚结层外增加疏油型排液层之后，滤芯压降和透过率曲线发生了改变，下面以滤芯 PA 为例进行说明。如图 9.81 所示，整个过程分为了四个阶段，其中前两个阶段和最后的稳态阶段压降曲线变化情况与滤芯 GF 相同。然而，在滤芯压降急剧上升之后，压降并没有立刻进入稳定状态，而是经过了一段缓慢的增长后再进入稳定状态，这是液体进入排液层后形成的通道压降。图 9.82 为实验结束后滤芯轴向中心点处排液层纤维结构。排液层纤维内未出现液膜区域，这是由于与玻璃纤维相比，针刺毡的纤维直径及纤维间孔隙较大，致使液滴在纤维之间难以形成液膜，因此，液体进入排液层滤材时未产生压降跳跃。

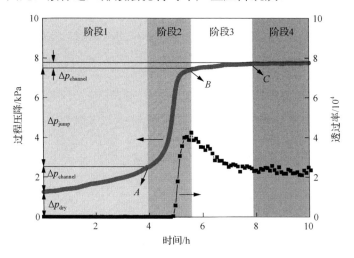

图 9.81 滤芯 PA 过滤过程中滤芯压降及透过率变化

虽然在实验进行过程中，无法直接观测到聚结层外表面的液膜，但图 9.83 给出了实验结束后聚结层最外侧玻璃纤维内部液体分布情况。液滴在纤维之间形成液桥，存在大量液膜区域，Contal 等[11]也观测到了相同的现象，并且在第二阶段滤芯的液滴透过率几乎与压降曲线同时出现快速上升。根据上述结果，可推断液膜存在于聚结层外表面和排液层之间，透过率的快速上升则是液膜形成的标志。虽然压降的剧烈增长是液膜形成的最直观标志，但是当聚结层滤材表面特性不同时，这种压降快速上升的情况并非总是出现。根据透过率变化，可以推断图 9.81 中的第三阶段即为排液层对液膜的调整过程。根据压降和透过率变化，取 A、B、C 三点作为各阶段的分界点，由此得到各部分压降。

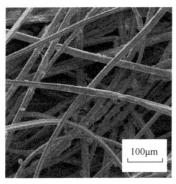

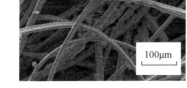

图 9.82　滤芯 PA 排液层滤材微观结构　　　图 9.83　滤芯 PA 聚结层最外侧纤维微观结构

根据对压降曲线的分析，可得到各滤芯内部通道压降和跳跃压降，分别如图 9.84(a)、图 9.84(b)所示。与无排液层的滤芯 GF 相比，当聚结层外增加 PP、PE 和 PA 时，滤芯通道压降和跳跃压降相差较小，表面看来疏油型排液层的增加并未影响到液体在滤芯内部的分布，由此推断各滤芯聚结层饱和度和其外表面液膜情况也应相同，然而真实情况并非如此。另一方面，亲油型 PA 出现了明显的变化，显然，排液层润湿性影响了滤芯内部液体分布。

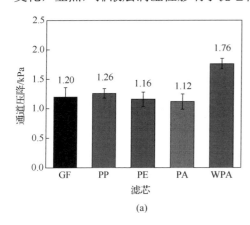

(a)

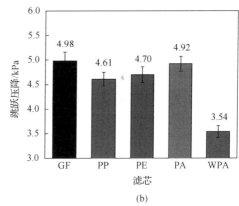

(b)

图 9.84　不同排液层滤芯通道压降(a)和跳跃压降(b)

图 9.85 为滤芯内各滤材层的饱和度，其中 1 至 4 层为聚结层，最后一层为排液层。当增加排液层后，前 3 层滤材饱和度均有明显提高，以变化最明显的滤芯 WPA 为例，前 3 层中平均每层的饱和度约为滤芯 GF 的 3 倍。由图 9.84(a)可知，滤芯 WPA 每层滤材的平均通道压降仅比滤芯 GF 高 0.14kPa，而对于其他疏油型排液层滤芯，尽管饱和度有所提高，但其通道压降增加更加微小，故而在图 9.84(a)中其压降与滤芯 GF 相比未见明显差别。最后一层玻璃纤维的饱和度明显高于前面各层，这也进一步证实在稳态阶段聚结层玻璃纤维外表面存在一层液膜，当实

验结束气体流动停止时，液膜在毛细力的作用下被重新吸入纤维内部，导致最后一层滤材饱和度显著升高[51]。

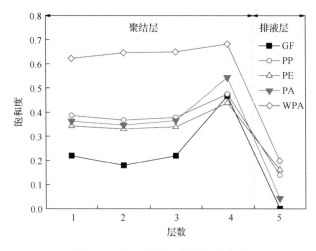

图 9.85　稳态阶段滤芯饱和度曲线

　　通常认为滤芯压降与饱和度呈正比，饱和度增加意味着滤芯压降增大，对于同种过滤材料似乎更应该符合这种规律，然而从图9.85中各滤芯饱和度曲线可知，亲油型排液层滤芯饱和度明显高于其他滤芯，其最终稳态压降却又明显低于其他滤芯，如图 9.86 所示。这看似相互矛盾，但是通过通道压降和跳跃压降可得到较为合理地解释。根据前述讨论，虽然滤芯的饱和度相差较大，其对应的压降差别较小，且由图 9.84 可知，跳跃压降平均值约为通道压降的 3 倍，说明跳跃压降在影响滤芯整体压降中起主导作用，饱和度与通道压降直接相关，故饱和度并不能主导滤芯整体压降的变化。图 9.84 (b) 中跳跃压降与图 9.86 中稳态压降变化情况相一致也证实了此结论。所以对于亲油型滤芯而言，虽然其饱和度较大并且通道压降较高，但其整体压降却低于其他滤芯。

　　图 9.87 为稳态阶段各滤芯过滤效率情况。排液层的增加大大提高了滤芯的过滤效率，在许多学者的研究中，这一结果十分普遍，通常认为这种结果是因为增加排液层使从聚结层流出的液体能够更加顺利地排出滤芯，减少了滤芯内部的饱和度，同时也降低了滤芯压降，滤芯内更多的孔隙用于捕获液滴，从而滤芯效率提高[53]。对于具有不同结构参数的排液层，这种分析是合理的，然而对于该实验中的排液层滤芯，这种解释并不适合，因为结合图 9.85 和图 9.86 可知，过滤效率与稳态压降和饱和度并无对应关系。因此，该实验中滤芯效率明显改变的原因是排液层的增加改变了液膜分布形式。最外层玻璃纤维滤材内饱和度有限，更多孔隙仍然未被液体填充，气流仍可从这些孔隙内穿过液膜。当没有排液层时，虽然聚结层外表面液膜厚度较大，但液膜下游为空气，对液膜没有阻力，这就使气流

通过液膜时易造成液膜破裂，直接将液滴夹带进下游气体之中，导致下游颗粒浓度增多，透过率增大。

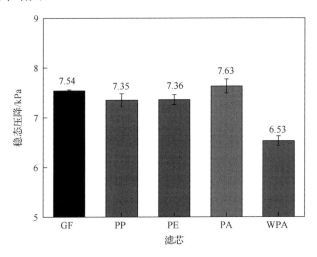

图 9.86 不同排液层滤芯稳态压降

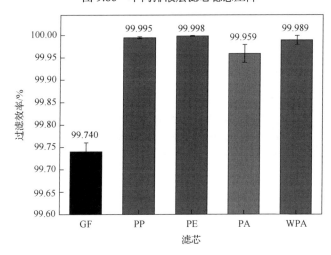

图 9.87 稳态阶段不同排液层滤芯效率

参 考 文 献

[1] Wines T H. Improve contaminant control in ethylene production. Hydrocarbon Processing, 2005, 84 (4): 41-46

[2] 宗亚宁，张海霞. 纺织材料学. 第 2 版. 上海：东华大学出版社，2013

[3] 杨彪. 聚合物材料的表面与界面. 北京：中国质检出版社，2013

[4] 陈衍夏. 纤维材料改性. 北京：中国纺织出版社，2009

[5] 杨继生. 表面活性剂原理与应用. 南京：东南大学出版社，2012

[6] Patel S U, Kulkarni P S, Patel S U, et al. The effect of surface energy of woven drainage channels in coalescing filters. Separation and Purification Technology, 2012, 87(5): 54-61

[7] Patel S U. Coalescing Fibrous Filters for Air and Gas Filtration Applications. Saarbrücken: Lambert Academic Publishing, 2010

[8] Bhushan B. Handbook of Nanotechnology-Biomimetics. 哈尔滨：哈尔滨工业大学出版社，2013

[9] Nosonovsky M, Bhushan B. Multiscale Dissipative Mechanisms and Hierarchical Surfaces: Friction, Superhydrophobicity and Biomimetics. 北京：北京大学出版社，2013

[10] Charvet A, Gonthier Y, Gonze E, et al. Experimental and modelled efficiencies during the filtration of a liquid aerosol with a fibrous medium. Chemical Engineering Science, 2010, 65(2): 1875-1886

[11] Contal P, Simao J, Thomas D, et al. Clogging of fibre filters by submicron droplets. Phenomena and influence of operating conditions. Journal of Aerosol Science, 2004, 35(2): 263-278

[12] Raynor P C, Leith D. The influence of accumulated liquid on fibrous filter performance. Journal of Aerosol Science, 2000, 31(1): 19-34

[13] Letts G M, Raynor P C, Schumann R L. Selecting fiber materials to improve mist filters. Journal of Aerosol Science, 2003, 34(11): 1481-1492

[14] Frising T, Thomas D, Bemer D, et al. Clogging of fibrous filters by liquid aerosol particles: Experimental and phenomenological modeling study. Chemical Engineering Science, 2005, 60(10): 2751-2762

[15] Hajra M G, Mehta K, Chase G G. Effects of humidity, temperature, and nanofibers on drop coalescence in glass fiber media. Separation and Purification Technology, 2003, 30:(1) 79-88

[16] Mullins B J, Agranovski I E, Braddock R D, et al. Effect of fiber orientation on fiber wetting processes. Journal of Colloid and Interface Science, 2004, 269(2): 449-458

[17] Charvet A, Gonthier Y, Bernis A, et al. Filtration of liquid aerosols with a horizontal fibrous filter. Chemical Engineering Research and Design, 2008, 86(6): 569-576

[18] 李柏松. 天然气净化用滤芯的气液过滤性能研究. 北京：中国石油大学(北京)博士学位论文，2009

[19] 李柏松，姬忠礼，冯亮. 液体黏度和表面张力对滤材气液过滤性能的影响. 化工学报，2010, 61(5): 1150-1156

[20] International Standardization Organization.Filters for Compressed Air-test Methods-part1: Oil aerosols :ISO 12500-1: 2007. Geneve: International Standardization Organization, 2007

[21] International Standardization Organization.Filters for Compressed Air-test Methods-part2: Oil vapours: ISO 12500-2: 2007. Geneve: International Standardization Organization, 2007

[22] International Standardization Organization.Filters for Compressed Air-test Methods-part3: Particulates:ISO 12500-3: 2009. Geneve: International Standardization Organization, 2009

[23] International Standardization Organization.Filters for Compressed Air-test Methods-part4: Water :ISO 12500-4: 2009. Geneve: International Standardization Organization, 2009

[24] International Standardization Organization.Cleanrooms and Associated Controlled Environments: ISO 14644-3: 2005. Geneve: International Standardization Organization, 2005

[25] International Standardization Organization.Compressed Air-part 2: Test Methods For Oil Aerosol Content: ISO 8573-2: 2007. Geneve: International Standardization Organization, 2007

[26] International Standardization Organization.Compressed Air-part 1: Contaminants and Purity Classes: ISO 8573-1: 2001. Geneve: International Standardization Organization, 2001

[27] International Standardization Organization.Industrial Liquid Lubricants-ISO Viscosity Classification: ISO 3488-1: 1992. Geneve: International Standardization Organization, 1992

[28] ASTM D2986-95a (Reapproved 1999), "Standard Practice for Evaluation of Air Assay Media by the Monodisperse DOP (DioctylPhthalate) Smoke Test. American Society for Testing Material, 1999

[29] Wines T H, Whitney S, Arshad A. Liquid-gas coalescers: Demystifying performance ratings. Chemical Engineering, 2011,118(7): 38-43

[30] Wines T G, Brown R Jr. Pall Scientific & Technical Report (GAS-4310b). Recent development in liquid/gas separation technology, 1994

[31] Wines T H, Lorentzen C. Pall Scientific & Technical Report (GDS116). High Performance Liquid/Gas Coalescers for Compressor Protection, 1999

[32] Boulaud D, Renoux A. Stationary and non-stationary filtration of liquid aerosol by fibrous filters//Spurny K R. Advances in Aerosol Filtration. Boca Raton: Lewis Publishers, 1998

[33] Vasudevan G, Shin C G, Raber B, et al. Modeling the start-up stage of coalescence filtration. Fluid/Particle Separation Journal, 2002, 14(3): 169-176

[34] Vasudevan G. Modeling and testing of the transient phase of coalescence filtration. Thesis: The university of Akron Ph.D, 2005

[35] Vasudevan G, Raber B, Hariharan S I, et al. Modeling the unsteady coalescence stage of coalescence filtration. Proceedings of 9th World Filtration Congress, New Orleans, 2004

[36] Mullins B J, Kasper G. Comment on: "Clogging of fibrous filters by liquid aerosol particles: Experimental and phenomenological modelling study" by Frising et al. Chemical Engineering Science, 2006, 61(18): 6223-6227

[37] Hung L S, Yao S C. Dripping phenomena of water droplets impacted on horizontal wire screens. International Journal of Multiphase Flow, 2002, 28(1): 93-104

[38] Briscoe B J, Galvin K P, Luckham P F, et al. Droplet coalescence on fibers. Colloids and Surfaces, 1991, 56(91): 301-312

[39] McHale G, Newton M I. Global geometry and the equilibrium shapes of liquid drops on fibers. Colloids and Surfaces A: Physicochemical and Engineering Aspects, 2002, 206(1-3): 79-86

[40] Mullins B J, Braddock R D, Agranovski I E, et al. Observation and modelling of barrel droplets on vertical fibres subjected to gravitational and drag forces. Journal of Colloid and Interface Science, 2006, 300(2): 704-712

[41] Mullins B J, Braddock R D, Agranovski I E, et al. Observation and modelling of clamshell droplets on vertical fibres subjected to gravitational and drag forces. Journal of Colloid and Interface Science, 2005, 284(1): 245-254

[42] Davies C N. Air Filtration. London: Academic Press, 1973

[43] Liew T P, Conder J R. Fine mist filtration by wet filters-I. Liquid saturation and flow resistance of fibrous filters. Journal of Aerosol Science, 1985, 16(6): 497-509

[44] Payet S, Boulaud D, Madeleine G, et al. Penetration and pressure drop of a HEPA filter during loading with submicron liquid particles. Journal of Aerosol Science, 1992, 23(7): 723-735

[45] Gougeon R, Boulaud D, Renoux A. Theoretical and experimental study of fibrous filters loading with liquid aerosols in the inertial regime. Journal of Aerosol Science, 1994, 25(1): 189-190

[46] 熊至宜, 姬忠礼, 冯亮, 等. 聚结型过滤元件过滤性能影响因素的测定与分析. 化工学报, 2012, 63(6): 1742-1747

[47] Liu Z, Ji Z L, Wu X L, et al. Experimental investigation on liquid distribution of filter cartridge during gas-liquid filtration. Separation and Purification Technology, 2016, 170: 146-154

[48] 常程, 姬忠礼, 黄金斌, 等. 气液过滤过程中液滴二次夹带现象分析. 化工学报, 2015, 66(4): 1344-1352

[49] Mullins B J, Pfrang A, Braddock R D, et al. Detachment of liquid droplets from fibres-experimental and theoretical evaluation of detachment force due to interfacial tension effects. Journal of Colloid and Interface Science, 2007, 312: 333-340

[50] Chang C, Ji Z L, Liu J L. The effect of a drainage layer on the saturation of coalescing filters in the filtration process. Chemical Engineering Science, 2017, 160: 354-361

[51] Kampa D, Wurster S, Buzengeiger J, et al. Pressure drop and liquid transport through coalescence filter media used for oil mist filtration. International Journal Multiphase Flow, 2014, 58 (58): 313-324

[52] Kampa D, Wurster S, Meyer J, et al. Validation of a new phenomenological "jump-and-channel" model for the wet pressure drop of oil mist filters. Chemical Engineering Science, 2015, 122: 150-160

[53] Patel S U, Chase G G. Gravity orientation and woven drainage structures in coalescing filters. Separation and Purification Technology, 2010, 75 (3): 392-401

第10章　其他过滤分离技术简介

10.1　常规低温分离技术

天然气常规低温分离技术(冷却脱水方法)主要包括直接冷却法、加压冷却法、膨胀制冷法等[1,2]。直接冷却法的原理是当压力不变时天然气中水蒸气含量随着温度下降而减小，该方法主要用于气体温度较高的场合，但由于冷却后天然气露点降较低，通常与其他脱水脱烃方法结合使用；加压冷却法主要利用天然气含水量随着压力升高而减少的原理，与直接冷却法一样，该法的露点降有限，通常难以满足天然气脱水的要求；膨胀制冷法利用焦耳-汤姆孙效应使天然气在高压下膨胀产生低温低压，使水蒸气和重烃组分发生凝结，进而分离。天然气工业中使用较为广泛的常规膨胀制冷方法为节流阀(J-T 阀)法和透平膨胀机法。

10.1.1　工艺介绍

节流阀低温分离工艺所利用原理为节流效应，节流效应也称为焦耳-汤姆孙效应，即气体温度随压力的调整而发生改变。当温度随压力的降低而降低时，称之为节流正效应，当温度随压力的下降而上升时，则称之为节流负效应[3]。节流阀低温分离工艺所利用的正是节流正效应。一般认为，天然气在绝热膨胀过程中，压力降低，比容增大，分子间位能增大，导致天然气温度降低。

节流阀法低温分离工艺具有操作简单、设备少和结构紧凑等特点，通常用在高压气井的井口进行节流降温，但该法能量损失较大，具体流程工艺可参见图 10.1。同时，在该工艺流程中还需要防止水合物的生成，通常通过注入甲醇、乙二醇等抑制水合物的生成。

透平膨胀机是利用有一定压力的气体在透平膨胀机内进行绝热膨胀对外做功，消耗气体本身的内能，从而使气体自身冷却而达到制冷的目的。透平膨胀机效率一般高于 80%，但存在两相流的适应性较差，高速运动部件可靠性低等问题。

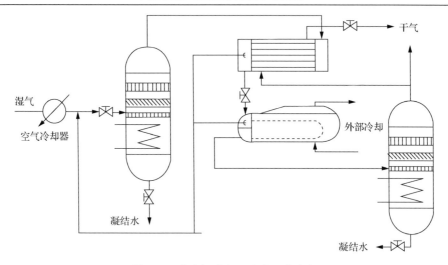

图 10.1　节流阀法低温分离工艺流程

10.1.2　应用场合

1. 天然气脱水

1) 节流阀法

天然气常规低温分离脱水技术常应用在高压气井的井口节流过程中。该技术应用过程中，为取得分离器低温操作条件，同时防止大差压节流降压过程中生成水合物，须采用注抑制剂方法。

天然气在进入抑制剂注入器前，先使其通过一个脱液分离器(因在高压条件下操作，又称高压分离器)，使存在于天然气中的游离水分离出去。为了使分离器的操作温度达到更低的程度，需要在大差压节流降压前对天然气进行预冷，预冷的方法是将低温分离器顶部出来的低温天然气通过换热器，与分离器的进料天然气换热，使进料天然气的温度降低。因闪蒸分离器顶部出来的气体中带有一部分较重烃类，故使之随低温进料天然气进入低温分离器，使这一部分重烃能得到回收。

较典型的两种低温分离集气站流程分别如图 10.2 和图 10.3 所示。图 10.2 表示井场装置通过采气管线输来气体经过进站截断阀进入低温站，天然气经过节流阀进行压力调节以符合高压分离器的操作压力要求。脱除液体的天然气经过孔板计量装置进行计量后，再通过装置截断阀进入汇气管。各气井的天然气汇集后进入抑制剂注入器，与注入的雾状抑制剂相混合，部分水汽被吸收，使天然气水露点降低，然后进入气-气换热器使天然气预冷。降温后的天然气通过节流阀进行大差压节流降压，使其温度降到低温分离器所要求的温度。从分离器顶部出来的冷天然气通过换热器后温度上升至 0℃ 以上，经过孔板计量装置计量后进入集气管线。

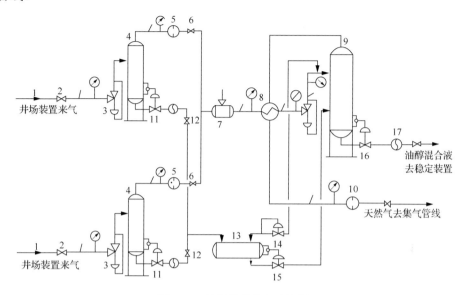

图 10.2　低温分离集气站流程

1. 采气管线；2. 进站截断阀；3. 节流阀；4. 高压分离器；5. 孔板计量装置；6. 装置截断阀；7. 抑制剂注入器；
8. 气-气换热器；9. 低温分离器；10. 孔板计量装置；11. 液位调节阀；12. 装置截断阀；13. 闪蒸分离器；14. 压
力调节阀；15. 液位控制法；16. 液位控制法；17. 流量计

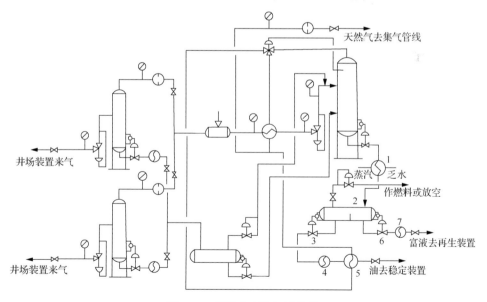

图 10.3　低温分离集气站流程

1. 加热器；2. 三相分离器；3. 液位控制法；4. 流量计；5. 气-液换热器；6. 液位控制阀；7. 流量计

图 10.3 与图 10.2 流程图的不同之处是：从低温分离器底部出来的混合液，不直接送到液烃稳定装置去，而是经过加热器加热升温后进入三相分离器进行液烃和抑制剂分离。液烃从三相分离器左端底部出来，经过液位控制阀再经流量计，然后通过气-液换热器与低温分离器顶部引来的冷天然气换热被冷却，降温到 0℃ 左右。最后，液烃通过出站截断阀，由管线送至稳定装置。从三相分离器右端底部出来的抑制剂富液经液位控制阀再经流量计后，通过出站截断阀送至抑制剂再生装置。

2) 透平膨胀机法

辛绍杰等[4]于 2007 年提出了一种天然气透平膨胀机脱水工艺流程，具体流程见图 10.4 所示。膨胀机制冷后的天然气与新进入的天然气经过换热器进行热交换，使新进入的含水天然气温度下降到最佳冷凝温度，再通过系统流程中设置的分离器对天然气与冷凝水进行气、水分离，达到气、水完全分离的目的。透平膨胀机脱水装置只利用气源的压力能，无须额外能源，冷却均匀，脱水效率高，无须添加脱水吸收剂，且适应各种复杂工况环境。辛绍杰等[4]通过研究和参数调整，确定了以"天然气透平膨胀机制冷，通过换热器对含水天然气换热到水分子的冷凝点，由旋风分离器将冷凝后的水与天然气分离"的方案，该方案配以完善的安全防护措施和可靠的辅助设备，有效地保护了核心部件-膨胀机等设备的正常工作，保证了系统工作的可靠性。经现场试运行，脱水效果良好，脱水效率达到 91.7%。

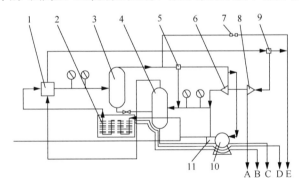

图 10.4 天然气透平膨胀机脱水工艺流程

1. 换热器；2. 散热器；3. 分离器(1 次、2 次)；4. 缓冲储液罐；5, 9. 三通控制球阀；6. 膨胀机；7. 控制阀门；8. 压缩机；10. 气压排液泵；11. 液位感应器；A 表示至加热炉；B 和 D 表示至伴热管；C 表示至原油外输的外输系统；E 表示至外输系统管线

2. 天然气脱重烃

低温分离方法是目前普遍采用的天然气脱重烃的方法。根据所需冷量提供方式的不同，可将天然气脱重烃低温分离方法分为外加制冷循环法、直接膨胀制冷法和混合制冷法三种。外加制冷循环法即通过独立设置的制冷循环系统对天然气进行冷却，使其在低温环境下将重烃分离，该流程系统较为复杂，动力消耗较大，

同时对原料气的物性及流动特性的适应性较差。直接膨胀制冷法利用自身能量进行制冷液化分离，即天然气通过串联在系统中的膨胀制冷元件提供冷量，从而达到天然气提取液烃的目的，该工艺流程较外加制冷循环法流程简单，设备紧凑。混合制冷法即综合上述两种方法，天然气自身提供一部分重烃液化所需冷量，其余部分由外设制冷循环提供。三种流程工艺流程如图 10.5 所示。

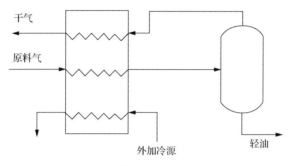

(a) 外加制冷循环法

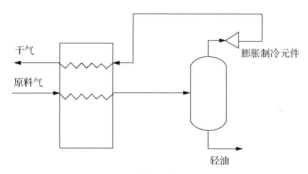

(b) 直接膨胀制冷法

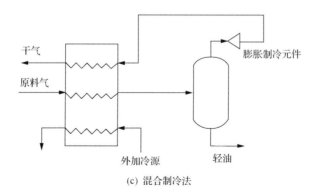

(c) 混合制冷法

图 10.5　天然气重烃低温分离法三种类型

10.2　超声速旋流分离技术

　　超声速旋流分离技术是将航天航空动力学成果应用于天然气处理加工领域的一项新技术。该技术最早应用于空调中，空气加压后以超声速流经管道，水经凝结液化及旋流分离过程从空气中分离出来。随后，该技术应用于天然气加工处理过程中。俄罗斯 ENGO 石油公司和荷兰 Twister BV 公司在此技术理论的基础上分别开发出了品牌为 Super Sonic Separator(简称 3S)[5] 和 Twister[6] 的超声速旋流分离装置，将其用于天然气脱水过程，目前已完成相应试验研究及工业化应用，取得了较好的运行效果。

10.2.1　超声速旋流分离装置的结构与工作原理

　　超声速旋流分离装置主要由拉瓦尔喷管、旋流装置、超声速旋流分离段、扩压器等构件组成，根据旋流装置安装位置的不同可分为两种典型结构，中国石油大学(华东)曹学文等[7]分别将其定义为"先膨胀后旋流型分离器"及"先旋流后膨胀型分离器"。

1. 先膨胀后旋流型分离器

　　此类型分离器典型代表为 Twister BV 公司开发的 Twister Ⅰ型旋流分离器，其结构如图10.6[6]所示。该类型分离器主要由拉瓦尔喷管、超声速整流段、超声速翼、旋流分离段和扩压器组成。其工作原理如下。

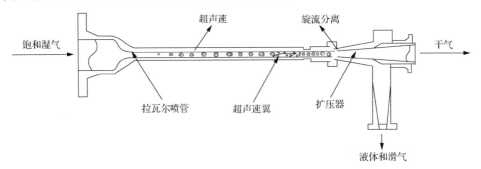

图 10.6　Twister Ⅰ分离器结构简图[6]

　　(1)拉瓦尔喷管将流体绝热膨胀至超声速，形成低温、低压环境，使天然气中的重烃和水分凝结。

　　(2)气液混合物经过超声速整流管后，在超声速翼的作用下形成强烈的旋流场，液滴在巨大离心力的作用下被抛至管壁，经分离口排出，实现气液分离。

　　(3)干气居于主流中心，在激波的作用下，流体的速度由超声速变为亚声速，压力开始回升，从而达到压能恢复的目的。

2. 先旋流后膨胀型分离器

先旋转后膨胀型分离器典型代表为 ENGO 石油公司开发的 3S 旋流分离器[5]及 Twister BV 公司开发的 Twister Ⅱ型旋流分离器[8]，其结构简图如图 10.7 和图 10.8 所示。3S 与 Twister Ⅱ型旋流分离器不同之处在于：3S 采用的是传统的拉瓦尔喷管，而 Twister Ⅱ型则采用了带中心体的结构。3S 工作原理如下。

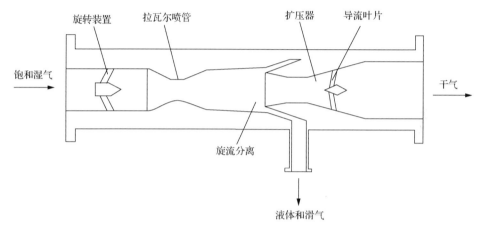

图 10.7　3S 分离器结构简图

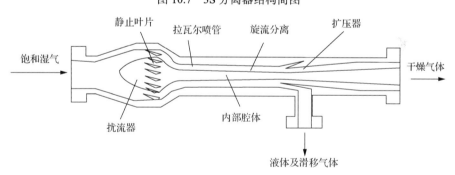

图 10.8　Twister Ⅱ型分离器结构简图

(1)流体在旋流装置的作用下以旋流的形式进入拉瓦尔喷管，由于喷管的收缩作用，切向速度逐渐变大，旋流得到加强。

(2)强烈旋转的流体在喷管段绝热膨胀至超声速，形成低温低压，使天然气中的重烃和水分开始凝结，析出液滴。同时，旋流产生的离心力将液滴抛至管壁，经分离口排出，实现气液分离。

(3)由于同轴旋流，净化后的天然气居于主流中心，在激波的作用下，流体的速度由超声速变为亚声速，压力开始回升，从而达到压能恢复的目的。

3. 两种结构区别

先膨胀后旋流与先旋流后膨胀这两种分离器表面上是旋流装置的位置不同，但其实质是流体在超声速与亚声速状态下流动规律的本质区别。

先膨胀后旋流类型的旋流分离器膨胀效果好，同时由于在膨胀之前有稳定段使进入拉瓦尔喷管的流体更均匀，所以经膨胀后流体的轴向速度更大、压力温度更低、气流更平稳。流体流经超声速翼时，由于流体的轴向速度向切向速度的转化发生在超声速条件下，翼段会产生明显的斜激波，不易控制，造成较大的压力降，且在整流段中温度压力有所上升，蒸发作用加强，凝结效果减弱，分离效率降低。

先旋流后膨胀类型的旋流分离器压力降减小，使其能在更低的入口压力下运行或在相同的压力降下提高处理效果。旋流效果好，这是由于在先旋流再膨胀型分离器中流体围绕内部中心体流动，形成同轴旋流；在凝结发生时就开始旋流分离而不是经过整流段再分离，从而使蒸发影响程度变小，分离效率有所提高。同时由于拉瓦尔喷管的入口气流不均匀而降低了分离器的膨胀效果，由于液滴的凝结在旋流场中进行，凝结过程更为复杂。

10.2.2 应用场合

1. 天然气脱水脱重烃

超声速旋流分离装置早期应用于空气脱水过程中，后引入到天然气加工处理中，即天然气脱水脱重烃。图 10.9 是典型的天然气超声速旋流分离器脱水脱重烃系统流程图[9]。为了提高系统的性能，可对天然气进行预冷。冷量可以由空气或海水提供，比较常用的做法是从离开分离器的冷气中获得。超音速旋流分离器上游安装过滤分离器，防止入口气流中带有液滴和固体颗粒。在超音速旋流分离器中经过膨胀、降温、气液分离和再压缩过程，将气流中的水和重烃组分分离。

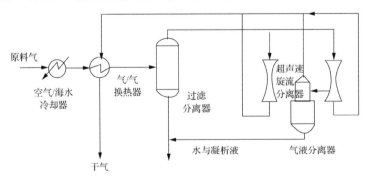

图 10.9　天然气超声速脱水脱重烃流程图[9]

2. 天然气液化

孙恒等[10,11]及 Wen 等[12]等提出将气体在高速流动条件下急剧膨胀所产生的低温效应用于天然气液化领域，利用膨胀液化机理实现等熵膨胀，可以有效地提高天然气的液化效率，从而代替传统的天然气液化循环中的 J-T 阀和膨胀机制冷分离设备。

孙恒等[10,11]于 2010 年提出可将其应用于天然气液化过程中,其所提出的液化流程如图 10.10 所示。经过预冷的高压天然气在超声速旋流分离器中加速至超声速，形成低温低压区域，部分天然气凝结液化析出，在旋流作用下与未液化气体分离。一维稳态数学模型研究结果表明，在所有条件下，3S 分离器效率均高于节流阀，且在多数情况下能获得比膨胀机更高的液化率，但对于超声速旋流分离器内部的实际流动及热力过程并未开展研究。

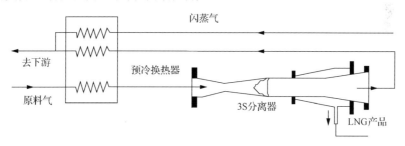

图 10.10　采用 3S 技术的天然气液化流程[10,11]

Wen 等[12]在所设计的超声速旋流分离器的基础上,结合 Fluent 软件及 HYSYS 软件对超声速旋流分离器内流动过程及热力过程进行了分析，得到其内部流动参数(温度、压力、速度、密度等)分布，并结合天然气相图(由 HYSYS 得到)，认为采用超声速旋流分离器能够将天然气进行液化。

超声速旋流分离器因具有无转动部件、无污染、无化学药剂、结构紧凑等优点而得到广泛关注，且通过孙恒等[10,11]、曹学文等[12]研究认为，可用于天然气的液化过程。目前，曹学文课题组正在针对超声速旋流分离器内天然气流动过程、液滴凝结，以及其生长等热力学过程开展研究，以期为天然气超声速液化过程提供理论支持[13, 14, 15-17]。

10.2.3　技术进展

结合数值模拟及实验研究方法，较多学者及研究单位对气体在超声速旋流分离器内流动的规律及凝结过程开展了相应的研究，为旋流分离器的改进及应用提供了良好的理论基础，研究主要集中在以下几个方面。

1. 超声速旋流分离器内气体流动规律的研究

Twister BV 公司最早开展旋流分离器内部气体流动规律数值模拟研究，采用 Star-CD 软件对 Twister Ⅰ分离器内超声速翼段的旋流场进行研究，分析了不同界面上的速度场分布情况[18]，并利用两相模拟技术对超声速旋流分离器的内部流场进行了流体动力学模拟，从而在此基础上对 Twister Ⅰ进行结构改进。考虑到 Twister Ⅰ分离后干气露点偏高，针对难以满足大多数地区的露点要求这一不足，对 Twister Ⅰ的喷嘴、翼片环等结构进行了改进，用先产生旋流后加速降温替代了 Twister Ⅰ先产生低温加速后旋转分离的工作过程，开发了 Twister Ⅱ分离器。Jassim 等[16,20]、Karimi 和 Abdi[23]、Malyshkina[22,23]及杨志毅[24]模拟分析了超声速旋流分离器几何结构、入口参数(温度、压力、流量)、出口参数(出口背压)、气动激波参数对气体超音速流动特性的影响。曹学文等在分析了天然气在拉瓦尔喷管、超声速整流管和超声速翼段的流动特性基础上，发明了一种具有良好旋流能力的三角翼[25-27]。

2. 超声速旋流分离器内气体凝结流动规律研究

Twister BV 公司最先开展了旋流分离器内气体凝结过程的数值模拟计算[28]，于 2004 年完成了数值模拟软件的开发，该程序主要包括液滴的聚结模型、连续相与颗粒相的滑移模型、湍流模型及凝结过程中的释放潜热模型，但目前尚公布其流动分析结果。北京工业大学刘中良课题组对旋流分离器内超声速凝结流动过程进行了模拟研究[29-31]，分析了摩擦阻力对过冷度、成核速率、液滴半径和液滴数目等参数的影响规律。大连理工大学胡大鹏课题组则建立了混合气体自发凝结流动的欧拉双流体多维模型[32-34]，借助利用 CFD 软件对圆形截面喷管与环型截面喷管的先旋流后膨胀型分离器内部的凝结相变过程进行了分析计算；利用非均质成核理论研究外界颗粒添加位置对液滴凝结的影响，提出通过添加外界方法来增加凝结液滴尺寸的方法。中国石油大学(华东)曹学文课题组建立先膨胀后旋流型分离器的二维和三维数值模型[15,17]，结合新型超声速旋流分离器分析了气体凝结相变流动过程，并比较了旋流强度对气体凝结相变流动的影响规律。

国外学者则主要采用实验手段对气体凝结流动过程进行观测分析。荷兰的埃因霍芬理工大学 Van Dongen 教授课题组从 20 世纪 90 年代中期开始对喷管内气体超声速凝结流动进行研究：对喷管中水蒸气凝结过程中液滴形成机制进行了二维数值模拟和实验研究，为了研究凝结对流场产生的影响，利用 Mach-Zehnder 干涉方法对喷管内流体的密度场进行了可视化研究，发现凝结过程中液滴直径为纳米级且大直径喷管会导致成核率降低和液滴直径的增加[35]，之后，综合运用全息干涉法和时间分辨白光消光法对拉瓦尔喷管内气体凝结成核和液滴生长过程进行了系统研究[36]，对不同直径喷管和不同入口流速下喷管内气体凝结过程中温度、速度、液滴尺寸进行了实验测量，成功预测到了凝结释放潜热导致中心线气流温度升高的现象[37]。

俄亥俄州立大学 Wyslouzil 教授从 20 世纪 90 年代开始进行超声速喷管凝结相变流动的实验研究工作：1997 年，Wyslouzil 等[38]率先采用利用小角度中子散射法(small angle neutron scattering，SANS)对拉瓦尔喷管中的 D_2O-N_2(N_2 为载气)凝结过程的液滴尺寸进行了测量，之后，又对 D_2O 的成核率进行了测量[39]。从 2000 年开始，利用 SANS 法、光散射法和温度、压力测试等方法，实验研究了超声速喷管中 D_2O-H_2O(N_2 为载气)的凝结相变过程，获得了 D_2O-H_2O 的等温成核率公式及液滴尺寸分布规律[40,41]，并通过实验研究，提出了半经验的自发凝结成核率公式[42]。Paci 等[43]、Tanimura 等[44]和 Wyslouzil 等[45]将可调谐二极管激光吸收光谱法应用到凝结相变研究中，测量了超声速喷管中不同位置可凝气体浓度和光谱温度，并与静压测量方法进行了比较。近年来，Ghosh 等[46,47]采用小角度 X 射线散射法(small angle X-ray scattering，SAXS)对超声速喷管中醇类和烷类的凝结特性进行了研究，测量了凝结过程中液滴分布，通过与压力测试的比较，提出了以温度和过饱和度为函数的成核率公式。

3. 超声速旋流分离器内制冷性能与分离性能实验研究

1) Twister 分离器试验研究

荷兰的 Shell 石油公司[6,15,48]于 1997 年在 Groningen 的 Gasunie 实验室对 Twister Ⅰ超声速旋流分离器进行了实验测定，并于 1998 年在荷兰的 Zuiderveen 进行了气体流量为 $500\times10^4Nm^3/d$ 的现场试验，该试验进口气体工况为 11MPa、40℃，出口为 8MPa、30℃；在该分离器内部，流体压力和温度可达 3MPa、-45℃。1999 年，在荷兰的 Barendrecht 使用 Twister Ⅰ分离器对 $400\times10^4Nm^3/d$、10MPa 的富天然气进行了现场试验研究。2000 年，Shell 公司与 Beacom 公司联合成立了 Twister BV 公司以研究和推广超声速旋流分离技术。2000 年 11 月，在尼日利亚的 6 个 Twister Ⅰ试验装置开始运行，进口为 $85\times10^4Nm^3/d$、20℃的天然气经 Twister Ⅰ装置处理后，出口处天然气水露点可达-2～-8℃(即露点降可达 22～28℃)，达到管线外输要求。2002 年，在挪威的 K-Lab 对 $150\times10^4Nm^3/d$、15MPa 的天然气进行脱水试验。Petronas 和 Sarawak Shell Berhad (SSB)于 2003 年 12 月在其所属的马来西亚 B11 海上平台上首次安装了两套 Twister Ⅰ脱水系统，用于天然气脱水处理，以解决天然气水合物冻堵及海管腐蚀问题，标志着 Twister 分离器进入商业应用。每套脱水系统包括 6 个 Twister Ⅰ分离器和 1 个水合物分离器，每个分离器的处理能力大约为 $280\times10^4Nm^3/d$，总处理能力近 $1700\times10^4Nm^3/d$。该气田富含 H_2S、CO_2 等成分，经过脱水系统处理的压力降为 25%～30%，出口水露点达 10℃，大修时间可维持 20000h（833 天）。该系统运行稳定，可靠性高，可节约投资和操作费用为 $3 \times 10^7 \sim 8 \times 10^7$ 美元。

2005 年，Twister BV 公司开发出了 Twister Ⅱ型超声速旋流分离器，并在荷兰 Groningen 的 Gasunie 试验厂进行现场测试。试验的入口工况条件为：流量 $10 \sim 15m^3/h$、压力 $2.6 \sim 3.6MPa$、温度 $17 \sim 30℃$，结果表明，通过 Twister Ⅱ 的压降从 Twister Ⅰ 的 33%降低到 25%，液体的分离效率超过 90%，运行稳定可靠。2009 年 6 月，Twister Ⅱ脱水装置已经在尼日利亚的 Okoloma 的陆上天然气处理厂进行商业应用，该脱水装置包括 6 个 Twister Ⅱ分离器和一个水合物分离器，处理量可达 $340 \times 10^4 Nm^3/d$，并设有一个备用的 Twister Ⅱ脱水装置。另外，巴西的 Petrobras 石油公司和哥伦比亚的 Ecopetrol 石油公司也正在安装 Twister 分离装置。

2）3S 技术

从 1996 年开始，俄罗斯 ENGO 旗下的 Translang 公司[5]在莫斯科建立了天然气处理量达 $18 \times 10^4 \sim 30 \times 10^4 Nm^3/d$、压力为 15MPa、初始温度为-60～20℃的 3S 试验装置。加拿大卡尔加里建有天然气处理量达 $85 \times 10^4 \sim 110 \times 10^4 Nm^3/d$ 的工业试验装置。该公司用将近 4 年的时间，在不同初始压力、温度和天然气气体组分的条件下，对 3S 分离装置进行了 400 多次全面的测试和论证，取得了大量工业试验数据和经验，证明了 3S 超声速分离技术的可行性。2004 年 9 月，第一套 3S 工业装置在俄罗斯西伯利亚一座天然气处理量超过 $4 \times 10^8 m^3/a$ 的天然气处理厂的低温系统中成功运行，完成了从试验研究到工业化应用的全过程。

3）国内实验研究

北京工业大学刘中良课题组设计了一种先膨胀后旋流型分离器，其全长 1.507m，喷管喉部直径 10mm、入口和出口均为 80mm，实验室结果表明压损比为 70%时，露点降最大可达 20℃；现场中试研究表明该装置的露点降最大可达 37℃，产液量可达 $40mL/m^3$，具有良好的脱水和轻烃回收效果[49]。大连理工大学胡大鹏课题组基于先旋流后膨胀型分离器，设计了一种超声速喷管为圆环截面的锥芯旋流装置，实验室研究结果表明锥芯装置的最大露点降可达 29.0℃[29]。中国石油大学（华东）曹学文课题组首次发现了旋流能力与膨胀制冷之间的相互制约机制及超声速条件下颗粒分离机制，基于数值计算、实验室测试以及现场试验，研制出一种先膨胀后旋流型分离器及一种含椭球型中心体的先旋流后膨胀型分离器。随后在中原油田白庙气田进行了现场试验研究，结果表明，先膨胀后旋流型分离器超露点降可达 32℃，先旋流后膨胀型分离器露点降可达 35℃，取得了良好的脱水分离效果[7, 24]。

10.3　涡流管分离技术

法国冶金工程师 Ranque 于 1930 年在研究瓦斯分离用旋风分离器时发现了著名的涡流管总温分离效应，也称能量分离效应，但其对于总温分离效应的解释中，混淆了流体总温与静温的概念，导致其研究成果被当时学者否定。直至 1945 年，美国科学家 Hilsch 证实了涡流管总温分离现象的存在，并就涡流管性能参数定义、装置设计、应用等问题发表了一系列研究成果及建设性意见。为纪念两位科学家，涡流管又被称为 Ranque-Hilsch 管（兰克-赫尔胥管），涡流管总温效应又被称为 Ranque-Hilsch 效应（兰克-赫尔胥效应）。涡流管具有安全可靠、结构紧凑、无转动部件、可连续长时间工作等优点，因此较多学者对其开展了相应的研究工作。目前，涡流管较为广泛地应用于机械工业、生物医学、航空、天然气冷却分离与液化等方面。

10.3.1　涡流管的结构与工作原理

以逆流型涡流管为例，涡流管一般由冷端管、冷孔板、喷嘴、涡流室、热端管及热端调节阀组成，其结构如图 10.11 所示[50]。当高压流体进入涡流管时，流体在流经喷嘴时被减压增速，以马赫数为 1 的状态进入涡流室，然后在涡流室中高速旋转，在热端管中，由于流体沿涡流管壁面的螺旋运动和涡流管内部的回流运动，使流体能量发生分离，沿涡流管壁面旋转的流体温度较高，内层流体温度较低，在热端调节阀出口处，热流体流出，在涡流室冷孔板中心孔处，冷流体流出。

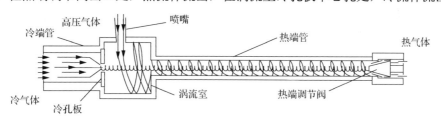

图 10.11　逆流型涡流管结构示意图[50]

涡流管各部分结构功能简单介绍如下。

(1)喷嘴。将压缩工质的压力能转化为动能的部件。

(2)涡流室。使气流形成涡流的专用部件，也是气流在涡流管中实现涡旋的重要部件。

(3)热端管。涡流管发生能量分离的场所，它的长度和形状对涡流管的性能有重要的影响。

(4)热端调节阀。不仅是引出热气流的出口，而且还可以调节冷热气流的比例。

热阀的开度对涡流管的能量分离效应有重大影响，通过调节热阀的开度，可分别实现最佳的制冷和制热效应。

(5) 冷孔板。在涡流管内部，冷孔板是将冷气流分离出来的专用部件，也是涡流管内部流动形成的重要部件。若冷孔板不存在，气流便可以无阻挡地由冷端流出，就不会有冷热分离现象的发生，其安装位置和中心孔的大小将影响涡流管能量分离性能的好坏。

根据冷端出口与热端出口的位置设置的不同，可划分为两种典型结构，Ranque在其所申请专利中将其分别命名为顺流型涡流管及逆流型涡流管。冷端出口与热端出口在同一侧时叫顺流型涡流管，冷端出口与热端出口分置两侧时叫逆流型涡流管，结构如图 10.12 所示[51]。两种典型结构在工业中均有应用。但许多实验研究结果表明逆流涡流管的能量分离特性要好于顺流涡流管。一般认为，逆流型涡流管的效率要高于顺流型涡流管效率的一倍以上。

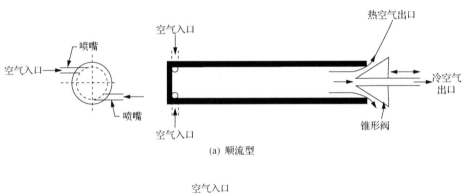

(a) 顺流型

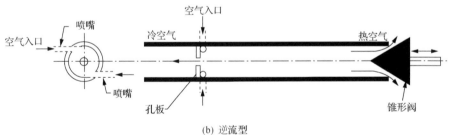

(b) 逆流型

图 10.12　涡流管结构示意图[51]

10.3.2　应用场合

天然气从井口到用户是压力逐步降低的过程，在压力降低过程中，利用涡流管可以获得大量的冷量和热量，并获得干燥天然气。因此，从天然气集输、处理到输配各项工艺流程均可采用涡流管技术。

1. 天然气露点控制

涡流管在减压过程中可以分离出一部分干燥冷气体和一部分高温湿气,利用该特点可以设计涡流管露点控制装置,其原理流程见图 10.13[52]。通过涡流管内强烈的离心作用,经节流和涡流管降温产生的液体被抛向管壁处热气体,管中心气体为低温干气,出口再进行冷热两股流的换热,降低高温气体温度,分离出的部分液体再与冷干气混合,达到降低露点的目的。如果需要进一步降低分离温度和干气露点,还可以将外输干气与高压湿气进一步换热,以强化露点降低效果。同时,涡流管内还不会发生冻凝现象,可减少注醇及醇类回收系统运行及投资费用。

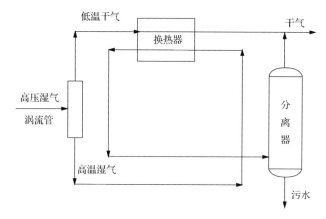

图 10.13 涡流管露点控制原理示意图[52]

2. 天然气脱重烃

通常从油气田开采出来的天然气在进入输气管道前需除去部分重烃,以防止管网中产生过度冷凝并减少管道积炭。这些冷凝物和积炭严重影响气体的输送和各种设备部件的操作。另外,这些冷凝物可作为燃料加以利用。通常可采用节流的办法降低天然气的温度和压力以便重烃冷凝,而在相同的压降下,采用涡流管技术的冷却效应是普通节流冷却效应的 14 倍。我国先后有大连理工大学、西安交通大学、上海交通大学等院校学者以天然气脱重烃为应用背景进行涡流管的研究工作[53]。

3. 天然气液化

目前,国内外普遍采用高压输气技术来提高长输天然气管道的经济性,高压长输管道到达城市门站的压力通常为 4～7MPa,而城市用户压力大多在 1MPa 左右,采用涡流管,利用压降将部分天然气液化的技术,已在俄罗斯得到了推广应用。

俄罗斯将涡流管技术主要用于天然气调压站，利用调压站的压力降将天然气液化，这类装置被称为新一代天然气液化装置(NGGLU)，工艺流程如图 10.14 所示[54]。俄罗斯列宁格勒输气公司的两个配气站同时建立了小型 LNG 生产装置，工艺流程如图 10.13 所示。该装置的操作压力为 3～7.5MPa，处理天然气量为 7.2×10^4～$43.2\times10^4 m^3/d$，LNG 产量不低于 $40m^3/d$，液化率为 6%～14%，占地面积为 $16m^2$。

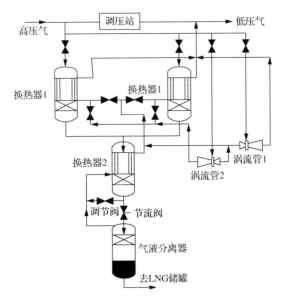

图 10.14　配气站上的天然气液化装置工艺流程示意图[54]

4. 燃料气处理

燃气轮机对燃料气要求较高，燃料气中禁止携带任何液滴。在燃料进入燃气轮机前，必须对气体进行调压、分离和过热处理，确保燃料气不带液滴。若采用涡流管，可利用涡流管的低温干气作为燃料气，与涡流管的高温气体换热升温后供燃气轮机使用，高温干气换热后可进入配气站下游供气系统。这种燃料气处理设施不消耗任何燃料、无安全隐患、投资小、成本低、经济性和安全性都优于传统的燃料气处理设施[54]。

10.3.3　技术进展

自涡流管发明以来，较多学者对其制冷及能量分离现象进行了大量的实验及理论研究，探究其制冷性能及冷热分离机理，研究主要集中在以下两个方面。

1. 涡流管制冷性能研究

目前研究表明，涡流管制冷性能受到涡流管材料的表面粗糙度、喷嘴数目、冷孔板中心直径及涡流室直径、长径比(涡流管热端长度与涡流室直径之比)等参数的影响。针对涡流管表面粗糙度的研究，Sam 等[55]提出了不同材料表面粗糙度对制冷效果影响较多，例如，玻璃比铜更光滑，对流体在涡流管旋转时摩擦阻力更小，可在涡流管出口处获得理想的制冷效果。Kirmaci[56]、周少伟[57]、Saidi 和 Valipour[58]、Singh 等[59]、Dincer 等[60]、Eiamsa-ard 和 Promvnge[61]、计玉帮等[62]、Wu 等[63]及 Khamaa 和 Yokosawa[64]分别从喷嘴数目、冷孔板中心直径及涡流室直径、长径比、锥管和直圆柱做热端管等方面研究了涡流管的制冷性能，虽然目前研究工作者对涡流管结构、材料的研究结果有差异，但所做工作对今后涡流管的结构设计、材料选取起到重要理论指导作用。关于各学者得到的研究结论，可参见相关参考文献。

2. 能量分离机理研究

目前虽然已经开展了较多关于涡流管的研究，但是对涡流管能量分离的原因并没有获得统一的认识，存在较多的解释理论。包括能量传递理论、声波理论、二次流理论和摩擦理论等。

能量传递理论认为，气体在涡流管内运动时，一部分动能由内层气流传向外层气流，外层气流由于获得了动能而使温度升高，内层流体能量降低[65,66]。当外层流体在涡流管热管中运动到速度为零时，动能转换为热能，因此外层流体温度较高。声波理论则是通过实验分析发现，在涡流管中形成一种兰金涡，这种兰金涡被一种纯音所诱发的声流转变为强迫涡，从而产生径向的温度分离[67,68]。Ahlbora 和 Groves[69]所提出的二次流理论则认为涡流管中必然存在一种除了主要进行螺旋运动外的另一种运动，正是这种运动使流体回流到外围部分，从而造成能量及冷热气体的分离，其将这种运动称为第二类流动。Van Deemter[70]所提出的摩擦理论则认为在压力场中，存在一种湍流混合现象，这种现象倾向于产生一种绝热温度分布。当角速度一致且混合非常强烈，以至于静态温度的不同不能被分子传导率所消除时，可以发现这种纯粹的绝热分布。当角速度不一致时，由于湍流摩擦，内部流体强迫外部流体达到一致的角速度，从而造成中心流体能量损失，传递给外层流体。目前并没有统一的理论完全解释涡流管内能量分离现象，需要开展更多的相关研究。

参 考 文 献

[1] 冯叔初, 郭揆常, 等. 油气集输与矿场加工. 东营: 中国石油大学出版社, 2006

[2] Netusil M, Ditl P. Comparison of three methods for natural gas dehydration. Journal of Natural Gas Chemistry, 2011, 20(5): 471-476

[3] 李玉星, 姚光镇. 输气管道设计与管理. 东营: 中国石油大学出版社, 2009

[4] 辛绍杰, 王建军, 李宪文. 天然气透平膨胀机脱水装置的研制与应用. 石油机械, 2007, 35(2): 25-27

[5] Alfyorov V I, Bagirov L A, Dmitriev L, et al. Supersonic nozzle efficiently separates natural gas components. Oil & Gas Journal, 2005, 103(20): 53-58

[6] Okimoto F T, Brouwer J M. Supersonic gas conditioning. World Oil, 2002, 223(8): 89-91

[7] 文闯. 湿天然气超声速旋流分离机理研究. 青岛: 中国石油大学(华东)博士学位论文, 2014

[8] Schinkelshoek P, Epsom H. Supersonic gas conditioning-low pressure drop TWISTER™ for NGL recovery. 2006 Offshore Technology Conference, Texas, 2006

[9] 高晓根, 计维安, 刘蔷, 等. 超音速分离技术及在气田地面工程中的应用. 石油与天然气化工, 2011, 40(1): 42-46

[10] 孙恒, 朱鸿梅, 舒丹. 3S 技术在天然气液化中的应用初探. 低温与超导, 2010, 38(1): 14-16

[11] 孙恒, 舒丹, 朱鸿梅. 采用 3S 分离器的天然气液化过程的参数分析. 低温与超导, 2010, 38(3): 25-27

[12] Wen C, Cao X, Yang Y, et al. An unconventional supersonic liquefied technology for natural gas. Energy Education Science and Technology Part A-Energy Science and Research, 2012, 30(1):651-660.

[13] 杨文, 曹学文. Laval 喷管设计及在天然气液化中的应用研究. 西安石油大学学报(自然科学版), 2015, 30(2): 75-79

[14] 杨文, 曹学文, 赵联祁, 等. 超声速旋流分离器内天然气液化过程研究. 石油机械, 2015, 43(5): 87-91

[15] 文闯, 曹学文, 杨燕, 等. 超声速旋流分离器内气液两相流流动特性. 中国石油大学学报, 2011, 35(4): 129-133

[16] Wen C, Cao X, Yang Y. Swirling flow of natural gas in supersonic separators. Chemical Engineering and Processing, 2011, 50(7): 644-649

[17] Wen C, Cao X, Yang Y, et al. Swirling effects on the performance of supersonic separators for natural Gas separation. Chemical Engineering & Technology, 2011, 34(9): 1575-1580

[18] Okimoto F T, Sibani S, Lander M. Twister supersonic gas conditioning process. 9th Abu Dhabi International Petroleum Exhibition and Conference, Abu Dhabi, 2000

[19] Jassim E, Abdi M A, Muzychka Y. Computational fluid dynamics study for flow of natural gas through high-pressure supersonic nozzles: Part 1. real gas effects and shockwave. Petroleum Science & Technology, 2008, 26(15): 1757-1772

[20] Jassim E, Abdi M A, Muzychka Y. Computational fluid dynamics study for flow of natural gas through high-pressure supersonic nozzles: Part 2. nozzle geometry and vorticity. Petroleum Science & Technology, 2008, 26(15): 1773-1785

[21] Karimi A, Abdi M A. Selective dehydration of high-pressure natural gas using supersonic nozzles. Chemical Engineering and Processing, 2009, 48(1): 560-568

[22] Malyshkina M M. The structure of gasdynamic flow in a supersonic separator of natural gas. High Temperature, 2008, 46(1): 69-76

[23] Malyshkina M M. The procedure for investigation of the efficiency of purification of natural gases in a supersonic separator. High Temperature, 2010, 48(2): 244-250

[24] 杨志毅. 油气超音速旋流分离技术研究. 南充: 西南石油学院博士学位论文, 2004

[25] 曹学文, 陈丽, 林宗虎, 等. 超声速旋流天然气分离器研究. 天然气工业, 2007, 27(7): 109-111

[26] 曹学文, 陈丽, 杜永军, 等. 超声速旋流天然气分离器的旋流特性数值模拟. 中国石油大学学报, 2007, 31(6): 79-83

[27] 曹学文. 超声速旋流天然气分离研究. 西安: 西安交通大学博士学位论文, 2006

[28] Jones I P, Guilbert P W, Owens M P, et al. The use of coupled solvers for complex multi-phase and reacting flows. Third International Conference on CFD in the Minerals and Process Industries CSIRO, Melbourne, 2003

[29] 蒋文明. 多组分凝结性超音速流传热传质理论及实验研究. 北京: 北京工业大学博士学位论文, 2010

[30] 蒋文明, 刘中良, 鲍玲玲, 等. 摩擦阻力对双组分混合物自发凝结数值研究. 工程热物理学报, 2009, 30(7): 1185-1187

[31] 蒋文明, 刘中良, 刘恒伟, 等. 摩擦阻力对水蒸气超音速流动自发凝结的影响. 中国科学 E 辑: 技术科学, 2009, 30(11): 1857-1863

[32] 马庆芬. 旋转超音速凝结流动及应用技术研究. 大连: 大连理工大学博士学位论文, 2009

[33] Ma Q F, Hu D P, Jiang J Z, et al. A turbulent Eulerian multi-fluid model for homogeneous nucleation of water vapor in transonic flow. International Journal of Computational Fluid Dynamics, 2009, 23(3): 221-231

[34] Ma Q F, Hu D P, Jiang J Z, et al. Numerical study of the spontaneous nucleation of self-rotational moist gas in a converging-diverging nozzle. International Journal of Computational Fluid Dynamics, 2010, 24(1-2): 29-36

[35] Prast B, Van Dam R A, Willems J F H, et al. Formation of nano-sized water droplets in a supersonic expansion flow. Journal of Aerosol Science, 1996, 27(S1): S147-S148

[36] Lamanna G, Van Poppel J, Van Dongen M E H. Experimental determination of droplet size and density field in condensing flows. Experiments in Fluids, 2002, 32(3): 381-395

[37] Oerlemans S, Badie R, Van Dongen M E H. An experimental and numerical study into turbulent condensing steam jets in air. Experiments in Fluids, 2001, 31(1): 74-83

[38] Wyslouzil B E, Cheung J L, Wilemski G, et al. Small angle neutron scattering from nanodroplet aerosols. Physical Review Letters, 1997, 79(3): 431-434

[39] Khan A, Heath C H, Dieregsweiler U M, et al. Homogeneous nucleation rates for D_2O in a supersonic Laval nozzle. Journal of Chemical Physics, 2003, 119(6): 3138-3147

[40] Heath C H, Streletzky K, Wyslouzil B E, et al. H_2O-D_2O condensation in a supersonic nozzle. Journal of Chemical Physics, 2002, 117(13): 6176-6185

[41] Heath C H, Streletzky K A, Wyslouzil B E, et al. Small angle neutron scattering from D_2O-H_2O nanodroplets and binary nucleation rates in a supersonic nozzle. Journal of Chemical Physics, 2003, 118(12): 5465-5473

[42] Wölk J, Strey R, Heath C H, et al. Empirical function for homogeneous water nucleation rates. Journal of Chemical Physics, 2002, 117(10): 4954-4960

[43] Paci P, Zvinevich Y, Tanimura S, et al. Spatially resolved gas phase composition measurements in supersonic flows using tunable diode laser absorption spectroscopy. Journal of Chemical Physics, 2004, 121(20): 9964-9970

[44] Tanimura S, Zvinevich Y, Wyslouzil B E, et al. Temperature and gas-phase composition measurements in supersonic flows using tunable diode laser absorption spectroscopy: The effect of condensation on the boundary-layer thickness. Journal of Chemical Physics, 2005, 122(19): 194304-194311

[45] Tanimura S, Wyslouzil B E, Zahniser M S, et al. Tunable diode laser absorption spectroscopy study of CH_3CH_2OD/D_2O binary condensation in a supersonic Laval nozzle. Journal of Chemical Physics, 2007, 127(3): 034305-034313

[46] Ghosh D, Manka A, Strey R, et al. Using small angle x-ray scattering to measure the homogeneous nucleation rates of n-propanol, n-butanol, and n-pentanol in supersonic nozzle expansions. Journal of Chemical Physics, 2008, 129(12): 124302-124314

[47] Ghosh D, Bergmann D, Schwering R, et al. Homogeneous nucleation of a homologous series of n-alkanes in a supersonic nozzle. Journal of Chemical Physics, 2010, 132(2): 024307-024317

[48] Betting M, Epsom H D. Supersonic separator gains market acceptance. World Oil, 2007, 228(4): 197-200

[49] 蒋文明, 刘中良, 刘恒伟, 等. 新型天然气超音速脱水净化装置现场试验. 天然气工业: 2008, 28(2): 136-138

[50] 王征. 涡流管性能及其与制冷系统的耦合特性研究. 杭州: 浙江大学硕士学位论文, 2013

[51] Giorgio De Vera. The Ranque-Hilsch Vortex Tube. http://www.me.berkeley.edu/~gtdevera/notes/vortextube.pdf, 2010

[52] 石鑫, 孙淑凤, 王立. 涡流管研究进展及在天然气工业中的应用. 低温与超导, 2010, 38(2): 18-22

[53] 何曙. 用于轻烃回收的涡流制冷实验研究. 北京: 北京工业大学硕士学位论文, 2005

[54] 徐正斌. 涡流管技术在天然气领域的应用前景. 油气储运, 2009, 28(1): 41-43

[55] San C S, Lee C L, Xin L W, et al. Ranque-Hilsch vortex tube. TDSC/SP2172

[56] Kirmaci V. Exergy analysis and performance of a counter flow Ranque-Hilsch vortex tube having various nozzle numbers at different inlet pressures of oxygen and air. International Journal of Refrigeration, 2009, 32(7): 1626-1633

[57] 周少伟. 涡流管能量分离效应的理论与试验研究. 哈尔滨: 哈尔滨工程大学博士学位论文, 2007

[58] Saidi M H, Valipour M S. Experimental modeling of vortex tube refrigerator. Applied Thermal Engineering, 2003, 15(23): 1971-1980

[59] Singh P K, Tathgir R G, Gangacharyulu D, et al. An experimental performance evaluation of vortex tube. Journal of the Institution of Engineers, 2004, 84(4): 149-153

[60] Dincer K, Baskaya S, Uysal B Z. Experimental investigation of the effects of length to diameter ratio and nozzle number on the performance of counter flow Ranque-Hilsch vortex tube. Heat Mass Transfer, 2008, 44(3): 367-373

[61] Eiamsa-Ard S, Promvonge P. Numerical investigation of the thermal separation in a Ranque-Hilsch vortex tube. International Journal of Heat and Mass Transfer, 2007, 50(5-6): 821-832

[62] 计玉帮, 吴玉庭, 丁雨, 等. 涡流管结构参数对其性能的影响. 航空动力学报, 2006, 21(1): 88-93

[63] Wu Y T, Ding Y, Ji Y B, et al. Modification and experimental research on vortex tube. International Journal of Refrigeration, 2007, 30(6): 1042-1049

[64] Takahama H, Yokosawa H. Energy separation in vortex tubes with a divergent chamber. Journal of Heat Transfer, 1981, 103(2): 196-203

[65] Fulton C D. Ranque's tube. Journal of ASRE Refrigeration Engineering, 1950, 58: 473-479

[66] Fulton C D. Comments on the vortex tube. Journal of ASRE Refrigeration Engineering, 1951, 59: 984

[67] Kurosaka M. Unsteady swirling flows in gas turbines. Annual Technical Report. Tullahoma: Tennessee Univesity, 1979

[68] Kurosaka M. Acoustic streaming in swirling flow and the Ranque-Hilsch (vortex-tube) effect. Journal of Fluid Mechanics, 1982, 124(124): 139-172

[69] Ahlborn B, Groves S. Secondary flow in vortex tube. Fluid Dynamics Research, 1997, 21(2): 73-86

[70] Van Deemter J J. On the theory of the Ranque-Hilsch cooling effect. Applied Scientific Research, 1952, 3(3): 174-196

彩　　图

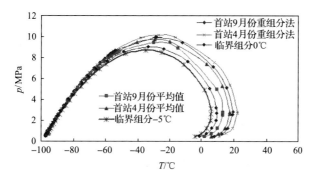

图 3.4　析烃分析所采用的相特性

图 3.9　燃烧室外壁烧蚀部位

图 3.10　燃气轮机高压导叶超温部位

图 3.14　干气密封装置动环表面的润滑油

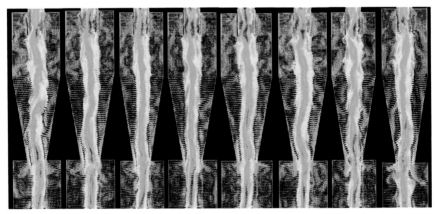

(a) *t*=1.858s　(b) *t*=1.862s　(c) *t*=1.872s　(d) *t*=1.882s　(e) *t*=1.892s　(f) *t*=1.902s　(g) *t*=1.912s　(h) *t*=1.922s

图 6.25　旋风管不同时刻流场

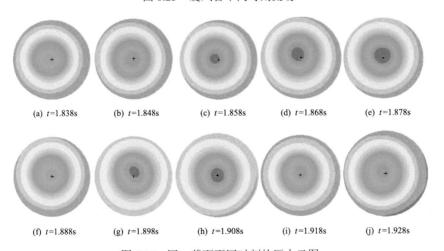

(a) *t*=1.838s　　(b) *t*=1.848s　　(c) *t*=1.858s　　(d) *t*=1.868s　　(e) *t*=1.878s

(f) *t*=1.888s　　(g) *t*=1.898s　　(h) *t*=1.908s　　(i) *t*=1.918s　　(j) *t*=1.928s

图 6.26　同一截面不同时刻的压力云图

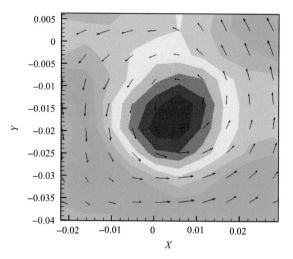

图 6.29　速度矢量和涡量重叠图

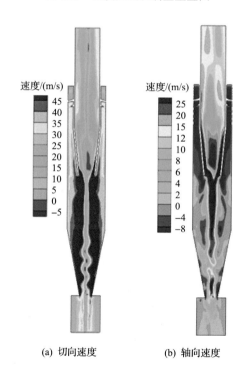

(a) 切向速度　　　　　(b) 轴向速度

图 6.40　速度云图

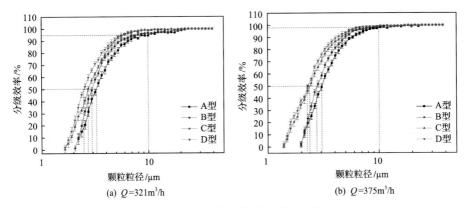

(a) $Q = 321\text{m}^3/\text{h}$ (b) $Q = 375\text{m}^3/\text{h}$

图 6.48   不同旋风管分级效率对比

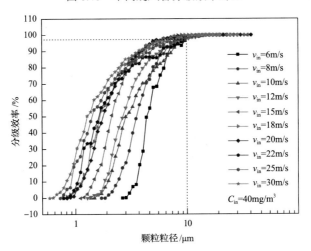

图 6.51   入口气速对分级效率的影响

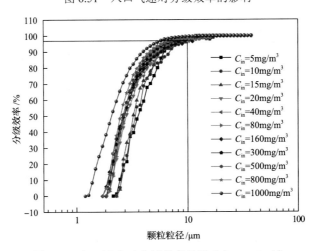

图 6.53   入口浓度对分级效率的影响($v_{\text{in}} = 15\text{m/s}$)

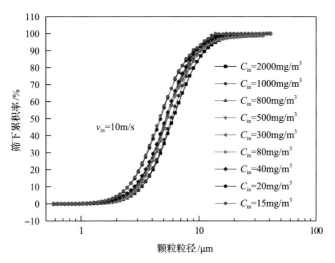

图 6.55　旋风分离器入口处的粒径分布

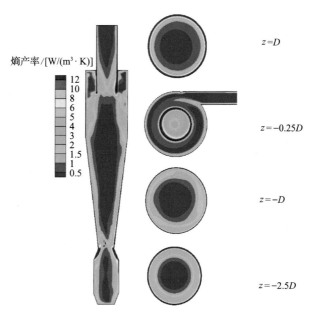

图 6.61　湍流熵产率分布云图
z 表示截面所在的位置

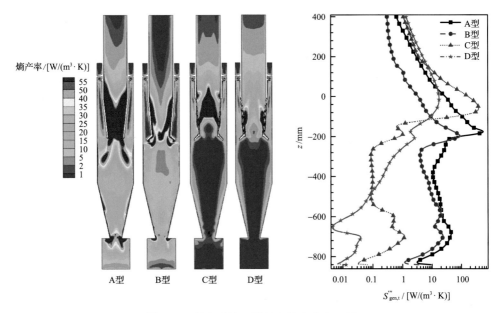

图 6.63　轴向式旋风管湍流熵产分布云图

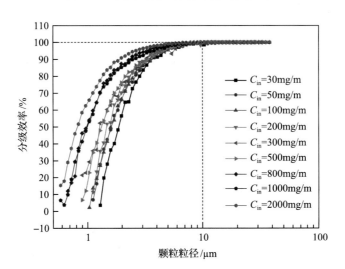

图 6.69　旋风管分级效率曲线 (v_{in} =16m/s)

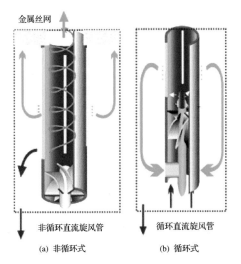

金属丝网

非循环直流旋风管　　　　　循环直流旋风管

(a) 非循环式　　　　　　(b) 循环式

图 7.13　直流式旋风管二次流抑制示意图

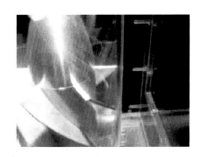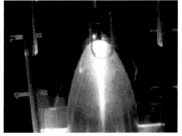

图 7.16　叶片附近的流线

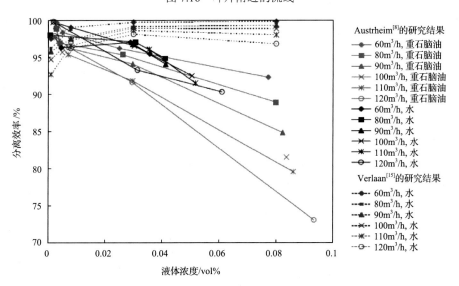

图 7.20　液滴浓度对分离效率的影响

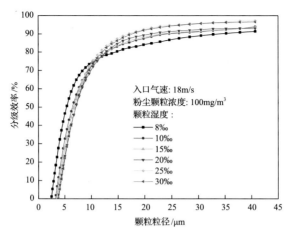

图 7.25 粉尘含湿量对分级效率的影响

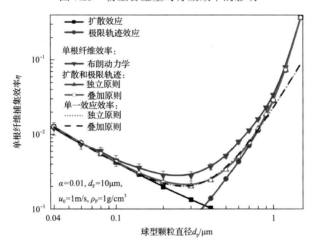

图 8.14 各种过滤机理对应的分离效率计算结果

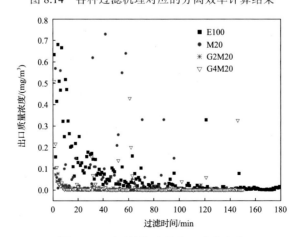

图 8.43 不同结构滤芯出口浓度变化